Klimmer

Unternehmens-
organisation

www.nwb.de

NWB Studium Betriebswirtschaft

Unternehmensorganisation

Eine kompakte und praxisnahe Einführung

Von
Professor Dr. Matthias Klimmer

2., vollständig überarbeitete und erweiterte Auflage

nwb STUDIUM

Kein Produkt ist so gut, dass es nicht noch verbessert werden könnte. Ihre Meinung ist uns wichtig! Was gefällt Ihnen gut? Was können wir in Ihren Augen noch verbessern? Bitte verwenden Sie für Ihr Feedback einfach unser Online-Formular auf:

www.nwb.de/go/campus.

Als kleines Dankeschön verlosen wir unter allen Teilnehmern einmal pro Quartal ein Buchgeschenk.

ISBN 978-3-482-**54972**-4 – 2., vollständig überarbeitete und erweiterte Auflage 2009

© Verlag Neue Wirtschafts-Briefe GmbH & Co. KG, Herne 2007
www.nwb.de

Satz und Druck: Griebsch & Rochol Druck GmbH & Co. KG, Hamm

VORWORT ZUR 2. AUFLAGE

Ich habe mich gefreut, dass dieses Lehrbuch von Studierenden, Fachkollegen und Praktikern so gut aufgenommen wurde. Ihre positive Resonanz hat es ermöglicht, dass die Neuauflage bereits nach zwei Jahren erscheinen konnte.

Für die vorliegende Auflage wurde das Grundkonzept einer kompakten und praxisorientierten Einführung in die Unternehmensorganisation beibehalten. Das Erscheinungsbild wurde entsprechend dem neuen Layout der Lehrbuchreihe „Studium Betriebswirtschaft" des nwb-Verlags aktualisiert. Inhaltlich wurden alle Kapitel intensiv überarbeitet und teilweise umfangreich ergänzt.

Hinzu gekommen sind vor allem weitere Praxisbeispiele sowie an einigen Stellen ausführliche Erläuterungen ausgewählter Begriffe. Diese sind als Hinweis mit dem Symbol ☞ gekennzeichnet und dienen der individuellen Vertiefung. Neu sind auch in Kapitel 2 und 3 ausführliche Fallbeispiele zur Gestaltung von Aufbau- und Prozessorganisation.

Ich danke allen, die mich beim Erstellen dieses Buches unterstützt haben. Mein Dank gilt besonders Herrn cand. Wirt. Ing. Thomas Vandieken, der mir durch seine zahlreichen Anregungen und sein sorgfältiges Korrekturlesen sehr geholfen hat. Frau Dipl.-Ing., MBA Heike Nettelbeck von der Heidelberger Druckmaschinen AG und Herrn Dipl.-Ing. Christian Staudter von der UMS GmbH danke ich für ihre engagierte Unterstützung beim Erstellen der ausführlichen Fallbeispiele. Frau Pia Niemeyer vom Lektorat des nwb-Verlags danke ich für die erneut angenehme und gute Zusammenarbeit.

Dozenten können sich unter der E-Mail-Adresse dozentenservice@nwb.de an den Dozentenservice des Verlages wenden, um die Abbildungen zu diesem Lehrbuch als Download zur Verfügung gestellt zu bekommen.

Mannheim, im März 2009   Matthias Klimmer

INHALTSVERZEICHNIS

ABBILDUNGSVERZEICHNIS

1. Einführung

Der Begriff Organisation wird heutzutage vielfältig verwendet. Bei näherer Betrachtung zeigt sich jedoch, dass die damit verbundenen Vorstellungen recht unterschiedlich sein können.

Ausgehend von der Frage, warum es für angehende Fach- und Führungskräfte sinnvoll ist, sich mit der Organisationslehre auseinanderzusetzen, werden nachfolgend die Vielschichtigkeit des Organisationsbegriffs aufgezeigt und die Wirkungspotenziale der Organisation für den Aufbau und die Sicherung der Wettbewerbsfähigkeit von Unternehmen diskutiert.

LERNZIELE

Nach der Lektüre dieses Kapitels sollten Sie

► wissen, welche Bedeutung die Organisation für das Führen von Unternehmen haben kann,

► mit verschiedenen Facetten des Organisationsbegriffs vertraut sein,

► die Zusammenhänge unterschiedlicher Facetten des Organisationsbegriffs anhand des Schichtenmodells der Organisation erläutern können und

► Voraussetzungen kennen, wie die Organisation zum Erfolgsfaktor werden kann.

1.1 Organisationswissen – wozu?

Angesichts eines intensiven Wettbewerbs in vielen Wirtschaftsbranchen gilt die Organisation heute weithin als wichtiger Erfolgsfaktor von Unternehmen. Dies hat vor allem zwei Gründe: Zum einen kann die Organisation ökonomische Größen wie Kosten, Reaktionsgeschwindigkeit und Effizienz eines Unternehmens maßgeblich beeinflussen. Zum anderen besitzt sie das Potenzial auf nicht-ökonomische Größen wie das Verhalten, die Motivation oder die Zufriedenheit der Mitarbeiter[1] erheblich einzuwirken.

Die in Wirtschaft und Verwaltung zwischenzeitlich zum Alltag gehörenden Rationalisierungs- oder Reorganisationsmaßnahmen haben zu einem zunehmenden Bewusstsein für die Bedeutung gut organisierter Unternehmen beigetragen. Aber nicht nur der permanente Druck zur Kostenreduzierung und Produktivitätssteigerung hat die Organisation als wichtiges Managementinstrument verstärkt ins Blickfeld gerückt, sondern auch die Herausforderung von Unternehmen, permanent vermarktungsfähige Innovationen hervorzubringen.

Für diejenigen, die an verantwortlicher Stelle den Erfolg von Unternehmen mitgestalten wollen, genügt es nicht allein zu wissen, dass gut organisierte Unternehmen eine wichtige Voraussetzung für deren Überleben in einer globalisierten Wirtschaft des 21. Jahrhunderts ist. Qualifizierte Fach- und Führungskräfte müssen in der Lage sein, organisatorische Schwachstellen frühzeitig zu erkennen, angemessene Lösungskonzepte zu entwickeln und diese zeitnah und erfolgreich umzusetzen. Wer die Organisation eines Unternehmens als Erfolgsfaktor nutzen möchte, sollte daher wissen,

---

1 Aufgrund der besseren Lesbarkeit wird im Folgenden bei der Bezeichnung von Personengruppen auf die weibliche Form verzichtet. Selbstverständlich sind immer Angehörige beiderlei Geschlechts gemeint.

- ► welches die zentralen Parameter zum Gestalten einer Unternehmensorganisation sind und welche Wirkungspotenziale sie besitzen,

- ► wie (Re-)Organisationsvorhaben systematisch geplant und durchgeführt werden können,

- ► welche besonderen Herausforderungen bei organisatorischen Veränderungen zu bewältigen sind und

- ► welche Methoden und Techniken für die praktische Organisationsarbeit zur Verfügung stehen und wie diese sinnvoll eingesetzt werden können.

Das vorliegende Buch gibt Antworten auf diese vier Leitfragen. Es möchte Studierenden und Praktikern eine kompakte und strukturierte Einführung in die Unternehmensorganisation bieten. Damit soll nicht nur das Bewusstsein geschärft werden, dass das Schaffen einer guten Organisation eine wichtige Führungsaufgabe auf allen Hierarchieebenen ist, sondern auch die Handlungskompetenz von Fach- und Führungskräften gestärkt werden.

Wenngleich der Schwerpunkt des Buches auf der organisatorischen Gestaltung gewinnorientierter Unternehmen liegt, gelten sehr viele Aussagen auch für Non-Profit-Institutionen. Die stark anwendungsorientierte Perspektive soll das Verständnis für Zusammenhänge in der betrieblichen Praxis fördern und die Problemlösungsfähigkeit für organisatorische Aufgabenstellungen gezielt entwickeln helfen.

1.2 Organisation – was ist das?

Der Begriff Organisation hat seinen Ursprung im griechischen Wort „organon", was sich mit „Werkzeug, Instrument" übersetzen lässt. In der Umgangssprache findet sich der Organisationsbegriff beispielsweise in folgenden Zusammenhängen:

- ► „Etwas organisieren" im Sinne von „etwas planmäßig gestalten" (z. B. eine Feier) oder auch im Sinne von „sich etwas auf nicht ganz rechtmäßige oder offizielle Weise beschaffen".

- ► „Sich selbst organisieren" im Sinne von „ein gutes Selbst- und Zeitmanagement haben".

- ► „Organisiert sein" im Sinne von „aus wirtschaftlichen oder politischen Gründen Mitglied einer Zweckgemeinschaft (z. B. Verband, Gewerkschaft) sein".

Darüber hinaus existieren auch im wissenschaftlichen Kontext verschiedene Auffassungen hinsichtlich des Organisationsbegriffs. Dies ist vor allem auf unterschiedliche Betrachtungsebenen und Untersuchungsaspekte der einzelnen Fachdisziplinen zurückzuführen, die sich mit organisatorischen Aspekten auseinandersetzen. Dies sind, um nur die wichtigsten zu nennen, die Betriebswirtschaftslehre, die Managementlehre, die Arbeitswissenschaft sowie die Organisationssoziologie und -psychologie.

Selbst in der Betriebswirtschaftslehre werden drei Begriffsauffassungen unterschieden, die jeweils unterschiedliche Aspekte hervorheben (vgl. Abb. 1).

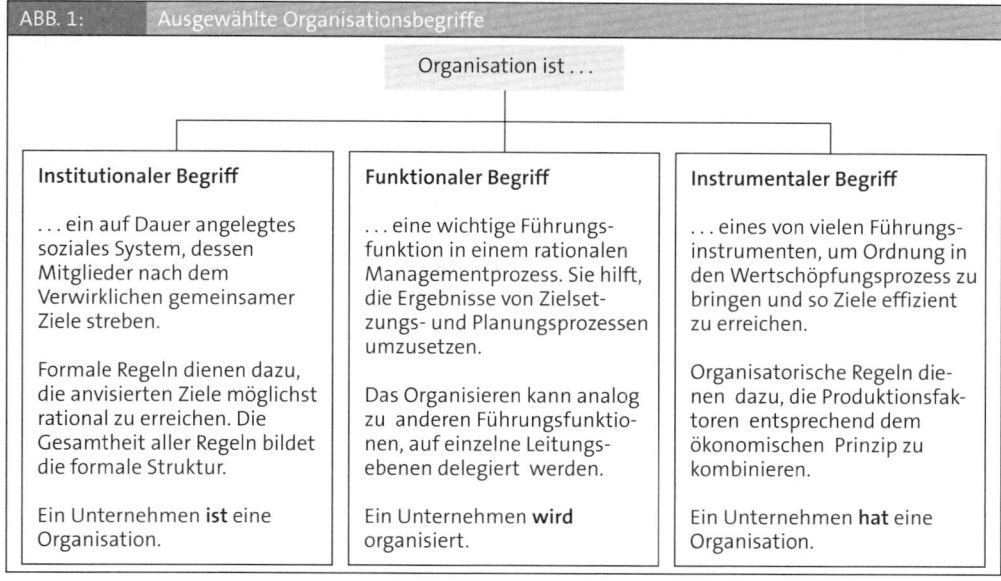

ABB. 1: Ausgewählte Organisationsbegriffe

Organisation ist ...

Institutionaler Begriff

... ein auf Dauer angelegtes soziales System, dessen Mitglieder nach dem Verwirklichen gemeinsamer Ziele streben.

Formale Regeln dienen dazu, die anvisierten Ziele möglichst rational zu erreichen. Die Gesamtheit aller Regeln bildet die formale Struktur.

Ein Unternehmen **ist** eine Organisation.

Funktionaler Begriff

... eine wichtige Führungs-funktion in einem rationalen Managementprozess. Sie hilft, die Ergebnisse von Zielset-zungs- und Planungsprozessen umzusetzen.

Das Organisieren kann analog zu anderen Führungsfunktio-nen, auf einzelne Leitungs-ebenen delegiert werden.

Ein Unternehmen **wird** organisiert.

Instrumentaler Begriff

... eines von vielen Führungs-instrumenten, um Ordnung in den Wertschöpfungsprozess zu bringen und so Ziele effizient zu erreichen.

Organisatorische Regeln die-nen dazu, die Produktionsfak-toren entsprechend dem ökonomischen Prinzip zu kombinieren.

Ein Unternehmen **hat** eine Organisation.

(1) Organisation als Institution mit bestimmten Eigenschaften

Vertreter des **institutionalen Organisationsbegriffs** verstehen unter Organisation eine Instituti-on mit besonderen Merkmalen. Sie ist ein auf Dauer angelegtes soziales System, das nach dem Erreichen gemeinsamer Ziele strebt. Damit Organisationen ihre Ziele möglichst auf direktem Weg erreicht werden, stellen sie formale Regeln zur Arbeitsteilung und Koordination auf. Diese finden beispielsweise ihren Niederschlag in Aufgaben- und Kompetenzverteilungen, in Plänen oder in Verfahrensanweisungen. Die Gesamtheit dieser Regeln ergibt die formale Struktur.

Organisationen in diesem Sinne sind alle öffentlichen wie privaten Institutionen wie zum Bei-spiel Parteien, Kirchen, Vereine, Behörden oder Unternehmen.

(2) Organisation als Führungsinstrument

Der **instrumentale Organisationsbegriff** interpretiert die Organisation als Instrument der Füh-rung, um im Prozess der Leistungserstellung und -verwertung Ordnung zwischen Aufgaben, Per-sonen, Sachmitteln oder Informationen zu schaffen, die miteinander in Beziehung stehen (vgl. Schulte-Zurhausen 2002, S. 2). Die Ordnung wird durch ein System grundsätzlicher und generel-ler Regelungen hergestellt. Sie sollen ergänzend zur persönlichen Führung das Verhalten der Be-schäftigten auf das gemeinsame Ziel ausrichten und steuern. Die Gesamtheit dieser Regelungen wird als Organisationsstruktur bezeichnet. Diese Auffassung kommt dem griechischen Ur-sprungsbegriff am nächsten. Das Aufstellen des Regelsystems bzw. das Organisieren selbst ist nicht Gegenstand dieser Begriffsauffassung.

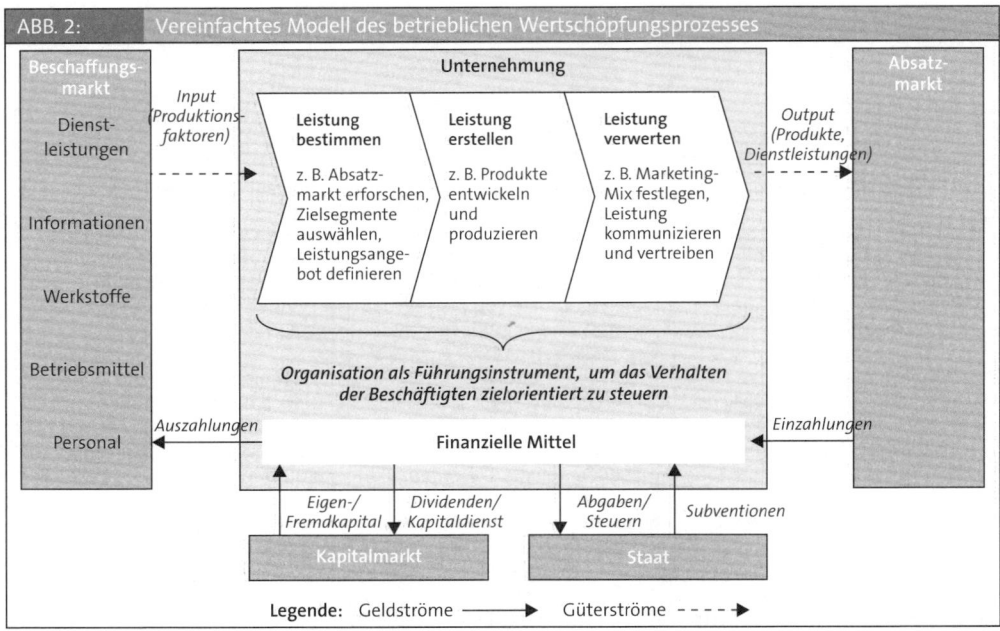

ABB. 2: Vereinfachtes Modell des betrieblichen Wertschöpfungsprozesses

HINWEIS:

Organisation – Improvisation – Disposition

Um Ordnung im Prozess der Leistungserstellung und -verwertung zu schaffen, können generellen Regelungen vereinbart werden. Das gesamte Regelsystem wird als Organisationsstruktur bezeichnet. Es bietet folgende Vor- und Nachteile:

Vorteile:

► Entlasten Führungskräfte von Routineentscheidungen.

► Ermöglichen rationelle Betriebsabläufe und hohe professionelle Leistungsstandards, da angesichts längerer Gültigkeit genereller Regeln ein höherer Planungsaufwand wirtschaftlich gerechtfertigt ist.

► Leichtere Akzeptanz der Betroffenen, da das Befolgen genereller Regeln eher als Sachzwang denn als persönliche Abhängigkeit von einem Vorgesetzten wahrgenommen wird.

Nachteile:

► Gefahr, dass sie hinsichtlich vom Regelfall abweichenden oder neuen Situationen nicht ausreichend flexibel sind.

► Gefahr, dass sie von den Betroffenen als unpersönliche Art der Verhaltensbeeinflussung wahrgenommen werden und sich negativ auf deren Identifikation mit dem Unternehmen, deren Loyalität, Motivation und Zufriedenheit auswirken.

► Hoher Zeit- und Kostenaufwand für das Aufstellen, Umsetzen und Überwachen genereller Regeln.

▶ Gefahr der Überregulierung, da Betroffene mit zunehmender Regelungsdichte dazu neigen, Regelungen zu umgehen, nach Lücken im Regelsystem zu suchen und diese auszunutzen.

Inwieweit generelle Regelungen sinnvoll sind, kann nur im Einzelfall entschieden werden. Tendenziell gilt: Je gleichartiger und regelmäßiger die anfallenden Aufgaben, desto sinnvoller sind generelle Regelungen. Je unterschiedlicher die Aufgaben, desto mehr empfehlen sich individuelle oder fallweise Regelungen.

Vorläufig wirksame Regelungen werden als **Improvisation** bezeichnet. Sie sind sinnvoll, wenn der Bedarf zur Regelung unvorhersehbar ist oder generelle Regelungen nicht sinnvoll sind. Einmalig oder fallweise wirksame Regelungen nennt man **Disposition**. Sie ist sinnvoll für häufiger auftretende, ähnliche Aufgaben.

(3) Organisation als Managementfunktion

Der funktionale Organisationsbegriff rückt das Aufstellen des Regelsystems bzw. das Organisieren in den Vordergrund. Hierunter fallen alle Aktivitäten, die beim Analysieren, Planen, Umsetzen und Ändern organisatorischer Regeln anfallen. Organisieren wird als eine wichtige Funktion in einem rationalen Managementprozess verstanden, die grundsätzlich auf allen Hierarchieebenen eines Unternehmens anfällt. Sie dient dazu, das Erreichen vereinbarter Ziele und das Umsetzen geplanter Maßnahmen durch dauerhafte Regelungen zu unterstützen (vgl. Abb. 3). Daher wird diese Sichtweise auch als **funktionales Begriffsverständnis** bezeichnet. Wenngleich das Schaffen einer guten Organisation zum Verantwortungsbereich der Unternehmensführung gehört, kann diese Führungsaufgabe an spezialisierte Unternehmenseinheiten (z. B. Organisationsabteilung) oder an Externe (z. B. Organisationsberater) delegiert werden.

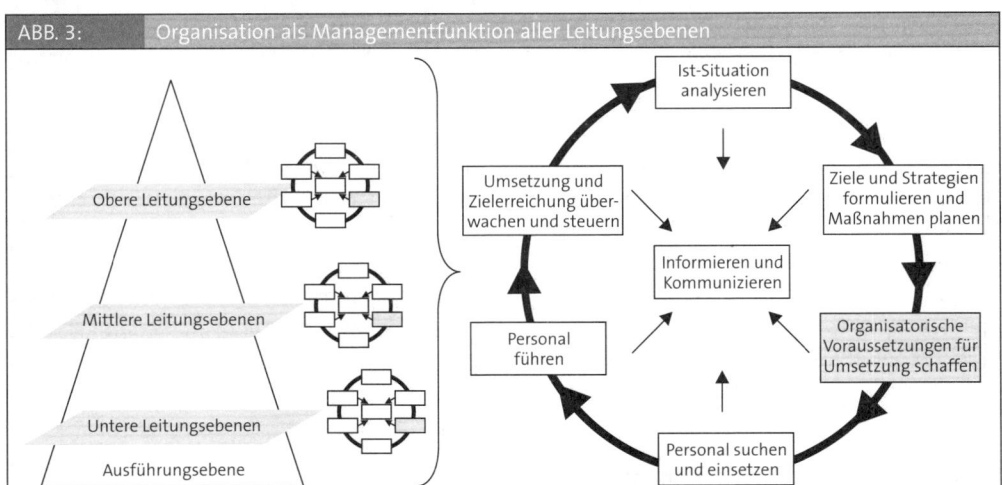

ABB. 3: Organisation als Managementfunktion aller Leitungsebenen

Je nach Reichweite der organisatorischen Regelungen wird bisweilen zwischen strategischem und operativem **Organisationsmanagement** unterschieden. Das strategische Organisationsmanagement umfasst grundlegende organisatorische Entscheidungen, die das gesamte Unternehmen betreffen, wie etwa das Festlegen der organisatorischen Grundordnung (d. h. der Organisationsform). Entscheidungen dieser Art werden von der oberen Leitungsebene getroffen. Dagegen beschränkt sich das operative Organisationsmanagement auf ausgewählte Organisationseinheiten oder Unternehmensprozesse und ist bei mittleren oder unteren Leitungsebenen angesiedelt.

Organisationspflichten von Führungskräften und Unternehmen

Unabhängig davon, dass die Organisation dem Erreichen unternehmerischer Ziele dienen soll und das Organisieren daher zu den zentralen Führungsaufgaben zählt, existieren gesetzliche Organisationspflichten. Ein Verletzen dieser Pflichten kann für Unternehmen (als juristische Person) und/oder Führungskräfte (als natürliche Personen) weit reichende rechtliche Folgen haben.

Eine allgemeine Pflicht zur ordentlichen und gewissenhaften Geschäftsführung ergibt sich für die Geschäftsleitung gegenüber dem Unternehmen und den Gesellschaftern aus § 93, Abs. 1 AktG bzw. § 43, Abs. 1 GmbHG. Dieses allgemeine Sorgfaltsgebot schließt auch ein, dass die Geschäftsleitung alle erforderlichen und zumutbaren organisatorischen Maßnahmen ergreift, um einen ordentlichen Betriebsablauf zu ermöglichen. Kann bei Organisationsmängeln eine Verletzung dieses Sorgfaltsgebots nachgewiesen werden, ergibt sich daraus für die verantwortlichen Organe eine Schadensersatzpflicht. Im Bereich der Innenhaftung liegt dabei die Beweislast für die Beachtung der notwendigen Sorgfalt bei der Geschäftsleitung (§ 93 AktG Abs. Satz 2).

Darüber hinaus leitet sich aus § 823 BGB und der damit in den letzten Jahren entwickelten umfangreichen Rechtssprechung zum **Organisationsverschulden** (vgl. Matusche-Beckmann 2001) eine weitere zivilrechtliche Organisationspflicht ab.

Ferner ergeben sich aus § 831 BGB Abs. 1 umfangreiche Pflichten für die Geschäftsleitung bei der Delegation von Aufgaben. Demzufolge hat die Geschäftsleitung eine ordnungsgemäße Auswahl der Mitarbeiter, eine den übertragenen Aufgaben angemessene Einweisung und eine ständige Überwachung der entsprechenden Mitarbeiter sicher zu stellen.

Des Weiteren werden Pflichtverletzungen im Rahmen einer ordnungsgemäßen Organisation durch das Ordnungswidrigkeitenrecht erfasst. Laut 130 OWiG haben Inhaber oder Geschäftsführer eine Aufsichtspflicht, dass betriebsbezogene Pflichten eingehalten werden. Ein Verletzen der Aufsichtspflicht kann mit Bußgeld geahndet werden. In Anbetracht der Tatsache, dass eine Vielzahl öffentlich-rechtlicher Pflichten eines Unternehmens in irgendeiner Form gesetzlich mit Bußgeld behaftet sind (z. B. Steuer-, Umwelt, Datenschutz, Außenwirtschafts-, Produkthaftungs- oder Korruptionsrecht), ergeben sich auch aus dem Ordnungswidrigkeitenrecht vielfältigste Verpflichtungen für eine ordnungsgemäße Betriebsorganisation.

1.3 Formale und informale Regeln

In Betriebswirtschafts- und Managementlehre werden alle drei vorgestellten Organisationsbegriffe parallel verwendet, wenn auch je nach Fragestellung und Autor mit unterschiedlichen Schwerpunkten. Gemeinsam ist ihnen, dass sie Organisationsstrukturen als geplante und offiziell verabschiedete Regelungen verstehen, die das Verhalten der Beschäftigten auf gemeinsame Ziele ausrichten sollen. In der betrieblichen Praxis existieren jedoch neben der formalen (häufig auch: formellen) Organisationsstruktur immer auch eine informale (häufig auch: informelle). Diese liegt vor, wenn einzelne Beschäftigte von den offiziellen Regeln abweichen bzw. deren Lücken durch ihr Verhalten individuell füllen. Diese inoffiziellen Regeln werden von den Einzelnen meist unbewusst aufgestellt und angewendet und sind für Dritte nicht immer unmittelbar zu erkennen. Sie beruhen auf individuellen Zielen, Sympathien, Denk- und Verhaltensweisen einzelner oder einer Gruppe von Organisationsmitgliedern. Die informale Organisation kann die formale ergänzen, indem sie Schwächen oder Lücken offizieller Regeln ausgleichen, oder die offiziellen Regeln unterlaufen und behindern.

Das Bild des organisatorischen Eisbergs veranschaulicht, dass in einem Unternehmen die formalen Regeln oftmals nur den kleineren Teil der tatsächlich gelebten Regeln ausmachen (vgl. Abb. 4).

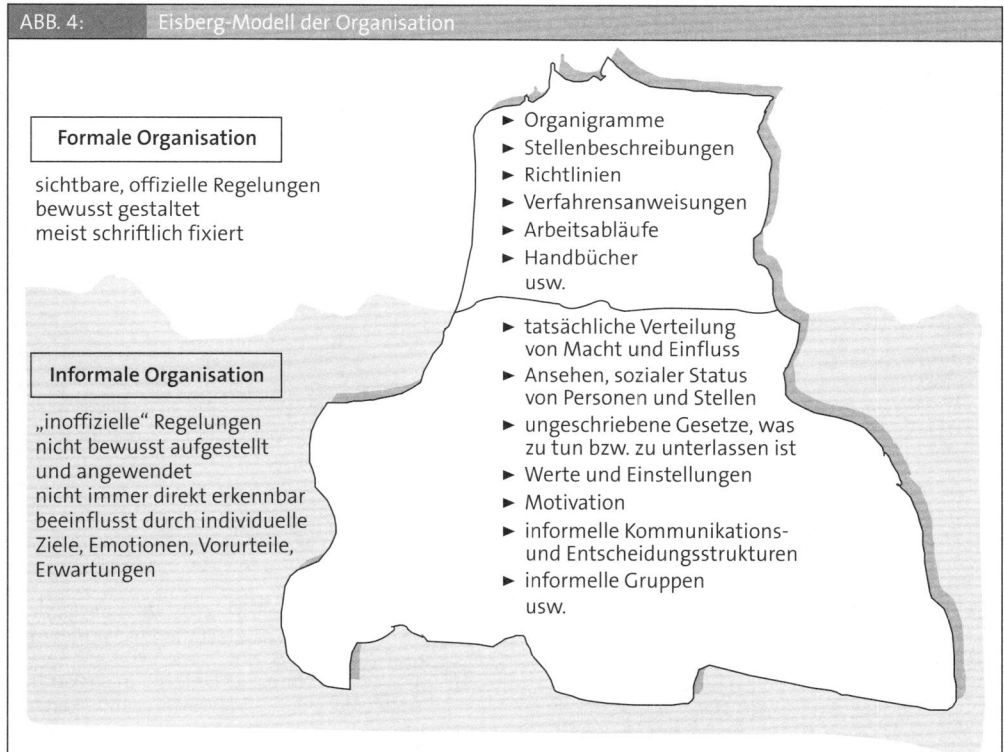

ABB. 4: Eisberg-Modell der Organisation

Formale Organisation

sichtbare, offizielle Regelungen
bewusst gestaltet
meist schriftlich fixiert

► Organigramme
► Stellenbeschreibungen
► Richtlinien
► Verfahrensanweisungen
► Arbeitsabläufe
► Handbücher
usw.

Informale Organisation

„inoffizielle" Regelungen
nicht bewusst aufgestellt
und angewendet
nicht immer direkt erkennbar
beeinflusst durch individuelle
Ziele, Emotionen, Vorurteile,
Erwartungen

► tatsächliche Verteilung
von Macht und Einfluss
► Ansehen, sozialer Status
von Personen und Stellen
► ungeschriebene Gesetze, was
zu tun bzw. zu unterlassen ist
► Werte und Einstellungen
► Motivation
► informelle Kommunikations-
und Entscheidungsstrukturen
► informelle Gruppen
usw.

In der betrieblichen Praxis ist die Kenntnis der informalen Organisation mindestens so wichtig wie die der formalen. Es genügt meist nicht, nur die offiziellen Regeln zu kennen. Man muss auch wissen, welche davon im Arbeitsalltag wirklich gelten und wer trotz fehlender formaler Befugnisse tatsächlich über Einfluss und Macht verfügt. Auch beim Gestalten von Organisationsstrukturen empfiehlt es sich, die informale Organisation zu beachten. Sonst kann es passieren, dass noch so optimal formulierte offizielle Regeln an geltenden „ungeschriebenen Gesetzen" scheitern. Mit Aspekten der informalen Organisation befassen sich neben der Organisationslehre vor allem die Organisationssoziologie und -psychologie. Traditionell galt die informale Organisation eher als Störquelle, die durch die formale Organisationsgestaltung weitgehend auszuschalten galt. Heutzutage wird die informale Organisation vielfach als natürlicher Bestandteil akzeptiert oder gar als Ausdruck der Selbstorganisationsfähigkeit interpretiert und daher von Seiten der Unternehmensleitung bewusst verstärkt.

1.4 Schichtenmodell der Organisation

Weder einer der drei hier skizzierten Organisationsbegriffe noch einer der zahlreichen organisationstheoretischen Ansätze vermag die Komplexität einer Organisation vollständig abzubilden und zu erklären. Sie sind vielmehr als Hilfestellungen zu verstehen, um den Begriff Organisation aus bestimmten Blickwinkeln zu betrachten. Dabei werden jeweils unterschiedliche Aspekte der Organisation und damit auch des Organisierens in den Vordergrund gerückt, andere wiederum vernachlässigt. Die einzelnen Blickwinkel schließen einander nicht grundsätzlich aus, sie sind vielmehr auf unterschiedlichen Ebenen angesiedelt.

Die Zusammenhänge der einzelnen Analyse- und Gestaltungsebenen sollen in Anlehnung an Perich (1992, S. 151 f.) mit Hilfe eines Schichtenmodells verdeutlicht werden. Dieses Modell geht über die Unterscheidung von formaler und informaler Organisation des Eisbergmodells (vgl. Abb. 4) hinaus und betrachtet fünf statt nur zwei Schichten. So soll zum einen der Vielschichtigkeit des Organisationsbegriffs besser Rechnung getragen, zum anderen die praktische Analyse und Gestaltung von Organisationen erleichtert werden. Die äußeren Schichten sind dabei in tiefer liegende Schichten eingebettet. Aufgrund ihrer starken Vernetzung beeinflussen sich die Schichten oft gegenseitig. Nachfolgend werden die einzelnen Schichten von außen nach innen vorgestellt (vgl. Abb. 5):

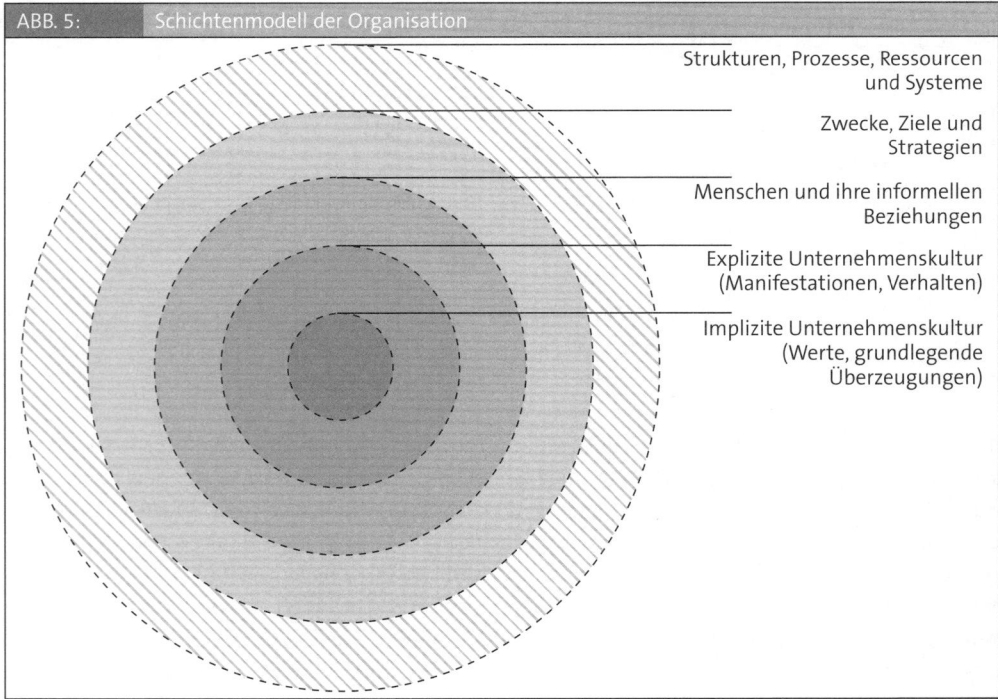

ABB. 5:   Schichtenmodell der Organisation

Strukturen, Prozesse, Ressourcen und Systeme

Zwecke, Ziele und Strategien

Menschen und ihre informellen Beziehungen

Explizite Unternehmenskultur (Manifestationen, Verhalten)

Implizite Unternehmenskultur (Werte, grundlegende Überzeugungen)

► **Strukturen, Prozesse, Ressourcen und Systeme:** Sie bilden die äußerste Schicht einer Organisation und beziehen sich auf den unmittelbar sichtbaren und formalen Teil. Hierunter fallen alle formalen Regelungen, die ein effizientes Zusammenwirken der am Wertschöpfungsprozess Beteiligten gewährleisten sollen und die für eine gute Koordination und Motivation erforderlichen Planungs-, Überwachungs-, Steuerungs-, Informations- und Anreizsysteme (vgl. Abb. 6). Zur äußersten Schicht zählt ferner die Ausstattung der einzelnen Organisationseinheiten mit Ressourcen (insb. Personal, Betriebsmittel, Gebäude).

Entsprechend dem instrumentalen Organisationsbegriff dient die äußerste, sichtbare Schicht dazu, strategische Entscheidungen operativ umzusetzen und so die Unternehmensziele effizient zu erreichen. Dass Unternehmen ihre Strukturen und Prozesse an ihren jeweiligen Strategien ausrichten, wurde empirisch wiederholt gezeigt und mit der griffigen Formel „structure follows strategy" gut zum Ausdruck gebracht (vgl. Kieser/Walgenbach 2007, S. 245 ff.).

Die in der betrieblichen Praxis meist anzutreffende Lücke zwischen offiziell gültigen und tatsächlich gelebten Regelungen macht deutlich, dass Zusammenhänge zwischen der äußersten und tiefer liegenden Schichten bestehen, wie etwa den informellen Beziehungen oder der impliziten Unternehmenskultur.

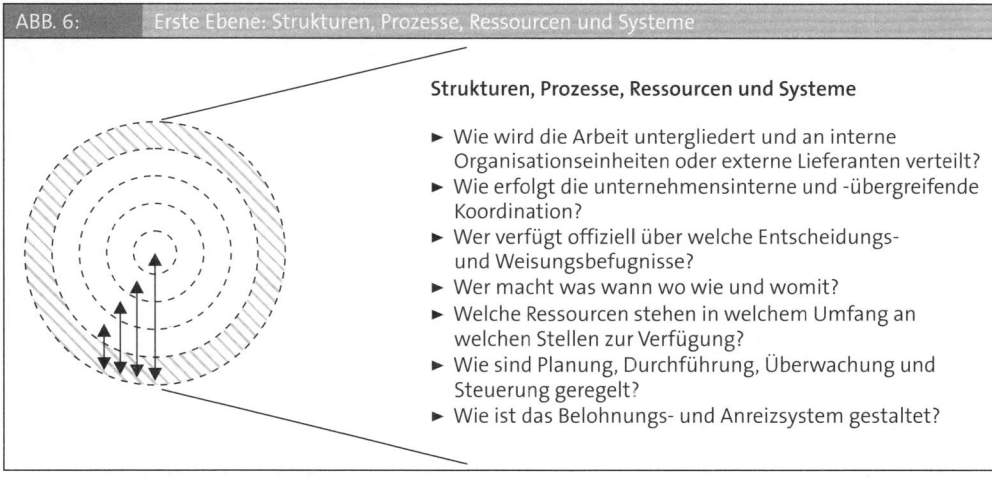

ABB. 6: Erste Ebene: Strukturen, Prozesse, Ressourcen und Systeme

Strukturen, Prozesse, Ressourcen und Systeme

► Wie wird die Arbeit untergliedert und an interne Organisationseinheiten oder externe Lieferanten verteilt?
► Wie erfolgt die unternehmensinterne und -übergreifende Koordination?
► Wer verfügt offiziell über welche Entscheidungs- und Weisungsbefugnisse?
► Wer macht was wann wo wie und womit?
► Welche Ressourcen stehen in welchem Umfang an welchen Stellen zur Verfügung?
► Wie sind Planung, Durchführung, Überwachung und Steuerung geregelt?
► Wie ist das Belohnungs- und Anreizsystem gestaltet?

► **Zwecke, Ziele und Strategien:** Damit die formale Organisation dazu dienen kann Strategien und Maßnahmen zielorientiert und effizient umzusetzen, müssen eindeutige Ziele und Strategien vorhanden sein, an denen die formale Organisation ausgerichtet werden soll. Diese Informationen können, müssen aber nicht in schriftlicher Form dokumentiert sein. Um die Umsetzungschancen zu erhöhen, werden Unternehmensziele und Strategien häufig in Teilziele sowie bereichsspezifische Strategien untergliedert. Ziele und Strategien sind meist das Resultat von Einschätzung der Chancen und Risiken der relevanten Unternehmensumwelt, der unternehmensinternen Stärken und Schwächen sowie der persönlichen Wertvorstellungen des Top-Managements.

Die Entscheidung, welche Ziele und Strategien verfolgt werden, ist in der Regel keine reine Sachentscheidung, wie die Managementlehre suggerieren mag. Bei solchen Grundsatzentscheidungen geht es immer auch darum, welche Mitglieder der obersten Führungsebene oder welche Interessengruppen (z. B. Anteilseigner, Investoren) ihre Vorstellungen in welchem Umfang durchsetzen können. Ferner zeigt die Praxis, dass die tatsächlich verfolgten Ziele und Strategien nicht immer mit den offiziell verlautbarten übereinstimmen. Beide Beispiele machen deutlich, dass der Übergang zur nächstliegenden Schicht fließend ist.

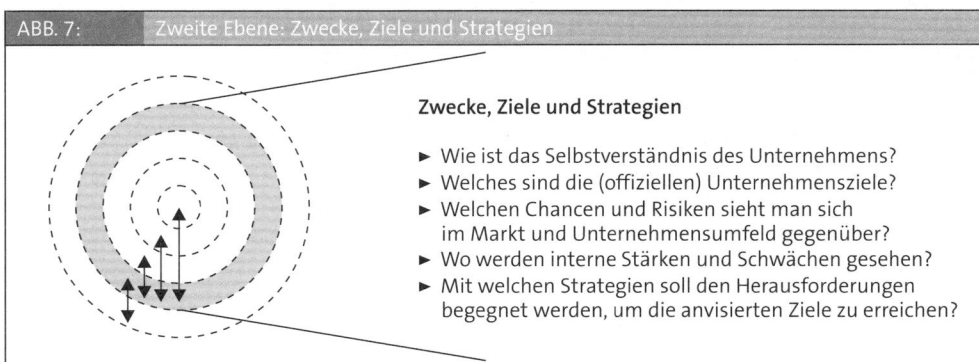

ABB. 7: Zweite Ebene: Zwecke, Ziele und Strategien

Zwecke, Ziele und Strategien

► Wie ist das Selbstverständnis des Unternehmens?
► Welches sind die (offiziellen) Unternehmensziele?
► Welchen Chancen und Risiken sieht man sich im Markt und Unternehmensumfeld gegenüber?
► Wo werden interne Stärken und Schwächen gesehen?
► Mit welchen Strategien soll den Herausforderungen begegnet werden, um die anvisierten Ziele zu erreichen?

► **Menschen und ihre informalen Beziehungen:** Formale organisatorische Regelungen haben den Zweck, das Verhalten der Organisationsmitglieder bzw. Beschäftigten so zu beeinflussen, dass die definierten Strategien operativ umgesetzt und die übergeordneten Ziele erreicht werden. Organisatorische Regelungen können aber nur dann diese Wirkungskette auslösen, wenn die Menschen, für die die organisatorischen Regelungen aufgestellt werden, diese auch konsequent anwenden können und wollen. Die Menschen mit ihren fachlichen, methodischen und sozialen Fähigkeiten sowie ihrer Motivation und Zufriedenheit, ihren Einstellungen und Verhaltensweisen sind für die Wirksamkeit definierter Strukturen und Prozesse und damit das Erreichen von Unternehmenszielen von großer Bedeutung. Es verwundert daher nicht, wenn heute Manager trotz innovativer Organisationsformen und modernster Technologien vielfach die Mitarbeiter als das wichtigste Vermögensgut von Unternehmen bezeichnen.

Unter den in einem Unternehmen arbeitenden Menschen nehmen die Führungskräfte eine besondere Rolle ein. Ihre Wahrnehmung und ihr Verhalten beeinflussen direkt oder indirekt das Verhalten der ihnen anvertrauten Mitarbeiter.

Darüber hinaus spielen auch informale Beziehungen unter Mitarbeitern und Führungskräften (d. h. Sympathien, Antipathien, informelle Gruppen, Konflikte, informale Macht- und Einflussstrukturen) eine bedeutende Rolle für die Leistungsfähigkeit einer Organisation. Dieser informale Teil der Organisation kann dazu beitragen, die formalen Regeln mit Leben zu füllen oder gar durch eigene Initiative zu ergänzen. Er kann aber auch – etwa wenn einzelne Personen oder Personengruppen Ziele verfolgen, die mit den offiziellen Zielen nicht oder nur bedingt kompatibel sind – die Leistungsfähigkeit erheblich beeinträchtigen.

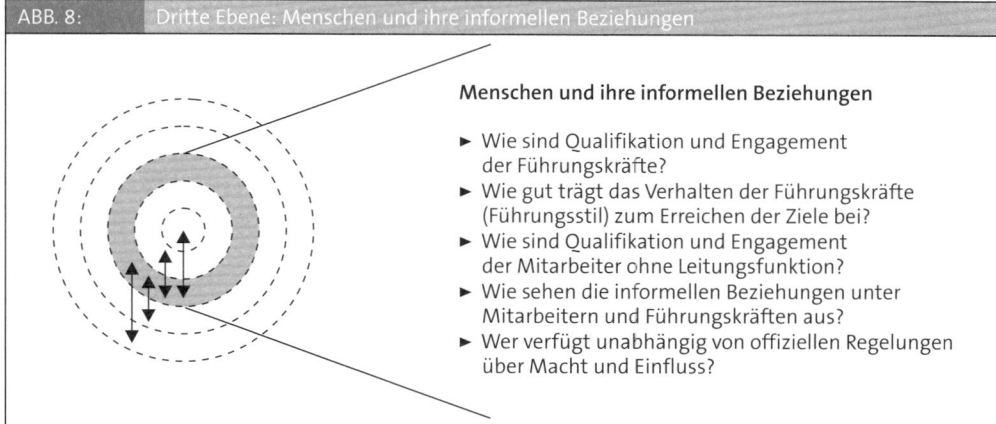

ABB. 8: Dritte Ebene: Menschen und ihre informellen Beziehungen

Menschen und ihre informellen Beziehungen

► Wie sind Qualifikation und Engagement der Führungskräfte?
► Wie gut trägt das Verhalten der Führungskräfte (Führungsstil) zum Erreichen der Ziele bei?
► Wie sind Qualifikation und Engagement der Mitarbeiter ohne Leitungsfunktion?
► Wie sehen die informellen Beziehungen unter Mitarbeitern und Führungskräften aus?
► Wer verfügt unabhängig von offiziellen Regelungen über Macht und Einfluss?

► **Unternehmenskultur:** Das Denken und Handeln der Beschäftigten kann nicht nur durch formale Regeln, persönliche Anweisungen, Ziele oder Strategien, sondern auch durch emotional verankerte gemeinsame Werte beeinflusst werden. Sie entstehen im Verlauf der Unternehmensgeschichte aus Erfahrung und entwickeln sich permanent weiter (vgl. Sackmann 2002, S. 25). Die Gesamtheit der geltenden Wertvorstellungen und Verhaltensnormen bildet die Unternehmenskultur.

Sie findet ihren Ausdruck beispielsweise in Form von Unternehmens- und Führungsleitlinien, Artefakten sowie typischen Kommunikations- und Verhaltensmustern (sog. explizite Unternehmenskultur). Solche wahrnehmbaren Aspekte der Unternehmenskultur können jedoch nur interpretiert und verstanden werden, wenn die zugrunde liegenden Werte und Normen bekannt sind. In ihnen ist beispielsweise verankert, was im Unternehmen für wichtig bzw. weniger wichtig erachtet wird, wie Entscheidungen getroffen werden und Arbeitsprozesse ablaufen sollen oder wie mit Problemen und Veränderungsvorschlägen umzugehen ist. Da diese grundlegenden Überzeugungen nur indirekt zugänglich sind, werden sie auch als implizite Unternehmenskultur bezeichnet. Sie sind den Betroffenen oft selbst nicht mehr bewusst, sie beruhen auf Erfahrungen, sie sind zur Gewohnheit geworden und emotional verankert (vgl. Sackmann 2002, S. 34).

Die Unternehmenskultur ist insofern mit höher gelegenen Schichten verknüpft, als sie Wahrnehmung, Denken, Handeln und Fühlen der Arbeitskräfte beeinflusst und sich damit auch auf deren Motivation und Zufriedenheit, die sozialen Beziehungen im Unternehmen und innerbetriebliche Kommunikations- und Koordinationsprozesse auswirkt. Die Unternehmenskultur ist ein wesentlicher Teil der informalen bzw. informellen Organisation.

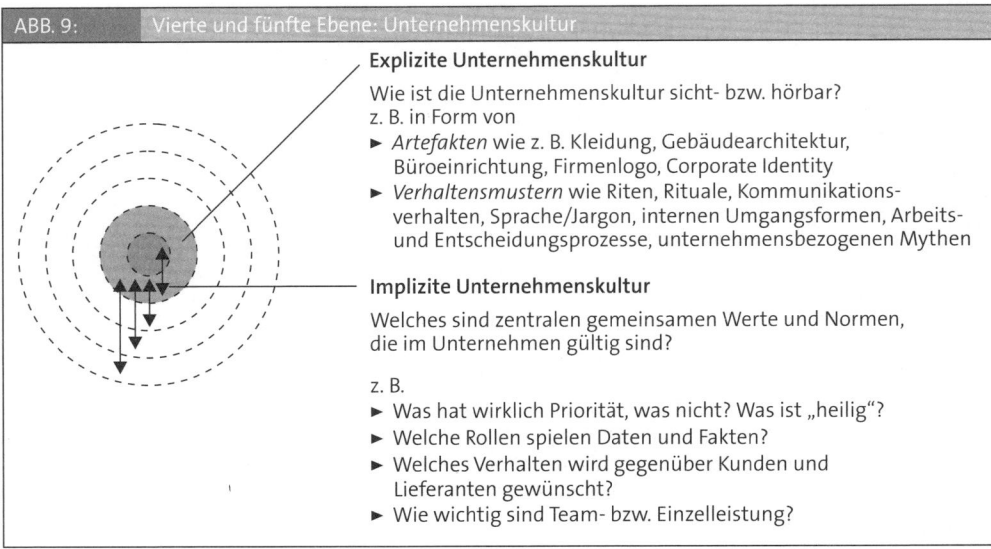

ABB. 9: Vierte und fünfte Ebene: Unternehmenskultur

Explizite Unternehmenskultur

Wie ist die Unternehmenskultur sicht- bzw. hörbar?
z. B. in Form von

► *Artefakten* wie z. B. Kleidung, Gebäudearchitektur, Büroeinrichtung, Firmenlogo, Corporate Identity
► *Verhaltensmustern* wie Riten, Rituale, Kommunikationsverhalten, Sprache/Jargon, internen Umgangsformen, Arbeits- und Entscheidungsprozesse, unternehmensbezogenen Mythen

Implizite Unternehmenskultur

Welches sind zentralen gemeinsamen Werte und Normen, die im Unternehmen gültig sind?

z. B.

► Was hat wirklich Priorität, was nicht? Was ist „heilig"?
► Welche Rollen spielen Daten und Fakten?
► Welches Verhalten wird gegenüber Kunden und Lieferanten gewünscht?
► Wie wichtig sind Team- bzw. Einzelleistung?

Zweifellos lassen sich die einzelnen Schichten in der Realität oft nicht trennscharf unterscheiden. Darin liegt auch nicht die eigentliche Absicht des Modells. Es soll vor allem die Vielschichtigkeit des Organisationsbegriffs zeigen und die vielfältigen Abhängigkeiten der einzelnen, mehr oder weniger sichtbaren Schichten deutlich zu machen. Die sichtbaren Schichten sind immer nur ein kleiner Teil des Ganzen, das sich häufig erst durch das Vordringen in tiefer liegende, nicht direkt sichtbare Schichten erschließt. Daher kann ein intelligentes Behandeln von Organisationsfragen oft nicht auf die äußerste Schicht begrenzt werden. Vor allem bei umfassenden organisatorischen Veränderungen ist es erforderlich, auch tiefer liegende Schichten zu betrachten und gegebenenfalls neu zu gestalten. In der Regel ist das Gestalten und Verändern tiefer liegender Schichten schwieriger und langwieriger als das äußerer Schichten. Denkweisen und Einstellungen von Menschen oder Unternehmenskulturen können oft nur über längere Zeiträume durch gezielte Personalentwicklung geändert werden, während sich organisatorische Strukturen und Prozesse in vergleichsweise kurzen Zeiträumen neu gestalten lassen.

Der Schwerpunkt dieses Buches liegt zwar auf dem Gestalten und Verändern von generellen Regelungen (= äußerste Schicht). Dies erscheint für die Entwicklung einer organisatorischen Fach- und Methodenkompetenz eine sinnvolle didaktische Schwerpunktsetzung. Der Vielschichtigkeit des Organisationsbegriffs wird jedoch dadurch Rechnung getragen, dass wiederholt Bezüge zu anderen Gestaltungsebenen aufgezeigt werden. Vor allem um organisatorische Veränderungsprozesse verstehen und gestalten zu können, ist das gleichzeitige Betrachten mehrerer Schichten erforderlich (vgl. Kapitel 5).

1.5 Organisation – was soll sie bewirken?

Die Frage, was die Tätigkeit des Organisierens bzw. deren Ergebnis (die Organisationsstruktur) bewirken soll, ist nicht ohne weiteres zu beantworten. Die Antwort ist nicht nur abhängig von der (unternehmens-)spezifischen Situation, sondern auch von der Betrachtungsperspektive (vgl. Abb. 10).

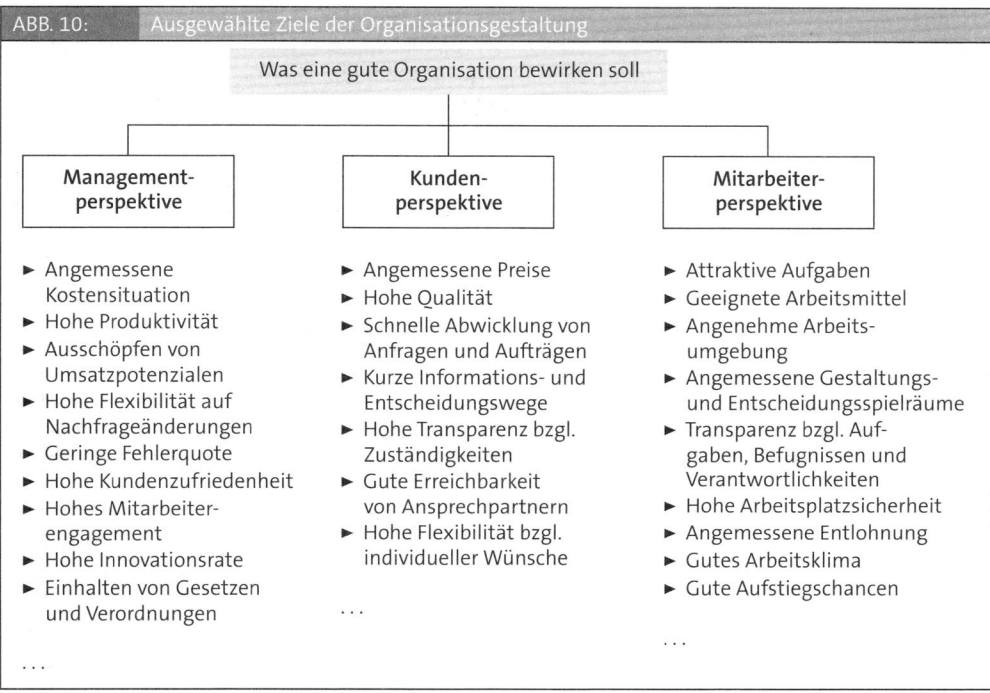

ABB. 10:   Ausgewählte Ziele der Organisationsgestaltung

Was eine gute Organisation bewirken soll

Management-perspektive	Kunden-perspektive	Mitarbeiter-perspektive
▶ Angemessene Kostensituation	▶ Angemessene Preise	▶ Attraktive Aufgaben
▶ Hohe Produktivität	▶ Hohe Qualität	▶ Geeignete Arbeitsmittel
▶ Ausschöpfen von Umsatzpotenzialen	▶ Schnelle Abwicklung von Anfragen und Aufträgen	▶ Angenehme Arbeits-umgebung
▶ Hohe Flexibilität auf Nachfrageänderungen	▶ Kurze Informations- und Entscheidungswege	▶ Angemessene Gestaltungs- und Entscheidungsspielräume
▶ Geringe Fehlerquote	▶ Hohe Transparenz bzgl. Zuständigkeiten	▶ Transparenz bzgl. Auf-gaben, Befugnissen und Verantwortlichkeiten
▶ Hohe Kundenzufriedenheit	▶ Gute Erreichbarkeit von Ansprechpartnern	▶ Hohe Arbeitsplatzsicherheit
▶ Hohes Mitarbeiter-engagement	▶ Hohe Flexibilität bzgl. individueller Wünsche	▶ Angemessene Entlohnung
▶ Hohe Innovationsrate	· · ·	▶ Gutes Arbeitsklima
▶ Einhalten von Gesetzen und Verordnungen		▶ Gute Aufstiegschancen
· · ·		· · ·

▶ **Aus Sicht von Management und Kapitaleignern** geht es im Sinne des instrumentalen Begriffsverständnisses meist darum, mit Hilfe der Organisation geeignete Voraussetzungen zum effizienten Erreichen der Unternehmensziele zu schaffen. Da Unternehmen auf Dauer nur erfolgreich sein können, wenn sie sowohl produktiv als auch innovativ sind, muss die Organisation zwei sehr unterschiedlichen Herausforderungen gerecht werden.

Neben rein betriebswirtschaftlichen Zielen sind Management und Kapitaleigner zunehmend bestrebt, durch geeignete und transparente organisatorische Strukturen und Prozesse das Risiko von Haftungsansprüchen so gering wie möglich zu halten. Korruptionsaffären, Umweltskandale, Störfälle oder Katastrophen, die auf fehlende oder unzureichende organisatorische Vorkehrungen zurückgeführt werden konnten, haben in jüngster Zeit zu einer entsprechenden Sensibilisierung beigetragen.

▶ Aus Sicht von externen Leistungsempfänger, **Kunden** oder Vertriebspartner sollen organisatorische Strukturen und Prozesse vor allem geeignet sein, kurze Reaktionszeiten, geringe Fehlerquoten und niedrige Preise zu gewährleisten.

▶ Aus Sicht der **Mitarbeiter** sind häufig Ziele wie Erhalt von Arbeitsplätzen, Attraktivität der Arbeit, ausreichende individuelle Gestaltungs- und Entscheidungsspielräume und angemessene Entlohnung von zentraler Bedeutung.

Im Idealfall sollten organisatorische Rahmenbedingungen geschaffen werden, unter denen die Beschäftigten Freude an der Arbeit haben und produktiv sind, die Kunden zufrieden gestellt und die wirtschaftlichen Ziele von Management und Kapitalgebern erreicht werden. In der Realität sind jedoch die Ziele innerhalb einer Interessengruppe, aber vor allem zwischen unterschiedlichen Interessengruppen nicht immer kompatibel. Aus Sicht von Management und Kapitalgebern etwa muss die Unternehmensorganisation geeignet sein, Innovationen in angemessener Zeit und Qualität hervorzubringen als auch eine hohe Produktivität sicherzustellen. Das gleichzeitige Realisieren dieser beiden Ziele gelingt oft nicht, weil die Wirkungen entsprechender organisatorischer Maßnahmen (z. B. hoch standardisierte und nur mit den nötigsten Ressourcen ausgestattete Prozesse versus unstandardisierte und mit ausreichend Personal und Freiräumen ausgestattete Prozesse) nicht kompatibel sind. Das Konfliktpotenzial zwischen Management und Belegschaft wird beispielsweise deutlich, wenn die Geschäftsleitung zum Verbessern der Unternehmensrendite Arbeitsplätze in Niedriglohnländer verlagern oder freiwillige Sozialleistungen reduzieren möchte. Welche Interessen beim Organisieren im Falle von Zielkonflikten verfolgt werden, ist abhängig von den existierenden Machtverhältnissen und dem Ergebnis unternehmensinterner Aushandlungsprozesse.

HINWEIS:

Effektivität und Effizienz

Bei der Frage, was durch die Organisation bewirkt werden soll, geht es unabhängig von den im Einzelfall verfolgten Zielen häufig um das Steigern von Effektivität und Effizienz.

Die **Effektivität** gilt als Maßgröße inwieweit eine Maßnahme bzw. die damit erzielte Leistung (Output) zum Erreichen definierter Ziele beträgt. Effektiv ist ein Unternehmen dann, wenn es im Sinne der jeweiligen Ziele „das Richtige tut". Effektivität lässt sich sicherstellen, indem die zu erreichenden Ziele klar formuliert und über verschiedene Hierarchieebenen schrittweise schlüssig abgeleitet und konkretisiert werden.

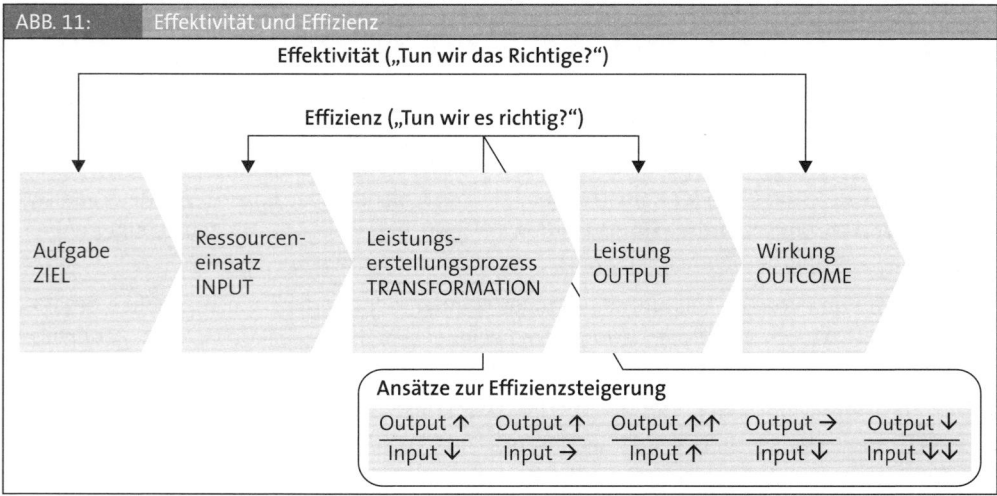

ABB. 11: Effektivität und Effizienz

Effizienz ist eine Maßgröße für die Wirtschaftlichkeit des Ressourceneinsatzes zum Erreichen eines Ziels. Sie ist gegeben, wenn entweder mit gegebenen Ressourcen der höchste Output (Maximum-Prinzip) oder ein definierter Output mit geringstem Ressourceneinsatz (Minimum-Prinzip) erreicht wird. Effizient ist ein Unternehmen, wenn es im Sinne des Output-Input-Verhältnisses „etwas richtig tut".

In der Betriebswirtschaftslehre werden zur Messung der Effizienz häufig folgende drei Kennzahlen verwendet:

▶ **Produktivität:** Sie gibt die mengenmäßige Ergiebigkeit betrieblichen Handelns wider und erlaubt eine Bewertung, wie gut die eingesetzten Produktionsfaktoren genutzt werden. Diese Kennzahl wird ermittelt, indem Output und Input in Relation gesetzt werden. Entsprechend der verschiedenen Produktionsfaktoren lassen sich unterschiedlichste Produktivitätskennzahlen ermitteln (z. B. Arbeitsproduktivitäten, Maschinenproduktivitäten).

▶ **Wirtschaftlichkeit:** Sie beschreibt die monetär bewertete Ergiebigkeit betrieblichen Handelns und wird meist als Verhältnis zwischen Aufwand und Ertrag oder zwischen Leistungen und Kosten definiert.

▶ **Rentabilität:** Sie beschreibt die monetär bewertete Ergiebigkeit des eingesetzten Kapitels, indem sie die Höhe der Kapitalverzinsung während einer definierten Zeitspanne misst.

Organisatorische Maßnahmen sollten sowohl effektiv als auch effizient sein. Nur so ist sichergestellt, dass sie mit einem angemessenen Aufwand auch zum gewünschten Ziel führen. Je nach Ausgangssituation sind in Organisationsprojekten Effektivität und/oder Effizienz existierender organisatorischer Regelungen zu verbessern.

Das Messen von organisatorischer Effektivität und Effizienz gehört zu den komplexesten Aufgaben der Organisationslehre (vgl. Scholz 1992). Es verwundert daher nicht, dass in der Wissenschaft bislang keine allgemein anerkannte Methode zum exakten Messen von Effektivität und Effizienz organisatorischer Maßnahmen existiert. Unternehmen und Berater behelfen sich meist mit ausgewählten Wirtschaftlichkeitskennzahlen.

1.6 Wie Organisation zum Erfolgsfaktor werden kann

Was unterscheidet erfolgreiche Unternehmen von weniger erfolgreichen? Welches sind die zentralen Einflussgrößen auf den dauerhaften Unternehmenserfolg? Auf diese und ähnliche Fragen suchen Wissenschaftler und Unternehmensberater weltweit seit vielen Jahren nach Antworten.

Wie die Übersicht ausgewählter Ergebnisse der Erfolgsfaktorenforschung in Abbildung 12 zeigt, kommen die verschiedensten Studien zu recht unterschiedlichen Aussagen (vgl. Kirby 2005, S. 92-103). Auffallend ist, dass neben klassischen Managementmaßnahmen wie etwa das Steigern der Produktivität, das Verkaufen oder Schließen wachstumsschwacher Unternehmenseinheiten vor allem die Unternehmenskultur als wichtiger Erfolgsfaktor erachtet wird. Auch die Organisation wurde wiederholt als Erfolgsfaktor identifiziert. Sie kann im Zusammenwirken mit anderen Faktoren – etwa einer überzeugenden Strategie, attraktiven Produkten, qualifizierten und motivierten Mitarbeitern oder einer starken Unternehmenskultur – wesentlich zum Erfolg von Unternehmen beitragen.

Was Spitzenunternehmen besonders gut machen

Peters, T./Waterman, R.	Simon, H.	Katzenbach, J.R.	Joyce, W./Nohria, N./Roberson, B.
▶ Sie agieren aktiv.	▶ Streben nach klaren, anspruchsvollen Zielen.	Bemühen sich ständig um eine der fünf Disziplinen:	Wenden die 4+2-Formel an: überdurchschnittliche Leistungen in
▶ Sind dem Kunden nah.	▶ Konzentrieren sich auf Kernkompetenzen.	▶ Mission, Werte und Stolz,	▶ vier *primären Disziplinen* gleichzeitig (Strategie, Umsetzung, Kultur und Struktur)
▶ Fördern Autonomie und Unternehmertum.	▶ Größeneffekte durch weltweite Vermarktung.	▶ Abläufe und Kennzahlen,	
▶ Mitarbeiter als Quelle von Produktivitätssteigerungen	▶ Hohe Kundennähe. Verkaufen ihre Leistung primär über den Wert ihrer Leistung.	▶ Unternehmergeist,	▶ und in zwei von vier *sekundären Disziplinen* (Talente, Führung, Innovation sowie Fusionen und Partnerschaften).
▶ Praktisches, sichtbar gelebtes Wertesystem		▶ Leistungen des Einzelnen,	
▶ Konzentrieren sich auf Kerngeschäft	▶ Verbessern kontinuierlich Produkte und Prozesse.	▶ Anerkennung und Würdigung.	
▶ Einfache Organisation, Effiziente Belegschaft	▶ Vertrauen auf eigene Stärken.		
▶ Freiheit und Kontrolle	▶ Realisieren einfache Strukturen und Prozesse.		
	▶ Leben Führerschaft vor, autoritär-partizipativer Führungsstil		

Ein Ansatz, der die Wirkungszusammenhänge verschiedener Erfolgsfaktoren sehr anschaulich zum Ausdruck bringt, ist das 7S-Modell von McKinsey (vgl. Abb. 13). Hierbei verkörpern die Strategie, die (Organisations-)Struktur und die Systeme die harten Faktoren, mit deren Hilfe sich ein Unternehmen gegenüber anderen auszeichnen soll. Das Selbstverständnis, der (Führungs-)Stil, das Stammpersonal und die besonderen Kenntnisse und Fertigkeiten (Spezialkenntnisse) werden zu den weichen Faktoren gerechnet. Sie dienen dazu, die harten Faktoren zu unterstützen. Das Modell verdeutlicht, dass aufgrund der gegenseitigen Vernetzung bei Änderungen einzelner Faktoren stets analysiert werden sollte, wie diese ins Gesamtkonzept passen bzw. inwieweit andere Faktoren entsprechend zu ändern sind.

ABB. 13:   7S-Modell von McKinsey (Quelle: Peters/Waterman 1984, S. 32)

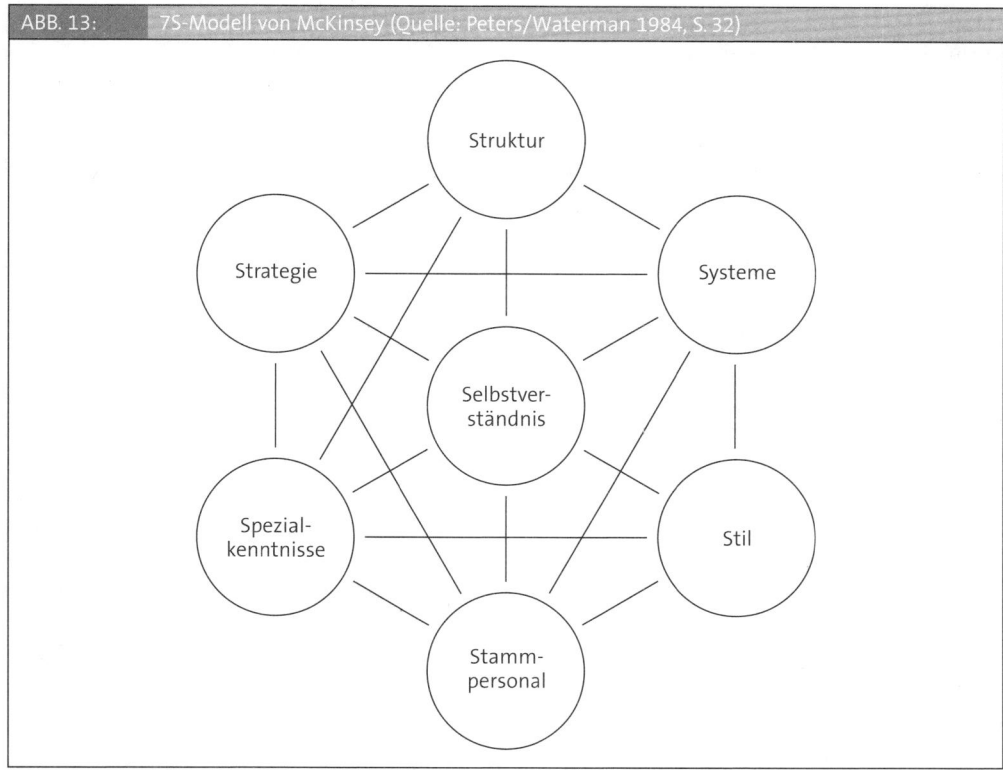

Der Erfolgsbeitrag der Organisation besteht vor allem darin, durch geeignete Strukturen und Prozesse elementare Voraussetzungen für die Umsetzung von Strategien zu schaffen. Entscheidungen bezüglich organisatorischer Strukturen und Prozesse bilden wiederum eine wichtige Grundlage, an der sich die Ausgestaltung von Informations-, Management- oder Anreizsystemen orientieren sollte. Diese Beispiele wechselseitiger Wirkungszusammenhänge machen deutlich, dass die Organisation auf unterschiedliche Art und Weise wertvolle Beiträge zum Erfolg von Unternehmen leisten kann. Entscheidend ist, dass organisatorische Maßnahmen inhaltlich und zeitlich abgestimmt mit anderen Erfolgsfaktoren konzipiert und umgesetzt werden. Moderne Führungsinstrumente wie die Balanced Scorecard können helfen, die Ursache-Wirkungs-zusammenhänge von Erfolgsfaktoren in praktikabler Form zu identifizieren und zu gestalten (vgl. Kaplan/Norton 2001).

Nachfolgendes Praxisbeispiel veranschaulicht welchen Beitrag die Unternehmensorganisation beim Umsetzen von Strategien leisten kann.

Structure follows Strategy bei SAP

In Folge gravierender marktseitiger und technologischer Veränderungen hat sich die SAP AG, Weltmarktführer für betriebswirtschaftliche Standardsoftware, zu Beginn des 21. Jahrhunderts strategisch neu ausgerichtet. Die neue Strategie sah vor, sich von einem Anbieter isolierter Leistungen zu einem integrierten Problemlöser zu entwickeln. Hierfür wählte SAP eine hybride Wettbewerbsstrategie, die Kosten- und Differenzierungsvorteile verbindet.

Aufgrund der geänderten Unternehmensstrategie waren strukturelle und personelle Veränderungen erforderlich. Hiervon waren große Teile der SAP AG betroffen, z. B. die Bereiche Marketing, Service & Support, Beratung, Vertrieb, Aus- und Weiterbildung sowie Personalwesen.

Im Vertrieb beispielsweise wurden die weltweiten Aktivitäten unter dem Dach der Global Field Operations zusammengefasst und einem globalen Vertriebsvorstand unterstellt. Diese neue Organisationseinheit vereinheitlicht die Vertriebsprozesse in den verschiedenen Ländern und definiert die Aufgaben und Initiativen auf globaler Ebene. Die Umsetzung erfolgt jedoch weiterhin kundenorientiert auf Basis der lokalen Gegebenheiten. Hierdurch kann SAP den Anforderungen der Kunden noch besser entsprechen (Differenzierungsvorteil) und gleichzeitig die Effizienz des Vertriebs weiter erhöhen (Kostenvorteil). Auch die Service-Organisation wurde zu einer globalen Einheit zusammengefasst, die es SAP ermöglicht, einen 24-Stunden Support an 7 Tagen pro Woche mit gleich bleibender, hoher Qualität kostengünstig sicher zu stellen.

In der Entwicklung wurde Ende 2003 die bis dahin geltende strikte Trennung zwischen 9 Industry Business Units (z. B. mySAP-Banking, mySAP-Automotive) und 16 Generic Business Units (z. B. mySAP-CRM, mySAP-SCM) aufgehoben. Aus verwandten und zusammengehörigen Business Units wurden Cluster gebildet und diese zu drei Business Solution Groups (BSGs) zusammengefasst. Dort sind jeweils alle für eine Branche relevanten Lösungen gebündelt. Die BSGs verfügen über eine umfassende Geschäftsverantwortung für ihren jeweiligen Bereich und haben klare Zielvorgaben in Bezug auf Umsatz, Marktanteil und Kundenzufriedenheit. Sie werden jeweils von einem Mitglied des Vorstands bzw. der erweiterten Geschäftsführung geleitet.

Unterstützt werden die BSGs von dem ebenfalls neu gegründeten Application Platform & Architecture Center, in dem alle globalen Forschungs- und Innovationsaktivitäten der SAP AG zusammengeführt wurden, um die Produktqualität weiter zu erhöhen und die Markteinführungszeiten zu reduzieren. In Zusammenarbeit mit dem 2003 eingerichteten Bereich Technology Platform, der aus dem früheren Bereich Technologie-Entwicklung hervorging, sorgt das Center für eine einheitliche Integrations- und Applikationsplattform. Es unterstützt die BSGs dabei, branchen- und lösungsspezifische Funktionalitäten sehr schnell zu entwickeln, zu konfigurieren und zu konfektionieren. Im obliegt die Entwicklung von modularen, wieder verwendbaren und in mehreren Branchen einsetzbaren Softwarekomponenten.

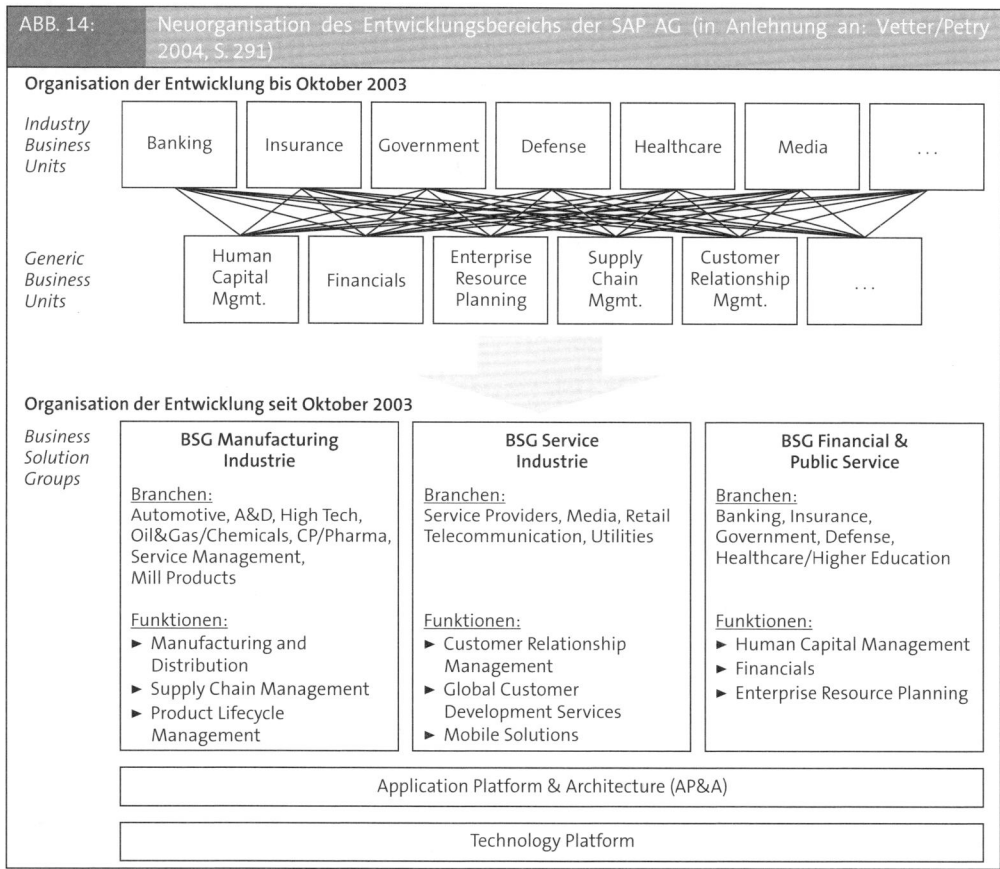

ABB. 14: Neuorganisation des Entwicklungsbereichs der SAP AG (in Anlehnung an: Vetter/Petry 2004, S. 291)

Organisation der Entwicklung bis Oktober 2003

Industry Business Units: Banking | Insurance | Government | Defense | Healthcare | Media | ...

Generic Business Units: Human Capital Mgmt. | Financials | Enterprise Resource Planning | Supply Chain Mgmt. | Customer Relationship Mgmt. | ...

Organisation der Entwicklung seit Oktober 2003

Business Solution Groups

BSG Manufacturing Industrie	BSG Service Industrie	BSG Financial & Public Service
Branchen: Automotive, A&D, High Tech, Oil&Gas/Chemicals, CP/Pharma, Service Management, Mill Products	Branchen: Service Providers, Media, Retail Telecommunication, Utilities	Branchen: Banking, Insurance, Government, Defense, Healthcare/Higher Education
Funktionen: ► Manufacturing and Distribution ► Supply Chain Management ► Product Lifecycle Management	Funktionen: ► Customer Relationship Management ► Global Customer Development Services ► Mobile Solutions	Funktionen: ► Human Capital Management ► Financials ► Enterprise Resource Planning

Application Platform & Architecture (AP&A)

Technology Platform

Die skizzierten organisatorischen Veränderungen sind eine direkte Konsequenz des Wandels der Strategie zum integrierten Problemlöser. Zur Umsetzung der hybriden Wettbewerbsstrategie wurden damit sowohl Kosten- als auch Differenzierungsziele verfolgt. Durch das Zusammenführen von mehreren, inhaltlich eng verbundenen Business Units verringerte sich der Koordinationsaufwand signifikant. Gemeinkosten konnten reduziert und Doppelarbeit vermieden werden. Darüber hinaus können Synergieeffekte durch eine effizientere Nutzung von Sach- und Personalkapazitäten erzielt und bereichsübergreifende Standards besser durchgesetzt werden. Die Bündelung der zusammenhängenden Aufgaben in den drei Business Solution Groups ermöglicht eine engere Leitung und Lenkung durch die Unternehmensführung. Gleichzeitig hat SAP im Zuge der organisatorischen Veränderungen auf eine projektorientierte Arbeitsweise umgestellt. Aufgrund dieser Maßnahme kann SAP nun wesentlich flexibler und schneller auf neue bzw. geänderte Kundenanforderungen reagieren und sich dadurch von seinen Wettbewerbern weiter differenzieren.

Quelle: vgl. Vetter/Petry 2004, S. 288 ff.

1.7 Zusammenfassung: Das Wichtigste in Kürze

Für alle, die an verantwortlicher Stelle den Erfolg von Unternehmen mitgestalten wollen, können Kenntnisse der Unternehmensorganisation und ihrer Wirkungspotenziale hilfreich sein. Sie bilden eine wichtige Grundlage, um Zusammenhänge in Unternehmen verstehen und organisatorischen Handlungsbedarf frühzeitig erkennen und kompetent lösen zu können.

Die Auffassungen darüber, was Organisation ist, sind sehr unterschiedlich. Im wissenschaftlichen Kontext existieren vor allem drei Begriffsverständnisse:

► der institutionale Begriff,
► der instrumentale Begriff,
► der funktionale Begriff.

Das Schichtenmodell der Organisation zeigt verschiedene Betrachtungsebenen und ihre Abhängigkeiten auf. Die Schichten von außen nach innen sind:

► Strukturen, Prozesse, Ressourcen und Systeme,
► Zwecke, Ziele und Strategien,
► Menschen und ihre informellen Beziehungen,
► Werte und Normen (Unternehmenskultur).

Das Modell macht deutlich, dass die sichtbaren Schichten immer nur ein kleiner Teil des Ganzen sind. Sie werden häufig erst durch das Vordringen in tiefer liegende, nicht direkt sichtbare Schichten nachvollziehbar. Organisationsanalyse und -gestaltung können sich daher oft nicht auf die äußerste Schicht beschränken. Vor allem bei tief greifenden organisatorischen Veränderungen kann es notwendig sein, tiefer liegende Schichten bis hin zur Unternehmenskultur zu betrachten und gegebenenfalls neu zu gestalten.

Die Antwort auf die Frage, was die Unternehmensorganisation bewirken soll, ist zum einen von den Anforderungen der (unternehmens-)spezifischen Situation, zum anderen von der Betrachtungsperspektive bzw. Interessenlage abhängig. Aus der häufig dominierenden Perspektive von Management und Kapitaleignern dient die Organisation in erster Linie dazu, Unternehmen effektiv und effizient zu machen.

In der Regel kann die Unternehmensorganisation kann ihr Wirkungspotenzial erst voll entfalten, wenn sie in enger inhaltlicher und zeitlicher Abstimmung mit anderen Erfolgsfaktoren gestaltet oder verändert wird.

2. Gestalten der Aufbauorganisation

Die Unterscheidung von Aufbau- und Ablauforganisation hat eine lange Tradition in der deutschsprachigen betriebswirtschaftlichen Organisationslehre. In der praktischen Organisationsarbeit ist diese strikte Trennung aufgrund der engen Wirkungszusammenhänge beider Teilbereiche jedoch meist wenig sinnvoll. Sie hat sich allerdings als didaktische Hilfestellung beim Vermitteln organisatorischer Zusammenhänge bewährt. Daher steht das Gestalten der Aufbauorganisation in diesem Kapitel zunächst im Mittelpunkt.

Hierbei geht es vorrangig darum, Regelungen zu treffen, nach welchen Kriterien Organisationseinheiten gebildet, wie sie hierarchisch geordnet und auf ein gemeinsames Ziel hin koordiniert werden sollen. Aus der Kombination der diesbezüglich getroffenen Regelungen ergibt sich die formale Organisationsstruktur.

LERNZIELE

Nach der Lektüre dieses Kapitels sollten Sie

▶ die wichtigsten Parameter zur Gestaltung der Aufbauorganisation kennen,

▶ mit den Grundformen der Aufbauorganisation, ihren Vor- und Nachteilen sowie Einsatzschwerpunkten vertraut sein,

▶ wissen, wann und wie diese Grundformen um zusätzliche Strukturmerkmale ergänzt werden können und

▶ Techniken zur Dokumentation aufbauorganisatorischer Regelungen kennen.

2.1 Gestaltungsparameter der Aufbauorganisation

Dem instrumentalen Organisationsbegriff zufolge dient der formale Teil der Unternehmensorganisation dazu, mittels explizit formulierter Regelungen das Verhalten von Mitarbeitern und Führungskräften so zu steuern und zu koordinieren, dass die Unternehmensziele effizient erreicht werden. Die formalen Regelungen zur Festlegung der Aufbauorganisation werden in der Organisationslehre häufig in vier Bereiche eingeteilt (vgl. Kieser/Walgenbach 2007, S. 77 ff.): Spezialisierung, Koordination, Leitungssystem und Entscheidungsdelegation.

Da sich aus der Kombination der getroffenen Regelungen die formale Organisationsstruktur ergibt, werden diese vier Bereiche auch als Gestaltungsparameter, Organisationsvariablen oder als Strukturdimensionen bezeichnet.

Abbildung 15 gibt einen Überblick über die im Folgenden näher betrachteten Gestaltungsparameter der Aufbauorganisation.

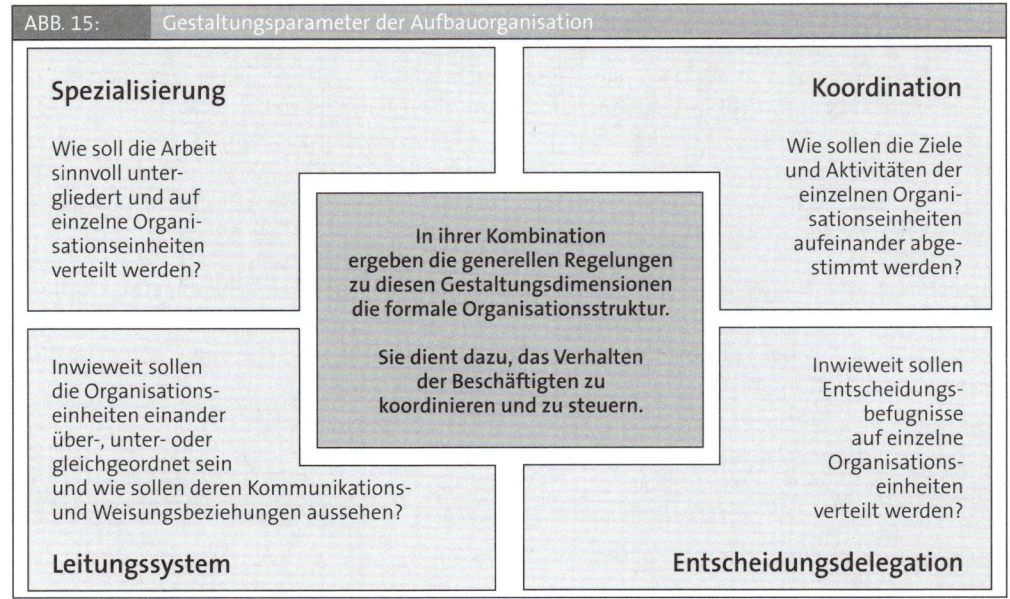

ABB. 15:   Gestaltungsparameter der Aufbauorganisation

Spezialisierung

Wie soll die Arbeit sinnvoll unter-gliedert und auf einzelne Organi-sationseinheiten verteilt werden?

Koordination

Wie sollen die Ziele und Aktivitäten der einzelnen Organi-sationseinheiten aufeinander abge-stimmt werden?

In ihrer Kombination ergeben die generellen Regelungen zu diesen Gestaltungsdimensionen die formale Organisationsstruktur.

Sie dient dazu, das Verhalten der Beschäftigten zu koordinieren und zu steuern.

Inwieweit sollen die Organisations-einheiten einander über-, unter- oder gleichgeordnet sein und wie sollen deren Kommunikations- und Weisungsbeziehungen aussehen?

Inwieweit sollen Entscheidungs-befugnisse auf einzelne Organisations-einheiten verteilt werden?

Leitungssystem

Entscheidungsdelegation

2.1.1   Spezialisierung

Je mehr Aufgaben in einem Unternehmen anfallen und je unterschiedlicher und komplexer die-se sind, desto notwendiger ist es, diese auf verschiedene organisatorische Einheiten zu vertei-len.

Die kleinste Organisationseinheit ist dabei die Stelle. Sie entsteht dadurch, dass einer oder meh-reren Personen bestimmte Aufgaben, Kompetenzen und Verantwortlichkeiten auf Dauer zuge-ordnet werden. Der Begriff Abteilung hat sich in der Fachliteratur für alle organisatorischen Ein-heiten etabliert, die mehr als eine Stelle umfassen und unter einer eigenen Leitungsstelle ste-hen.

Die Aufteilung der Arbeit und ihre Zuordnung zu Organisationseinheiten ist einer der zentrals-ten Parameter beim Gestalten der Aufbauorganisation. Die Beantwortung folgender drei Fragen ist dabei von besonderer Bedeutung:

(1) Wie soll die Arbeit aufgeteilt werden?

Die Arbeit kann entweder so aufgeteilt werden, dass verschiedene Organisationseinheiten eine festgelegte Menge gleichartiger Aufgaben erhalten (Mengenteilung) oder dass jede Organisati-onseinheit eine andere Art von Aufgabe erhält (Artteilung). Letztgenannte Form der Arbeitstei-lung wird auch Spezialisierung genannt. Sie spielt beim Gestalten der Aufbauorganisation eine bedeutendere Rolle als die Mengenteilung. Die Spezialisierung kann nach verschiedenen Krite-rien erfolgen:

➤ Bei der **Spezialisierung nach Verrichtungen oder Funktionen** werden die Aufgaben so auf-geteilt, dass gleiche oder verwandte Aufgaben einer Organisationseinheit übertragen wer-

Pr.!!

den. Beispielsweise werden alle marketingrelevanten Aufgaben in der Marketingabteilung, alle beschaffungsrelevanten Aufgaben in der Einkaufsabteilung gebündelt.

► Bei der **Spezialisierung nach Objekten** werden Aufgaben, die dieselben Objekte (z. B. Materialgruppen, Produkte, Kundengruppen, Prozessarten, Lieferanten oder Regionen) betreffen, in einer Organisationseinheit zusammengefasst.

► Bei der **Spezialisierung nach Rang** werden die Aufgaben danach unterschieden, ob es sich um ausführende oder dispositive (d. h. leitende, planende, steuernde) Tätigkeiten handelt. Einheiten mit rein ausführenden Aufgaben werden als Linienstellen, Einheiten mit überwiegend dispositiven Aufgaben als Leitungsstellen (auch Instanzen) bezeichnet.

► Die **Spezialisierung nach Phase** unterscheidet größere Aufgabenkomplexe nach den Ausführungsschritten Planung, Entscheidung, Durchführung und Kontrolle. Dieses Kriterium ist nicht trennscharf vom Rangmerkmal abgrenzbar. Üblicherweise werden Planungs-, Entscheidungs- und Kontrollaufgaben höherrangiger eingestuft als Ausführungsaufgaben. Beispielsweise könnten planende Tätigkeiten in Einheiten wie Konstruktion oder Arbeitsvorbereitung, kontrollierende Tätigkeiten in Einheiten wie Controlling, Qualitätskontrolle oder Revision zusammengefasst werden. *(Zeit)*

► Bei der **Spezialisierung nach Zweckbeziehung** werden einerseits alle unmittelbar mit der Leistungserstellung und -verwertung verbundenen Aufgaben (sog. Zweckaufgaben), andererseits alle mittelbaren, d. h. die Leistungserstellung unterstützenden Aufgaben (sog. Verwaltungsaufgaben), zusammengefasst.

Art und Umfang der einer Organisationseinheit zugewiesenen Aufgaben ergeben sich meist aus einer Kombination verschiedener Spezialisierungskriterien.

> **BEISPIEL:** ► Kombination von Spezialisierungskriterien
>
> Eine Organisationseinheit wird mit dem umfassenden, produktübergreifenden Betreuen aller inländischen Großkunden betrau. Im Rahmen ihrer Aufgaben ist diese Einheit auch für das Aushandeln von Rahmenverträgen verantwortlich und kann dabei in eigener Verantwortung Vertragskonditionen vereinbaren und Preisnachlässe bis zu einem definierten Umfang gewähren. Damit werden dieser Einheit in einem definierten Umfang sowohl ausführende als auch dispositive Aufgaben übertragen.

Innerhalb eines Unternehmens muss die Spezialisierung nicht durchgängig nach dem gleichen Kriterium erfolgen, sondern sie kann auf verschiedenen Hierarchieebenen und in verschiedenen Unternehmensbereichen ganz unterschiedlich ausfallen. Beispielsweise kann ein Unternehmen auf der Ebene unterhalb der Unternehmensleitung nach funktionalen Kriterien (z. B. Entwicklung, Einkauf, Produktion, Vertrieb usw.) gegliedert sein, innerhalb der Vertriebseinheit nach geographischen Gebieten (z. B. Nord, Süd, Ost, West) und innerhalb der Vertriebsgebiete nochmals nach Kundengruppen (z. B. Firmenkunden, Privatkunden).

Vorteile der Spezialisierung:

► Hohe Ergebnisqualität und Arbeitsproduktivität infolge ständiger Wiederholung.

► Gute Nutzung bzw. Auslastung knapper Ressourcen (Arbeitskräfte, Know-how, Maschinen usw.).

► Zunehmende Wirtschaftlichkeit von speziell ausgestatteten Arbeitsplätzen und automatisierten Arbeitsmitteln.

Nachteile der Spezialisierung:

► Steigender, bereichsübergreifender Koordinationsaufwand zur Vermeidung suboptimaler Lösungen.

► Gefahr unklarer Verantwortlichkeiten bei bereichsübergreifenden Aufgaben.

► Geringe Flexibilität bei sich schnell ändernden Anforderungen.

► Hohe Personalkosten mit steigender Mitarbeiterqualifikation (Spezialisten).

Allgemeine Aussagen zur Vorteilhaftigkeit der Spezialisierung lassen sich nicht treffen. Die Entscheidung ist abhängig von der jeweiligen Unternehmenssituation. Für Unternehmen beispielsweise, die in relativ stabilen Märkten mit hohen Mengenvolumina, wenigen und langfristig gleichbleibenden Produkten und Produktionsverfahren agieren, bietet eine hohe Spezialisierung in der Regel attraktive wirtschaftliche Vorteile. In Unternehmen dagegen, die sich in sehr dynamischen Umwelten mit häufig ändernden Anforderungen behaupten müssen, führt eine hohe Spezialisierung tendenziell zu hohen Kosten und Reibungsverlusten. Nicht zuletzt ist die Entscheidung des Spezialisierungsgrades abhängig von der Qualifikation der Mitarbeiter.

(2) Auf welche Arten von Stellen kann die Arbeit verteilt werden?

Bezüglich der einer Stelle übertragenen Aufgaben, Kompetenzen und Verantwortlichkeiten lassen sich verschiedene Stellenarten unterscheiden, wie die Übersicht in Abbildung 16 zeigt.

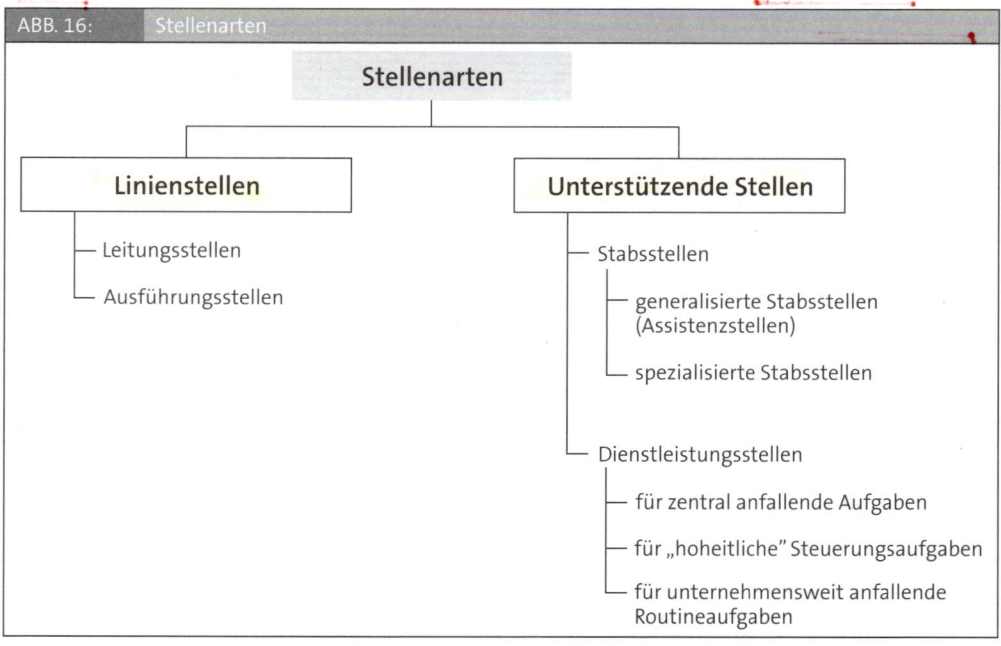

ABB. 16:   Stellenarten

Zunächst ist zwischen Linien- und unterstützenden Stellen zu unterscheiden. Während Linienstellen dadurch gekennzeichnet sind, dass sie unmittelbar mit der Ausführung von betrieblichen Kernaufgaben betraut sind, dienen unterstützende Stellen nur mittelbar der Erfüllung betrieblicher Kernaufgaben. Linienstellen werden daher auch als „direkte Bereiche", unterstützende Stellen als „indirekte Bereiche" bezeichnet.

Innerhalb der **Linienstellen** sind folgende Stellenarten zu unterscheiden:

Leitungsstellen (sog. Instanzen) sind für die Wahrnehmung von Leitungsaufgaben mit Entscheidungs- und Weisungskompetenzen ausgestattet. Darüber hinaus tragen sie für die Folgen der von ihnen selbst und ihnen unterstellten Stellen getroffenen Entscheidungen die Verantwortung.

Die **Entscheidungskompetenzen** ermöglichen es den Leitungsstellen, für das Unternehmen nach innen und/oder außen verbindliche Entscheidungen zu fällen (z. B. Verträge mit Lieferanten abzuschließen, Preisnachlässe zu gewähren oder Personalentscheidungen zu treffen).

Aufgrund der **Weisungskompetenzen** sind Leitungsstellen ermächtigt, anderen Stellen verbindliche Anweisungen zu erteilen. Die Weisungskompetenz kann sich auf fachliche Aspekte beziehen (z. B. wie bestimmte Aufgaben zu erledigen sind) oder auf personalpolitische Maßnahmen (z. B. Beförderung, Gehaltserhöhung, Urlaubszeiten). Die letztgenannte Art der Leitungskompetenz wird auch als disziplinarische Weisungsbefugnis bezeichnet.

Die **Verantwortung** einer Leitungsstelle, z. B. für die ihr zugeordneten Mitarbeiter oder Sachmittel, für das Erreichen vereinbarter Ergebnisse oder das Einhalten definierter Zeit- und Kostenrahmen, erstreckt sich in aller Regel im Unterschied zu anderen Stellenarten nicht nur auf das eigene Handeln (Eigenverantwortung), sondern auch auf das der unterstellten Mitarbeiter (Fremdverantwortung). Die Übernahme von Fremdverantwortung setzt jedoch voraus, dass die Leitungsstelle auch tatsächlich Einfluss auf die Entscheidungssachverhalte nehmen kann.

Ausführungsstellen verfügen über keine Leitungskompetenzen. Sie dürfen also anderen Stellen keine Weisungen erteilen und ihre Entscheidungskompetenz beschränkt sich – wenn überhaupt vorhanden – ausschließlich auf den eigenen Verantwortungsbereich. Damit handelt es sich bei Ausführungsstellen um Stellen auf der untersten Hierarchieebene. Dies ist jedoch nicht gleichzusetzen mit geringen Qualifikationsanforderungen an diese Stellen. Das Spektrum von Ausführungsstellen kann vom ungelernten Mitarbeiter in der Fertigung bis hin zum hoch qualifizierten Mitarbeiter etwa im Forschungs- oder IT-Bereich reichen.

In der Gruppe der **unterstützenden Stellen** sind Stabsstellen und Dienstleistungsstellen zu unterscheiden. **Stabsstellen** sind Stellen, die Leitungsstellen beim Erfüllen ihrer Aufgaben unterstützen. Sie werden daher auch als Leitungshilfsstellen bezeichnet.

▶ **Generalisierte Stabsstellen** unterstützen eine bestimmte Leitungsstelle bei ihren Führungsaufgaben. Daher werden sie auch als Assistenzstellen bezeichnet. Die Unterstützung kann vom Anfertigen von Präsentationsfolien bis hin zum Lösen komplexer Analyse- oder Planungsaufgaben reichen. Aufgrund der Vielfalt der zu bewältigenden Aufgaben erfordert diese Stellenart meist eher generalistische als fachspezifische Qualifikationen. Beispiele für generalisierte Stabsstellen sind Geschäftsleitungs- oder Bereichsleitungsassistenz.

▶ **Spezialisierte Stabsstellen** unterstützen eine oder mehrere Leitungsstellen bei speziellen Führungsaufgaben, wie etwa dem Überwachen und Steuern von Unternehmenseinheiten oder -beteiligungen, dem Planen und Durchführen von Unternehmenskäufen oder dem Entwickeln von Unternehmensstrategien. Da das Aufgabenspektrum spezialisierter Stabsstellen auf bestimmte Aufgaben beschränkt ist, erfordern sie von den Stelleninhabern im Allgemeinen vertiefte Fachkenntnisse im jeweiligen Aufgabengebiet.

Beiden Arten von Stabsstellen ist gemeinsam, dass sich ihre Kompetenzen auf das Sammeln, Aufbereiten und Weitergeben von Informationen, das Vorbereiten von Entscheidungen sowie das fachliche Beraten von Leitungsstellen beschränken. Über Entscheidungs- und Weisungskompetenzen verfügen sie im Allgemeinen nicht. Abweichend davon können diesen Stellen bei Bedarf auch fachliche Weisungskompetenzen (sog. Richtlinienkompetenzen) gegenüber Linien- oder Leitungsstellen übertragen werden. Diese erlauben es ihnen, verbindliche Richtlinien und Rahmenvereinbarungen unternehmensweit vorzugeben, wie etwa Aufgaben- und Terminvorgaben für interne Planungen, konzernweite Standards für die Hard- und Softwarebeschaffung, die Personalbeurteilung oder das Corporate Design. In der amerikanischen Literatur werden fachliche Weisungsbefugnisse von Stäben oder Dienstleistungsstellen auch als „dotted-line-Prinzip" bezeichnet. Der Begriff ist abgeleitet aus der schaubildlichen Darstellung dieser Weisungsbeziehungen in Form gestrichelter Linien (engl. dotted lines) (vgl. Abb. 42).

Dienstleistungsstellen sind Stellen, die für andere Einheiten professionell Unterstützungsleistungen erbringen und damit als interne Dienstleister fungieren. Die ihnen zugewiesenen Aufgaben, Kompetenzen und Bezeichnungen können sehr unterschiedlich sein. Folgende Arten von Unterstützungsleistungen werden traditionell in spezialisierten Dienstleistungsstellen gebündelt:

► Zentral anfallende Aufgaben wie etwa Öffentlichkeitsarbeit, Kommunikation mit den Kapitalmärkten (Investor Relations), Recht und Steuern oder Grundlagenforschung. Da diese Aufgaben nicht in allen Unternehmensbereichen anfallen, liegt es nahe, sie durch spezialisierte Zentralbereiche zu erbringen.

► „Hoheitliche" Aufgaben, die der bereichsübergreifenden Koordination und Steuerung des Unternehmens dienen – wie etwa dem Controlling, der Unternehmensentwicklung, dem Qualitätsmanagement oder dem Compliance Management – und die im Interesse der obersten Unternehmensleitung von spezialisierten Zentralbereichen übernommen werden. Wegen des „hoheitlichen" Charakters dieser Unterstützungsleistungen, sind die entsprechenden Dienstleistungsstellen meist räumlich am Sitz der Unternehmensführung angesiedelt. Sie sind rechtlich und wirtschaftlich unselbständig. Diese Art von Dienstleistungsstellen wird in Anlehnung an den angelsächsischen Sprachgebrauch und verstärkt auch im deutschsprachigen Raum als Corporate Center (z. B. Corporate Development, Corporate Communications) bezeichnet.

► Unternehmensweit anfallende Routineaufgaben, die eigentlich bei den Linieneinheiten angesiedelt sind, können aus wirtschaftlichen Gründen auch bei Dienstleistungsstellen konzentriert werden. Diese erbringen ihre Leistungen auf der Basis klarer Vereinbarungen mit ihren Leistungsempfängern und erhalten von diesen im Zuge der unternehmensinternen Leistungsverrechnung hierfür eine Vergütung. Wenn Zentralbereiche über marktfähige Preis-Leistungs-Relationen verfügen, können sie – sofern dies von der Unternehmensführung gewünscht ist – ihre Leistungen auch externen Interessenten anbieten.

In jüngster Zeit zentralisieren vor allem global agierende Unternehmen unter dem Begriff **Shared Services"** (auch Shared Service Center, Service Center, Kompetenz Center) administrative Funktionen wie Buchhaltung, Personalwesen oder IT-Anwenderunterstützung in selbstständig operierenden Einheiten. Diese können als zentrale Unterstützungsbereiche innerhalb der Unternehmen angesiedelt oder als rechtlich eigenständige Servicegesellschaften ausgegliedert sein.

Werden zentrale Dienstleistungsfunktionen ins Ausland, insbesondere in Niedriglohnländer verlagert, wird dies als **Offshoring** bezeichnet.

HINWEIS:

Shared Services

Beim Shared Services werden gleichartige Prozesse aus verschiedenen Bereichen eines Unternehmens organisatorisch zusammengefasst und von einer zentralen Dienstleistungseinheit angeboten. Diese Einheit wird als Shared Service Center, kurz SSC, bezeichnet. Ein SSC kann als wirtschaftlich und/oder rechtlich selbständiger Bereich geführt werden.

Folgende Prozesse werden typischerweise in einem Shared Service Center erbracht:

- ► Finanzbuchhaltung
- ► Anlagenbuchhaltung
- ► Kostenrechnung
- ► Reporting
- ► Lohn- und Gehaltsabrechnung
- ► Gebäudemanagement
- ► Reisemanagement
- ► IT-Service (z. B. Rechenzentrum und PC-Support)
- ► Call Center und Help Desks

Im Unterschied zum Outsourcing werden bei Shared Services keine externen Dienstleister beauftragt. Gegenüber der klassischen Zentralisierung administrativer Prozesse zeichnen sich Shared Service Center durch eine klarere Leistungsspezialisierung und Kundenorientierung aus. Interne Beziehungen zwischen Leistungsanbieter (SSC) und Leistungsempfänger (operative Einheiten) basieren meist auf schriftlichen Vereinbarungen bezüglich Leistungsumfang, -niveau und -entgelt (sog. Service Level Agreements, SLA).

Shared Services eignen sich besonders für Unterstützungsprozesse, die

- ► geografisch nicht an die Nähe zum Leistungsempfänger (Kunde) gebunden sind,
- ► keine oder geringe regionale Besonderheiten aufweisen,
- ► weitgehend standardisierbar sind und
- ► einen hohen Wiederholungsgrad aufweisen.

Chancen:

- ► Anbietende und in Anspruch nehmende Einheiten können sich besser auf ihre jeweiligen Kernkompetenzen konzentrieren
- ► Hohe Prozesseffizienz durch Nutzung von Skaleneffekten.
- ► Geringere Fehlerraten infolge von Spezialisierung.
- ► Geringere Kosten durch Spezialisierung und ggf. Reduzieren von Personalkosten.
- ► Verbesserte Kontrollierbarkeit von Prozessen infolge der Zentralisierung.
- ► Verbesserte Servicequalität aufgrund konsequenterer Kundenorientierung.

Risiken:

► Verschlechterte Kundennähe durch räumliche Zentralisierung.

► Erhöhter Koordinationsaufwand durch das Verlagern administrativer Funktionen auf

► zentrale interne Dienstleister.

► Widerstand in der Belegschaft infolge von Stellenverlagerung oder -abbau.

Traditionell werden Dienstleistungsstellen als Zentralstellen oder Zentralbereiche bezeichnet. Seit einigen Jahren ist, abhängig von der Art der erbrachten Unterstützungsleistungen, zunehmend das Verwenden unterschiedlicher Begriffe für diesen Stellentyp zu beobachten. Im Vorangegangenen wurden typische Bezeichnungen für verschiedene Arten von Dienstleistungen aufgezeigt. Hierbei handelt es sich jedoch nicht um eindeutig definierte Bezeichnungen, vielmehr ist ihre Verwendung in der betrieblichen Praxis stark unternehmenshistorisch geprägt.

Der Übergang zwischen spezialisierten Stabsstellen und Dienstleistungsstellen ist oft fließend. Im Unterschied zu reinen Stabsstellen, die im Allgemeinen lediglich beratende Funktion besitzen, erbringen Dienstleistungsstellen selbstständig Unterstützungsaufgaben für andere Bereiche oder das gesamte Unternehmen. Für die von ihnen wahrzunehmenden Aufgaben können auch sie bei Bedarf mit fachlichen Weisungsbefugnissen ausgestattet werden.

Das Bündeln gleichartiger Aufgaben in spezialisierten Dienstleistungsstellen bietet im Allgemeinen die Chance, Größenvorteile zu nutzen und infolge der höheren Professionalisierung Durchlaufzeiten zu reduzieren und die Prozessqualität zu verbessern. Demgegenüber steht bei diesen Dienstleistungsstellen das Risiko einer bürokratischen und ineffizienten Überversorgung mit Unterstützungsleistungen (sog. Wasserkopf).

(3) Wie lassen sich Stellen zu größeren Einheiten zusammenfassen?

Mit der Anzahl an Stellen in einem Unternehmen steigt die Wahrscheinlichkeit, dass die Unternehmensleitung als alleinige Leitungsstelle ihre Führungsaufgabe nicht mehr in ausreichendem Maße wahrnehmen kann. Es liegt daher nahe, mit zunehmender Unternehmensgröße, organisatorische Einheiten zu bilden und deren Führung einer eigenen Leitungsstelle zu übertragen. In der Fachliteratur hat sich für Einheiten, die mehr als eine Stelle umfassen und die über eine eigene Leitungsstelle verfügen der Begriff **Abteilung** etabliert. Der Abteilungsbegriff wird unabhängig von der konkreten Bezeichnung der Einheit (z. B. Gruppe, Unterabteilung, Bereich usw.) und deren hierarchischer Einordnung verwendet.

Die Bildung größerer organisatorischer Einheiten dient dazu, die oberste Instanz unmittelbar von Entscheidungs- und Leitungsaufgaben zu entlasten. Darüber hinaus erleichtert sie die Koordination zwischen einzelnen Stellen, indem bereichsinterne Abstimmungsprobleme direkt durch die jeweilige Abteilungsleitung und bereichsübergreifende Abstimmungsprobleme von den betroffenen Abteilungsleitungen direkt gelöst werden. Beim Zusammenfassen von Organisationseinheiten (sog. Abteilungsbildung) empfiehlt es sich, zwei Prinzipien zu beachten:

► **Homogenitätsprinzip:** Um den Koordinationsaufwand zwischen Abteilungen so gering wie möglich zu halten, sollten vor allem solche Stellen zu Abteilungen zusammengefasst werden, die relativ ähnlich sind oder bezüglich ihrer Aufgaben starke gegenseitige Abhängigkeiten aufweisen.

► **Beherrschungsprinzip:** Um eine permanente Überlastung der Leitungsstelle zu vermeiden, sollten nur so viele Stellen zusammengefasst werden, wie die Abteilungsleitung unter Berücksichtigung der jeweiligen Aufgabeninhalte, des Aufgabenumfangs und der Qualifikation der Stelleninhaber auch beherrschen kann.

Analog zur Stellenbildung kann auch die Bildung von Abteilungen nach verschiedenen Kriterien erfolgen. Von besonderer Bedeutung ist die Spezialisierung nach Verrichtungen oder Funktionen, nach Objekten oder Produkten und nach Kundengruppen oder Absatzregionen (vgl. Abb. 17).

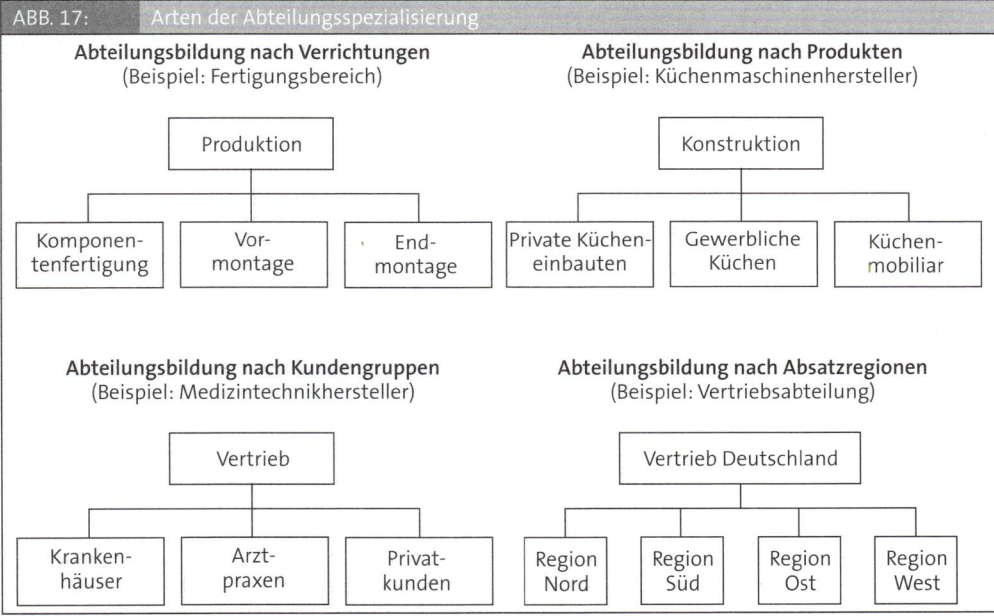

ABB. 17: Arten der Abteilungsspezialisierung

2.1.2 Koordination

Wird die Arbeit im Zuge der Spezialisierung in mehrere Teilaufgaben zergliedert und auf unterschiedliche Organisationseinheiten verteilt, müssen die Ziele und Aktivitäten der verschiedenen Einheiten zeitlich und inhaltlich auf die gemeinsamen (Unternehmens-)Ziele hin abgestimmt werden. Dies ist zum einen aufgrund gegenseitiger Abhängigkeiten notwendig, zum anderen wegen der Anforderungen nach dem wirtschaftlichen Einsatz der Produktionsfaktoren.

BEISPIEL: ► Horizontale und vertikale Koordination

Ein Maschinenbauunternehmen, das technische Lösungen für industrielle Verpackungsprobleme anbietet, hat sich für eine funktionale Organisationsstruktur entschieden. Innerhalb der Bereiche Entwicklung, Marketing und Vertrieb ist das Unternehmen nach Kundentypen untergliedert.

Beim Entwickeln, Herstellen und Vermarkten von Verpackungsmaschinen treten eine Vielzahl von Abhängigkeiten zwischen Personen und Abteilungen auf. Daher sind generelle Regelungen für die interne Koordination erforderlich. Die Entwicklung benötigt etwa aus dem Bereich Marketing Informationen über die konkreten Kundenanforderungen und die am Markt bereits verfügbaren Wettbewerbsangebote. Der Einkauf kann die richtigen Materialien zur richtigen Zeit in der richtigen Menge und Qualität zum

Fertigen der Maschinen nur bereitstellen, wenn ihm Informationen über das geplante Produktionsprogramm vorliegen. Die Montage muss wissen, bis wann welche Maschinenkomponenten zu montieren sind, um den zugesagten Fertigstellungstermin einhalten zu können. Der Vertrieb benötigt Informationen über Beschaffungs- und Fertigungszeiten, um den Kunden realistische Liefertermine mit den Kunden vereinbaren zu können. Die Liste der Abhängigkeiten, die in ein Koordinieren zwischen Organisationseinheiten einer Hierarchieebene (horizontalen Koordination erforderlich machen, ließe sich nahezu unbegrenzt fortsetzen.

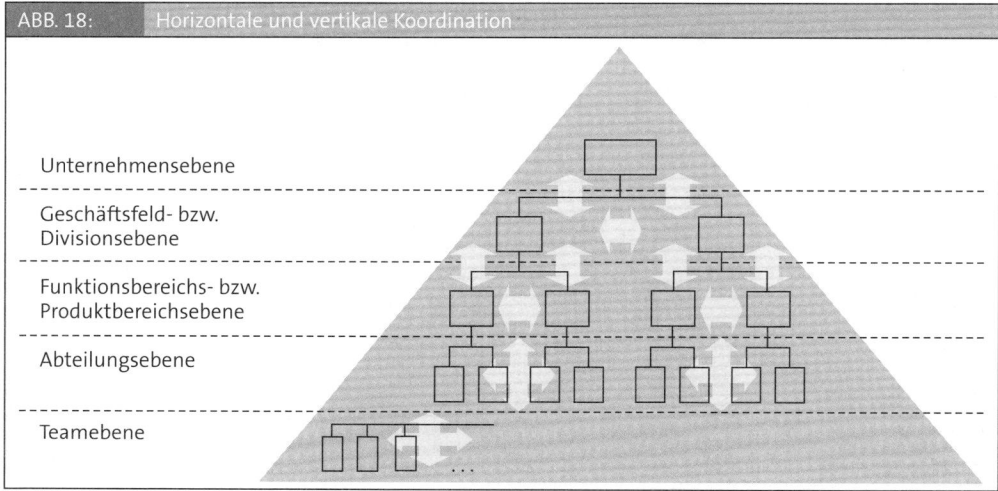

ABB. 18:   Horizontale und vertikale Koordination

Unternehmensebene

Geschäftsfeld- bzw. Divisionsebene

Funktionsbereichs- bzw. Produktbereichsebene

Abteilungsebene

Teamebene

Darüber hinaus sind auch Ziele und Maßnahmen von Organisationseinheiten verschiedener Hierarchieebenen (vertikale Koordination) zu koordinieren, um eine hohe Effektivität und Effizienz des gesamten Unternehmens zu gewährleisten.

Tendenziell steigt der Abstimmungsbedarf, je mehr die Arbeit auf einzelne Organisationseinheiten verteilt ist, je komplexer die gegenseitigen Abhängigkeiten der eingebundenen Einheiten und je größer die zu überwindenden zeitlichen und räumlichen Distanzen etwa in einem internationalen Produktionsverbund sind.

Damit die Koordination zwischen Organisationseinheiten nicht dem Zufall, dem Improvisationsvermögen oder den informellen Kontakten Einzelner überlassen bleibt – oder am Ende gar nicht erfolgt – benötigen Unternehmen wirksame Mechanismen. Abbildung 19 zeigt eine Klassifikation gängiger Koordinationsinstrumente.

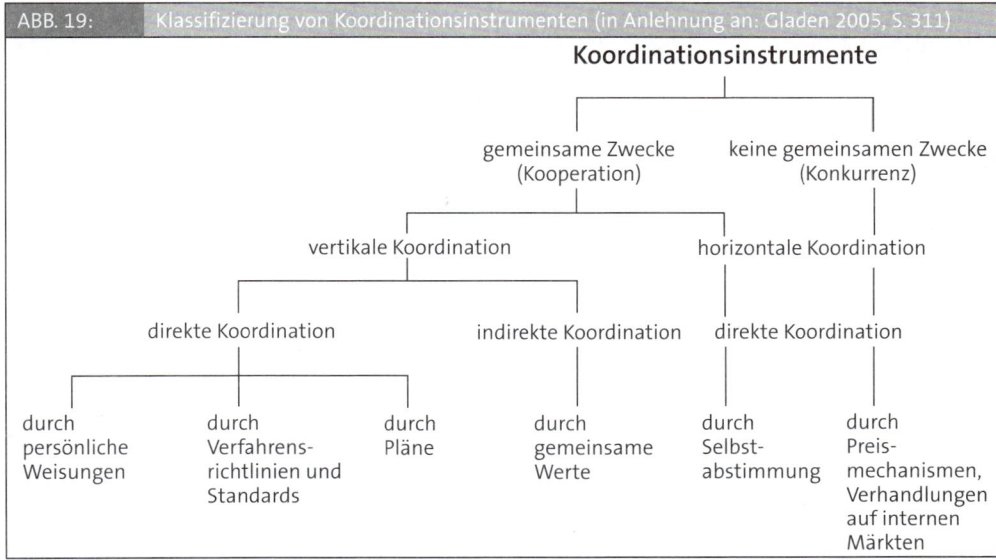

ABB. 19:   Klassifizierung von Koordinationsinstrumenten (in Anlehnung an: Gladen 2005, S. 311)

Nachfolgend werden sechs wichtige Instrumente zur innerbetrieblichen Koordination vorgestellt. Zunächst werden Instrumente aufgezeigt, die eine direkte Koordination erlauben, anschließend wird die Unternehmenskultur als indirektes Koordinationsinstrument vorgestellt.

(1) Koordination durch persönliche Weisungen

Hierbei erfolgt die Koordination, indem eine Leitungsstelle den ihr direkt unterstellten Organisationseinheiten persönliche Anordnungen erteilt. Bildlich gesprochen werden Koordinationsentscheidungen auf der „Kommandobrücke" gefällt und per Anweisung „nach unten" weitergegeben (vertikale Koordination). Ist es einer Leitungsstelle aufgrund der fachlichen Qualifikation oder der ihr gegebenen Weisungsrechte nicht möglich, koordinierende Weisungen zu erteilen, werden die abzustimmenden Sachverhalte in der Hierarchie so lange nach oben weitergeleitet bis die für die jeweilige Koordination zuständige Leitungsstelle erreicht ist (sog. Kamineffekt).

Vorteile von persönlichen Weisungen als Koordinationsinstrument:

▶ Sie ist leicht zu gestalten, da nur Entscheidungskompetenzen vorgegeben sind und die eigentliche Koordination im Einzelfall ad hoc erfolgt.

▶ Sie ermöglicht eine äußerst flexible Koordination.

Nachteile von persönlichen Weisungen als Koordinationsinstrument:

▶ Je nach Koordinationsaufgabe ist eine relativ hohe Qualifikation der koordinierenden Leitungsstelle erforderlich.

▶ Leitungsstellen sind aufgrund anderer Führungsaufgaben nicht jederzeit in der Lage, erforderliche Koordinationsentscheidungen zu treffen.

▶ Sie beansprucht einen relativ hohen Teil der Managementkapazität und kann daher zur Überlastung von Instanzen und in Folge dessen zu mangelhafter Koordination führen.

Da mit zunehmendem Koordinationsbedarf tendenziell die Nachteile dieses Koordinationsinstruments überwiegen, ist eine weitgehende oder gar ausschließliche Koordination von Organisationseinheiten mittels persönlicher Weisungen nur in seltenen Fällen effizient. Es empfiehlt sich daher, den Einsatz von persönlichen Weisungen auf die Fälle zu beschränken, in denen dieses Instrument wegen hoher Flexibilitätsanforderungen tatsächlich notwendig ist. Darüber hinaus sollte versucht werden, durch den Einsatz zusätzlicher Koordinationsinstrumente die Nachteile von persönlichen Weisungen zu vermeiden.

(2) Koordination durch Selbstabstimmung

Die Abstimmung zwischen Organisationseinheiten erfolgt hier, indem sich diejenigen, die einen Abstimmungsbedarf feststellen, ohne Einschaltung einer höheren Hierarchieebene direkt miteinander abstimmen (horizontale Koordination). Dabei lassen sich drei Arten der Selbstabstimmung unterscheiden (vgl. Kieser/Walgenbach 2007, S. 112 f.).

Bei der *Selbstabstimmung* nach eigenem Ermessen sind alle organisatorischen Einheiten aufgefordert, sich in Eigeninitiative mit anderen Einheiten zu koordinieren, wenn sie entsprechenden Abstimmungsbedarf erkennen. Dies setzt zum einen voraus, dass alle Beteiligten ein ausreichendes Interesse an der Erreichung übergeordneter Ziele haben. Zum anderen müssen alle wissen, wann eine Abstimmung sinnvoll ist und welche Stellen für welche die richtigen Ansprechpartner sind.

Bei der *themenspezifischen Selbstabstimmung* wird für bestimmte Stellen festgelegt, in welchen Fällen eine Abstimmung mit welchen Stellen zu erfolgen hat. Ob ein Koordinationsbedarf besteht und wie dieser gelöst wird, liegt also nicht mehr im persönlichen Ermessen, sondern wird generell geregelt.

Die Abstimmung zwischen mehreren Stellen kann auch durch regelmäßig oder fallweise einberufene Koordinationsgremien (z. B. Ausschüsse, Arbeitskreise, Runde Tische, Komitees) erfolgen. Man spricht in diesen Fällen von *institutionalisierter Selbstabstimmung*. Eine Selbstabstimmung im engeren Sinne liegt jedoch nur dann vor, wenn die Mitglieder eines solchen Koordinationsgremiums gleichberechtigt sind und verbindliche Entscheidungen treffen können.

Vorteile der Selbstabstimmung als Koordinationsinstrument:

▶ Sie trägt zur Entlastung von Leitungsstellen bei.

▶ Sie reduziert die vertikale Kommunikation entlang der Dienstwege.

▶ Das Übertragen von Koordinationsaufgaben und -kompetenzen kann zur Mitarbeitermotivation beitragen.

Nachteile der Selbstabstimmung als Koordinationsinstrument:

▶ Sie erfordert einen relativ hohen Zeitbedarf (insb. bei geringer Routine und Qualifikation der Beteiligten).

▶ Sie erfordert hohe fachliche und soziale Kompetenzen der betreffenden Mitarbeiter zur effizienten Bewältigung der Koordinationsaufgaben.

▶ Einzel- bzw. Bereichsinteressen können bezüglich übergeordneter Interessen dominieren und so zu einem unternehmensweiten Suboptimum führen.

Der Einsatz dieses Koordinationsinstruments empfiehlt sich überall dort, wo eine Verbesserung der Flexibilität von besonderer Bedeutung ist. In der Regel können die genannten Nachteile der Selbstabstimmung durch spezielle Schulungsmaßnahmen (z. B. Sitzungsgestaltung, Moderationstrainings) abgeschwächt werden.

(3) Koordination durch Verfahrensrichtlinien und Standards

Bei häufig wiederkehrenden, ähnlichen oder gar gleich bleibenden Aufgabenstellungen kann die Koordination zwischen Organisationseinheiten auch in Form vorab festgelegter Verfahrensrichtlinien und Standards erfolgen. Hierbei handelt es sich um mehr oder weniger detailliert ausgearbeitete Vorgehensweisen, wie und mit welchen Methoden und Verfahren die Abstimmung bestimmter Aktivitäten erfolgen kann bzw. soll. Die Verfahrensrichtlinie kann als unverbindlicher Vorschlag oder als verbindliche Anweisung formuliert werden.

Beispiele für Einsatzmöglichkeiten von Verfahrensrichtlinien: Umgang mit Kundenreklamationen, Vorgehensweise zum Beantragen von Investitionsmitteln, zur Serienfreigabe von Produkten oder zum Umgang mit Änderungsanforderungen in Produktentwicklungsprozessen.

Die Verfahrensrichtlinien können grundsätzlich mündlich oder schriftlich erteilt werden. Um die interne Vermittlung effizient zu gestalten und die Verbindlichkeit geltender Richtlinien zu erhöhen, werden sie in der Praxis häufig in Form von Arbeitsanweisungen, Verhaltensgrundsätzen, Richtlinien, Formularen, Vorlagen (engl. templates) oder Handbüchern schriftlich fixiert.

Grundlage einer solchen Verfahrensstandardisierung ist häufig die Kenntnis, welche Vorgehensweisen sich in der Vergangenheit in gleichen oder ähnlichen Situationen besonders bewährt haben (sog. Best Practice).

Vorteile von Verfahrensrichtlinien als Koordinationsinstrument:

► Verbessert die Arbeitseffizienz, da in der Regel optimierte Lösungen zur breiten Anwendung kommen.

► Erhöht die Ergebnisqualität bzw. reduziert die Fehlerwahrscheinlichkeit.

► Reduziert den vertikalen und horizontalen Abstimmungsbedarf.

► Entlastet die Leitungsstellen.

Nachteile von Verfahrensrichtlinien als Koordinationsinstrument:

► Erhöht die Gefahr einer unnötigen Bürokratisierung.

► Durch stures Anwenden von Verfahrensstandards kann die notwendige Flexibilität für situationsspezifische Lösungen verloren gehen.

► Kann zum Verlust von Eigeninitiative und Motivation der Mitarbeiter führen.

Es empfiehlt sich, Verfahrensstandards zur bereichsübergreifenden Koordination vor allem für häufig und weitgehend gleichförmig wiederkehrende Aufgabenstellungen einzusetzen. Um sicher zu stellen, dass vorliegende Verfahrensstandards immer aktuell bleiben, sollten sie regelmäßig überprüft und gegebenenfalls geändert oder abgeschafft werden.

(4) Koordination durch Pläne

Ein weiteres Instrument zur Koordination von Organisationseinheiten stellen Pläne dar. Sie sind das Ergebnis einer bewussten gedanklichen Vorwegnahme künftiger Handlungsmöglichkeiten, der sie begrenzenden Rahmenbedingungen sowie ihrer Wirkungen auf die eigenen Ziele und andere Größen (vgl. Küpper 2004, Sp. 1150).

Pläne sollen helfen, optimale Entscheidungen im Hinblick auf die angestrebten Unternehmensziele zu treffen und die Arbeiten der einzelnen Organisationseinheiten so aufeinander abzustimmen, dass eine effiziente Leistungserstellung möglich ist. Meist werden in einem Top-down-Prozess ausgehend von übergeordneten Unternehmenszielen die notwendigen Teilziele und Maßnahmen Schritt für Schritt konkretisiert und aufeinander abgestimmt. Pläne sind damit ein klassisches Instrument zur Voraus-Koordination. Abbildung 20 gibt den Zusammenhang verschiedener betrieblicher Teilpläne wieder. Diese werden in unterschiedlichen Planungsebenen (strategisch, taktisch, operativ) aufeinander abgestimmt.

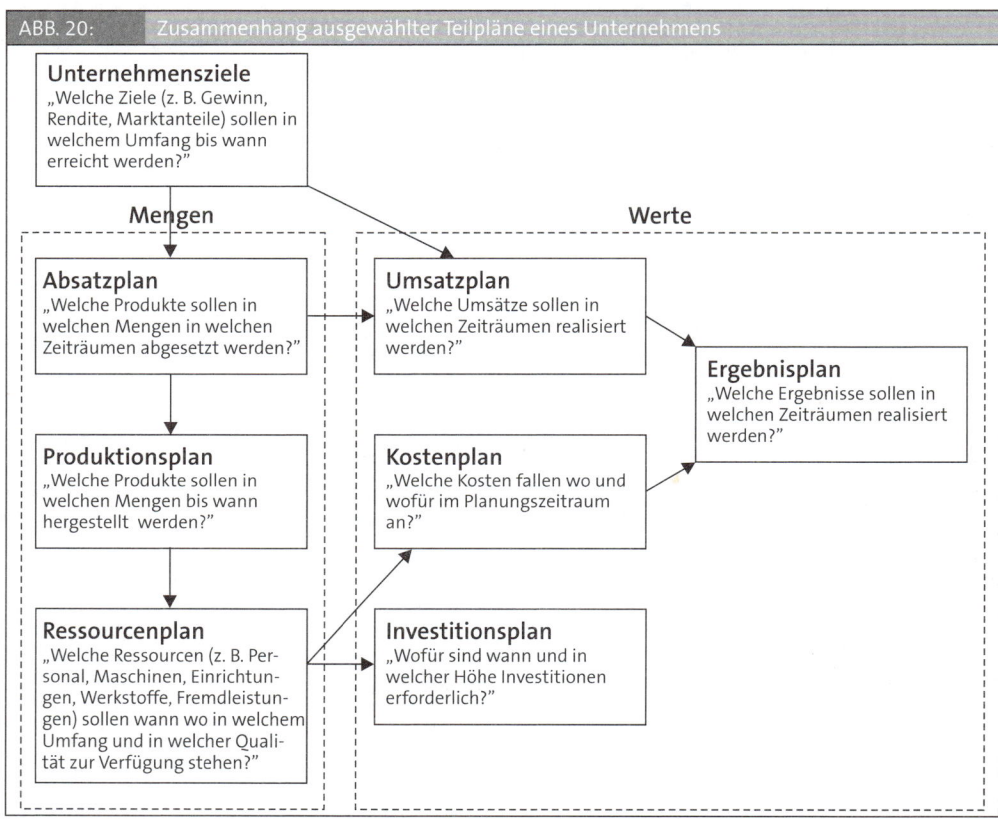

ABB. 20:   Zusammenhang ausgewählter Teilpläne eines Unternehmens

Die Koordinationswirkung von Plänen hängt jedoch zum einen von der Möglichkeit ab, zukünftige Entwicklungen weitgehend zu erfassen und zu prognostizieren, zum anderen vom Detaillierungsgrad der Pläne. Beispielsweise ist ein nach Produkten, Monaten und Stückzahlen differenzierter Absatzplan zur Abstimmung von Vertrieb, Einkauf, Fertigung und Montage hilfreicher als ein pauschaler Jahresplan für den in einer bestimmten Periode geplanten Gesamtumsatz.

Vorteile von Plänen als Koordinationsinstrument:

► Erlaubt eine hohe Transparenz bezüglich der Leistungserwartungen bei den betroffenen Organisationseinheiten.

► Schafft Handlungsspielräume durch frühzeitiges Erkennen von Abstimmungsproblemen.

► Sichert eine hohe Effektivität und Effizienz bei der arbeitsteiligen Bewältigung von Aufgaben in verschiedenen Organisationseinheiten.

► Die Definition von Planwerten ermöglicht eine systematische Überwachung und Steuerung des betrieblichen Geschehens durch Plan-Ist-Vergleiche.

Nachteile von Plänen als Koordinationsinstrument:

▶ Die Vorauskoordination durch Pläne ist mit hohem Zeit- und Kostenaufwand und der Gefahr von Bürokratisierung verbunden.

▶ In dynamischen Umwelten ist durch die begrenzte Vorhersehbarkeit zukünftiger Entwicklungen nur eine geringe Planungsqualität realisierbar.

Da in der betrieblichen Realität positive wie negative Planabweichungen normal sind, muss die (Voraus-)Koordination durch Pläne in gewissem Maß immer durch Instrumente zur Feedback- bzw. Ad-hoc-Koordination ergänzt werden.

(5) Koordination durch unternehmensinterne Märkte

Der Umfang und die Bedingungen zu denen Organisationseinheiten untereinander Leistungen austauschen, kann auch durch reale oder simulierte Märkte innerhalb bestehender Unternehmenshierarchien abgestimmt werden. Interne Verrechnungspreise fungieren hierbei als Mechanismus, um Angebot und Nachfrage zwischen Organisationseinheiten zu koordinieren. An die Stelle zentraler und hierarchischer Koordination tritt damit die „unsichtbare Hand" eines unternehmensinternen Marktes. Dahinter steht die Annahme, dass das eigennützige Gewinnstreben einzelner Organisationseinheiten letztlich dem Wohl des gesamten Unternehmens dient.

Man spricht von **realen internen Märkten**, wenn interne Kunden-Lieferanten-Beziehungen primär auf Kosten-Erlös-Kalkülen der Beteiligten basieren. Dies bedeutet, dass interne Abnehmer ihre Nachfrage reduzieren können, wenn sie mit dem Preis-Leistungs-Angebot eines internen Lieferanten unzufrieden sind. Im Extremfall steht es ihnen frei ihre Leistungen komplett von externen Lieferanten zu beziehen. Bei **fiktiven internen Märkten** werden die Kunden-Lieferanten-Beziehungen dagegen lediglich simuliert und die internen Verrechnungspreise dienen vor allem als Vergleichsgröße (Benchmark). Trotz fehlender Entscheidungsfreiheit bezüglich des externen Leistungsbezugs oder zentraler Modalitäten des Leistungsaustausches soll allein durch die Konfrontation mit externen Preisen eine Steigerung der Effizienz erreicht werden (vgl. Frese 2004, Sp. 556 f.).

Vorteile interner Märkte als Koordinationsinstrument:

▶ Fördert eine effiziente Leistungserbringung, da die Inanspruchnahme von Leistungen auf Kosten-Nutzen-Kalkülen und ggf. externen Preis-Leistungsvergleichen basiert.

▶ Fördert kosteneffizientes Mitarbeiterverhalten durch externen Marktdruck und das Entstehen einer internen Kunden-Lieferanten-Kultur.

▶ Ermöglicht gute Kosten- und Leistungstransparenz bezüglich der von den einzelnen Einheiten erbrachten Leistungen.

▶ Entlastet die oberen Leitungsebenen von Koordinationsaufgaben. Sie kann sich auf das Setzen weniger „Marktregeln" zur Vermeidung ungewünschter Auswüchse des Bereichsegoismus beschränken.

Nachteile interner Märkte als Koordinationsinstrument:

▶ Hoher Aufwand für das Aushandeln und regelmäßige Überprüfen der Verrechnungspreise, da diese oft nicht exakt ermittelbar sind, sondern „politische Preise" darstellen.

▶ Fördert Bereichsegoismen durch die Einführung marktwirtschaftlicher Koordinationsprinzipien

► Eine Vergleichbarkeit mit am externen Markt angebotenen Leistungen ist nicht immer gegeben.

Preismechanismen als Koordinationsinstrument setzen voraus, dass die Organisationseinheiten in hohem Maße nach ökonomischen Kriterien gesteuert werden und für die Realisierung ihrer Ziele weitgehende Autonomie besitzen, zum Beispiel in Form von Profit-Centern (vgl. Kap. 2.2.2).

(6) Koordination durch Unternehmenskultur

Neben den bislang behandelten persönlichen und unpersönlichen Koordinationsinstrumenten können Menschen und Organisationseinheiten auch durch eine ausgeprägte Unternehmenskultur koordiniert werden. Die koordinierende Wirkung beruht dabei in erster Linie auf mehrheitlich akzeptierten und verinnerlichten Werten und Normen der Beschäftigten. Die weitgehend übereinstimmenden Zielvorstellungen und Präferenzen erleichtern es den Beschäftigten in entsprechenden Situationen, selbst die richtigen Prioritäten zu setzen (vgl. Kieser/Walgenbach 2007, S. 132). Zudem enthalten ausgeprägte Unternehmenskulturen oft auch Beispiele für erfolgreiche Problemlösungen der Vergangenheit, die die Mitarbeiter unter Umständen ohne weitere Rücksprache auf neue Situationen übertragen können. In beiden Fällen kann die Unternehmenskultur eine bereichsinterne oder bereichsübergreifende Koordination bewirken, ohne dass es detaillierter formaler Regeln oder Vorgaben bedarf.

Vorteile der Unternehmenskultur als Koordinationsinstrument:

► Bietet Mitarbeitern und Führungskräften übergeordnete inhaltliche Bezüge und verdeutlicht die Notwendigkeit bestimmter Handlungsmuster.

► Ermöglicht auch in komplexen und mehrdeutigen Situationen eine effiziente Koordination.

► Ermöglicht gezielte und breite Beeinflussung menschlichen Verhaltens auch ohne äußere Anreize und Kontrollen und ohne direkten Koordinationsaufwand.

Nachteile der Unternehmenskultur als Koordinationsinstrument:

► Nur bedingt direkt gestalt- bzw. steuerbares Koordinationsinstrument.

► Die Entwicklung einer ausgeprägten Unternehmenskultur, die für koordinierende Wirkung erforderlich ist, erfordert einen hohen Zeit- und Kostenaufwand.

Vor allem wenn komplexe und mehrdeutige Aufgaben arbeitsteilig zu bewältigen sind und sich rasch ändernde Umwelten vorliegen, kann die Unternehmenskultur ein effizienter Koordinationsmechanismus sein.

Fazit: Angesichts der Vor- und Nachteile jedes Koordinationsinstruments ist es nicht ratsam, Organisationseinheiten ausschließlich mit Hilfe eines dieser Instrumente zu koordinieren. Es empfiehlt sich mehrere, sich ergänzende Instrumente einzusetzen.

2.1.3 Leitungssystem

Dadurch, dass beim Bilden von Abteilungen Stellen zu größeren Einheiten zusammengefasst und jeweils eigenen Leitungsstellen unterstellt werden, entsteht ein mehrstufiges Stellengefüge mit über-, unter- und nebengeordneten Organisationseinheiten. Dieses wird Konfiguration, Führungs- oder Leitungssystem genannt (vgl. Kieser/Walgenbach 2007, S. 137). Leitungssysteme lassen sich in Organisationsschaubildern (vgl. Kap. 2.4.2) anschaulich grafisch darstellen.

In einem mehrstufigen Leitungssystem sind die einzelnen Leitungsebenen mit unterschiedlichen Führungsaufgaben betraut (vgl. Abb. 21):

Die **oberste Leitungsebene** (sog. Top-Management) trifft Grundsatzentscheidungen, die für den Bestand und die Zukunft des Unternehmens als Ganzes von großer Bedeutung sind. Hierzu zählt zum Beispiel die Festlegung von Unternehmenszielen, die Entscheidung zur strategischen Ausrichtung des Unternehmens sowie zu Aufbau und Sicherung von Erfolgspotenzialen, die Festlegung bzw. Änderung der organisatorischen Grundstruktur, die Besetzung wichtiger Führungspositionen oder Einzelentscheidungen mit weitreichenden Konsequenzen.

Die **mittlere Leitungsebene** konkretisiert die von der obersten Führungsebene formulierten Ziele und Strategien für ihren jeweiligen Verantwortungsbereich, setzt geeignete Maßnahmen um und überwacht deren Ausführung.

Die **untere Leitungsebene** setzt die vom mittleren Management beschlossenen Maßnahmen um, indem sie diese detailliert plant und an die ausführende Ebene kommuniziert. Sie unterstützt und überwacht die ausführenden Stellen beim Umsetzen der Maßnahmenpläne innerhalb ihres Verantwortungsbereichs.

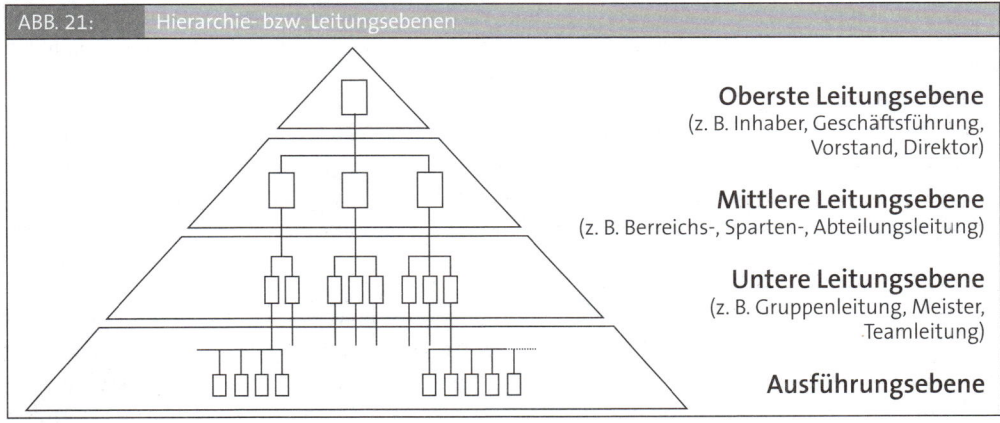

ABB. 21: Hierarchie- bzw. Leitungsebenen

Oberste Leitungsebene
(z. B. Inhaber, Geschäftsführung, Vorstand, Direktor)

Mittlere Leitungsebene
(z. B. Berreichs-, Sparten-, Abteilungsleitung)

Untere Leitungsebene
(z. B. Gruppenleitung, Meister, Teamleitung)

Ausführungsebene

Beim Gestalten des Leitungssystems sind drei Fragen von besonderer Bedeutung.

(1) Wie viele Leitungsebenen sind erforderlich?

In Abhängigkeit von der Anzahl der Leitungsebenen (sog. **Leitungstiefe**) fällt die Stellenpyramide mehr oder weniger steil aus.

Steile Stellengefüge mit zahlreichen Leitungsebenen ermöglichen den einzelnen Instanzen im Allgemeinen eine gute Wahrnehmung ihrer Koordinations- und Kontrollaufgaben. Dies ist darauf zurückzuführen, dass mit zunehmender Anzahl von Leitungsstellen meist ein besseres Verhältnis von Leitungs- zu Ausführungsstellen realisiert werden kann. Allerdings ist mit der Zunahme von Leitungsstellen in der Regel ein Kostenanstieg verbunden. Darüber hinaus nimmt mit zunehmender Anzahl von Leitungsebenen nicht nur die Länge der Kommunikationswege zu, sondern auch die Anzahl der Schnittstellen. Die Folgen sind ein erhöhter Zeitbedarf für das

Übermitteln von Informationen und Weisungen und ein steigendes Risiko der bewussten oder unbewussten Informationsfilterung innerhalb der Berichtskette.

BEISPIEL: Steiles Stellengefüge und Stellenrelation

Dekabank streicht weitere 100 Posten – „zu viele Häuptlinge"

Der seit Januar amtierende Vorstandsvorsitzende der Dekabank hat den tief greifenden Umbau der Sparkassen-Fondsgesellschaft verteidigt. „Wir haben zu viele Häuptlinge" [...]. Er halte nichts von sozialisierten Gesprächskreisen, in denen sich Führungskräfte mit sich selbst, aber nicht mit dem Geschäft beschäftigen. „Es gab in der Dekabank Gruppenleiter, die führten zwei Mitarbeiter", führt Waas als Beispiel für Ineffizienz an.

Um interne Abläufe zu straffen [...] streicht Waas im mittleren Management weitere hundert Posten. Bereits seit einem Monat ist bekannt, dass die erste Führungsebene unter dem Vorstand, die bislang aus 45 Geschäftsführern und Bereichsleitern bestand, auf 24 Personen verringert wird. [...] in den beiden Ebenen darunter, in denen bislang rund 400 Führungskräfte Verantwortung für die insgesamt 3450 Mitarbeiter trugen, fielen knapp hundert Posten weg. Ziel sei es aber nicht, Kosten zu sparen, hob Waas hervor. „Wir planen keine Veränderung der Mitarbeiterzahl." Vielmehr gehe es darum, weniger „Häuptlinge" mit mehr Entscheidungsbefugnissen auszustatten. [...]

Quelle: FAZ, 18. 8. 2006

Flache Stellengefüge mit wenigen Leitungsebenen erlauben aufgrund vergleichsweise kurzer Kommunikationswege dagegen einen schnelleren und unverfälschteren Informationsaustausch. Da in so genannten schlanken Hierarchien eine Leitungsstelle zwangsläufig für die Koordination und Kontrolle von mehr Ausführungsstellen zuständig ist, erweisen sich persönliche Weisungen häufig nicht als effizientestes Koordinationsinstrument.

Mit der Reduzierung von Leitungsstellen nimmt auch die Anzahl von Kontroll- und Steuerungsinstanzen ab. Um dennoch eine hohe Zielorientierung und Effizienz sowie eine schnelle Reaktion bei auftretenden Planabweichungen zu erreichen und nicht zuletzt Betrug und Unterschlagung zu vermeiden, sind Maßnahmen zur Förderung einer Vertrauenskultur oder zur Delegation von Entscheidungsbefugnissen angeraten.

Die Beantwortung der Frage, wie viele Leitungsebenen für eine effiziente Führung erforderlich sind, ist eng verknüpft mit der Entscheidung über die Anzahl der einer Leitungsstelle direkt unterstellten Stellen (sog. **Leitungsspanne**). Zwischen der Leitungtiefe und der Leitungsspanne besteht bei gleicher Anzahl an Ausführungsstellen ein unmittelbarer Zusammenhang: Je größer die Leitungsspannen, desto weniger Leitungsebenen sind erforderlich (vgl. Abb. 22). In der Praxis kann die Leitungsspanne zwischen einer und über hundert Personen schwanken. Tendenziell ist sie auf oberen und mittleren Hierarchieebenen geringer als auf unteren. Da die Entscheidung bezüglich der Leitungsspanne nur situationsbezogen, etwa abhängig von der Art der zu bewältigenden Aufgaben, der Qualifikation der Führungskräfte und Mitarbeiter oder der eingesetzten Koordinations- und Steuerungsinstrumente (vgl. Schulte-Zurhausen 2002, S. 189 ff.) sinnvoll getroffen werden kann, lässt sich auch die Frage nach der richtigen Anzahl der Leitungsebenen nur einzelfallbezogen beantworten.

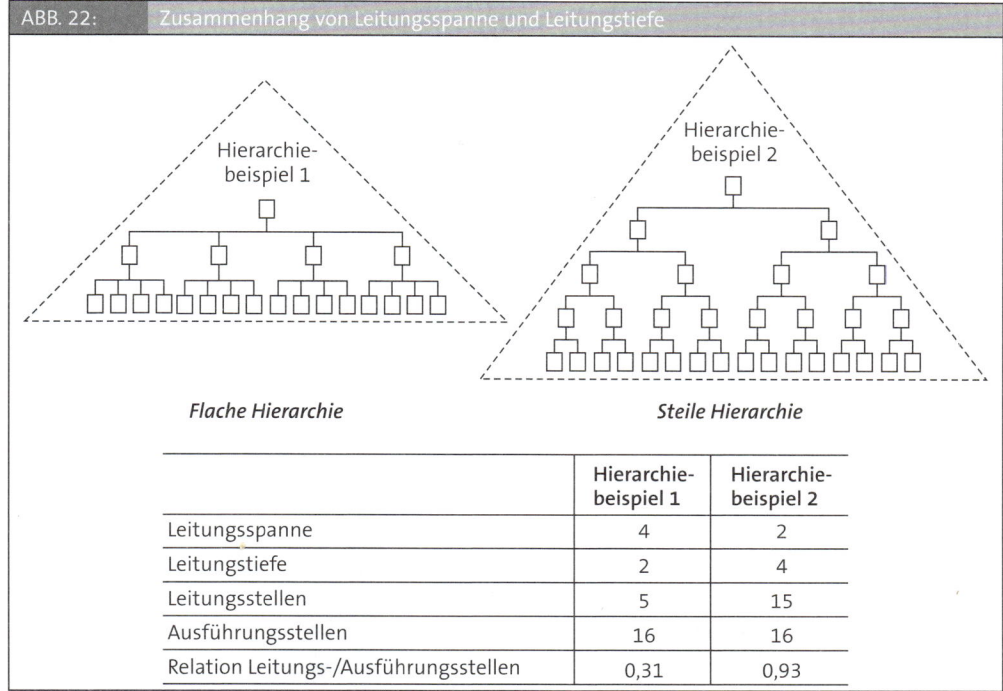

ABB. 22: Zusammenhang von Leitungsspanne und Leitungstiefe

Hierarchie-beispiel 1

Hierarchie-beispiel 2

Flache Hierarchie

Steile Hierarchie

	Hierarchie-beispiel 1	Hierarchie-beispiel 2
Leitungsspanne	4	2
Leitungstiefe	2	4
Leitungsstellen	5	15
Ausführungsstellen	16	16
Relation Leitungs-/Ausführungsstellen	0,31	0,93

(2) Wie sollen die Weisungsbeziehungen sein?

Im Hinblick auf die Gestaltung der Informations- und Entscheidungswege existieren drei ideal-typische **Grundformen von Leitungssystemen**:

► das Einliniensystem

► das Stab-Linien-System

► das Mehrliniensystem

Das **Einliniensystem** sieht eine konsequente Anwendung des Grundsatzes der einheitlichen Auftragserteilung vor, d. h. jede in der Hierarchie nachgeordnete Stelle kann nur von der direkt übergeordneten Stelle Weisungen erhalten (vgl. Abb. 23). Ein Überspringen von Instanzen ist nicht zulässig. Der Informationsfluss erfolgt auf denselben Wegen, auf denen Weisungen erteilt werden. Weisungen und Informationen fließen ausschließlich von „oben nach unten" und von „unten nach oben". Abweichungen von diesem Instanzen- oder Dienstweg sind nicht vorgesehen. Eine Ausnahme von diesem Grundsatz bildet die **Fayolsche Brücke**. Sie ermöglicht direkte Abstimmungen auch zwischen hierarchisch gleichgelagerten Stellen, sofern sie die jeweils übergeordneten Instanzen hierfür ausdrücklich ermächtigen und diese anschließend über das Ergebnis des Abstimmungsprozesses unterrichten. Auf diese Weise können die Instanzen entlastet und Abstimmungsprozesse beschleunigt werden.

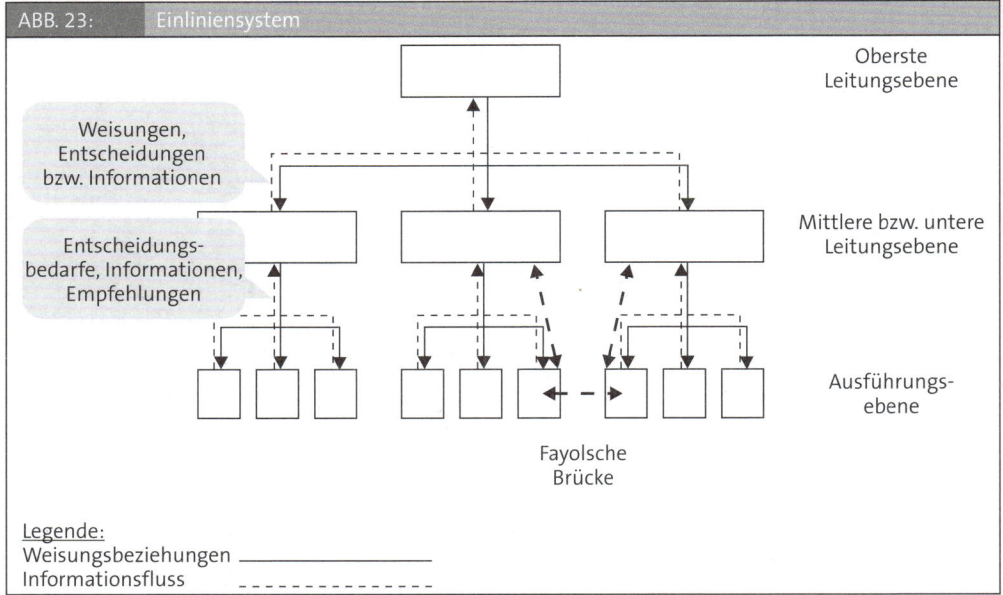

ABB. 23: Einliniensystem

Oberste Leitungsebene

Weisungen, Entscheidungen bzw. Informationen

Entscheidungsbedarfe, Informationen, Empfehlungen

Mittlere bzw. untere Leitungsebene

Ausführungsebene

Fayolsche Brücke

Legende:
Weisungsbeziehungen _____
Informationsfluss _ _ _ _ _ _ _ _ _ _ _ _ _

Im Einliniensystem erstrecken sich die Weisungsbefugnisse und Verantwortlichkeiten einer Leitungsstelle auf die Gesamtheit der ihr unterstellten Stellen und sind in der Regel nicht auf bestimmte Sachgebiete oder Funktionen begrenzt.

Vorteile des Einliniensystems:

► Klare Weisungs- und Kommunikationsstrukturen durch Übertragen von disziplinarischen und funktionalen Weisungsbefugnissen an eine Stelle.

► Gute Kontrollmöglichkeiten für jede einzelne Leitungsstelle.

► Überschaubarkeit und Einfachheit des Leitungssystems.

► Eindeutige Zuordnung von Verantwortlichkeiten.

► Schutz der Hierarchie vor Übergriffen Dritter.

Nachteile des Einliniensystems:

► Hohe Belastung der Leitungsstellen mit Informations- und Weisungsaufgaben.

► Lange und umständliche Weisungs- und Informationswege.

► Starke Abhängigkeit nachgeordneter Stellen von der fachlichen Qualifikation und der natürlichen Autorität einzelner Leitungsstellen.

► Gefahr der Bürokratisierung durch das sture Einhalten definierter Dienstwege.

Das **Stab-Linien-System** stellt eine Erweiterung des Einliniensystems dar, indem einzelnen Leitungsstellen, insbesondere auf höheren Hierarchieebenen, Stabsstellen zugeordnet werden (vgl. Abb. 24). Sie sollen die Leitungsstellen bei ihren Führungsaufgaben unterstützen (vgl. Ausführungen zu Stellenarten, Kap. 2.1.1).

Vorteile des Stab-Linien-Systems:

► Klare Verteilung von Zuständigkeiten und Kompetenzen

► Quantitative und qualitative Entlastung von Leitungsstellen bei der Vorbereitung von Entscheidungen.

► Höhere Qualität von Führungsentscheidungen durch verbesserte Entscheidungsvorbereitung.

► Ermöglicht einen sinnvollen Ausgleich zwischen der fachspezifischen und eher analytischen Denkweise von Stäben und der eher generalistischen und pragmatischen Denkweise von Leitungsstellen der Linie.

Nachteile des Stab-Linien-Systems:

► Einrichten und Unterhalten von Stabsstellen erzeugt Kosten.

► Wertschöpfungsbeitrag von Stäben kann gering sein bzw. völlig fehlen (sog. Wasserkopf)

► Konfliktpotenziale dadurch, dass Führungsentscheidungen von Stäben vorbereitet, aber von Linienstellen umgesetzt werden

► Stäbe können aufgrund ihres Wissensvorsprungs beträchtlichen informellen Einfluss auf Führungsentscheidungen ausüben (sog. graue Eminenzen).

Die Wirksamkeit des Stab-Linien-Systems ist in hohem Maße abhängig von den fachlichen und sozialen Kompetenzen der Stelleninhaber einerseits und der Kooperationsbereitschaft der Linie andererseits. Um zwischen Stab und Linie das gegenseitige Verständnis zu fördern und die Umsetzbarkeit der von Stäben vorgelegten Entscheidungsvorschläge zu erleichtern, sollten zeitlich befristete Stabstätigkeiten gezielt in die Entwicklungsplanung vor allem von Nachwuchsführungskräften vorgesehen werden.

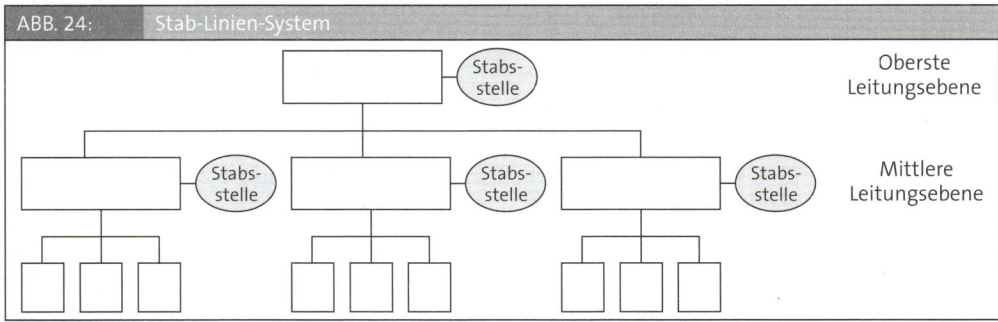

ABB. 24: Stab-Linien-System

Beim **Mehrliniensystem** wird der Grundsatz der einheitlichen Auftragserteilung durch eine Instanz aufgegeben. Demzufolge kann eine Stelle von verschiedenen, jeweils unterschiedlich spezialisierten Leitungsstellen, ihre Weisungen erhalten (**Prinzip der Doppel-/Mehrfachunterstellung**). Die Weisungsbefugnisse und Verantwortlichkeiten einer Instanz sind auf eine bestimmte Aufgabe oder Funktion begrenzt (vgl. Abb. 25). Man spricht daher auch von funktionalen Weisungsbefugnissen. Die so spezialisierten Instanzen werden auch Funktionsstellen oder Fachvorgesetzte genannt.

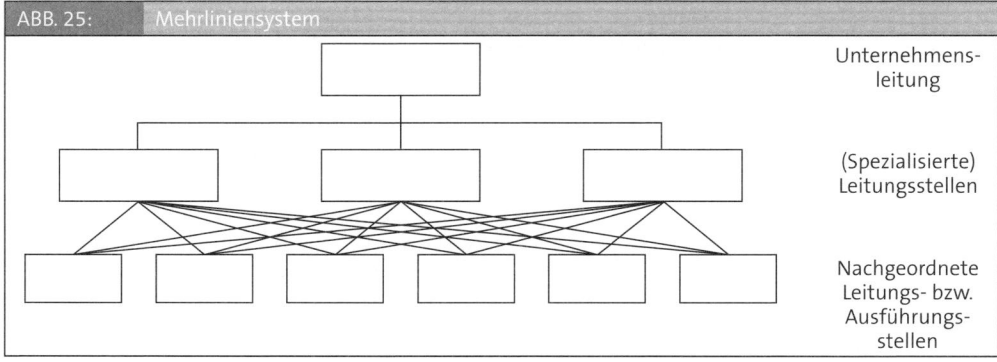

ABB. 25:   Mehrliniensystem

Unternehmens-leitung

(Spezialisierte) Leitungsstellen

Nachgeordnete Leitungs- bzw. Ausführungs-stellen

Vorteile des Mehrliniensystems:

► Hohe Qualität von Führungsentscheidungen durch fachliche Spezialisierung der Leitungs-stellen.

► Eine Stelle kann durch unterschiedlich spezialisierte Instanzen gleichzeitig nach mehreren Dimensionen (z. B. Funktion, Produkt, Region) koordiniert werden.

► Kurze Informations- und Entscheidungswege infolge direkter Kommunikation.

Nachteile des Mehrliniensystems:

► Gefahr von Kompetenzstreitigkeiten durch unscharfe Zuordnung von Aufgaben, Zuständig-keiten und Verantwortung.

► Erschwertes Zurechnen von Verantwortlichkeiten für Fehler.

► Gefahr widersprüchlicher Weisungen unterschiedlicher Instanzen.

► Gefahr eines hohen Koordinationsaufwands zwischen Instanzen.

Ein- und Mehrlinienprinzip können auch miteinander kombiniert werden. In der Praxis hat sich in solchen Fällen eine eindeutige disziplinarische Unterstellung und eine klare Zuordnung der Gesamtverantwortung bewährt (vgl. Kieser/Walgenbach 2007, S. 143). Dennoch kann es in be-stimmten Fällen erforderlich sein, für einzelne Organisationseinheiten eine zusätzliche fachliche Unterstellung zu definieren. Ein typisches Beispiel hierfür ist die Einrichtung eines Funktions-management etwa bei Unternehmen mit mehreren, räumlich getrennten Werken (vgl. Kap. 2.3.3). Wenngleich in diesem Fall alle Mitarbeiter eines Werkes disziplinarisch der jeweiligen Werksleitung unterstehen, können einzelne Mitarbeitergruppen (z. B. Controlling, Einkauf) fach-lich einer zentralen Instanz (z. B. Zentrales Controlling, Zentraleinkauf) unterstellt sein.

Beim Gestalten des Leitungssystems geht es also nicht um ein Entweder-Oder zwischen den drei idealtypischen Grundformen. Vielmehr ist zu differenzieren, bei welchen fachlichen Fragen die Kompetenzen einer Instanz begrenzt und andere Stellen mit funktionalen Weisungsrechten ausgestattet werden sollen.

(3) Wie sollen die Informations- und Kommunikationsbeziehungen ausgestaltet sein?

Um ihre Aufgaben erfolgreich und effizient erfüllen zu können, sind alle Organisationseinheiten auf Informationen angewiesen.

Die ausführenden Stellen benötigen Informationen zum ordnungsgemäßen Ausführen der ih-nen übertragen Aufgaben (z. B. Welche Kundenaufträge liegen vor? Bis wann sind welche Materialien in welcher Menge und Qualität an welchen Stellen erforderlich? Wie ist der Lagerbestand eines bestimmten Produktes?) Diese können entweder von über- oder gleichgestellten Stellen bereitgestellt werden. Je nachdem spricht man von vertikaler oder von horizontaler Informations- bzw. Kommunikationsbeziehungen.

Die Leitungsstellen benötigen zum Wahrnehmen ihrer Planungs- und Steuerungsaufgaben Informationen über die unternehmensexterne und -interne Situation. Sie müssen beispielsweise die aktuellen und künftigen Bedürfnisse der Zielgruppen kennen oder wissen, welche Chancen und Risiken sich im Zielmarkt abzeichnen. Hinsichtlich der unternehmensinternen Situation benötigen sie Informationen über aktuelle Zielerreichungsgrade oder den Umfang und die Ursachen von Plan-Ist-Abweichungen.

Beim Gestalten des Leitungssystems ist daher auch die Ausgestaltung der vertikalen Informations- und Kommunikationsbeziehungen festzulegen. Es ist zu entscheiden, welche Informationen in der Unternehmenshierarchie zu welchen Zeitpunkten welchem Empfänger in welchem Detaillierungsgrad und welcher Darstellungsform zur Verfügung gestellt werden sollen (vgl. Abb. 26).

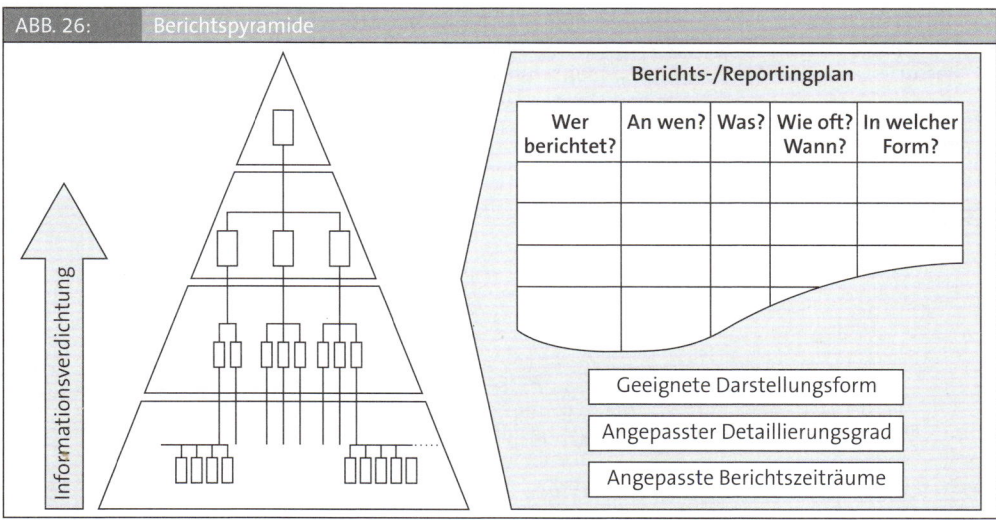

ABB. 26:   Berichtspyramide

Für den Informationsfluss von der Ausführungsebene zur Unternehmensleitung empfiehlt es sich, die Informationen entsprechend den Bedürfnissen der jeweiligen Adressaten zu filtern und zu verdichten. Dies ermöglicht der jeweiligen Leitungsebene einen schnellen und auf ihren Aufgaben- und Verantwortungsbereich zugeschnittenen Überblick über die Ist-Situation. Zur strukturierten Gestaltung des vertikalen Informationsflusses kommen häufig Managementinformations- bzw. Berichtssysteme zum Einsatz. Diese sind heutzutage weitgehend computergestützt.

Auch für den umgekehrten Informationsfluss ist sicherzustellen, dass Führungsentscheidungen unternehmensintern möglichst zeitnah und fehlerfrei an die jeweiligen Adressaten übermittelt werden. Hierzu ist festzulegen, welche Informationen in welcher Detaillierung und Darstellungsform von der Unternehmensspitze regelmäßig über die verschiedenen Leitungsebenen zur Ausführungsebene gelangen sollen.

2.1.4 Entscheidungsdelegation

Neben Über- und Unterordnungsverhältnissen der Organisationseinheiten und damit dem Verteilen von Leitungskompetenzen ist zu entscheiden, in welchem Umfang die einzelnen Leitungsstellen mit Entscheidungsbefugnissen ausgestattet werden sollen. Dies wird auch als (Entscheidungs-)Delegation bezeichnet. Dieser Begriff ist nicht zu verwechseln mit dem der (Aufgaben-)Delegation, bei dem es um das Übertragen von Aufgaben an eine Stelle geht. Die Entscheidungsdelegation umfasst im Wesentlichen folgende Inhalte (vgl. Kieser/Walgenbach 2007, S. 163ff.):

► Vorgeben von Zielen.

► Ausstatten mit Weisungsrechten nach innen und Vertretungsrecht nach außen.

► Zuweisen von Verantwortung.

Für das Verteilen von Entscheidungsbefugnissen auf verschiedene Stellen empfiehlt die Beachtung folgender zwei Prinzipien:

(1) Nach dem **Subsidiaritätsprinzip** sollten Entscheidungskompetenzen nur dann auf höheren Hierarchieebenen angesiedelt werden, wenn rangniedrigere Stellen nicht über die dafür erforderlichen Qualifikationen oder Informationen verfügen. Dies ermöglicht einerseits eine Entlastung ranghöherer Stellen mit Entscheidungen, die auch von nach geordneten Stellen getroffen werden können. Andererseits führt die Anwendung dieses Prinzips dazu, dass die direkt betroffenen Stellen ihr Wissen bestmöglich einbringen und so die Qualität von Entscheidungen verbessern können. Zugleich können Motivation und berufliche Entwicklung der Mitarbeiter auf diese Weise gefördert werden.

ABB. 27:   Kongruenzprinzip der Organisation

Aufgaben

► Welche Aufgaben sollen übernommen werden?
► Welche Ergebnisse sind dabei zu erzielen?

Kongruenzprinzip:

Aufgaben, Kompetenzen und Verantwortung sollten möglichst übereinstimmen.

Kompetenzen

Welche Kompetenzen benötigt die Organisationeinheit bzw. sind hilfreich, um die gewünschten Ergebnisse zu erzielen?

Verantwortung

Welche Verantwortung ist mit der Übernahme der Aufgaben für die Organisationseinheit verbunden?

(2) Ferner sollte beim Festlegen der Entscheidungskompetenzen das **Kongruenzprinzip** der Organisation berücksichtigt werden. Dieses besagt, dass die einer Stelle übertragenen Aufgaben,

Kompetenzen und Verantwortlichkeiten möglichst übereinstimmen (kongruent sein) sollen. Eine Stelle sollte für die Ergebnisse der ihr übertragenen Aufgaben nur dann die Verantwortung tragen und entsprechend belohnt bzw. sanktioniert werden, wenn sie auch über die notwendigen Entscheidungs-, Weisungs- bzw. Kontrollkompetenzen verfügt. Da sich die Verantwortung einer Stelle auf unterschiedliche Inhalte beziehen kann, wie etwa Ergebnis-, Budget-, Personal- oder Sachmittelverantwortung, ist sie im Voraus eindeutig zu definieren.

BEISPIEL: ▶ Kongruenzprinzip der Organisation

Die Stellenbeschreibung eines Marketingleiters sieht vor, dass zu seinen Aufgaben die mengen- und wertmäßige Absatzprognose aller Produktgruppen gehört. Damit dem Stelleninhaber sinnvollerweise auch die Verantwortung für das Erreichen der prognostizierten Planwerte übertragen werden kann, erhält er umfangreiche Entscheidungs- und Weisungsbefugnisse bezüglich der Vertriebsaktivitäten. Damit stimmen die ihm übertragen Aufgaben, Befugnisse und Verantwortlichkeiten überein.

Würde dem Marketingleiter zwar die Absatzprognose übertragen, ohne ihn mit Entscheidungs- und Weisungsbefugnissen für den Vertrieb auszustatten, hätte er keine formale Macht, die von ihm geplanten Absatz- und Umsatzwerte auch im Vertrieb durchzusetzen. Die Rolle des Marketingleiters lässt sich in diesem Fall mit der Metapher eines „zahnlosen Tigers" treffend beschreiben.

Diese Rolle wäre für den Stelleninhaber vermutlich besonders unbefriedigend, wenn er trotz fehlender Entscheidungs- und Weisungsbefugnisse am Geschäftsjahresende die Verantwortung für das Nicht-Erreichen der Planwerte übernehmen und die Konsequenzen – etwa in Form nicht bewilligter Bonuszahlungen – tragen müsste. In diesem Fall würde der Marketingleiter quasi noch zum „Sündenbock" für Aufgaben, die nicht „in seiner Macht standen".

Vielfach wird in Fachliteratur und Praxis anstelle von Entscheidungsdelegation auch von **Entscheidungszentralisation** bzw. -dezentralisation gesprochen. Die Entscheidungszentralisation beschreibt den Extremfall, bei dem alle Entscheidungsbefugnisse auf der obersten Hierarchieebene konzentriert sind. Demgegenüber wird unter **Entscheidungsdezentralisation** verstanden, dass Entscheidungsbefugnisse dauerhaft von der obersten Hierarchieebene an nachgelagerte Hierarchieebenen übertragen werden. Die Bandbreite möglicher Stufen der Entscheidungs(de)zentralisation kann als Kontinuum, welches sich von der völligen Zentralisierung bis zur völligen Dezentralisierung erstreckt, verstanden werden. In der Praxis sind beide Extreme nicht realisierbar, da auch bei einer weitestgehenden Zentralisation ein Mindestmaß an Routineentscheidungen in der Regel bei ausführenden Stellen liegt. Ebenso bleibt selbst bei weitestgehender Dezentralisation meist ein Mindestmaß an Entscheidungen auf den oberen Ebenen.

BEISPIEL: ▶ Lufthansa dezentralisiert Passagiersparte

Im Herbst 2006 baute die Lufthansa ihr Kerngeschäftsfeld gründlich um. Die mit 12 Milliarden Euro Umsatz wichtigste Konzernsparte für die Passagierbeförderung – das so genannte Passage-Geschäft – wird seither nicht mehr zentral gesteuert. Stattdessen werden die wichtigsten Prozesse in drei separaten Bereichen gemanagt.

Die Flughafen-Drehkreuze Frankfurt und München sowie alle dezentralen Standorte, also die restlichen elf deutschen Flughäfen, von denen die Lufthansa startet, wurden dazu zu eigenständigen Organisationen ausgebaut. Den zuständigen drei Stationsleitern wurde deutlich mehr Verantwortung als zuvor eingeräumt: Unter ihnen werden die rund 250 Flugzeuge der Lufthansa Passage aufgeteilt, die sie ausschließlich in ihrem Bereich einsetzen. Für die Flugplansteuerung werden rund 100 Mitarbeiter aus der Konzernzentrale in die drei Bereiche wechseln.

Mit dieser Neustrukturierung veränderte die zweitgrößte europäische Fluggesellschaft ihre Prozessabläufe massiv. Der Konzern wollte damit seine bisherige funktional-zentrale Organisation für ein weiteres erfolgreiches Wachstum rüsten sowie mittel- und langfristig auch die Kosten senken. Der Konzern entzerrte damit die komplexe Steuerung seines Passage-Geschäfts, das 2005 den Transport von über 50 Millionen Fluggästen zu 187 Zielen koordiniert hat.

Mit diesem Schritt leitete der Lufthansa-Chef auch Änderungen in seiner Führungsstruktur ein. Mit dem Umbau delegierte er wichtige Aufgaben an die drei Stationsleiter (Hubmanager) auf der dritten Hierarchiestufe. Mit dieser Neuverteilung der Kompetenzen verschoben sich auch auf der zweiten Führungsebene – den Bereichsvorständen – deutlich Kompetenzen. Vor allem der für das Netzmanagement zuständige Bereichsvorstand musste einen Großteil seines bis dahin wichtigsten Verantwortungsbereichs abgeben. Zwei andere Bereichsvorstände übernahmen im Rahmen der Dezentralisierung zusätzliche Aufgaben, wie die Führung der drei gestärkten Hubmanager und die Preissteuerung.

(vgl. Genger 2006)

Vorteile der Entscheidungszentralisation:

► Bietet die Chance für eine hohe Kompatibilität von Entscheidungen.

► Erlaubt eine hohe Transparenz aller Entscheidungen an der Unternehmensspitze und reduziert damit das Risiko von Doppelarbeiten.

► Erlaubt einen effizienten Einsatz von Spezialisten (Stabsstellen) zur Entscheidungsfindung.

► Eröffnet die Chance für hohe Entscheidungsgeschwindigkeit wegen geringer Anzahl beteiligter Entscheidungsträger.

Nachteile der Entscheidungszentralisation:

► Kann zu einer Überlastung der obersten Instanzen mit operativen Entscheidungen führen.

► Erhöht die Gefahr qualitativ schlechter Entscheidungen, da die Entscheider häufig mit den Gegebenheiten vor Ort nicht vertraut sind und meist nicht über erforderliche Detailkenntnisse verfügen.

► Aufgrund fehlender Entscheidungsspielräume vor Ort können nachgeordnete Instanzen und Stellen demotiviert werden.

► Infolge begrenzter Managementkapazitäten der oberster Instanzen kann die Entscheidungsgeschwindigkeit auf Kundenanforderungen oder auf Umweltänderungen unangemessen lange sein.

HINWEIS:

Wechsel von Zentralisierung und Dezentralisierung

Analog zu anderen organisatorischen Gestaltungsparametern ist auch die Antwort auf die Frage, wie Entscheidungskompetenzen in Unternehmen am besten zu verteilen sind, modischen Schwankungen unterworfen. Die Gestaltungstrends pendeln in größeren Zeitabständen zwischen Zentralisierung und Dezentralisierung. Mal ist das eine „in" und das andere „out", mal ist es umgekehrt.

Unabhängig von organisatorischen Moden (vgl. auch Kap. 4.3) lässt sich in Unternehmen ein permanentes Wechselspiel zwischen Zentralisierungs- und Dezentralisierungstendenzen beobachten. Jeder Wechsel ist in der Regel ein Gegensteuern zum Vermeiden unerwünschter Effekte. Eine stärkere (Re-)Zentralisierung dient oft dazu, ungewollte Nebenwirkungen einer zu starken Dezentralisierung abzuschwächen. Diese Erklärung, dass jede Entwicklungsphase eines Unternehmens eine logische Folge der jeweils vorangegangenen Phase ist, kommt im Lebenszykluskonzept von Greiner sehr anschaulich zum Ausdruck (vgl. Greiner 1972). Als beschreibendes Modell kann es das Verständnis fördern, dass Krisen in der Entwicklung von Unternehmen nicht ungewöhnlich sind und dass Lösungen zu deren Überwindung oft den Keim für künftige Probleme oder gar die nächste Krise legen.

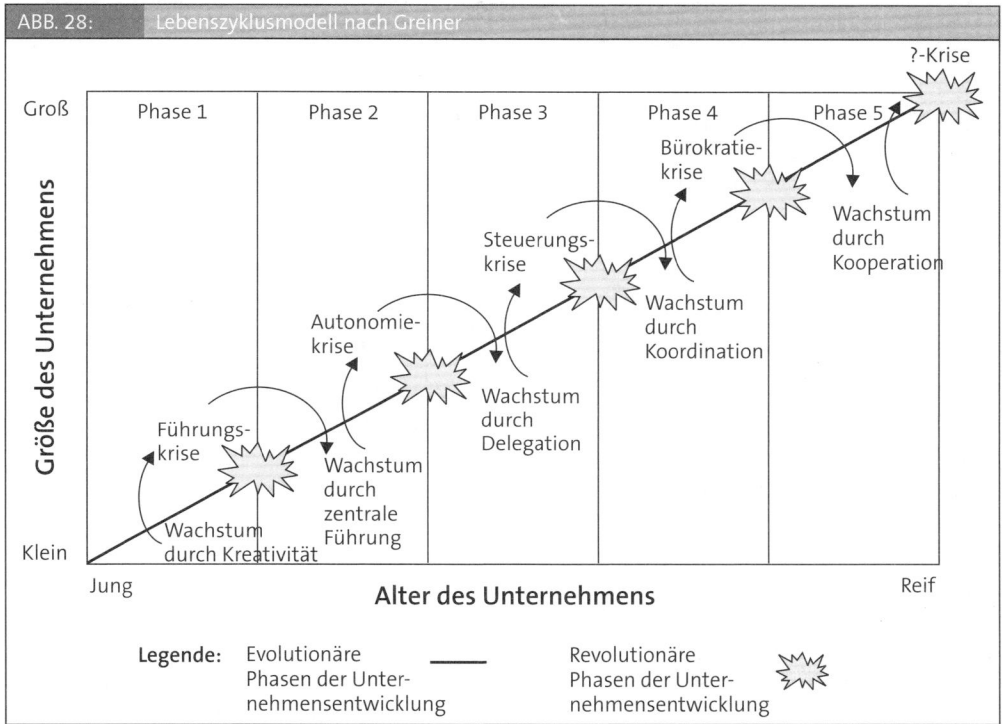

ABB. 28: Lebenszyklusmodell nach Greiner

Das Wechselspiel zwischen zentralistischen und dezentralistischen Bestrebungen von Unternehmen spiegelt sich in Greiners Modell vor allem in den Phasen 3 bis 5 wider. Beim Eintritt in Phase 3 bewältigen Unternehmen ihr Umsatz- und Größenwachstum, indem sie dezentrale Strukturen einführen. Hierzu werden beispielsweise Verantwortlichkeiten auf mittlere Führungsebenen und lokale Einheiten (z. B. Werke, Niederlassungen, Tochtergesellschaften) verlagert sowie Profit-Center und finanzielle Anreize für das Erreichen von Zielen eingeführt. Früher oder später handeln die weitgehend eigenständig operierenden Einheiten immer unabhängiger. Durch die zunehmende Autonomie entstehen Bereichsegoismen (sog. Silo-Denken). Die dadurch auftretenden zentrifugalen Kräfte haben früher oder später eine Kontrollkrise der Unternehmensleitung zur Folge (Phase 4). Um sie zu überwinden, verstärkt die Unternehmensleitung ihre Bemühungen zu Koordination und Steuerung – zum Beispiel durch das Zusammenlegen von Einheiten, das Zentralisieren von Aufgaben oder das verstärkte Überwachen der weitgehend autonomen Einheiten durch die Zentrale. Verbunden damit ist die Gefahr, dass die notwendige Handlungsfreiheit und Motivation der dezentralen Einheiten eingeschränkt wird und die Bürokratie überhand nimmt. Das Unternehmen gerät in die Bürokratiekrise. In der folgenden Phase der Kooperation (Phase 5) werden wieder verstärkt Maßnahmen unternommen, um die notwendige Handlungsfreiheit der einzelnen Organisationseinheiten und damit letztlich die Marktbeweglichkeit des gesamten Unternehmens zu verbessern.

In der Praxis stellt sich meist weniger die Frage, ob Entscheidungen zentral oder dezentral getroffen werden sollen. Es geht eher darum, in welchem Umfang bestimmte Entscheidungen delegiert werden können bzw. sollen. Es empfiehlt sich, Entscheidungen mit kurzer zeitlicher Reichweite sowie häufig und in relativ ähnlicher Form anfallende Entscheidungen (sog. Routineentscheidungen) eher zu dezentralisieren. Ebenso sollte marktnahen Bereichen wie Marketing und Vertrieb vor allem in distributions- und preispolitischen Entscheidungen eine gewisse Entscheidungsautonomie eingeräumt werden, um lokalen Marktanforderungen vor Ort zeitnah gerecht werden zu können. Entscheidungen sollten dagegen zentralisiert werden, wenn die von ihnen zu erwartenden Auswirkungen bereichsübergreifend und die damit verbundenen Risiken groß sind.

2.2 Grundformen der Aufbauorganisation

Durch die Kombination der vorgestellten Gestaltungsparameter ergeben sich unterschiedliche Grundformen der Aufbauorganisation (auch Primärorganisation, Strukturmodelle, Struktur- oder Konfigurationstypen).

Um den Überblick über die Vielzahl der möglichen Organisationsformen zu erleichtern, hat sich in Wissenschaft und Praxis die Art der Spezialisierung auf der zweiten Hierarchieebene als zentrales Systematisierungskriterium durchgesetzt. Traditionell werden folgende vier Grundformen der Aufbauorganisation unterschieden:

ABB. 29:   Grundformen der Aufbauorganisation

Spezialisierung auf der zweiten Hierarchieebene nach ...	Grundformen der Aufbauorganisation
Funktionen	**Funktionale Organisation**
Objekten - Produkte/Produktgruppen - Kunden/Kundengruppen - Absatzregionen	**Divisionale Organisation**
Funktionen und Objekten	**Matrix-/Tensororganisation**
Rechtlich selbständigen Einheiten	**Holdingorganisation**

Mit diesen vier Grundformen lässt sich gewissermaßen das „Grundgerüst" jeder Aufbauorganisation errichten. Um Nachteile einzelner Grundformen zu vermeiden, können diese bei Bedarf um weitere Strukturelemente ergänzt werden. Man spricht in diesem Zusammenhang auch von Sekundärorganisation (vgl. Kap. 2.3).

2.2.1 Funktionale Organisation

Ist ein Unternehmen auf der zweiten Hierarchieebene nach Verrichtungen gegliedert, entstehen Funktionsbereiche wie Entwicklung, Beschaffung, Produktion, Vertrieb usw. Daher wird diese Grundform als funktionale Organisation bezeichnet. Kennzeichnend für dieses Strukturmodell ist ferner, dass die Funktionsbereiche im Rahmen eines einlinigen Leitungssystems der Unternehmensleitung direkt unterstellt sind.

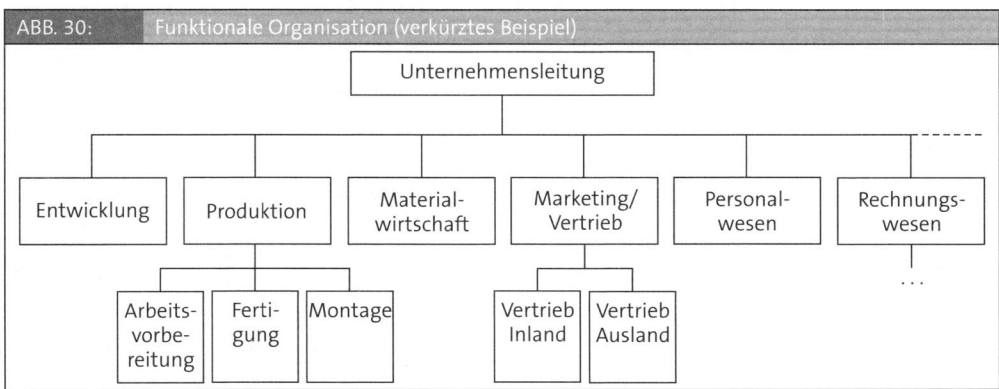

ABB. 30:   Funktionale Organisation (verkürztes Beispiel)

Die funktionale Organisation ist die ursprüngliche Organisationsform des Industriebetriebs. Sie stand auch Pate bei der traditionellen Kosten- und Leistungsrechnung, wie die Systematik des Betriebsabrechnungsbogens (Unterscheidung nach Fertigungs-, Material-, Verwaltungs- und Vertriebskostenstellen) zeigt. Auch heute ist diese Grundform vor allem bei kleinen und mittelständischen Unternehmen noch weit verbreitet. Die funktionale Organisation ergibt sich meist nahezu wie von selbst, wenn in einem Unternehmen Leitungsaufgaben infolge zunehmender Unternehmensgröße auf verschiedene Organisationseinheiten verteilt werden müssen. Weit verbreitet ist dabei die grobe Unterscheidung von kaufmännischen und technischen Aufgaben, die jeweils in einem Funktionsbereich bzw. in mehreren Bereichen organisatorisch zusammengefasst werden. Oft findet sich die Spezialisierung nach Funktionen bis hinein in die Unternehmensspitze, wo nicht selten je ein Mitglied der Unternehmensleitung für die kaufmännischen bzw. technischen Bereiche zuständig ist.

Während die Funktionsbereiche – meist innerhalb eines definierten Kostenrahmens – für die sachgerechte Erbringung der ihnen übertragenen Funktionen verantwortlich sind, ist es die Aufgabe der Unternehmensleitung, das Unternehmen als Ganzes zu steuern. Dies bedeutet, übergeordnete Ziele und Strategien zu definieren, über die Verteilung der vorhandenen Ressourcen zu entscheiden, die einzelnen Funktionsbereiche zu koordinieren, das Erreichen der Unternehmens- oder Bereichsziele zu überwachen und bei Bedarf steuernd einzugreifen. Häufig werden neben strategischen in hohem Umfang auch operative Entscheidungen zentral von der Unternehmensleitung getroffen. Dies ist auf die starken gegenseitigen Abhängigkeiten der Funktionsbereiche zurückführen, die deren Autonomie stark einschränken und eine bereichsübergreifende Koordination erfordern.

Vorteile der funktionalen Organisation:

► Hohe Effizienz infolge von Erfahrungskurven- und Skaleneffekten durch Zusammenfassung gleicher oder ähnlicher Aktivitäten.

► Klar abgegrenzte Aufgaben- und Verantwortungsbereiche.

► Hohe Fachkompetenz des Personals infolge der Aufgabenspezialisierung.

► Begrenzter Bedarf an fachlich spezialisierten Führungskräften.

Nachteile der funktionalen Organisation:

► Hoher Koordinations- und Kommunikationsaufwand aufgrund der funktionalen Arbeitsteilung zwischen Funktionsbereichen verbunden mit negativen Auswirkungen auf Zeit- und Kostenziele.

► Geringes unternehmerisches Denken und Handeln in den einzelnen Bereichen infolge funktionaler Spezialisierung.

► Geringe Kundenorientierung aufgrund fehlender Verantwortlichkeit der Funktionsbereiche für Gesamtprozesse.

► Hohe zeitliche Belastung der Unternehmensleitung mit koordinierenden Aufgaben und operativen Entscheidungen.

Eine funktionale Organisationsstruktur ist gut für Unternehmen geeignet, die mit einem überschaubaren und weitgehend homogenen Produktprogramm in einem relativ stabilen Marktumfeld tätig sind.

2.2.2 Divisionale Organisation

Das zentrale Strukturmerkmal der divisionalen Organisation (auch Sparten- oder Geschäftsbereichsorganisation) besteht darin, dass die Organisationseinheiten auf der zweiten Hierarchieebene **nach Objekten** (z. B. Produkte, Produktgruppen, Kundengruppen oder Marktregionen) gegliedert sind. In einer Division werden mehr oder weniger alle Funktionen, die etwa ein Produkt oder eine Produktgruppe betreffen, organisatorisch zusammengefasst. Häufig sind Spartenorganisationen daher auf der dritten Ebene nach Funktionen gegliedert. Große Sparten mit einem sehr unterschiedlichen Produktprogramm oder Kundenstamm können aber auf der dritten Ebene erneut nach Objekten gegliedert sein. Die einzelnen Divisionen (auch Sparten, Geschäftsbereiche oder Business Units) sind wie bei der funktionalen Organisation in einem **Einliniensystem** direkt der Unternehmensleitung unterstellt.

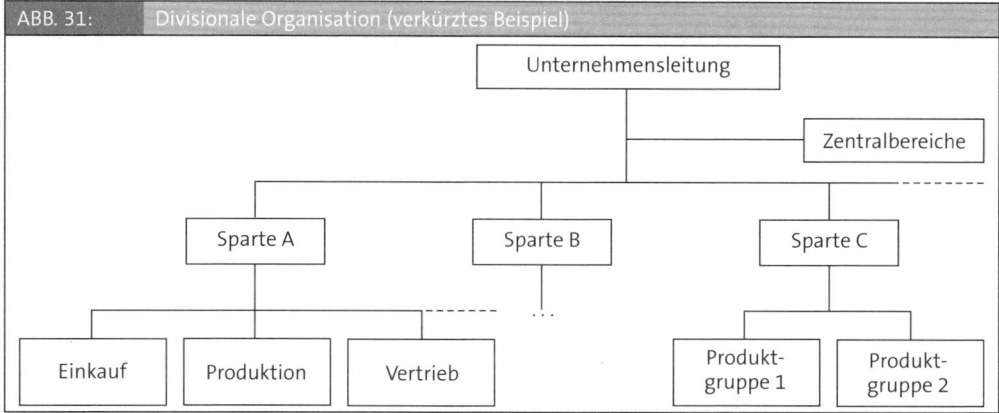

ABB. 31:   Divisionale Organisation (verkürztes Beispiel)

BEISPIEL: ▶ Spartenorganisation der tesa AG

Die tesa AG ist einer der weltweit führenden Hersteller technischer Klebebänder für Industriekunden und Endverbraucher. Das Unternehmen gehört zur Beiersdorf Gruppe und ist seit 2001 ein eigenständiges Unternehmen.

Die Unternehmensstruktur ist gekennzeichnet durch eine kundenorientierte Spartenorganisation. Entsprechend den beiden zentralen Kundengruppen prägen folgende beiden Sparten die Aufbauorganisation:

▶ Business Unit „Consumer"

▶ Business Unit „Industrial"

Die Business Unit „Consumer" ist für die Entwicklung und Vermarktung von Problemlösungen in den Bereichen Büro, Haus und Garten zuständig, die sich an Endverbraucher richten. Diese werden unter der Dachmarke tesa® in Bau- und Verbrauchermärkten sowie in Papier- und Schreibwarengeschäften international vertrieben.

Die Business Unit „Industrial" ist für die Entwicklung und Vermarktung von Problemlösungskonzepten für Kunden aus der Elektronik-, Druck-, Papier-, Verpackungs- und Automobilindustrie zuständig. Angeboten werden etwa maßgeschneiderte Schutz-, Verpackungs- und Befestigungssysteme, Spezialsortimente für die Verklebung elektronischer Bauteile in Mobiltelefonen, Digitalkameras und LCD-Bildschirmen, fälschungssichere laserbeschriftete Etiketten sowie Systeme zum Bündeln und Fixieren von Kabeln. Der Vertrieb in dieser Sparte erfolgt mehrgleisig über eigenständige Vertriebssysteme. Beispielsweise werden im Direktvertrieb Großkunden aus der Automobil-, Papier-, Druck- oder Elektronikindustrie bedient, der Vertrieb an Maler und Lackierer erfolgt dagegen über entsprechende Fachhändler.

Die Spartenorganisation dient der tesa AG dazu, den spezifischen Anforderungen der unterschiedlichen Marktsegmenten und Kundengruppen in hohem Maße gerecht zu werden.

Durch die Spezialisierung nach Objekten entstehen Organisationseinheiten, die für einen definierten **Objektbereich mit umfangreichen unternehmerischen Kompetenzen und Verantwortlichkeiten** ausgestattet sind. Je nach Umfang der auf die Sparten übertragenen Verantwortlichkeiten lassen sich verschiedene **Center-Konzepte** unterscheiden.

▶ **Cost-Center** zeichnen sich dadurch aus, dass die Sparten für die Erbringung einer definierten Leistung unter Einhaltung eines vorgegebenen Kostenbudgets verantwortlich sind. Dabei kann es den Sparten freigestellt sein, notwendige Vorprodukte oder Dienstleistungen zu vereinbarten Verrechnungspreisen von anderen Sparten oder am externen Beschaffungsmarkt zu beziehen. Typischerweise werden Unternehmensbereiche ohne direkten Zugang zum Absatzmarkt als Cost-Center geführt (z. B. Fertigungsbereiche).

► Haben Sparten weder einen nennenswerten Einfluss auf die Kosten der Leistungen noch auf die Verkaufspreise, beschränkt sich deren Verantwortung auf den zu erzielenden Umsatz. Man spricht in diesem Fall von **Revenue-Center**. Meist sind Revenue-Center bei Vertriebseinheiten anzutreffen, die ihre Produkte von anderen Geschäftsbereichen zu vorgegebenen Transferpreisen übernehmen, um sie auf externen Märkten zu verkaufen (z. B. regionale Vertriebsgesellschaften).

ABB. 32:	Center-Konzepte (Quelle: Klimmer 2001, S. 70)			
	Kennzeichen	**Verantwortung**	**Beurteilungs-grundlage**	**Typische Unternehmensbereiche**
Cost-Center	direkte Einfluss-möglichkeiten auf Kosten; klare Vorgabe der geforderten Leistung	Kosten	Abweichung vom vereinbarten Kostenbudget	Bereiche ohne direkten Marktzugang; z. B. Fertigung
Revenue-Center	keine direkten Einflussmöglichkeiten auf Kosten; bedingter Einfluss auf Erlöse	Umsatz. ggfs. Deckungsbeitrag	Abweichung von vereinbarten Verkaufsquoten	Bereiche mit direktem Marktzugang ohne eigene Fertigung, z. B. regionale Verkaufsbüros, Landes-gesellschaften
Profit-Center	weitgehende Einfluss-möglichkeiten auf Kosten und Erlöse	Gewinn	Jahresüberschuss, Betriebsergebnis	objektstrukturierte Bereiche mit eigener Fertigungs- und Vertriebs-funktion
Investment-Center	weitgehende Einfluss-möglichkeiten auf Kosten und Erlöse sowie Verwendung des erwirtschafteten Gewinns	Verzinsung des eingesetzten Kapitals	Rendite (ROI)	objektstrukturierte Bereiche mit eigener Fertigungs- und Vertriebs-funktion

► Beim **Profit-Center** wird den Sparten die volle Gewinnverantwortung für ihren Bereich übertragen. Die einzelnen Sparten fungieren quasi als „Unternehmen im Unternehmen". Voraussetzung hierfür ist, dass die Sparten über weitgehende unternehmerische Autonomie verfügen und die erforderlichen Entscheidungskompetenzen sowohl zur Beeinflussung der Kosten- als auch der Erlösseite besitzen.

► Beim **Investment-Center** erhalten die Sparten über die Ergebnisverantwortung hinaus auch Entscheidungskompetenzen über die Verwendung des von ihnen erzielten Gewinns in Form von Reinvestitionen. In der Regel wird dabei die Autonomie der Sparten insofern eingeschränkt, als sich die Unternehmensleitung im Interesse einer unternehmensweiten Optimierung der Mittelverwendung eine Mitsprache vorbehält. In der Praxis ist der Unterschied zwischen Profit- und Investment-Center oft nicht klar zu ziehen, da häufig Profit-Center im Rahmen ihrer Ergebnisverantwortung in gewissem Umfang auch über Investitionen verfügen können. Die Festlegung, ab welchem Investitionsvolumen es sich um ein Profit- bzw. ein Investment-Center handelt, ist relativ willkürlich.

Durch das Delegieren unternehmerischer Kompetenzen und Verantwortlichkeiten auf einzelne Sparten werden die Selbstabstimmung, Pläne und interne Märkte zu den dominierenden Koordinationsmechanismen. Dies entlastet zum einen die Unternehmensleitung, zum anderen fördert es das unternehmerische Denken und Handeln innerhalb eines Unternehmens. Allerdings steigt mit zunehmender Autonomie der Sparten auch die Gefahr, dass sich einzelne Einheiten zu sehr verselbstständigen und so den Koordinationsaufwand zwischen den Bereichen über Gebühr erhöhen. Dies kann zur Folge haben, dass Skalen- und Synergiepotenziale nicht in ausreichendem Maße ausgeschöpft werden.

HINWEIS:

Synergie- und Skaleneffekte

Synergieeffekte (auch Verbundeffekte; 2+2=5-Effekte) entstehen, wenn verschiedene Kräfte so zusammenwirken, dass sie sich gegenseitig fördern. Die Effekte sind daher größer als die Summe der von den einzelnen Kräften erzielbaren Effekte („Das Ganze ist mehr als die Summe seiner Teile").

Beim Gestalten der Unternehmensorganisation können Synergieeffekte zum Beispiel entstehen, wenn durch das Bündeln von Know-how verschiedener Organisationseinheiten Lösungen (z. B. bei der Produktentwicklung) kreiert werden, die für die einzelnen Einheiten alleine nicht erzielbar sind. Synergieeffekte können auch entstehen, wenn eine Organisationseinheit (z. B. Sparte, Tochtergesellschaft) Produkte an Kunden einer anderen Einheit verkauft und so ihren Absatz und Umsatz steigert (sog. Cross-Selling).

Skaleneffekte (auch Größeneffekte) liegen vor, wenn bei steigender Ausbringungsmenge die Kosten je Stück sinken. Dies kann auf verschiedene Faktoren zurückzuführen sein. Zum einen verteilen sich bei zunehmender Ausbringungsmenge die Fixkosten auf mehr Einheiten und reduzieren so die Gesamtkosten. Zum anderen verbessern die Mitarbeiter bei steigender Ausbringungsmenge infolge häufiger Wiederholung schrittweise ihre Fertigkeiten (Lernkurveneffekt) und tragen damit zur Kostensenkung bei. Ferner lassen sich bei zunehmender Ausbringung Einsparungen realisieren, weil sich die Wirtschaftlichkeit von Rationalisierungs- und Automatisierungslösungen verbessert. Skaleneffekte lassen sich nicht nur in der Produktion, sondern auch in vielen anderen Funktionsbereichen realisieren. Beispielsweise können die Beschaffungskosten gesenkt werden, wenn verschiedene Organisationseinheiten gemeinsam ihr Material einkaufen und dadurch höhere Mengenrabatte bei Lieferanten erzielen.

Da Synergieeffekte auch in Form von Kosteneinsparungen auftreten können (sog. Kostensynergien), werden die Begriffe Synergie- und Skaleneffekte häufig synonym verwendet.

Um dieser Gefahr entgegenzuwirken kann es sinnvoll sein, für ausgewählte **Funktionen zentrale Dienstleistungsstellen (sog. Zentralbereiche)** einzurichten. Diese können ausschließlich zentral anfallende Aufgaben, „hoheitliche" Aufgaben oder unternehmensweit anfallende Routineaufgaben wahrnehmen (vgl. Kap. 2.1.1, Dienstleistungsstellen).

Da durch das Zentralisieren von Funktionen die Autonomie der Sparten eingeschränkt wird, sollte sie nur aus gewichtigen sachlichen oder wirtschaftlichen Gründen erfolgen. Generell empfiehlt es sich, solche Funktionen in Zentralbereichen anzusiedeln, bei denen durch die Zentralisierung nennenswerte Spezialisierungs- oder Größenvorteile realisiert werden können. Aufgaben, die in den Sparten besser, schneller oder kostengünstiger erbracht werden können als in einem Zentralbereich, sollten dezentralisiert werden. Ferner ist bei der Entscheidung über die

Zentralisierung von Funktionen darauf zu achten, dass keine Aufgaben zentralisiert werden, die für den Erfolg der Sparten von zentraler Bedeutung sind. Entsprechend dem Kongruenzprinzip müssen Aufgaben und Verantwortung etwa für das Erreichen von Kosten-, Umsatz- oder Ertragszielen in der Hand der jeweiligen Sparten sein.

Vorteile der divisionalen Organisation:

► Die Spartenbildung ermöglicht eine gute Ausrichtung des Unternehmens auf unterschiedliche Marktsegmente, Kundengruppen oder Marktregionen.

► Schnelle Koordination und Entscheidungsfindung und damit höhere Flexibilität bezüglich veränderter Marktanforderungen durch die Einrichtung überschaubarer, mit umfangreichen Befugnissen ausgestatteten Sparten.

► Entlastung der Unternehmensleitung durch weitgehende Verlagerung von Verantwortung und Kompetenzen auf die Spartenleitung.

► Gute strategische und strukturelle Anpassungsfähigkeit durch relativ einfache An- und Ausgliederung von Sparten.

► Hohe Motivation der Führungskräfte in den Sparten infolge weitgehender Übertragung unternehmerischer Kompetenzen.

► Bessere interne Führungskräfteentwicklung durch Delegation unternehmerischer Aufgaben und Kompetenzen auf die zweite Hierarchieebene.

Nachteile der divisionalen Organisation:

► Effizienzverluste durch relativ geringe Nutzung funktionaler Spezialisierungsvorteile (insb. Skalen- und Synergieeffekte).

► Gefahr von Spartenegoismus und kurzfristiger Gewinnorientierung infolge der Dezentralisierung von (Ergebnis-)Verantwortung.

► Höherer Bedarf an Führungskräften mit generalistischen Managementqualifikationen infolge der Übertragung unternehmerischer Kompetenzen an die Sparten.

Die divisionale Organisation ist eine Strukturform, die insbesondere für mittelgroße bis große Unternehmen in Frage kommt, die mit einem breiten Leistungsprogramm in unterschiedlichen Märkten oder Marktsegmenten einem dynamischen Marktumfeld agieren.

2.2.3 Matrixorganisation

Im Gegensatz zu den beiden bislang dargestellten eindimensionalen Strukturmodellen handelt es sich bei der Matrixorganisation um eine mehrdimensionale Organisationsstruktur. Die Organisationseinheiten auf der zweiten Hierarchieebene werden unter gleichzeitiger Berücksichtigung **zweier Gestaltungskriterien** – etwa nach Funktionen und nach Objekten oder nach zwei Objekten (z. B. Produktgruppe und Region) – gebildet. Typischerweise sind die Matrixstellen in der horizontalen Dimension funktional und in der vertikalen Dimension objektorientiert ausgestaltet. Es sind jedoch auch beliebig andere Gestaltungsalternativen möglich. Die grundsätzlich zweidimensionale Struktur der Matrixorganisation kann auch auf drei und mehr Dimensionen ausgebaut werden. Dies ist etwa bei großen, multinationalen Unternehmen anzutreffen. Man spricht in diesem Fall von einer **Tensororganisation.**

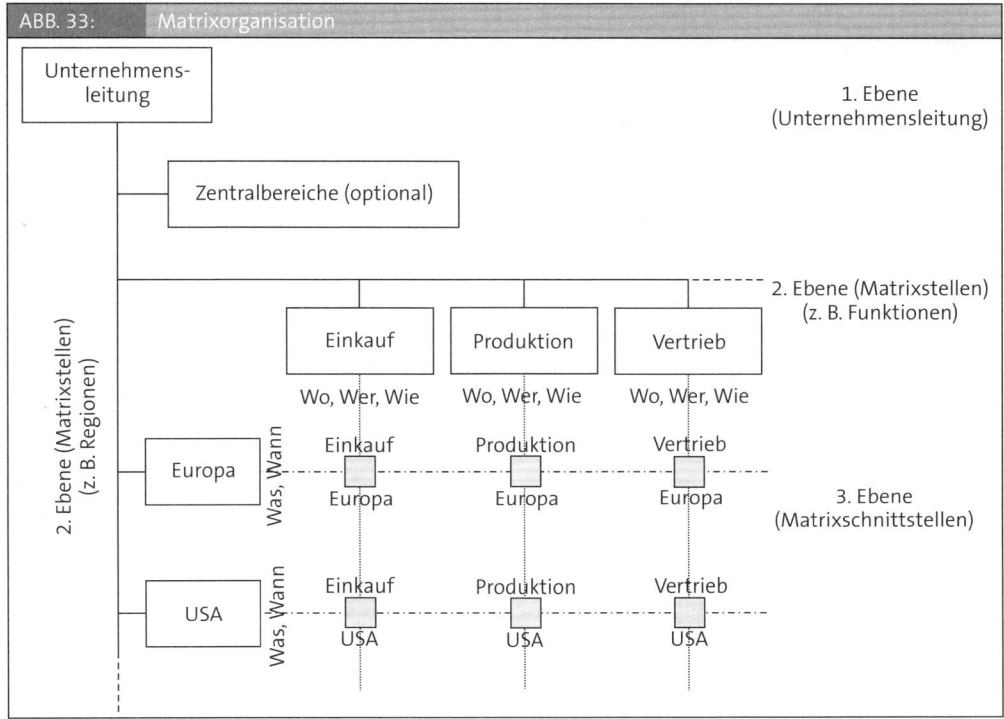

ABB. 33: Matrixorganisation

Die funktions- und objektorientierten **Matrixstellen** sind direkt der Unternehmensleitung unterstellt und gegenüber den **Matrixschnittstellen** weisungsbefugt. Für die eigentliche Aufgabenerfüllung sind die Matrixschnittstellen zuständig, die in einem **Mehrliniensystem** gleichzeitig von zwei (oder mehr) Matrixstellen ihre Weisungen erhalten. Die Matrixschnittstellen müssen nicht zwingend als organisatorische Einheiten existieren, diese können auch nur aus gemeinsam zu bewältigenden Abstimmungs- bzw. Problembereichen bestehen. Dies bedeutet, dass bestimmte Organisationseinheiten in der Regel völlig getrennt voneinander arbeiten, beim Auftreten bestimmter Probleme jedoch versuchen müssen, eine gemeinsame Lösung zu finden. Auf diese Weise wird das Problem der Mehrfachunterstellung umgangen. Dieser Fall wird auch als unvollständige Matrixorganisation bezeichnet (vgl. Bühner 1999, S. 171).

Ein zentraler Gestaltungsparameter der Matrixorganisation ist die Regelung der Kompetenzen (insb. Informations-, Mitsprache-, Genehmigungs- und Weisungsrechte) und Zuständigkeiten zwischen den Matrixstellen. Hierbei kann zwischen zwei grundsätzlich unterschiedlichen Ansätzen unterschieden werden:

▶ **Gleiche Kompetenzen:** Die Verteilung der Entscheidungs- und Weisungsrechte zwischen den beiden Matrixstellen kann weitgehend gleichberechtigt erfolgen. Dies bedeutet im Extremfall, dass Entscheidungen nur gemeinsam getroffen werden können. Da sich dies nicht immer bewährt, finden sich in der Praxis nicht selten differenzierte Kompetenzregelungen für die einzelnen Matrixstellen unter Wahrung einer insgesamt gleichwertigen Kompetenzverteilung. Häufig sind die funktionsorientierten Matrixstellen für Entscheidungen bezüglich des „Wie", „Wer" und „Womit" zuständig, die objektorientierte Matrixstelle für Entscheidungen des „Was" und „Wann".

► **Ungleiche Kompetenzen:** Die Entscheidungs- und Weisungsbefugnisse zwischen den Matrixstellen können auch ungleich verteilt werden, d. h. der Einfluss einer Matrixstelle ist bewusst größer oder kleiner als der der anderen. Dies führt im Ergebnis dazu, dass eine der beiden Matrixstellen die Leitung einer Matrixschnittstelle übernimmt. Auf diese Weise können Kompetenzstreitigkeiten reduziert werden.

Zur Unterstützung von Koordination und Steuerung der Matrixstellen können auch in der Matrixorganisation **Zentralbereiche** eingerichtet werden. Die Aufgabe der **Unternehmensleitung** besteht in Matrixstrukturen vor allem in der strategischen Führung, Koordination und Steuerung des Gesamtunternehmens und der Unterstützung bei Konfliktlösungen zwischen Matrixstellen.

Aufgrund ihrer Komplexität ist die Matrixorganisation heutzutage nur selten zur zentralen Strukturierung von ganzen Unternehmen anzutreffen. Dagegen finden sich Matrixstrukturen häufiger zur Gliederung größerer Unternehmensbereiche. So ist etwa der Entwicklungsbereich von Unternehmen nicht selten sowohl funktional (z. B. Vorentwicklung, Erprobung, Konstruktion, Anwendungstechnik) als auch nach Produktlinien organisiert. Ferner ist diese Organisationsform oft auch in professionellen Dienstleistungsunternehmen wie etwa Unternehmensberatungen zu finden (vgl. Thommen/Richter 2004, Sp. 831). Beispielsweise ist das deutsche Beratungsunternehmen Roland Berger matrixartig in branchenspezifische und funktionale Competence Centern organisiert (vgl. Abb. 34). Auf diese Weise soll sichergestellt werden, dass die interdisziplinären Beratungsteams zur Bearbeitung der verschiedenen Beratungsaufträge jeweils über das erforderliche Know-how verfügen.

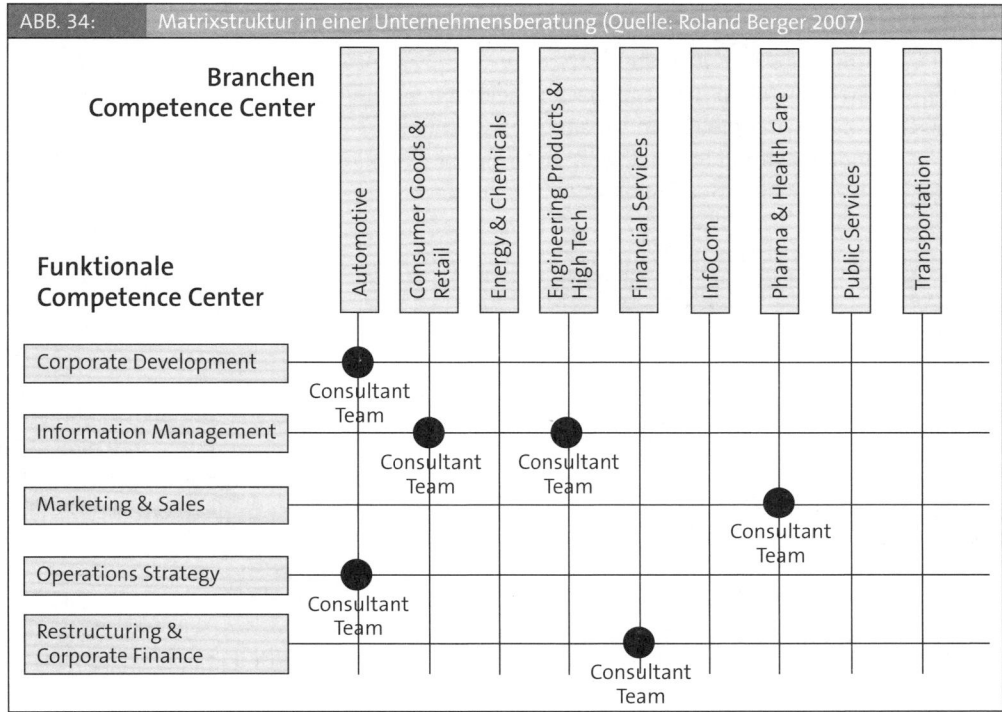

ABB. 34:   Matrixstruktur in einer Unternehmensberatung (Quelle: Roland Berger 2007)

Vorteile der Matrixorganisation:

► Bietet gute Chance auf fachlich ausgewogene Problemlösungen durch institutionalisierten Zwang zur Berücksichtigung mehrerer Blickrichtungen.

► Ermöglicht den Aufbau spezifischer Kompetenzen bei gleichzeitiger Nutzung funktionaler Spezialisierungsvorteile.

► Erlaubt kurze Kommunikationswege durch Mehrlinienprinzip.

► Entlastet die oberste Leitungsebene von Entscheidungs- und Kontrollaufgaben im operativen Bereich.

Nachteile der Matrixorganisation:

► Gefahr von Ineffizienzen durch hohe Kommunikationsintensität und langwierige Abstimmungs- und Entscheidungsprozesse.

► Aufwändige und dennoch unscharfe Regelung von Zuständigkeiten.

► Neigung zu sachlich zweitklassigen Kompromisslösungen.

► Probleme bei der Zurechnung von Erfolg und Misserfolg.

► Unsicherheit der Matrixschnittstellen infolge Mehrfachunterstellung.

Eine Matrix-Struktur empfiehlt sich für Unternehmen, in denen aus strategischer Hinsicht mehrere Dimensionen (z. B. Funktionen, Produkte, Kundengruppen oder Marktregionen) gleichermaßen relevant sind. Aufgrund der Notwendigkeit zur intensiven Kommunikation und zum ständigen Interessen- und Machtausgleich sollten bei der Realisierung dieser Organisationsform Führungskräfte und Mitarbeiter über gute Sozialkompetenzen verfügen.

2.2.4 Holdingorganisation

Diese Organisationsform hat große Ähnlichkeit zur divisionalen Organisation, da sie auf der zweiten Hierarchieebene in der Regel nach **Objekten** gegliedert ist. Im Unterschied zur divisionalen Organisation sind die Organisationseinheiten bei der Holdingorganisation jedoch rechtlich selbstständige Unternehmen. Damit stellt sie eine Möglichkeit zur organisatorischen Gestaltung von Unternehmensverbünden bzw. Konzernen dar.

HINWEIS:

Konzern

Nach § 18 Aktiengesetz versteht man unter einem Konzern den Zusammenschluss mehrerer rechtlich selbständiger, aber wirtschaftlich unselbständiger Unternehmen unter einer einheitlichen wirtschaftlichen Leitung. Diese ist gegeben, wenn die tatsächliche Koordination wesentlicher Fragen der Unternehmenspolitik der einzelnen Unternehmen durch die (Konzern-)Leitung erfolgt.

Konzerne können entweder durch das Aufteilen eines Einheitsunternehmens in mehrere rechtlich selbständige Einheiten oder durch das Zusammenschließen mehrerer rechtlich selbständiger Unternehmen entstehen. Letzteres erfolgt durch den Erwerb von Kapitalbeteiligungen an der Börse, durch Direktverhandlung mit einem Großaktionär oder ein öffentliches Aufkaufangebot zu einem (über dem Börsenkurs liegenden) Ankaufkurs (vgl. Wöhe/Döring 2008, S. 268).

Konzerne können aus unterschiedlichen Gründen gebildet werden. Meist geht es vorrangig um eine bessere Marktdurchdringung, eine breitere Risikostreuung bzw. Diversifikation, ein besseres Ausschöpfen von Synergienpotenzialen oder eine verbesserte Kapitalbasis.

Nach der wirtschaftlichen Zielsetzung des Zusammenschlusses unterscheidet man:

► **Vertikale Konzerne**, die aus dem Zusammenschluss von Unternehmen aufeinanderfolgender Wertschöpfungsstufen entstehen. Ziel dieser Unternehmensverbindung ist primär das Sichern von Beschaffungs- und Absatzwegen.

► **Horizontale Konzerne**, bei denen sich Unternehmen mit artverwandtem Leistungsangebot zusammenschließen, um Synergiepotenziale in den Bereichen Beschaffung, Produktion bzw. Vertrieb auszuschöpfen.

► **Mischkonzerne**, bei denen sich Unternehmen verschiedener Branchen zum Zwecke der Risikodiversifikation zusammenschließen.

Bezüglich des (Abhängigkeits-)Verhältnisses der Unternehmen zueinander unterscheidet § 18 Aktiengesetz verschiedene Konzernarten (vgl. Abb. 35).

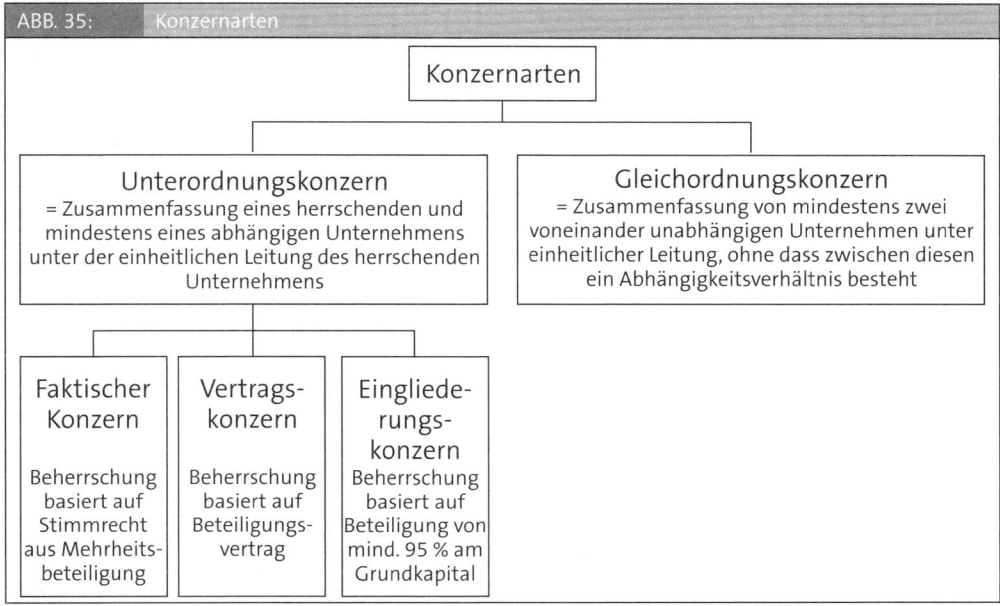

ABB. 35: Konzernarten

Konzernarten

Unterordnungskonzern
= Zusammenfassung eines herrschenden und mindestens eines abhängigen Unternehmens unter der einheitlichen Leitung des herrschenden Unternehmens

Gleichordnungskonzern
= Zusammenfassung von mindestens zwei voneinander unabhängigen Unternehmen unter einheitlicher Leitung, ohne dass zwischen diesen ein Abhängigkeitsverhältnis besteht

Faktischer Konzern
Beherrschung basiert auf Stimmrecht aus Mehrheitsbeteiligung

Vertragskonzern
Beherrschung basiert auf Beteiligungsvertrag

Eingliederungskonzern
Beherrschung basiert auf Beteiligung von mind. 95 % am Grundkapital

Die Holdingorganisation besteht aus mindestens zwei Arten von Organisationseinheiten (vgl. Abb. 35):

▶ Bei der **Spitzeneinheit** (auch Holding, Muttergesellschaft oder Konzernzentrale) handelt sich um ein Unternehmen, das dauerhaft Beteiligungen an einem oder mehreren rechtlich selbstständigen Unternehmen hält. Sie fungiert als **Dachgesellschaft** des Unternehmensverbundes und stellt sicher, dass die jeweiligen Grundeinheiten (Tochtergesellschaften) einheitlich geleitet und bei Bedarf mit ausreichenden Finanzmitteln ausgestattet werden. Durch die zentrale Führung der Spitzeneinheit sollen vor allem die Synergie- und Skalenpotenziale des Unternehmensverbundes ausgeschöpft und dessen finanzieller Wert gesteigert werden.

▶ Die **Grundeinheiten** (auch Tochtergesellschaften) sind rechtlich selbstständige Unternehmen, die entweder aufgrund einer Mehrheitsbeteiligung oder eines Beherrschungs- und Gewinnabführungsvertrags mit der Spitzeneinheit verbunden sind. Sie übernehmen innerhalb des Unternehmensverbundes in der Regel die Abwicklung des operativen Geschäfts. Trotz ihrer rechtlichen Selbstständigkeit sind die Tochtergesellschaften in ihrer wirtschaftlichen Autonomie infolge der einheitlichen Leitung durch die Spitzeneinheit eingeschränkt.

Vor allem bei größeren und diversifizierten Konzernen können zur Entlastung der Spitzeneinheit auch **Zwischeneinheiten** (sog. Führungsgesellschaften, Zwischenholding, Regionalgesellschaften) etabliert werden. Sie bündeln jeweils mehrere Grundeinheiten, die in ähnlichen Bereichen oder Regionen aktiv sind. Ferner können Konzernleitung und Tochtergesellschaften durch **Zentralbereiche** (z. B. Konzernentwicklung, Führungskräfteentwicklung, Öffentlichkeitsarbeit) mit Service-, Beratungs- und Koordinationsleistungen unterstützt werden.

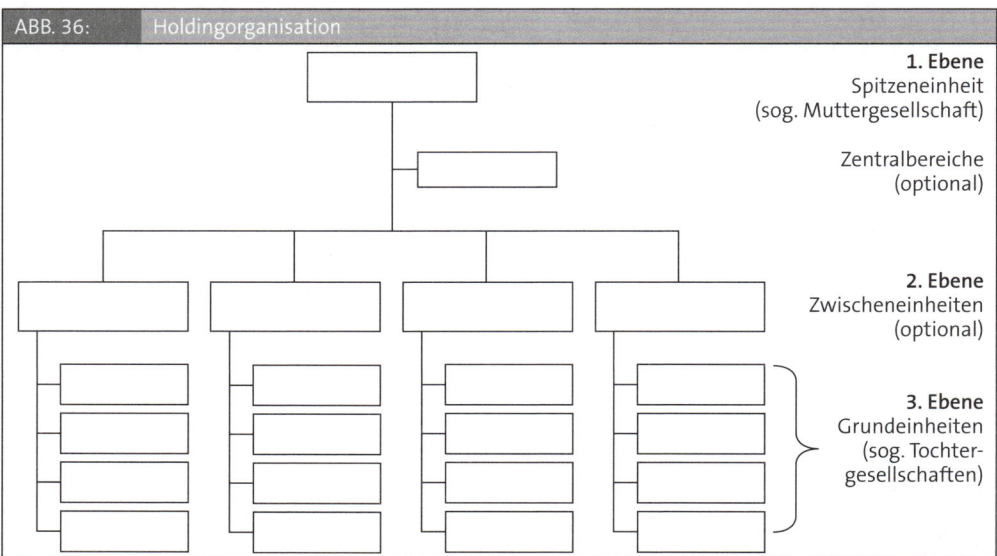

ABB. 36:   Holdingorganisation

1. Ebene
Spitzeneinheit
(sog. Muttergesellschaft)

Zentralbereiche
(optional)

2. Ebene
Zwischeneinheiten
(optional)

3. Ebene
Grundeinheiten
(sog. Tochter-
gesellschaften)

Im Hinblick auf die Aufgaben- und Kompetenzverteilung zwischen Spitzeneinheit (Holding) und Grundeinheiten (Tochtergesellschaften) existieren zwei Holding-Grundtypen (vgl. Keller 1998, S. 112 ff.): die Finanzholding und die Führungsholding.

Die **Finanzholding** hält lediglich Beteiligungen an den Tochtergesellschaften. Der Umfang der Beteiligungen kann von wenigen Prozent bis zu 100 Prozent reichen. Die Tochtergesellschaften werden primär als Kapitalbeteiligungen bzw. Investitionsobjekte betrachtet. Die Hauptaufgabe der Holding wird darin gesehen, die Beteiligungen an den Tochtergesellschaften zu verwalten. Demzufolge konzentriert sich die Finanzholding auf die Funktionen Finanzierung und Kontrolle und nimmt keinen direkten Einfluss auf das Geschäft einzelner Unternehmen (vgl. Keller 1993, S. 59). Den Tochtergesellschaften obliegt damit sowohl die operative als auch die strategische Leitung ihrer Unternehmen. Die Holding übt nur mittelbar Einfluss auf sie aus, insbesondere durch die Vorgabe finanzieller Ziele, die Bereitstellung finanzieller Mittel und die Besetzung oberster Führungspositionen. Im Extremfall fungiert die Holding als Kapitalverwaltungs- oder Investmentgesellschaft.

Im Unterschied hierzu hält die **Führungsholding** mindestens die einfache Mehrheit am Stammkapital ihrer Tochterunternehmen und kann daher unmittelbaren Einfluss auf sie ausüben. Je nach Umfang des Führungseinflusses ist zwischen einer operativen Holding und einer strategischen Holding zu unterscheiden.

► Bei der **operativen Holding** ist die Dachgesellschaft ein selbst am Markt tätiges Unternehmen. Sie verfügt neben den dafür notwendigen organisatorischen Einheiten noch über rechtlich selbstständige Teilbereiche. Die Aufgabe der Dachgesellschaft beschränkt sich daher nicht auf die Konzernführung, sondern umfasst auch die Erstellung und erfolgreiche Vermarktung der eigenen Leistungen. In aller Regel ist das Geschäft der Muttergesellschaft größer und bedeutender als das der Tochtergesellschaften. Meist erstreckt sich die Einflussnahme der Muttergesellschaft sowohl auf die Strategie als auch auf das operative Geschäft der Tochtergesellschaften. Eine solchermaßen gekennzeichnete Muttergesellschaft wird auch

Stammhaus, der sich daraus ergebende Unternehmensverbund auch als **Stammhauskonzern** bezeichnet. Eine operative Holding ist oft bei Unternehmen anzutreffen, die sich aus einem dominierenden Geschäftsfeld heraus horizontal oder vertikal diversifiziert haben.

▶ Bei der **strategischen Holding** (auch Managementholding) ist die Muttergesellschaft selbst nicht operativ am Markt tätig. Sie übernimmt konzernstrategische Aufgaben wie die Festlegung übergeordneter Ziele und Strategien, die konzernweite Kapital-, Liquiditäts- und Erfolgsplanung sowie den Kauf und Verkauf von Unternehmen oder Unternehmensteilen (vgl. Macharzina 2003, S. 427). Auf Basis der formulierten Konzernziele und -strategien ist das Management der Tochtergesellschaften für die operative Leitung des jeweiligen Geschäfts zuständig. Innerhalb des definierten strategischen Handlungsrahmens besitzen die Tochtergesellschaften in der Regel eine relativ große Autonomie bei der Realisierung ihrer Ziele und Strategien, in die die Holding nur in Ausnahmefällen eingreift.

In der praktischen Anwendung finden sich zahlreiche Zwischenstufen dieser beiden grundlegenden Holding-Formen, oft sind die Übergänge fließend. Vielfach ist im Prozess der Unternehmensentwicklung auch die Holdingorganisation zahlreichen Veränderungen unterworfen. Ein sehr anschauliches Beispiel hierfür findet sich bei Macharzina (2003, S. 397 ff.).

FALL:

Bayer AG

Die Bayer AG ist ein weltweit tätiges Unternehmen mit Kernkompetenzen auf den Gebieten Gesundheit, Ernährung und hochwertige Materialien. Im Geschäftsjahr 2007 erwirtschaftete das Unternehmen mit rund 106.000 Mitarbeitern einen Umsatz von 32,4 Mrd. Euro.

Der Bayer-Konzern wird seit 2002 von einer Management-Holding geführt. Sie formuliert die Gesamtstrategie, legt die Performanceziele fest und konzentriert sich ferner auf die Finanzierung, die Kapitalverwendung sowie die Führungskräfteentwicklung.

Die Teilkonzerne und Servicegesellschaften arbeiten eigenverantwortlich unter der Führung der Management-Holding. Der Konzernvorstand wird bei der strategischen Führung des Unternehmens vom Corporate Center unterstützt.

Für das operative Geschäft des Bayer-Konzerns sind drei Teilkonzerne zuständig. Im Rahmen der vom Konzernvorstand festgelegten Strategien, Zielen und Richtlinien operieren sie als selbständige Organisationseinheiten mit weltweiter Geschäftsverantwortung. Die Teilkonzerne bilden die drei Arbeits- bzw. strategischen Geschäftsgebiete ab, in denen sich Bayer positionieren und weiterentwickeln will:

▶ Die Bayer HealthCare AG erforscht, entwickelt, produziert und vertreibt innovative Produkte, die der Vorsorge, der Diagnose und der Behandlung von Krankheiten dienen. Der Teilkonzern bündelt seine Kompetenz auf dem Gesundheitsgebiet in den vier Divisionen – Animal Health, Consumer Care, Diabetes Care und Bayer Schering Pharma –, die jeweils weltweit operieren. Mit rund 60.000 Mitarbeitern erwirtschaftete der Teilkonzern 2007 einen Umsatz von 14.807 Millionen Euro.

▶ Die Bayer CorpScience AG ist auf dem Gebiet des Pflanzenschutzes sowie bei der Schädlingsbekämpfung in nicht-landwirtschaftlichen Bereichen tätig. Die Geschäftsaktivitäten umfassen die drei Bereiche Crop Protection, Environmental Science und BioScience. Im Jahr 2007 zählte der Teilkonzern rund 17.800 Mitarbeiter und erzielte einen Umsatz von 5.826 Millionen Euro.

► Die Bayer MaterialScience AG ist ein Hersteller von hochwertigen Werkstoffen und innovativen Systemlösungen, die z. B. in der Automobil- und Bauindustrie, der Elektro- und Elektronikbranche und in medizintechnischen Produkten zur Anwendung kommen. Das Produktportfolio des Unternehmens verteilt sich auf die vier Business Units Polyurethanes; Polycarbonates; Coatings, Adhesives, Specialties und Thermoplastic Polyurethanes. Das Unternehmen produziert an 40 Standorten weltweit und hat 2007 mit rund 15.400 Mitarbeitern einen Umsatz von 10.435 Millionen Euro erzielt.

Die Bayer HealthCare AG, die Bayer CropScience AG und die Bayer MaterialScience AG fungieren als Führungsgesellschaften der Teilkonzerne. Deren Untereinheiten werden als Divisionen, Geschäftsbereiche und Business Units bezeichnet, die sowohl als rechtlich selbständige wie auch als unselbständige Einheiten geführt werden. Entscheidend für die Zuordnung von Einheiten zu den Teilkonzernen sind weniger die tatsächlichen Eigentumsverhältnisse als vielmehr die von der Konzernleitung definierte Führungsverantwortung.

Die zentralen Servicefunktionen des Konzerns sind in drei Dienstleistungsgesellschaften zusammengefasst. Die Bayer Business Services GmbH ist das internationale Kompetenzzentrum des Bayer-Konzerns für IT-basierte Dienstleistungen. Das Angebot konzentriert sich auf integrierte Services in den Kernbereichen IT-Infrastruktur und -Anwendungen, Einkauf und Logistik, Personal- und Managementdienste sowie Finanz- und Rechnungswesen. Die Leistungsstufen reichen von der Beratung über die Entwicklung und den Betrieb von Systemlösungen bis hin zum Business Process Outsourcing, der Übernahme vollständiger Geschäftsprozesse. Konzernintern fungiert die Gesellschaft als Shared Service Center, für externe Kunden als Partner für Business Process Outsourcing. Die Bayer Technology Services GmbH erbringt ingenieurtechnische und technologische Dienstleistungen und dient der Entwicklung bzw. Planung, dem Bau und der Optimierung von Prozessen und Anlagen. Darüber hinaus entwickelt die Servicegesellschaft teilkonzernübergreifend innovative Technologie-Plattformen und unterstützt damit nachhaltig die Leistungsfähigkeit der Teilkonzerne. Die Currenta GmbH & Co. OHG ist der Betreiber des Bayer-Chemieparks. Das Unternehmen bietet betriebliche Dienstleistungen im chemisch-technischen Bereich an, sorgt für einen reibungslosen Ablauf der Produktion und offeriert seinen Kunden ein maßgeschneidertes Service-Portfolio schwerpunktmäßig auf den Gebieten Technik, Umweltschutz und Entsorgung, Energieversorgung, Analytik, Infrastruktur, Sicherheit und Bildung. Als Betreiber des größten deutschen Chemieparks vermarktet Currenta voll erschlossene Grundstücke und Gebäude für Neuansiedlungen.

Der Austausch zwischen den Teilkonzernen und Servicegesellschaften wird durch das Community Management sichergestellt. Hierbei handelt es sich um konzernübergreifende, fachbezogene Netzwerke von Know-how-Trägern der verschiedenen Konzernbereiche. Es umfasst u. a. die Bereiche Finanzen/Accounting & Recht, Human Resources, Technologie/Innovation & Umwelt, Procurement und Information Technology. Das Community Management ist ein fachliches Führungsinstrument, das bei dezentraler Wahrnehmung von Funktionen in den Teilkonzernen und Servicegesellschaften eine zentrale fachliche Führung und Steuerung und die Nutzung von Synergien ermöglicht. Durch regelmäßigen fachbezogenen Austausch und Koordination und das gemeinsame Verfolgen aktueller Fachthemen werden die Nachteile der stark dezentralisierten Struktur kompensiert (vgl. Kap. 2.3.3).

Zur Unterstützung der originären Führungsaufgaben des Konzernvorstands verfügt die Management-Holding über insgesamt elf Corporate-Bereiche, die neben einem Vorstandsstab Zuständigkeiten für die Konzernkommunikation, Investor Relations, Konzernrevision, Corporate Human Resources & Organization, Konzernfinanzen, Konzernentwicklung, Recht & Patente / Versicherungen, Environment & Sustainability, Konzernbetriebswirtschaft und Regionale Koordinierung besitzen.

Quellen: Bayer AG 2008, Becker 2006

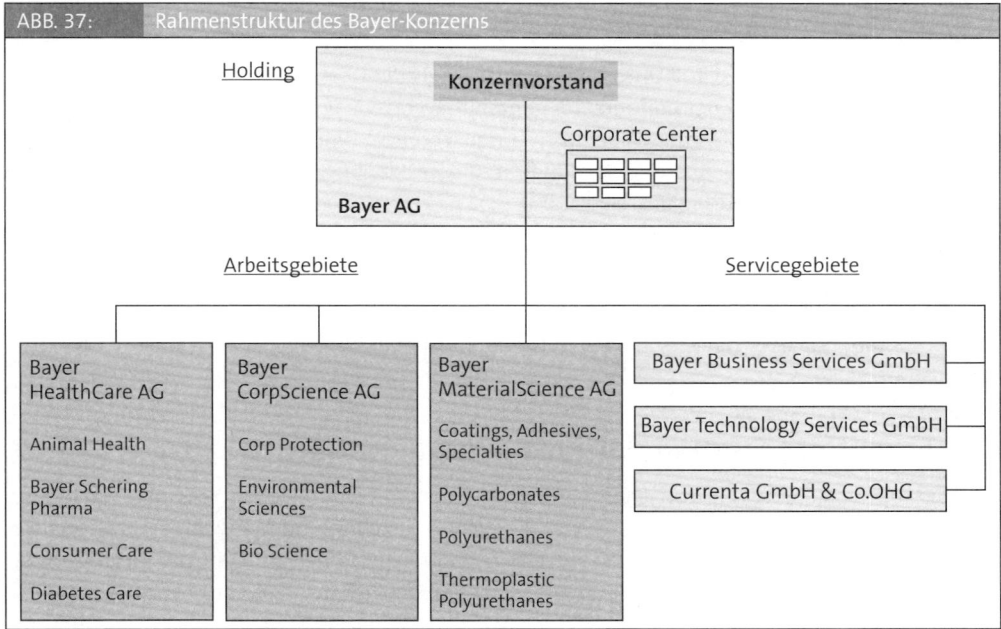

ABB. 37: Rahmenstruktur des Bayer-Konzerns

Vorteile der Holdingorganisation:

► Hohe strategische und strukturelle Flexibilität durch relativ einfache Ein- und Ausgliederung rechtlich selbstständiger Einheiten.

► Ermöglicht das Realisieren von Synergie- und Skaleneffekten durch eine einheitliche Leitung des Unternehmensverbundes.

► Entlastet die oberste Leitungsebene durch Delegation von Verantwortung auf Zwischen- und Tochtergesellschaften.

► Erlaubt die Nutzung von Steuervorteilen, indem der Sitz der Holding in ein Land mit attraktiven steuerlichen Rahmenbedingungen verlegt und damit abgeführte Gewinne der Tochtergesellschaften günstigeren Bedingungen unterliegen.

► Erlaubt das Umgehen kartellrechtlicher Kapitalbeteiligungsgrenzen, indem Tochterunternehmen über Holding oder Zwischenholdings (indirekte) Beteiligungen eingehen.

► Bietet eine gute Haftungsbegrenzung auf rechtlich selbstständige Einheiten.

Nachteile der Holdingorganisation:

▶ Es existieren diverse Konfliktpotenziale zwischen Muttergesellschaft und wirtschaftlich abhängigen Tochtergesellschaften.

▶ Erhöht die Gefahr zunehmender, nicht wertsteigernder Bürokratisierung durch umfangreiche Planungs- und Kontrollaktivitäten der Konzernzentrale.

▶ Die rechtliche Selbstständigkeit der Tochtergesellschaften erzeugt Kosten (z. B. für Gründung, Jahresabschlüsse, Hauptversammlungen).

▶ Bei weitgehender Autonomie der Einzelgesellschaften besteht die Gefahr, dass Größen- und Synergiepotenziale ungenutzt bleiben.

Die Holdingorganisation ist für Unternehmen geeignet, die über ein breites Leistungsangebot verfügen und für die eine oder mehrere der genannten Vorteile von besonderer Bedeutung sind. Um die Potenziale dieser Organisationsform auszuschöpfen, sind jedoch hohe Anforderungen an die Führungssysteme, insbesondere die strategische Planung, das Finanzmanagement und die Führungskräfteentwicklung gestellt.

Die vier genannten Grundformen der Aufbauorganisation sind in der betrieblichen Praxis nicht immer in Reinform anzutreffen. Nicht selten werden auf einer Hierarchieebene die Grundformen kombiniert, in viel größerem Umfang findet sich in größeren Unternehmen eine Unmenge von Kombinationen über die verschiedenen Hierarchieebenen hinweg.

2.3 Erweiterte Formen der Aufbauorganisation

Jede der vier aufbauorganisatorischen Grundformen ist mit potenziellen Vor- und Nachteilen verbunden. Um die jeweils gewünschten Wirkungen zu erzielen und die weniger erwünschten zu vermeiden, haben sich in Theorie und Praxis zahlreiche Erweiterungen der Grundformen durchgesetzt. Hierfür findet sich in der deutschsprachigen Literatur auch der Begriff der Sekundärorganisation (vgl. Schulte-Zurhausen 2002, S. 279). Ihnen ist gemeinsam, dass die Grundformen um spezialisierte Stellen – etwa für Produkt- oder Kundengruppen, Projekte oder Funktionen – ergänzen. Nachfolgend werden die wichtigsten Strukturalternativen, um die die Grundformen der Aufbauorganisation erweitert werden können, vorgestellt.

2.3.1 Produktmanagement

Mit zunehmender Produktvielfalt ergibt sich vor allem in funktional organisierten Unternehmen die Schwierigkeit, den spezifischen Anforderungen der unterschiedlichen Produkte in den jeweiligen Zielmärkten ausreichend gerecht zu werden. Hier setzt die Idee des Produktmanagements an: Sie sieht ergänzend zur existierenden Grundstruktur eine spezialisierte Organisationseinheit für die Betreuung eines speziellen Produktes oder einer speziellen Produktgruppe über den gesamten Produktlebenszyklus vor – von der Einführungs-, über die Wachstums- und Reife- bis hin zur Degenerationsphase. Das Produktmanagement kann sogar in die Entwicklungsphase eingebunden sein. Auf diese Weise erhalten diversifizierte Unternehmen die Möglichkeit, eine hohe Produkt- und Marktorientierung zu realisieren, ohne die Unternehmensleitung mit produktbezogenen Koordinationsaufgaben zu überlasten und auf die Spezialisierungs- und Größenvorteile der funktionalen Organisation zu verzichten. Eine Sonderform des Produktmanagements ist das Brand Management. Dieses betreut Produkte mit spezifischen Markennamen.

Das Produktmanagement übernimmt dabei **funktionsübergreifend** die **produktbezogene Koordination** aller Aktivitäten im Hinblick auf die verschiedenen Absatzmärkte. Die Stelleninhaber – die Produktmanager – sind **Produktspezialisten und Funktionsgeneralisten in einer Person** und nehmen vor allem folgende Aufgaben wahr:

► Gewinnen und Aufbereiten entscheidungsrelevanter Informationen für die jeweilige Produktgruppe, insbesondere mittels Markt-, Zielgruppen- und Wettbewerbsanalysen.

► Bewerten produktbezogener Marktchancen.

► Identifizieren produktbezogener Handlungsbedarfe.

► Planen, Umsetzen und Kontrollieren produktspezifischer Marketingkonzepte über den gesamten Produktlebenszyklus hinweg.

► Erstellen produkt- oder produktgruppenspezifischer Absatz-, Umsatz-, Kosten- und Ergebnispläne.

► Unterstützen betroffener Unternehmensbereiche bei der Umsetzung produktbezogener Marketingkonzepte.

Aufgabenspektrum und Befugnisse des Produktmanagements variieren in der Praxis erheblich. Beispielsweise beschäftigen sich Produktmanager für Investitionsgüter mehr mit technischen Aspekten ihrer Produkte und möglichen Produktverbesserungen als Produktmanager für Konsumgüter. Dafür ist das Produktmanagement in der Investitionsgüterbranche meist weniger mit Werbung und Verkaufsförderung betraut als dies in der Konsumgüterbranche üblich ist (vgl. Kotler/Keller/Bliemel 2007, S. 1148).

ABB. 38:	Beispiel einer Stellenanzeige für einen Produktmanager	
Karriere bei . . .	**Produktmanager (m/w)**	
Mit über 5.000 Mitarbeitern in zahlreichen Gesellschaften im In- und Ausland ist . . . weltweit anerkannter Partner bei der Lösung von Reinigungsproblemen. Unsere führende Marktposition haben wir erreicht durch die konsequente Umsetzung von innovativen Ideen in erfolgreiche Produkte. **Für unsere Business Unit „Commercial/Industrial" suchen wir einen engagierten**	Zu ihren Hauptaufgaben gehören die Markt- und Wettbewerbsbeobachtung, die Erstellung von Markt-, Zielgruppen- sowie der Aufbau von Produktbereichen im Industriesektor. Sie übernehmen die Bewertung von Marktchancen bei Neuprodukten sowie den Ausbau des vorhandenen Produkt- und Zubehörprogramms. Des Weiteren erarbeiten Sie Vorschläge zur Vervollständigung des Produktprogramms und sind verantwortlich für den Aufbau von Referenz-Firmen. Die Mitwirkung an der Gestaltung des Produktkatalogs und der Zielgruppenprospekte rundet ihr Aufgabengebiet ab.	Für diese herausfordernde und abwechslungsreiche Tätigkeit erwarten wir ein abgeschlossenes Maschinenbaustudium oder ein Studium des Wirtschaftsingenieurwesens. Strategische und analytische Fähigkeiten in der Produktpositionierung und der Ableitung von Kundenanforderungen sind zwingend erforderlich. Persönlich zeichnen Sie sich durch Ihre hohe Leistungsbereitschaft, Begeisterungs- und Kommunikationsfähigkeit sowie Ihre Flexibilität aus. Aufgrund der international angelegten Aufgabe sind sehr gute Englischkenntnisse notwendig. Den sicheren Umgang mit dem PC setzen wir voraus.

In Abhängigkeit von den Kompetenzen, die dem Produktmanagement übertragen werden, sind vor allem folgende vier Alternativen der organisatorischen Eingliederung des Produktmanagements von praktischer Bedeutung (vgl. Abb. 39):

(1) **Stabs-Produktmanagement**: Hier werden die Aufgaben des Produktmanagements einer Stabsstelle zugeordnet. Diese Stelle ist meist auf der Ebene der Unternehmens-, Geschäftsbereichs-, Marketing- oder Vertriebsleitung angesiedelt. Der Aufgabenschwerpunkt dieser Stabsstelle besteht vor allem darin, produktbezogene Informationen zu erheben und aufzubereiten sowie produktbezogene Entscheidungen der betreffenden Instanz vorzubereiten. Eine formale Entscheidungs- und Weisungsbefugnis gegenüber Dritten besteht nicht. Aufgrund des Informationsvorsprungs kommt dem Produktmanagement jedoch in der Regel faktisch ein erheblicher Einfluss auf produktbezogene Entscheidungen zu. Die Einflussmöglichkeiten der Stabsstelle sind damit stark von der persönlichen Überzeugungsfähigkeit der jeweiligen Stelleninhaber abhängig.

(2) **Linien-Produktmanagement**: Das Produktmanagement kann auch als Leitungs- oder Ausführungsstelle mit Linienfunktion ausgestaltet werden, etwa als eigenständige Linienfunktion direkt unterhalb der Unternehmens- oder Geschäftsbereichsleitung oder unterhalb der Marketingleitung. Innerhalb des eigenen Zuständigkeitsbereichs kann sie selbstständig produktbezogene Entscheidungen treffen. Außerhalb des eigenen Zuständigkeitsbereichs bedient sich das Produktmanagement zur Durchsetzung seiner Interessen übergeordneter Instanzen.

(3) **Matrix-Produktmanagement**: Hierbei erhält das Produktmanagement produktbezogene Weisungsbefugnisse gegenüber Linieninstanzen, während die Entscheidungskompetenz über die Art ihrer Umsetzung in der Regel den Linieninstanzen zugesprochen wird. So kann etwa das Produktmanagement die Entscheidungs- und Weisungsbefugnis über Verkaufsfördermaßnahmen erhalten, die vom Vertrieb dann durchgeführt werden müssen.

(4) **Koordinationsgremium**: Die funktionsübergreifende Abstimmung produktbezogener Belange kann auch einem bereichsübergreifendem Gremium (z. B. Produktausschuss, -komitee) übertragen werden. Dieses koordiniert im Rahmen der Selbstabstimmung beispielsweise produktbezogene Strategien und Maßnahmen verschiedener Unternehmenseinheiten und überwacht deren Umsetzung.

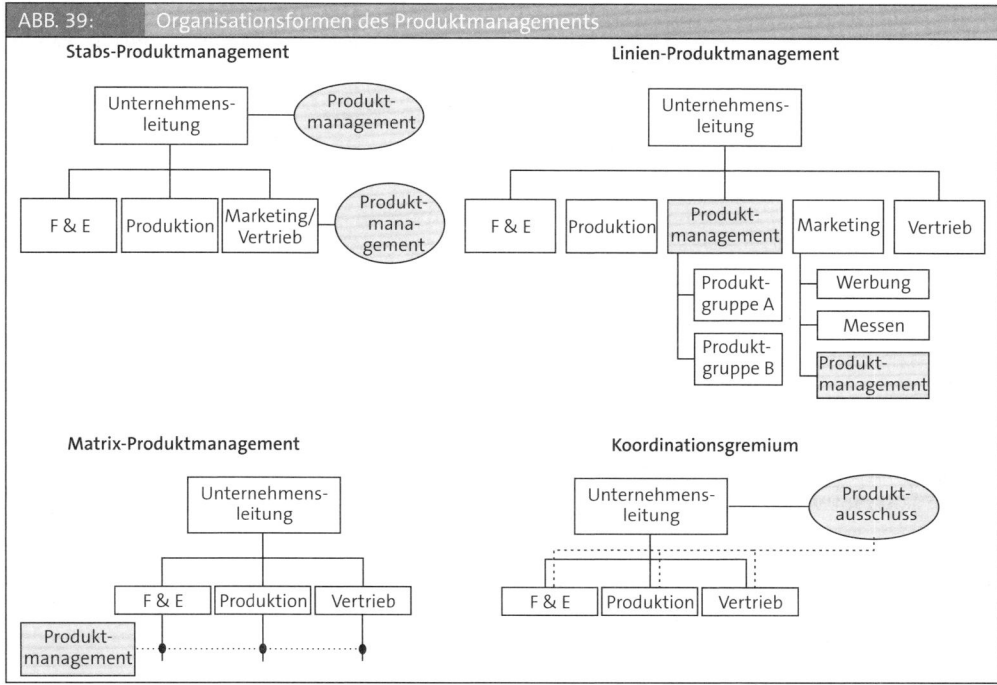

ABB. 39: Organisationsformen des Produktmanagements

Für international tätige Unternehmen stellt sich die Frage, inwieweit das Produktmanagement zentral am Sitz der Unternehmensleitung oder dezentral in den einzelnen Ländergesellschaften angesiedelt werden soll. Eine Zentralisierung bietet sich an, wenn das Nachfrageverhalten international weitgehend homogen ist. Eine Dezentralisierung liegt bei stark regionalem Nachfrageverhalten bzw. Produktanforderungen nahe. Denkbar sind auch Mischformen, bei denen von einem zentralen Produktmanagement länderübergreifende Richtlinien der Produktpolitik und Marktbearbeitung entwickelt werden, die von den nationalen Produktmanagern auf länderspezifische Belange angepasst und umgesetzt werden.

Eine aktuelle Weiterentwicklung des Produktgruppenmanagements stellt das **Category Management** dar. Dieses ist für die Betreuung von Warengruppen (categories) – einer Mehrzahl komplementärer Produkte, die aus Kundensicht einen Bedarfszusammenhang aufweisen – zuständig. Die Warengruppen sollen Ausdruck einer konsequenten Orientierung an bestimmten Kundenbedürfnissen sein (z. B. alles rund ums Auto, alles für den Schulanfang, alles für Diabetiker). Die Produkte einer Warengruppe ergänzen sich in der Regel bei der Befriedigung der Kundenbedürfnisse, wodurch sich Kannibalisierungseffekte innerhalb des Produktprogramms reduzieren und weitere Umsatzpotenziale erschließen lassen. Das Category Management ist in Herstellerunternehmen im Marketing-/Vertriebsbereich, in Handelsunternehmen im Bereich Einkauf angesiedelt.

Vorteile des Produktmanagements:

► Unterstützt eine marktbezogene und an Produktbesonderheiten ausgerichtete Absatzpolitik.

► Die produktbezogene Aufgabenzentralisierung ermöglicht eine stärkere Professionalisierung der Kenntnisse über Produktteilmärkte und deren Kundenanforderungen.

► Die stärkere produktbezogene Professionalisierung erleichtert das frühzeitige Erkennen veränderter Anforderungen und Trends in Produktteilmärkten und verbessert damit die Reaktionsfähigkeit von Unternehmen.

► Erlaubt eine gute und schnelle Koordination produktbezogener Aktivitäten zwischen einzelnen Funktionsbereichen und kann so die Effizienz interner Abstimmungsprozesse verbessern.

► Die Aufgabenzentralisierung eröffnet Freiräume insbesondere für die Unternehmens- und Marketingleitung sowie für Linieneinheiten (z. B. Vertrieb und Entwicklung), sich ihren Kernaufgaben besser zu widmen.

Nachteile des Produktmanagements:

► Zusätzliche Kosten für spezielles Personal zur Produktbetreuung.

► Gefahr von Verantwortungs- und Kompetenzkonflikten zwischen Produktmanagement und einzelnen Funktionsbereichen.

► Aufgrund einer zu starken produktbezogenen Spezialisierung kann es zu einer Vernachlässigung der notwendigen Kundenausrichtung kommen.

Die Ergänzung der organisatorischen Grundstruktur durch produktspezifische Organisationseinheiten empfiehlt sich, wenn in einem funktional oder divisional strukturierten Unternehmen viele unterschiedliche Produkte oder Produktgruppen vorhanden sind, die beispielsweise aufgrund einer hohen Marktdynamik (d. h. starker Wettbewerb, kurze Produktlebenszyklen) eine individuelle Betreuung erfordern.

2.3.2 Kundenmanagement

Das Kundenmanagement ergänzt die aufbauorganisatorische Grundstruktur um ein kundenorientiertes Strukturelement. Hierbei handelt es sich um Organisationseinheiten, die auf ausgewählte Kunden oder Kundengruppen spezialisiert sind. Entsprechend dem Grundsatz, den Kunden einen zentralen Ansprechpartner anzubieten („one face to the customer"), sind Kundenmanager Spezialisten für die ihnen zugeordneten Kunden und Generalisten hinsichtlich der von ihnen vertretenen Produkte oder Dienstleistungen. Werden solche spezialisierten Stellen für bestehende oder potenzielle Kunden eingerichtet, mit denen ein bedeutender Anteil des Umsatzes erwirtschaftet wird bzw. künftig erwirtschaftet werden soll, spricht man von Key Account Management.

Schwerpunktmäßig werden dem Kundenmanagement folgende **Aufgabenbereiche** übertragen (vgl. Senn 1997, S. 54 ff.):

► **Analyse und Information:** Sammeln, Verdichten, Auswerten und Weiterleiten von Informationen über die betreffenden Kunden (z. B. Umsatzpotenziale, Zusammensetzung des Buying Centers, Bedeutung einzelner Kaufentscheidungskriterien, Kundenzufriedenheit).

► **Aufbau und Pflege von Kontakten:** Aufbau und Pflege von Kontakten zu relevanten Entscheidungsträgern und Kaufbeeinflussern sowie individuelle Betreuung der Kunden bei Anfragen und Problemen.

► **Beratung und Verkauf:** Aktive Kundenberatung, Führen von Vertragsverhandlungen oder Abschluss von Rahmenvereinbarungen.

▶ **Planung und Kontrolle:** Konzipieren und Umsetzen kundenspezifischer Verkaufsförderaktionen, Erarbeiten maßgeschneiderter Problemlösungspakete, Entwickeln kundenspezifischer Marketingkonzepte und Überwachen und Steuern kundenspezifischer Marketingaktivitäten.

▶ **Abwicklung und Koordination:** Abwickeln und Koordinieren von Kundenauftragsprojekten, Koordinieren kundenspezifischer Belange mit betroffenen regionalen Vertriebseinheiten oder anderen Unternehmensbereichen. Darüber hinaus betreiben sie für und mit ihren Schlüsselkunden Prozessoptimierung (z. B. gemeinsamer Auftragsabwicklungsprozesse) und entwickeln Kostensenkungsprogramme.

BEISPIEL: ▶ **Intensive Kundenbetreuung bei Maybach**

Bei Maybach, der exklusiven Luxusmarke von Mercedes-Benz, hat die intensive persönliche Kundenbetreuung zu jedem Zeitpunkt – bei der Fahrzeugbestellung, während der Manufaktur und vor allem auch nach der Auslieferung der Fahrzeuge – höchste Priorität. Deshalb entwickelte Maybach ein Konzept zur Kundenbetreuung, das höchste Individualität, perfekten Service und die Verwirklichung anspruchsvollster Wünsche gewährleisten soll.

Die Schlüsselrolle bei der Kundenbetreuung spielen die so genannten „Personal Liaison Manager" (PLM). Sie kümmern sich jeweils um einen sehr kleinen Kreis von Maybach-Besitzern, beraten sie bei allen Fragen rund ums Automobil und übernehmen auf Wunsch auch eine Vielzahl anderer Dienstleistungen, sei es die Organisation der Besuchsreisen zur Maybach-Manufaktur, die Planung von Wartungsterminen oder die Reservierung von Eintrittskarten fürs nächste Formel-1-Rennen. Der persönliche Kundenmanager ist jederzeit – rund um die Uhr – für seine Kunden erreichbar; ein Tastendruck am Autotelefon genügt, um den Kontakt herzustellen. Damit möchte Maybach auch auf dem Gebiet der Kundenbetreuung seine herausragende Rolle unter den Marken der Luxusklassen unterstreichen.

vgl. Mercedes-Benz 2002

Analog zu den Organisationsformen des Produktmanagements (vgl. Abb. 40) existieren folgende Optionen der organisatorischen Verankerung des Kundenmanagements:

(1) **Stabs-Kundenmanagement**: Bei dieser Variante ist das Kundenmanagement der Unternehmens-, Sparten-, Marketing- oder Vertriebsleitung in Form einer Stabsstelle zugeordnet. Aufgrund der fehlenden Weisungsbefugnisse der Stabsfunktion beschränken sich die Aufgaben des Kundenmanagements hier im Wesentlichen auf das Sammeln, Auswerten und Weiterleiten kundenbezogener Informationen. Auf diese Weise kann das Kundenmanagement die mit operativen Vertriebsaufgaben betrauten Stellen unterstützen.

(2) **Linien-Kundenmanagement**: Hier erfolgt eine direkte Einordnung des Kundenmanagements in die Linienorganisation, z. B. als Teil des Vertriebs oder als eine dem Vertrieb gleichgestellte separate Einheit. Die Stelle des Kundenmanagements ist in der Regel mit allen üblichen Linienkompetenzen ausgestattet, so dass sie selbstständig kundenbezogene Entscheidungen treffen kann. Insbesondere bei der Einführung dieser Organisationsform ist mit erheblichen Konflikten zu rechnen, wenn Verantwortlichkeiten bezüglich ausgewählter Kunden dem Vertriebsbereich entzogen und Kundenmanagement zugeordnet werden.

(3) **Matrix-Kundenmanagement**: Bei diesem Strukturtyp werden Entscheidungs- und Weisungsbefugnisse zwischen dem Kundenmanagement und den Funktions-, Produkt- oder Gebietsverantwortlichen aufgeteilt. Der Kompetenzbereich des Kundenmanagements erstreckt sich dabei vor allem auf die bereichsübergreifende Planung und Steuerung kunden- oder kundengruppenspezifischer Marketingaktivitäten. So kann sichergestellt werden, dass kunden- oder kundengruppenspezifische Marketingkonzepte in allen Funktionsbereichen umgesetzt werden.

(4) **Koordinationsgremium**: Kunden- bzw. kundengruppenbezogene Aufgaben können auch in Form der Selbstabstimmung organisiert werden. In diesem Fall übernimmt ein Koordinationsgremium, zum Beispiel bestehend aus Vertretern des Vertriebsinnen- und -außendienstes, des Marketing und des Produktmanagements, gemeinsam die Aufgaben des Kundenmanagements. Das Gremium trifft sich nach Bedarf, um Strategien und Maßnahmen für bestimmte Kunden oder Kundengruppen zu entwickeln und umzusetzen.

ABB. 40: Bewertung der Organisationsformen des Kundenmanagements	Vorteile	Nachteile
Stabs-Kunden-management	▸ professionelle fachliche und methodische Unterstützung des operativen Vertriebs bei der Bearbeitung ausgewählter Kunden/Kundengruppen ▸ nahe Anbindung an Unternehmens- oder Vertriebsleitung erleichtert Umsetzung des Kundenmanagements	▸ Gefahr von Kunden nicht als vollwertiger Verhandlungspartner akzeptiert zu werden ▸ Durchsetzungsschwierigkeiten bei unternehmensinterner Planung und Koordination
Linien-Kunden-management	▸ klare Eingliederung in vorhandene Strukturen ▸ volle Linien- bzw. Entscheidungskompetenzen ▸ klare Kosten- und Ertragszuordnung ▸ Konzentration auf kundenbezogene Aufgaben	▸ Durchsetzungsfähigkeit der Stelle von hierarchischer Eingliederung abhängig ▸ Gefahr von Bereichsegoismen ▸ Gefahr zunehmender Bürokratie in der bereichsübergreifenden Zusammenarbeit
Matrix-Kunden-management	▸ klare Regeln für die bereichsübergreifende Koordination kundenbezogener Aktivitäten	▸ hoher Koordinationsaufwand ▸ geringe Entscheidungsgeschwindigkeit ▸ Gefahr von Kompetenzkonflikten
Koordinations-gremium	▸ keine Veränderung bestehender Organisationsstrukturen erforderlich ▸ keine Erhöhung von Personalkosten ▸ relativ hohe Akzeptanz gemeinsam getroffener Entscheidungen	▸ Zeitmangel bei nebenamtlicher Beschäftigung mit kundenbezogenen Aufgaben ▸ Gefahr unklarer Verantwortlichkeiten ▸ Gefahr zeitintensiver Entscheidungs- und Koordinationsprozesse

Vor allem die Konzentration auf wenige wichtige Kunden in Form des Key Account Managements ist heute sowohl in der Konsumgüterbranche wie auch in der Investitionsgüterbranche weit verbreitet. Vielerorts hat sich das Key Account Management innerhalb der Vertriebsorganisation inzwischen als eigenständiger Vertriebsweg etabliert, das große und ertragreiche Kunden betreut, während beispielsweise die Betreuung „normaler" Kunden durch regional tätige Außendienstmitarbeiter und die von Gelegenheitskunden telefonisch erfolgt. Die Gründe für die zunehmende Bedeutung des Key Account Managements sind vielfältig (vgl. Biesel 2002, S. 20 f., Senn 1997, S. 34 ff.). Oft haben große Unternehmen zum Ausschöpfen von Größeneffekten die Beschaffungsfunktion zentralisiert und fordern zum Beschleunigen von Koordinations- und Entscheidungsprozessen auch auf Lieferantenseite einen Ansprech- und Verhandlungspartner für alle produktgruppen-, gebiets- oder auch länderübergreifende Kundenbelange. Da der Wettbewerb um weltweit tätige Schlüsselkunden zunehmend international stattfindet, muss auch das Gewinnen und Betreuen solcher Kunden sich an deren besonderen Anforderungen ausrichten. Dies erfolgt verstärkt durch ein Global bzw. International Key Account Management. (vgl. Zupancic/Belz 2004).

BEISPIEL: ► Key Account Management bei der ABB

ABB ist ein führendes Unternehmen in der Energie- und Automationstechnik. Mit ihren Produkten und Systemen bedient die ABB verschiedene Marktsegmente wie Energieversorgungs- und Entsorgungsbranche, Papierindustrie, Tunnelbau, Bahntechnik sowie viele OEM's (Original Equipment Manufacturer). Die lokalen Geschäftseinheiten bilden traditionell die tragenden Säulen des Konzerns. Sie sind in erster Linie für den Geschäftserfolg zuständig. Die Geschäftseinheiten werden einerseits durch die Länderorganisationen und andererseits durch die global tätigen Business Areas geführt. Die Business Areas tragen mit ihren Geschäftseinheiten hauptsächlich die Geschäftsverantwortung für ihre Produkte und Systeme.

Diese Struktur führte zwangsläufig dazu, dass ein Kunde, der unterschiedliche Produkte von ABB bezog, auch mit unterschiedlichen Einheiten verhandeln musste, und der Eindruck entstand, ABB trete unkoordiniert auf. Auf der anderen Seite fehlte bei ABB eine Person, die das gesamte Geschäft mit einem jeweiligen Kunden im Blickfeld hatte, und die in der Lage war, das Geschäft mit diesem Kunden übergeordnet weiterzuentwickeln. Deshalb hat sich ABB im Jahr 2001 entschieden, auf globaler und nationaler Ebene eine Key Account Management-Struktur einzuführen.

Bei der Auswahl der Key Accounts werden unterschiedliche Kriterien wie Gesamtumsatz, zukünftiges Umsatzpotenzial und Anzahl der Geschäftseinheiten, die mit dem Kunden aktiv sind, berücksichtigt. Dabei zeigte sich beispielsweise für die Schweiz, dass ABB die Hälfte des Umsatzvolumens in diesem Markt mit nur 40 Großkunden erzielt und die restlichen 50 Prozent mit gut 2.000 Kunden erwirtschaftet werden.

Das Key Account Management wurde in die bestehende Linienorganisation – im Vertrieb – eingegliedert und den nationalen Vertriebsleitungen unterstellt. Die Key Account Manager führen ihrerseits ein Key Account-Team, das aus Vertretern besteht, die mit den jeweiligen Key Accounts im Geschäft stehen.

vgl. Gabrielle 2005, S. 259 ff.

Produkt- und Kundenmanagement schließen sich nicht gegenseitig aus, im Gegenteil. Nicht selten finden sich in einem Unternehmen sogar beide Arten von Stellen. Während das Produktmanagement in solchen Fällen oft dem Marketing zugeordnet ist, ist das Kundenmanagement vielfach im Vertriebsbereich angesiedelt.

Vorteile des institutionellen Kundenmanagements:

► Erlaubt das Konzentrieren der Vertriebsressourcen auf Kunden mit hohem Absatz- bzw. Ertragspotenzial.

► Trägt durch eine intensive und professionelle Betreuung ausgewählter Kunden oder Kundengruppen zu Aufbau und Sicherung von Wettbewerbsvorteilen bei.

► Erleichtert das Ausschöpfen von Cross-Selling-Potenzialen durch eine produktgruppenübergreifende Kundenbetreuung.

► Reduziert den zwischen- und innerbetrieblichen Koordinationsaufwand bei der Kundengewinnung und -betreuung.

Nachteile des institutionellen Kundenmanagements:

► Zusätzliche Kosten für spezielles Personal zur Kundenbetreuung.

► Erhöht das Potenzial unternehmensinterner Kompetenzkonflikte (insb. zwischen Kundenmanagement und regionalem Vertrieb).

Das Einrichten von Stellen für bestimmte Kunden (sog. institutionalisiertes Kundenmanagement) ist nicht zwingend für ein funktionierendes Kundenmanagement. Je nach Intensität der Kundenbeziehungen und des erforderlichen Bearbeitungsaufwands kann es durchaus sinnvoll sein, diese Aufgabe als Nebenaufgabe für Vertriebsleiter oder -mitarbeiter zu definieren. Oft kann jedoch der mit den genannten Aufgaben verbundene Zusatzaufwand von Unternehmens-

und Vertriebsleitung oder auch von Vertriebsmitarbeitern wegen begrenzter Personal- und Zeit-ressourcen nicht erbracht werden. Darüber hinaus erfordert insbesondere die Betreuung von Schlüsselkunden nicht selten bestimmte Einstellungen oder Qualifikationen bei den Betreuen-den, über die oft nicht die gesamte Vertriebsmannschaft verfügt.

Ein institutionalisiertes Kundenmanagement sollte in jedem Fall ernsthaft erwogen werden, wenn kundenseitig wiederholt ein Verhandlungspartner für alle Produkte und Vertriebsregio-nen gefordert wird. Eine kundenorientierte Ergänzung der organisatorischen Grundstruktur ist aber auch dann sinnvoll, wenn die Vertriebsbemühungen auf eine begrenzte Anzahl von Kun-den oder Kundengruppen fokussiert und die Zielkunden differenziert bearbeitet werden sollen.

2.3.3 Funktionsmanagement

Hierbei handelt es sich um Organisationseinheiten, die auf das Erbringen „quer durch verschie-dene Bereiche" anfallender Funktionen spezialisiert sind (sog. Querschnittsfunktionen). Typisch sind beispielsweise Einkauf/Logistik, Controlling, Personalwesen, Qualitäts- und Umweltmana-gement, IT- oder Innovationsmanagement. Solche Funktionen bereichsübergreifend zu planen, zu koordinieren, zu kontrollieren oder gegebenenfalls auch durchzuführen, ist Aufgabe des Funktionsmanagements.

Das Funktionsmanagement fungiert als Bindeglied zwischen dezentralen Funktionseinheiten und verbindet damit die Vorteile von Zentralisierung und Dezentralisierung (vgl. Kapitel 2.1.4). Die Aufgaben und Kompetenzen zwischen zentralen und dezentralen Funktionsbereichen sind typischerweise wie folgt geregelt:

ABB. 41:	Aufgaben und Kompetenzverteilung zwischen zentralen und dezentralen Funktionseinhei-ten (Beispiel)	
	Zentrale Funktionsbereiche	**Dezentrale Funktionsbereiche**
Mögliche Aufgaben	► Funktionale Strategien entwickeln (in Ab-stimmung mit lokalen Funktionseinhei-ten) ► Funktionsbezogene Ziele, Budgets und Maßnahmenpläne entwickeln und deren Umsetzung überwachen ► Unternehmensleitung funktionsbezogen beraten ► Lokale Funktionsbereiche beraten ► Unternehmensweite Richtlinien und Standardprozesse entwickeln und doku-mentieren ► Fachbezogene Infrastruktur (z. B. Tools, IT-Systeme) bereitstellen und pflegen ► Spielregeln der Zusammenarbeit mit lokalen Funktionsbereichen definieren (z. B. Berichtswesen, Eskalationswege)	► Lokale Besonderheiten in unternehmens-weite Strategien und Planungen einbrin-gen ► Funktionsbezogene Ziele, Budgets und Maßnahmen lokal planen (in Abstim-mung mit Zentralfunktion) ► Regionale Führung funktionsbezogen beraten ► Lokale Performance verfolgen und an Zentralfunktion berichten ► Unternehmensweite Richtlinien und Standardprozesse lokal umsetzen ► Mit Zentralbereich und anderen dezen-tralen Funktionsbereichen zusammen-arbeiten und Erfahrungen austauschen
Mögliche Kompetenzen	► Fachbezogene Entscheidungs-, Weisungs- und Kontrollkompetenzen ► Vetorecht beim Besetzen von Leitungs-stellen in dezentralen Funktionsbereichen	Lokale, funktionsbezogene Entscheidungs- und Weisungskompetenzen innerhalb des vom Zentralbereich vorgegebenen Rahmens

Die dezentralen Funktionsbereiche sind disziplinarisch den jeweiligen lokalen Linienverantwortlichen unterstellt. Diese sind für die Kontrolle der Anwesenheit, die Regelung von Abwesenheits- und Urlaubszeiten, die Bewilligung von Dienstreisen und Weiterbildungsmaßnahmen, die Gehaltsfindung, Beförderungen usw. zuständig. Fachlich sind die dezentralen Funktionsbereiche dagegen den jeweiligen zentralen Stellen zugeordnet (sog. dotted-line-Prinzip). Von diesen erhalten sie beispielsweise Anweisungen bezüglich anzuwendender Arbeitsverfahren, Richtlinien, Tools oder IT-Systeme.

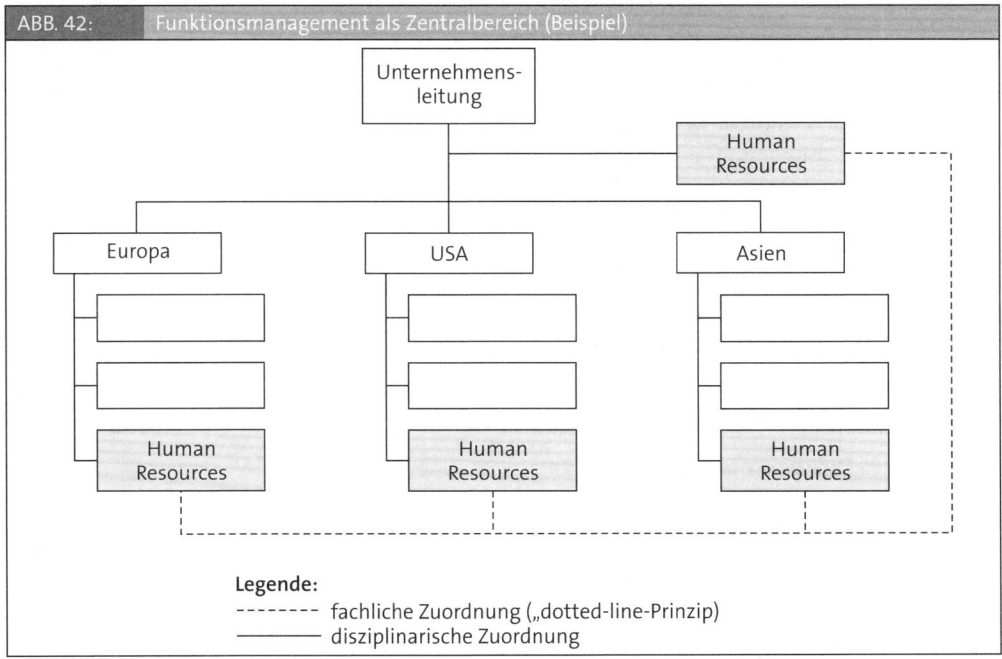

ABB. 42:   Funktionsmanagement als Zentralbereich (Beispiel)

Legende:
-------- fachliche Zuordnung („dotted-line-Prinzip)
———— disziplinarische Zuordnung

Für die bereichsübergreifende Koordination bieten sich vor allem folgende drei organisatorische Gestaltungsmöglichkeiten an:

(1) **Zentralbereich**: In diesem Fall erfolgen Planung, Koordination und Kontrolle der Querschnittsfunktion zentral durch eine eigens hierfür geschaffene Stelle. Die operative Umsetzung der entsprechenden Funktionen findet hingegen dezentral in den einzelnen Funktionsbereichen statt. Ein Zentralbereich besitzt idealtypisch die höchste Fachkompetenz und unterliegt keinerlei fachlichen Weisungen. Im Unterschied zur Stabsstelle kann ein Zentralbereich gegenüber dezentralen Funktionsbereichen mit fachlichen Entscheidungs- und Weisungsbefugnissen ausgestattet werden (vgl. Abb. 42).

(2) **Stabsstelle**: Die bereichsübergreifende Koordination von Querschnittsfunktionen kann auch einer eigens hierfür geschaffenen Stabsstelle übertragen werden. Aufgrund ihres bereichsübergreifenden Charakters ist die Stelle in der Regel direkt der Unternehmensleitung unterstellt. Das Aufgabenspektrum der Stabsstelle umfasst schwerpunktmäßig analytische, planerisch-konzeptionelle und beratende Aufgaben, während die eigentliche Aufgabendurchführung bei den Linienstellen liegt. Formal verfügt die Stabsstelle über keinerlei Entscheidungs- und Weisungsbefugnisse. Soll eine Stabsstelle aber in der Lage sein, Entscheidungen

direkt zu beeinflussen, kann sie auch mit entsprechenden Kompetenzen ausgestattet werden (insb. fachliche Weisungs- und Entscheidungsbefugnis, Richtlinienkompetenz).

(3) **Koordinationsgremium**: Die Abstimmung zwischen Funktionsbereichen kann auch innerhalb eines mehr oder weniger regelmäßig tagenden Koordinationsgremiums erfolgen. Statt wie bei den beiden vorangegangenen Optionen eine eigenständige Stelle einzurichten, koordinieren sich in diesem Fall die betreffenden Funktionsbereiche selbst. Bestehende Strukturen und Kompetenzverteilungen der Primärorganisation bestehen unverändert fort.

Im Unterschied zu zentralen Dienstleistungsbereichen (sog. Shared Service Centern) besteht der Aufgabenschwerpunkt des Funktionsmanagements weniger im zentralen Erbringen bestimmter Funktionen, sondern in deren zentralen Planung und Koordination. Da beim Funktionsmanagement nicht zuletzt Know-how zentral gebündelt wird, werden die entsprechenden Zentralstellen in der Praxis immer häufiger auch als Competence Center bezeichnet.

Vorteile des Funktionsmanagements:

► Zentralisieren von funktionsbezogenem Know-how ermöglicht einen guten Wissensaustausch zwischen Funktionseinheiten.

► Überwinden von bereichsorientiertem Denken (sog. Silodenken) und besseres Ausschöpfen bereichsübergreifender Synergie- und Skaleneffekte.

► Durch unternehmensweit optimierte und standardisierte Prozesse kann eine hohe Qualität und Effizienz bei der Erfüllung wichtiger Funktionen sichergestellt werden.

Nachteile des Funktionsmanagements:

► Erhöhter Aufwand für bereichsübergreifende Koordination zwischen Funktionseinheiten.

► Gefahr der Demotivation dezentraler Einheiten infolge fachlicher Entscheidungs- und Weisungskompetenzen zentraler Funktionsbereiche.

► Gefahr, dass durch die zentralen Funktionsbereiche bereichs- oder länderspezifische Belange nur unzureichend berücksichtigt werden.

Die Einrichtung einer zentralen, funktionsorientierten Koordinationseinheit liegt hauptsächlich in Situationen nahe, in denen aufgrund der bereichsübergreifenden Planung und Koordination nennenswerte Effizienzvorteile oder Ergebnisverbesserungen zu erwarten sind. Bei marktnahen Funktionen wie dem Vertrieb ist darauf zu achten, dass die Nutzenpotenziale einer zentralen Koordinationseinheit nicht durch eine Verschlechterung der Kundennähe kompensiert werden.

2.3.4   Projektmanagement

Beim Projektmanagement handelt es sich um eine Organisationseinheit, die auf das Bearbeiten von Projekten spezialisiert ist. Diese spezielle Art von Aufgaben zeichnet sich im Unterschied zu Routineaufgaben (sog. Tagesgeschäft) durch folgende Merkmale aus:

► Für das Bearbeiten von Projektaufgaben lassen sich eindeutige Anfangs- und Endzeitpunkte definieren.

► Die im Projekt zu erarbeitenden Ergebnisse können im Voraus weitgehend spezifiziert werden.

► Die Projektziele sind innerhalb eines begrenzten Zeit- und Kostenrahmens sowie eventuell weiterer Restriktionen (z. B. unter Gewährleistung der technischen Kompatibilität) zu erreichen.

► Die Aufgabe ist für die Bearbeiter oder das Unternehmen relativ neuartig und stellt sich exakt so nicht oder nur in größeren Zeitabständen wieder.

Oft sind Projektaufgaben so komplex, dass für deren erfolgreiches Bewältigen die Mitwirkung mehrerer Organisationseinheiten oder auch Externer (z. B. Lieferanten, Unternehmensberater) erforderlich ist.

Typische Projektaufgaben sind zum Beispiel das Entwickeln neuer Produkte, das Implementieren eines neuen IT- oder Managementsystems, das Einführen neuer Produkte am Markt, das Abwickeln größerer Kundenaufträge oder das Neugestalten organisatorischer Strukturen und Prozesse.

Zum Meistern von Projektaufgaben kann auf Methoden und Techniken des Projektmanagements zurückgegriffen werden (sog. funktionales Projektmanagement; vgl. Kap. 6.1.2). Für das Anwenden von Projektmanagement sind dafür spezialisierte Organisationseinheiten (sog. institutionalisiertes Projektmanagement) nicht zwingend erforderlich. Projekte können auch innerhalb bestehender Bereichsstrukturen quasi als Nebenaufgabe erfolgreich bearbeitet werden. Dies wird auch als **Linien-Projektorganisation** bezeichnet. Auf die Projektbearbeitung spezialisierte Organisationseinheiten können jedoch mit zunehmendem Umfang und Komplexität von Projektaufgaben einen wertvollen Beitrag zum Steigern der Ergebnisqualität und der Effizienz leisten.

Zur strukturellen Verankerung von Projektaufgaben stehen drei idealtypische Organisationsformen zur Verfügung:

(1) **Einfluss-Projektorganisation** (auch Stabsstellen-Projektorganisation): Hierbei wird keine eigenständige Organisationseinheit geschaffen, sondern die Projektaufgaben werden in den existierenden Linienbereichen unter der Verantwortung der jeweiligen Leitungsstellen bearbeitet. Ein Projektkoordinator in Stabsfunktion, der der verantwortlichen Leitungsstelle direkt unterstellt ist, berät, informiert und koordiniert die Projektbeteiligten und überwacht die Termin- und Kostensituation des Projektes. Diese Koordinationsstelle kann je nach Bedeutung des Projektes einer Leitungsstelle auf jeder beliebigen Hierarchieebene zugeordnet werden. Da eine Stabsstelle jedoch formal weder über Weisungs- noch Entscheidungskompetenzen verfügt, liegt die Gesamtverantwortung für das Projekt bei einer im Einzelfall definierten, übergeordneten Instanz. Aufgrund der eingeschränkten formalen Befugnisse ist die erfolgreiche Wahrnehmung der Koordinationsaufgaben in hohem Maße von der persönlichen und fachlichen Autorität des Stelleninhabers sowie seiner Unterstützung durch das Top-Management abhängig. Angesichts der Bedeutung des informalen Einflusses der Projektleitung wird diese Organisationsform auch als Einfluss-Projektorganisation bezeichnet.

(2) **Reine Projektorganisation**: Kennzeichnend für diese Organisationsform ist, dass für die Dauer des Projektes parallel zur bestehenden Linienorganisation eine eigens mit der Projektbearbeitung betraute Organisationseinheit (sog. **Task Force**) eingerichtet wird. Hierzu werden Mitarbeiter aus den zur Projektbearbeitung erforderlichen Unternehmensbereichen für eine begrenzte Zeit aus ihren Stammabteilungen herausgelöst. Für die Dauer des Projektes arbeiten die Projektmitarbeiter ausschließlich an dem Projekt und sind dabei fachlich wie diszipli-

narisch der Projektleitung direkt unterstellt. Nach Beendigung des Projektes wird das Projekt-team aufgelöst und die Mitarbeiter wieder in die jeweiligen Stammabteilungen integriert bzw. neuen Projekten zugeordnet. Die Projektleitung erhält in der Regel die Verfügungs-gewalt für die erforderlichen Projektressourcen (insb. Personal-, Sach- und Finanzmittel) und kann daher mit der Gesamtverantwortung für das Projekt beauftragt werden.

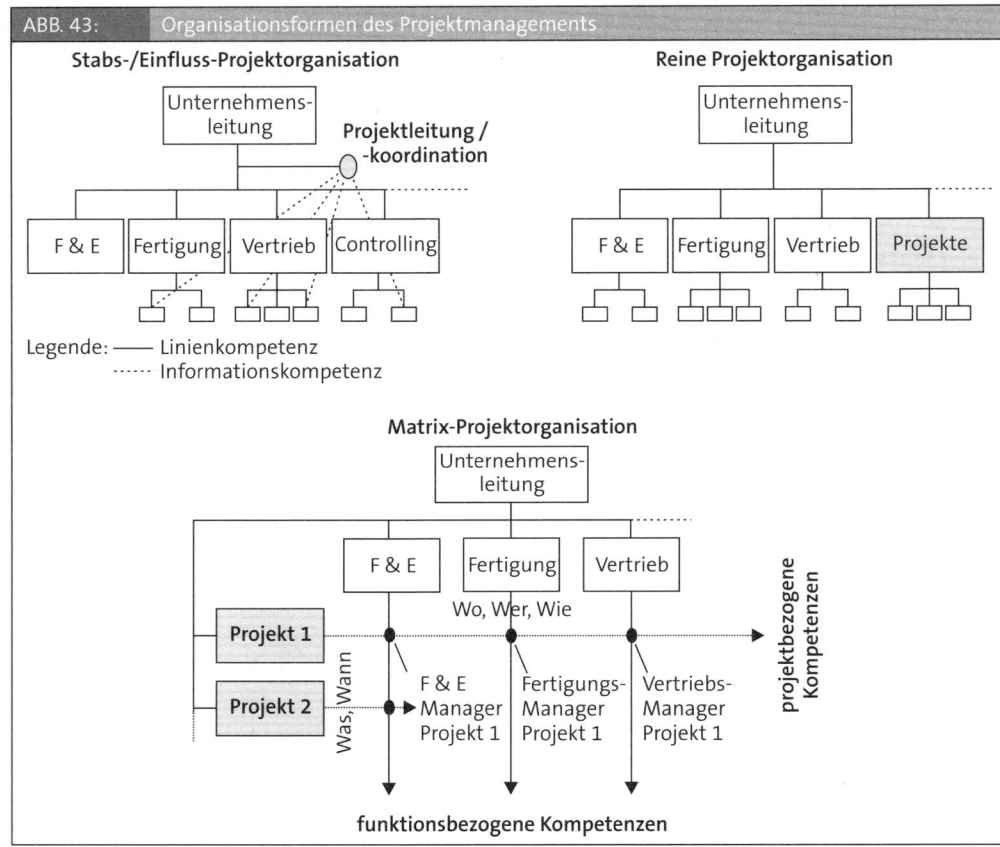

ABB. 43: Organisationsformen des Projektmanagements

(3) **Matrix-Projektorganisation**: Bei diesem Organisationstyp wird die existierende Linienorgani-sation beibehalten und durch eine Projektstruktur ergänzt. Zur Projektbearbeitung delegie-ren die Linienverantwortlichen einzelne Mitarbeiter in Voll- oder Teilzeit in das Projektteam. Das Grundprinzip der Matrix-Projektorganisation beruht auf der Aufteilung der Zuständig-keiten zwischen der Linien- und der Projektorganisation. Die Mitglieder des Projektteams un-terstehen gleichzeitig der Projektleitung und ihren jeweiligen Linienvorgesetzten. Verantwor-tung und Kompetenzen sind jedoch meist funktions- und projektbezogen aufgeteilt. Daraus können Kompetenzkonflikte an den Schnittstellen auftreten. Kommt es zu keiner Einigung zwischen Projekt- und Linieninstanz, muss eine höhere Instanz Meinungsverschiedenheiten schlichten bzw. über die Lösung entscheiden.

Vorteile des institutionalisierten Projektmanagements:

► Eröffnet schnelles Reagieren auf neue und zeitlich befristete Aufgabenstellungen.

► Ermöglicht effizienten Einsatz von Ressourcen (insb. Mitarbeitern) durch zeitlich befristete und spezialisierte Organisationseinheiten.

► Erlaubt klares Zuordnen von Aufgaben, Kompetenzen und Verantwortlichkeiten auch für bereichsübergreifende (Projekt-)Aufgaben.

► Ermöglicht angemessenes Berücksichtigen bereichsübergreifender Aspekte bei der Projektarbeit durch bedarfsgerechtes Einbinden verschiedener Organisationseinheiten.

Nachteile des institutionalisierten Projektmanagements:

► Je nach organisatorischer Verankerung des Projektmanagements ist das Einrichten und Auflösen der Projektorganisation mit einem hohen Aufwand verbunden.

► Mit dem Einrichten spezifischer Organisationseinheiten zur Projektbearbeitung erhöht sich die Gefahr der Überorganisation und Bürokratisierung.

Ein institutionalisiertes Projektmanagement empfiehlt sich vor allem für zeitlich befristete, komplexere Aufgaben, an deren Bearbeitung mehrere Organisationseinheiten beteiligt sind. Hier bietet ein institutionalisiertes Projektmanagement eine gute Voraussetzung für einen optimalem Informationsaustausch und eine effiziente Koordination zwischen den betroffenen Organisationseinheiten. Weniger umfangreiche und komplexe Projektaufgaben bedürfen nicht zwingend einer institutionalisierten Projektorganisation. Sie lassen sich oft auch innerhalb einer existierenden Organisationseinheit von einzelnen oder wenigen Personen sehr effizient bearbeiten.

2.4 Techniken zur Darstellung aufbauorganisatorischer Regelungen

Die Notwendigkeit, organisatorische Sachverhalte anschaulich darzustellen, ergibt sich in allen Phasen eines organisatorischen Gestaltungsprozesses. Darüber hinaus kann aufgrund rechtlicher, regulativer oder normativer Bestimmungen eine Dokumentation der Aufbauorganisation erforderlich sein. Darstellungs- bzw. Dokumentationstechniken dienen dazu, organisatorische Sachverhalte und Zusammenhänge transparent zu machen. Mit Hilfe dieser Techniken können folgende Sachverhalte dargestellt werden:

► **Ist-Zustände:** Durch die Darstellung von Ist-Zuständen kann das Verständnis für organisatorische Sachverhalte verbessert, innerhalb einer Arbeitsgruppe die Entwicklung einer einheitlichen Wahrnehmung erleichtert und Schwachstellen besser identifiziert werden.

► **Soll-Zustände:** Die Darstellung von Soll-Zuständen kann helfen organisationsrelevante Vereinbarungen festzuhalten und an Betroffene zu vermitteln. Über die reine Dokumentation hinaus können diese Techniken damit auch eine verhaltenssteuernde Wirkung haben, indem sie Arbeitskräften verdeutlichen helfen, welche Aufgaben sie mit welchen Kompetenzen und welcher Verantwortung wahrnehmen sollen.

Organisatorische Sachverhalte können auf unterschiedliche Weise dargestellt werden:

► **Verbale Darstellungen** basieren vorrangig in Form fortlaufender Texte. Diese können zur Verbesserung der Übersichtlichkeit durch ein geeignetes Textlayout (z. B. Absätze, Hervorhebungen, Einrückungen) optisch unterstützt werden.

► Bei **grafischen Darstellungen** steht die Verwendung von bildhaften Elementen, Formen und Symbolen im Vordergrund, die durch wenige Worte erläutert und ergänzt werden.

► **Kombinierte Darstellungen** verwenden sowohl verbale als auch grafische Elemente, ohne dass eine der beiden Darstellungsformen eindeutig dominiert.

Nachfolgend werden ausgewählte Techniken zur Darstellung aufbauorganisatorischer Regelungen vorgestellt. Sie dienen dazu Organisationseinheiten (z. B. Stellen, Abteilungen), Leitungssysteme und die Verteilung von Aufgaben, Kompetenzen und Verantwortlichkeiten transparent zu machen.

Der Umfang, in dem organisatorische Regeln etwa in Form von Organigrammen, Schaubildern, Stellenbeschreibungen, Handbüchern oder Richtlinien dokumentiert werden, wird in der Literatur auch als **Formalisierungsgrad** bezeichnet. Ein hoher Formalisierungsgrad verspricht sowohl eine hohe Transparenz als auch eine hohe Verbindlichkeit verabschiedeter organisatorischer Regelungen bei den Betroffenen. Verbunden damit ist die Hoffnung, dass mit Hilfe der schriftlichen Dokumentation das Verhalten der Arbeitskräfte besser gesteuert werden kann als bei rein mündlichen Vereinbarungen und ein schnelleres Einarbeiten neuer Mitarbeiter möglich ist. Demgegenüber ist jedoch zu berücksichtigen, dass mit zunehmendem Formalisierungsgrad der zeitliche und kostenmäßige Aufwand für das Erstellen, Weitergeben und Pflegen der Dokumente zunimmt. Ferner birgt eine ausgeprägte schriftliche Dokumentation organisatorischer Regelungen die Gefahr, dass Arbeitsmotivation, Eigeninitiative und Flexibilität der Mitarbeiter abnehmen.

Um gravierendes Organisationsverschulden zu vermeiden und steigenden Anforderungen an gesetzliche, regulatorische oder unternehmensinterne Vorschriften (sog. Compliance) gerecht zu werden, kann das Dokumentieren organisatorischer Regelungen unabhängig von rein wirtschaftlichen Kosten-Nutzen-Überlegungen angeraten sein.

Abhängig vom jeweiligen Verwendungszweck ist daher zu entscheiden, wie und in welchem Umfang aufbauorganisatorische Entscheidungen dokumentiert werden sollen. Nachfolgend werden ausgewählte Dokumentationstechniken vorgestellt, die in der Praxis weit verbreitet sind.

2.4.1 Organigramm

Mit Hilfe des Organigramms (auch Organisationsplan, Strukturplan) lässt sich die Aufbauorganisation eines Unternehmens übersichtlich darstellen. Das Organigramm gibt in grafischer Form die Verteilung der Aufgaben auf die einzelnen Organisationseinheiten und die hierarchische Einordnung der Organisationseinheiten wieder.

Die Symbole zur Darstellung verschiedener organisatorischer Sachverhalte sind nicht genormt. In der Praxis werden in der Regel Linienstellen als Kästchen und unterstützende Stellen (Stabsstellen) als Kreise oder Ovale dargestellt. Üblicherweise werden Stabsstellen direkt unter oder neben der Leitungsstelle dargestellt, der sie zugeordnet sind. Über- und Unterordnungsverhältnisse werden in Form von Linien symbolisiert. Dabei werden mit durchgezogenen Linien umfassende Leitungskompetenzen, mit gestrichelten Linien Teilkompetenzen (z. B. rein fachliche Weisungsbefugnisse) gekennzeichnet. Bei Bedarf können in den einzelnen Stellensymbolen weitere Informationen ergänzt werden, wie z. B. Stellenkurzzeichen, Namen der Stelleninhaber, vorgesehene oder tatsächliche Personalstärken.

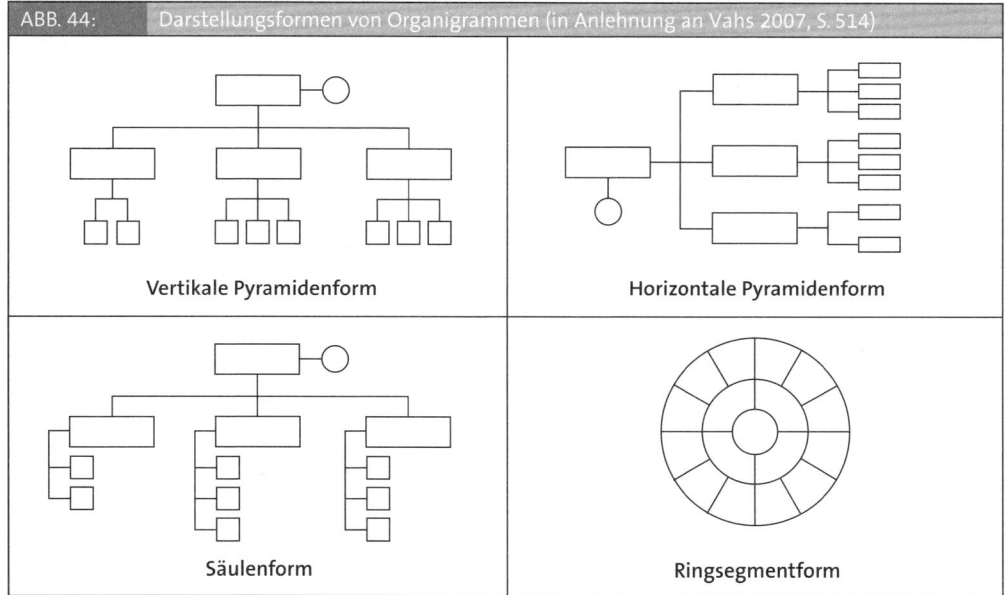

ABB. 44: Darstellungsformen von Organigrammen (in Anlehnung an Vahs 2007, S. 514)

| Vertikale Pyramidenform | Horizontale Pyramidenform |
| Säulenform | Ringsegmentform |

Da mit zunehmender Größe von Unternehmen Organigramme schnell unübersichtlich und unhandlich werden, wird häufig zunächst die Grobstruktur des Unternehmens in einer Übersichtsdarstellung dokumentiert. Diese wird dann bei Bedarf in weiteren Plänen bereichs- oder abteilungsbezogen detailliert. Abbildung 44 zeigt die gängigen Darstellungsformen von Organigrammen.

Vorteile von Organigrammen:

► Ermöglicht einen schnellen Überblick über die Aufbauorganisation.

► Leicht verständlich, da weitgehend selbsterklärende Darstellung.

► Sehr vielseitig einsetzbar (Profit- und Non-Profit-Organisationen).

Nachteile von Organigrammen:

► Meist stark vereinfachte Darstellung organisatorischer Strukturen.

► Dokumentiert lediglich die formalen Strukturen, die oft nicht die tatsächlichen Macht- und Einflussstrukturen (informale Organisation) wiedergeben.

► Erzeugt mit zunehmendem Detaillierungsgrad einen hohen Aufwand für Erstellung und Aktualisierung.

► Mit zunehmendem Detaillierungsgrad verschlechtert sich die Übersichtlichkeit.

Organigramme sind in nahezu allen Phasen eines Organisationsprojektes sowie in Unternehmen als auch in Non-Profit-Institutionen (z. B. Kirchen, Verbänden, Parteien) zur Darstellung aufbauorganisatorischer Sachverhalte einsetzbar. Sie gehören daher in der Praxis zu den am häufigsten genutzten organisatorischen Darstellungstechniken.

2.4.2 Stellenbeschreibung

Die Stellenbeschreibung gehört zu den verbalen Dokumentationstechniken. Sie beschreibt eine Stelle hinsichtlich ihrer Ziele und Aufgaben, Kompetenzen und Verantwortlichkeiten sowie ihrer wichtigsten Beziehungen zu anderen Stellen. In Literatur und Praxis finden sich hierfür auch die Begriffe Arbeitsplatzbeschreibung, Aufgabenbeschreibung, Funktionsbeschreibung, Positionsbeschreibung oder Job-Description.

Hinsichtlich Inhalt, Umfang und Form von Stellenbeschreibungen existieren keine allgemeingültigen Standards. Weit verbreitet haben sich folgende Anforderungen an die Inhalte von Stellenbeschreibungen (vgl. Vahs 2007, S. 512; Schmidt 2003, S. 343 f.):

► Stellenbezeichnung

► Organisatorische Eingliederung der Stelle

► Ziele der Stelle

► Aufgaben der Stelle

► Kompetenzen des Stelleninhabers

► Verantwortlichkeiten des Stelleninhabers

► Kommunikation und Zusammenarbeit mit anderen Stellen

► Mitwirkung des Stelleninhabers in Gremien

► Anforderungsprofil des Stelleninhabers

Umfang und Detaillierungsgrad von Stellenbeschreibungen unterscheiden sich vielfach von der hierarchischen Einordnung der betreffenden Stelle. Tendenziell gilt: Je höher Stellen in der Unternehmenshierarchie angesiedelt sind, desto weniger ausführlich können aufgrund des Charakters von Führungsaufgaben die Beschreibungen ausfallen. Meist liegt der Schwerpunkt der Beschreibung dann auf der Dokumentation der Ziele, Kompetenzen und Verantwortlichkeiten dieser Stelle.

Im Allgemeinen kann die Verbindlichkeit von Stellenbeschreibungen dadurch gefördert werden, dass sie durch Ersteller, Stelleninhaber und Vorgesetzten unterschrieben und dadurch formal in Kraft gesetzt werden.

Vorteile der Stellenbeschreibung:

► Schafft gute Transparenz bezüglich Aufgaben, Kompetenzen und Verantwortlichkeiten einer Stelle.

► Reduziert aufgrund der hohen Transparenz und Verbindlichkeit die Wahrscheinlichkeit von Kompetenzkonflikten.

► Vereinfacht das Ausschreiben von Stellen und Einarbeiten neuer Mitarbeiter.

► Schafft objektive Grundlage für Entgeltvereinbarung und Leistungsbeurteilung.

Nachteile der Stellenbeschreibung:

► Erstellung und laufende Aktualisierung (insb. bei sehr detaillierten Beschreibungen) sind mit hohem Aufwand verbunden.

► Aufgrund des fehlenden Wertschöpfungsbeitrags der Dokumentation erhöht sich Gefahr von Überorganisation und Bürokratisierung.

► Sie kann die Einstellung und das Verhalten der Mitarbeiter zum „Dienst nach Vorschrift" und zur Ablehnung nicht schriftlich fixierter Aufgaben fördern.

Stellenbeschreibungen empfehlen sich vor allem für Stellen mit einem hohen Anteil sich wiederholender Aufgaben. Angesichts des mit Erstellen und Aktualisieren verbundenen Aufwands sollte geprüft werden, ob eine weitgehende standardisierte Beschreibung für typische Stellen – etwa Vorarbeiter, Meister, Gruppen- und Abteilungsleiter – nicht ausreicht, die bei Bedarf durch stellenspezifische Passagen ergänzt wird. Aus Kosten-Nutzen-Erwägungen kann es auch sinnvoll sein, Stellenbeschreibungen auf die Definition von Rollen oder Verantwortlichkeiten innerhalb eines Arbeitsprozesses zu beschränken.

2.4.3 Funktionendiagramm

Das Funktionendiagramm dokumentiert in einer zweidimensionalen Übersicht, wie Aufgaben, Befugnisse und Verantwortlichkeiten auf einzelne Stellen bzw. Stelleninhaber verteilt sind. In den Zeilen sind die Aufgaben, in den Spalten die zuständigen Stellen aufgeführt. In den Feldern der Matrix werden die Funktionen, Verantwortlichkeiten bzw. Befugnisse der einzelnen Stellen vermerkt. Im Unterschied zu Stellenbeschreibungen enthalten sie damit wesentlich weniger Informationen über einzelne Aufgaben und Funktionen einer Stelle. Da Funktionen im Sinne von Zuständigkeiten den Beitrag einzelner Stellen an der Ausführung einer Aufgabe beschreiben, wird das Funktionendiagramm auch als Funktionenmatrix, IMV-Matrix[1], Aufgaben-Kompetenz-Matrix, Kompetenz- oder RACI-Diagramm[2] bezeichnet.

Bei Bedarf können die Zuständigkeiten danach differenziert werden, in welchem Umfang oder in welchen Fällen die einzelnen Stellen für bestimmte Aufgaben zuständig sind. Weit verbreitet ist die Verwendung von Kurzzeichen, die Umfang und Art der Zuständigkeit der Stellen wiedergeben (vgl. Abb. 45).

---

1 I (Information), M (Mitarbeiter), V (Verantwortung).

2 R (Responsible - verantwortlich), A (Accountable - rechenschaftspflichtig), C (Consulted - zu Rate zu ziehen), I (Informed - in Kenntnis zu setzen).

ABB. 45:   Beispiel eines Funktionendiagramms

AUFGABEN \ STELLEN	Geschäfts-leitung	Marketing-leitung	Produkt-management	Forschung & Entwicklung	Controlling	Vertrieb	Einkauf	Logistik	Produktion	Externe
Markt-beobachtung			D	M		M	M			M
Neuprodukt-entwicklung	E	D/E	M	M	M/E	M/I	M/I	M/I	M/I	
Sortiments-pflege			D							
Verkaufs-planung	E	E	D/E	M/I	M	M/E	M/I	M/I	M/I	M/I
Beschaffung von Ver-packungen + Etiketten	E	M	M		M	D/E		I	M	M
....										

Legende der Funktionen: D = Durchführung   E = Entscheidung   M = Mitarbeit   I = Information

Vorteile des Funktionendiagramms:

► Ermöglicht kompakten Überblick über Zusammenwirken verschiedener Stellen.

► Erleichtert das Erkennen von Aufgaben- und Kompetenzüberschneidungen sowie von fehlenden oder unzureichenden Regelungen bezüglich Aufgaben, Kompetenzen, Informationsrechten und -pflichten.

► Vergleichsweise geringer Aufwand für Erstellung und Pflege.

► Gute Lesbarkeit bzw. Verständlichkeit.

Nachteile des Funktionendiagramms:

► Mit zunehmendem Detaillierungsgrad von Aufgaben, Stellen und Kompetenzen erhöht sich die Gefahr der Unübersichtlichkeit.

► Es bietet keine vollständige Aufgabenbeschreibung einer Stelle.

Funktionendiagramme sind sehr gut geeignet, Rollen und Zuständigkeiten sowohl innerhalb als auch zwischen Organisationseinheiten anschaulich und kompakt darzustellen. Wird konsequent darauf geachtet, dass für jede Aufgabe eine Stelle formal zuständig bzw. verantwortlich ist, wird eine „organisierte Nicht-Verantwortlichkeit" vermieden. Da Verantwortung schlecht teilbar ist, empfiehlt es sich, diese je Aufgabe auch nur einer Stelle zu übertragen. Zur Dokumentation aller Aufgaben und Zuständigkeiten in einem größeren Unternehmen ist diese Darstellungstechnik weniger geeignet, da mit zunehmendem Geltungsumfang die Übersichtlichkeit abnimmt.

2.4.4   Organisationsanweisungen

Organisationsanweisungen sind schriftlich fixierte organisatorische Regelungen und Vorschriften. Sie haben im Unterschied zu Mitteilungen verbindlichen Charakter. Organisationsanweisungen können sich auf folgende Bereiche beziehen (vgl. Schmidt 2003, S. 346 f.):

▶ Grundsatzentscheidungen zur Geschäftspolitik und daraus resultierende Ausführungsmaßnahmen

Beispiel: Grundsatzentscheidung eines partnerschaftlichen Umgangs mit Mitarbeitern findet ihren Niederschlag in einer Anweisung an Führungskräfte hinsichtlich der Durchführung von Mitarbeiter- bzw. Zielvereinbarungsgesprächen.

▶ Festlegungen der Organisation des Unternehmens (Aufbauorganisation), seiner Bereiche, Abteilungen (Stellen- und Aufgabenbeschreibungen einschließlich Organigrammen)

▶ Festlegung von Ordnungsbegriffen und Normen

Beispiel: Systematik zur Bezeichnung von Dokumenten

▶ Festlegung des Informationsgehalts, Informationsflusses und der Berichtstermine

Beispiel: Festlegung welche Informationen, von wem in welcher Form zu welchen Terminen an wen zu liefern sind.

ABB. 46:	Verkürztes Beispiel einer Organisationsanweisung	
Organisationsanweisung zur Umstellung der Gasfarbkennzeichnung		**Datum: 01. 05. 2007**
Lf. Nr.: 2007-011	Verfasser: H. Grau	Seite 1 von 1
Mit der Harmonisierung der Normen innerhalb der EU werden die bisher bekannten Gasfarbkennzeichnungen auf die ISO-Normen umgestellt. Künftig gelten folgende Farbkennzeichnungen:		
Sauerstoff:	weiß	
Lachgas:	blau	
Druckluft:	schwarz/weiß	
Ab dem 01. 07. 2009 dürfen nur noch Produkte mit ISO-Farben in den Verkehr gebracht werden. Das betrifft Anlagen zur Gasaufbereitung, Gasflaschen, Gasentnahmesysteme, medizinische Geräte, Schläuche und anderes Zubehör. Der Weiterbetrieb von Produkten mit alter Farbkennzeichnung ist zulässig, allerdings nur in Kombination mit neutraler Farbkennzeichnung.		
Genehmigt durch: gez. Heinz	Gültig ab: 01. 07. 2009	
Ersatz für: Organisationsanweisung Nr. 197-23	Verteiler: KL, CD, GL, JF	

Zur besseren Vermittlung des verbindlichen Charakters der Organisationsanweisungen kann die Berücksichtigung formaler Aspekte und die einheitliche Gestaltung entsprechender Anweisungen hilfreich sein (vgl. Schmidt 2003, S. 347).

Neben den formalen Gesichtspunkten ist sicherzustellen, dass die Anweisungen bei den betroffenen Mitarbeitern und Führungskräften bekannt sind und eingehalten werden.

Vorteile von Organisationsanweisungen:

► Schafft verbesserte Verbindlichkeit schriftlicher Anweisungen.

► Bietet hohe Transparenz geltender Regelungen für Betroffene.

► Vereinfacht aufgrund der guten Transparenz die Einarbeitung neuer Mitarbeiter.

Nachteile von Organisationsanweisungen:

► Hoher Aufwand für Erstellung und laufende Aktualisierung.

► Mit zunehmendem Umfang und Detaillierungsgrad der Anweisungen wächst die Gefahr von Überorganisation und Bürokratisierung sowie Demotivation der Mitarbeiter.

► Mit zunehmendem Umfang an Anweisungen erhöht sich das Risiko, dass deren Existenz und Inhalte bei den jeweiligen Adressaten nicht bekannt sind bzw. von ihnen nicht berücksichtigt werden.

Es empfiehlt sich, Umfang und Detaillierungsgrad von Organisationsanweisungen auf das Notwendigste zu beschränken. Angeraten sind Organisationsanweisungen vor allem dort, wo Arbeitskräfte Gesetze oder Vorschriften einhalten oder Gefahren (z. B. aus dem Umgang mit Gefahrgütern) abwenden müssen.

2.5 Fallbeispiel: Heidelberger Druckmaschinen AG[3]

Das Unternehmen und sein Leistungsangebot

Die Heidelberger Druckmaschinen AG (kurz: Heidelberg) ist mit über 40 Prozent Marktanteil im Bogenoffsetdruck der international führende Lösungsanbieter für gewerbliche und industrielle Anwender in der Printmedien-Industrie. Mit Hauptsitz in Heidelberg konzentriert sich das Unternehmen auf die gesamte Wertschöpfungskette der gängigen Formatklassen im Bereich Bogenoffsetdruck (Sheetfed) und hält zudem eine Beteiligung für Flexodruck, ein spezielles Rollenrotationsdruckverfahren im Hochdruck. Neben Druckmaschinen umfasst das Leistungsangebot die Druckvorstufe, die Druckweiterverarbeitung und die dazugehörenden Workflow-Komponenten sowie Schulungsangebote, Serviceleistungen, Ersatzteilversorgung, Verbrauchsmaterialien und den Vertrieb von Gebrauchtmaschinen. Zusätzlich unterstützt das Unternehmen die Investitionsvorhaben seiner Kunden mit Finanzierungskonzepten.

Mit Entwicklungs- und Produktionsstandorten in sechs Ländern sowie rund 250 Vertriebsniederlassungen bietet Heidelberg über 200.000 Kunden weltweit Produkte und Dienstleistungen an. Das Unternehmen generiert seinen Umsatz zu 85 Prozent durch eigene Vertriebsgesellschaften. Weit über 85 Prozent des Umsatzes werden im Ausland erzielt. Im Geschäftsjahr 2007/2008 erreichte Heidelberg einen Umsatz von 3,8 Milliarden Euro und einen Jahresüberschuss von 263 Millionen Euro. Zum 31. März 2008 beschäftigte die Heidelberg-Gruppe weltweit 19.171 Mitarbeiter.

---

3 Mein besonderer Dank gilt Dipl.-Ing. MBA Heike Nettelbeck, Leiterin Unternehmensorganisation, für ihre engagierte Unterstützung beim Erstellen dieses Fallbeispiels und für das zur Verfügung Stellen von Informationsmaterial.

Die Unternehmensorganisation im Wandel

Heidelberg blickt auf eine über 150jährige Geschichte zurück, in der das Streben nach Produktivitätssteigerung und Innovationen stets Veränderungen für die Organisation und ihre Mitarbeiter mit sich brachte. Die grafische Industrie zu Beginn des 21. Jahrhunderts ist gekennzeichnet durch, zunehmende Automatisierung und Integration von Systemkomponenten sowie durch verstärkte Kooperationen zwischen Unternehmen und damit einhergehende Globalisierung. Das immer dynamischer werdende Umfeld bringt es mit sich, dass die Unternehmensstrategie in immer kürzer werdenden Abständen hinterfragt und die Organisationsstruktur immer häufiger angepasst werden muss. Aus Abbildung 47 ist ersichtlich, dass in den letzten zwölf Jahren der Firmengeschichte Änderungen in der Legalstruktur, der Aufbauorganisation und im Vorstand keine Seltenheit waren.

ABB. 47: Unternehmensorganisation im Wandel (Quelle: Heidelberger Druckmaschinen AG 2008)

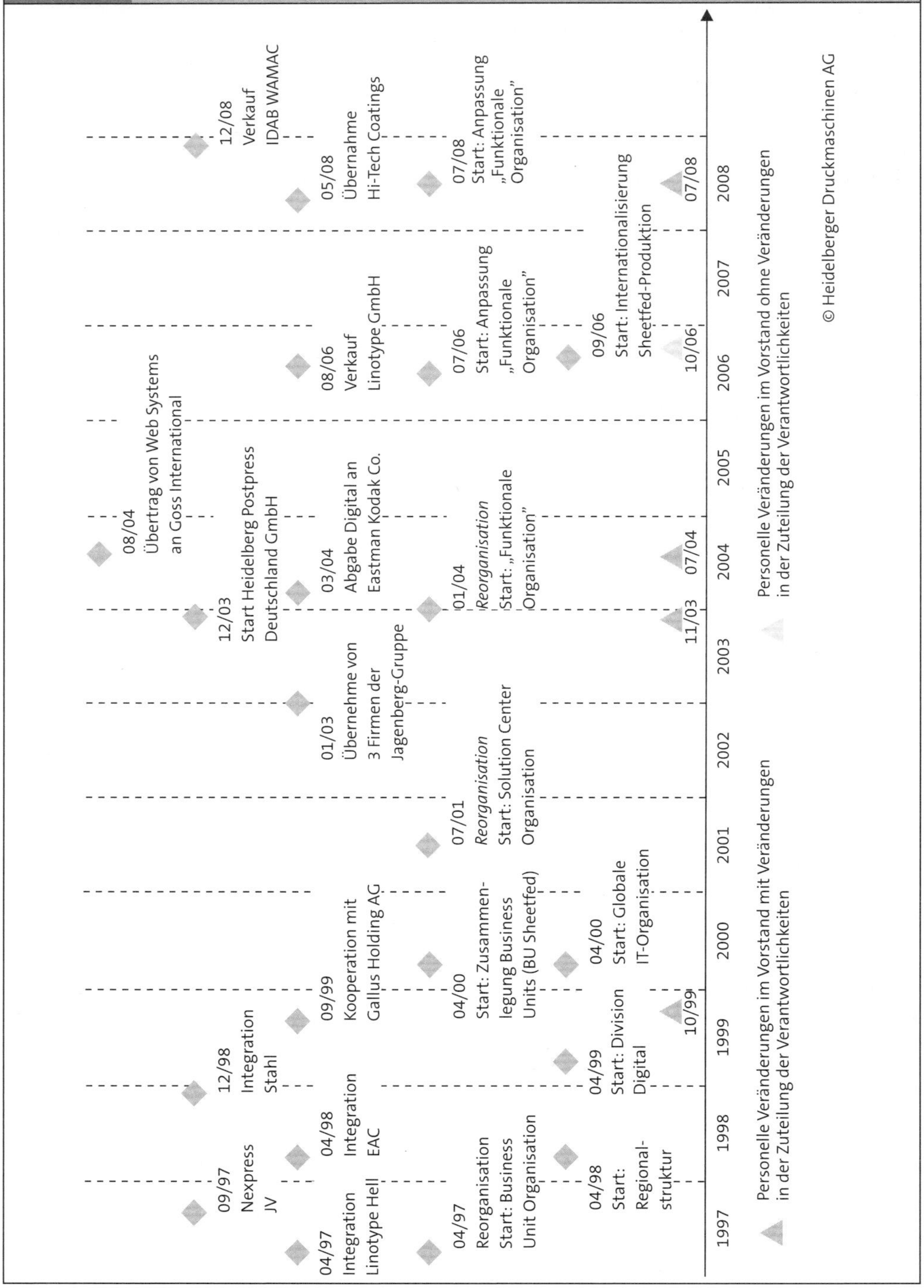

1997 1998 1999 2000 2001 2002 2003 2004 2005 2006 2007 2008

04/97 Integration Linotype Hell

09/97 Nexpress JV

04/98 Integration EAC

12/98 Integration Stahl

04/97 Reorganisation Start: Business Unit Organisation

09/99 Kooperation mit Gallus Holding AG

04/98 Start: Regionalstruktur

04/99 Start: Division Digital

10/99

04/00 Start: Zusammenlegung Business Units (BU Sheetfed)

04/00 Start: Globale IT-Organisation

07/01 Reorganisation Start: Solution Center Organisation

01/03 Übernehme von 3 Firmen der Jagenberg-Gruppe

12/03 Start Heidelberg Postpress Deutschland GmbH

08/04 Übertrag von Web Systems an Goss International

03/04 Abgabe Digital an Eastman Kodak Co.

01/04 Reorganisation Start: „Funktionale Organisation"

11/03

07/04

08/06 Verkauf Linotype GmbH

07/06 Start: Anpassung „Funktionale Organisation"

09/06 Start: Internationalisierung Sheetfed-Produktion

10/06

12/08 Verkauf IDAB WAMAC

05/08 Übernahme Hi-Tech Coatings

07/08 Start: Anpassung „Funktionale Organisation"

07/08

Personelle Veränderungen im Vorstand mit Veränderungen in der Zuteilung der Verantwortlichkeiten

Personelle Veränderungen im Vorstand ohne Veränderungen in der Zuteilung der Verantwortlichkeiten

© Heidelberger Druckmaschinen AG

Mitte/Ende der 90er Jahre entschied sich Heidelberg zu einer grundlegenden Änderung seiner Unternehmensstrategie. Anstelle der Ausrichtung als Produkthersteller (im Wesentlichen von Druckmaschinen) sollte fortan die Positionierung als umfassender Lösungsanbieter für die grafische Industrie stehen. In die gleiche Richtung entwickelten sich auch die Geschäftsmodelle der Kunden. Hierzu sollten Produkte und Dienstleistungen entlang der gesamten Wertschöpfungskette des Druckens angeboten werden. So wurden zum einen zusätzliche Produkte im Bereich der Druckvorstufe (z. B. Belichter von Druckplatten) sowie der Druckweiterverarbeitung (z. B. Schneidemaschinen) ins Portfolio aufgenommen. Zum anderen wurden die Einzelprodukte über eine Workflow-Software besser miteinander verzahnt und die Service-, Beratungs- und Finanzierungsangebote kontinuierlich ausgebaut.

Die strategische Neuausrichtung hatte auch eine Änderung der Unternehmensorganisation zur Folge. Die bis dahin existierende funktionale Struktur wurde von einer divisionale Organisation abgelöst. Entsprechend der Geschäftsfelder wurden so genannte Business Units für die diversen Produktlinien installiert. Diese Units bündelten als eigenständige Geschäftseinheiten, d. h. als Unternehmen im Unternehmen, Kernfunktionen wie Produktmanagement, Entwicklung, Montage, Controlling und Personal. Wesentliche Steuerungsaufgaben des Gesamtunternehmens wie Unternehmensstrategie oder -organisation wurden von so genannten Corporate Units übernommen. Des Weiteren agierten Service Units, z. B. IT oder Facility Management, als interne Dienstleister.

Neben dem weiteren Ausbau der Technologieführerschaft im Bogenoffsetdruck erfolgte mit diversen Unternehmenskäufen und Kooperationen Ende der 90er Jahre zunehmend auch der Einstieg in neue und zum damaligen Zeitpunkt viel versprechende Zukunftsmärkte. Um nicht zu viele im Leistungsangebot unterschiedlich ausgerichtete und im Umsatz stark divergierende Profit Center unter einem Dach zu führen, wurden in diesem Zuge die Business Units eines Geschäftsfeldes zu einem so genannten Solution Center zusammengefasst. Es entstanden somit Solution Center für Bogenoffsetdruck (Sheetfed), für Rollenoffsetdruck (Web) und für Digitaldruck (Digital), für die jeweils ein Vorstand persönlich die Leitung übernahm.

Im Jahr 2004 wurden die Geschäftsbereiche Rollenoffset und Digitaldruck aus wirtschaftlichen Gründen verkauft und damit eine Fokussierung auf die Kernkompetenz Bogenoffset eingeleitet. Vorrangig aus Effizienzsteigerungsgründen wurde die Organisation, deren operative Einheiten nun nur noch das Geschäftsfeld Bogenoffset bedienten, nach funktionalen Gesichtspunkten neu strukturiert (vgl. Abb. 48). Unabhängig von der strategischen Neuausrichtung verstand sich Heidelberg weiterhin als Lösungsanbieter für die Druckindustrie – nur, dass sich die Anzahl der Marktsegmente, für die Lösungen angeboten wurden, verringert hatte. So liegt heute ein Schwerpunkt der Strategie nicht nur auf dem Maschinengeschäft, sondern weiterhin auf dem Ausbau des Geschäfts mit Service- und Beratungsleistungen sowie Verbrauchsmaterialien.

Auf die Wiedereinführung der funktionalen Organisation folgten jeweils im Abstand von ca. zwei Jahren weitere, größere organisatorische Anpassungen. Dazu kommen laufend kleinere Änderungen in den einzelnen Funktionsbereichen, die sich durch Prozessverbesserungen, neu ins Portfolio aufgenommene Produkte und Leistungen oder personelle Wechsel ergeben.

ABB. 48: Schematische Darstellung der Unternehmensorganisation der Heidelberger Druckmaschinen AG

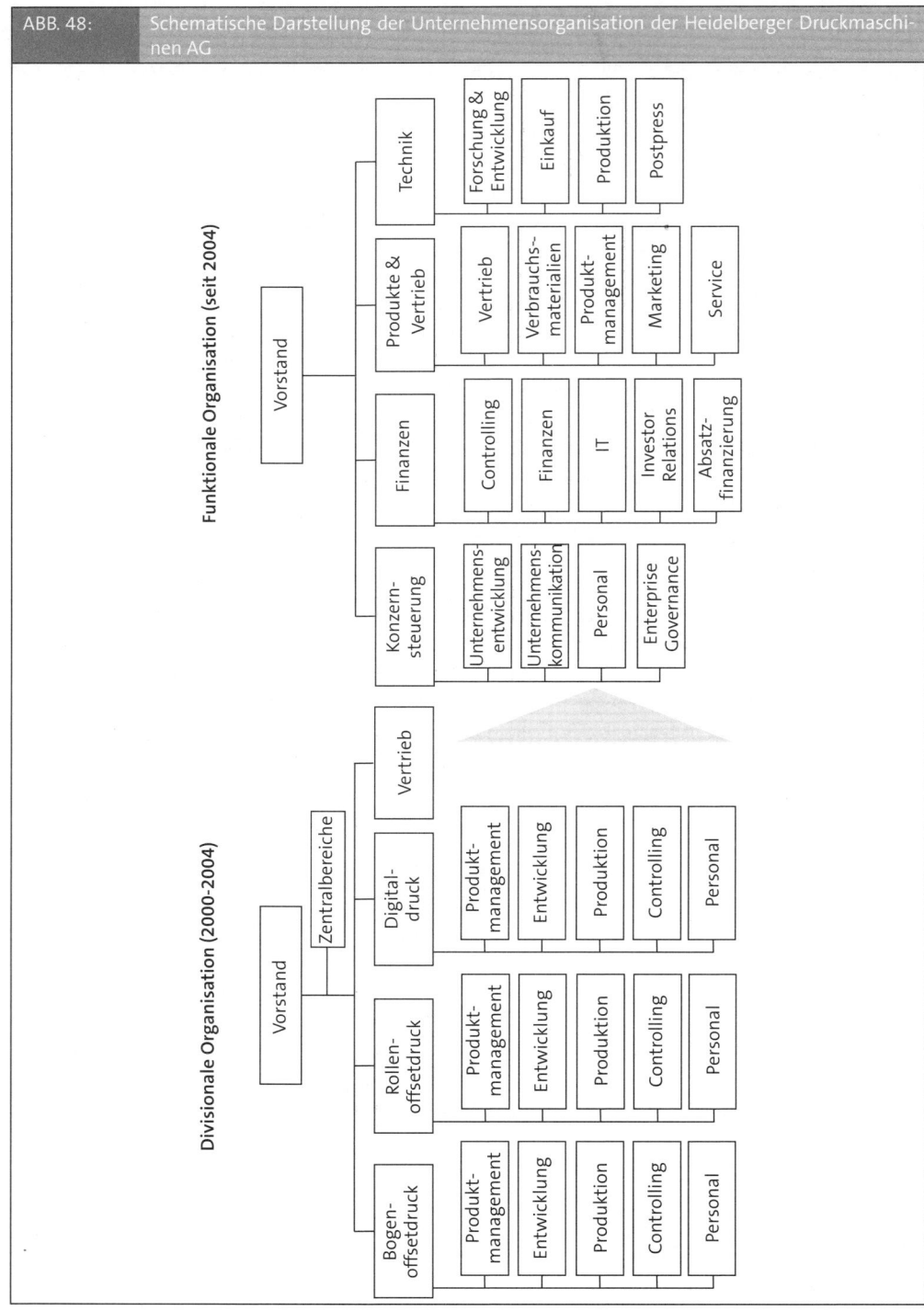

Divisionale Organisation (2000-2004)

Vorstand

Zentralbereiche

Bogenoffsetdruck
- Produktmanagement
- Entwicklung
- Produktion
- Controlling
- Personal

Rollenoffsetdruck
- Produktmanagement
- Entwicklung
- Produktion
- Controlling
- Personal

Digitaldruck
- Produktmanagement
- Entwicklung
- Produktion
- Controlling
- Personal

Vertrieb

Funktionale Organisation (seit 2004)

Vorstand

Konzernsteuerung
- Unternehmensentwicklung
- Unternehmenskommunikation
- Personal
- Enterprise Governance

Finanzen
- Controlling
- Finanzen
- IT
- Investor Relations
- Absatzfinanzierung

Produkte & Vertrieb
- Vertrieb
- Verbrauchsmaterialien
- Produktmanagement
- Marketing
- Service

Technik
- Forschung & Entwicklung
- Einkauf
- Produktion
- Postpress

Funktionale Grundstruktur mit zahlreichen Ergänzungen

Die Ressorts der vier Vorstände umfassen in der heutigen funktionalen Organisation (Stand 2008) zum einen die für eine deutsche Aktiengesellschaft typischen Funktionen „Vorstandsvorsitzender" und „Finanzvorstand". Zum anderen ist die Verantwortung für die Herstellung der Produkte und für den Vertrieb in jeweils einem Vorstandsbereich zusammengefasst.

Der Vorstandsvorsitzende bündelt wesentliche Konzernsteuerungsfunktionen wie Personal, Unternehmensentwicklung oder Unternehmenskommunikation und ist zumeist der Vorstand, der das Unternehmen nach außen vertritt. Der Finanzvorstand verantwortet u. a. das gruppenweite Controlling, das Rechnungswesen oder die Beziehungen zu Investoren. Dem Vertriebsvorstand ist für Produktmanagement und Marketing sowie den weltweiten Vertrieb und Service verantwortlich. Zu den Kernbereichen des Technikvorstands gehören Forschung und Entwicklung, Produktion und Einkauf.

Die vorrangig nach funktionalen Gesichtspunkten gegliederte Organisation bietet auf der einen Seite die Vorteile klar abgegrenzter Aufgaben- und Verantwortungsbereiche sowie hoher Effizienz durch Bündelung von Kompetenzen. Auf der anderen Seite gibt es hohe Abstimmungsaufwände zwischen den Funktionsbereichen, und es besteht die Gefahr, dass das Handeln für den eigenen Funktionsbereich gegenüber dem gesamtunternehmerischen Denken Überhand nimmt. Dabei kommt der Optimierung der Schnittstelle zwischen der lokalen Produktion an verschiedenen, zumeist deutschen Standorten und dem weltweiten Vertriebs- und Servicenetz eine grundlegende Bedeutung zu.

Da sich Heidelberg als Lösungsanbieter im Bereich Bogenoffset versteht und dafür unterschiedlichste Produkte und Leistungen für die Prozesskette seiner Kunden anbietet, ist es unerlässlich, dass die Führungskräfte der verschiedenen Funktionsbereiche wie Produktmanagement, Forschung und Entwicklung, Montage, Systemservice und Controlling eng zusammen arbeiten, ohne sich bei jeder operativen Fragestellung über ihre jeweiligen Vorgesetzten abstimmen zu müssen. Aus diesem Grund wurden produktlinienbezogene Führungsteams installiert, die in Art einer Matrix über die Funktionsbereiche hinweg zusammenarbeiten (vgl. Abb. 49).

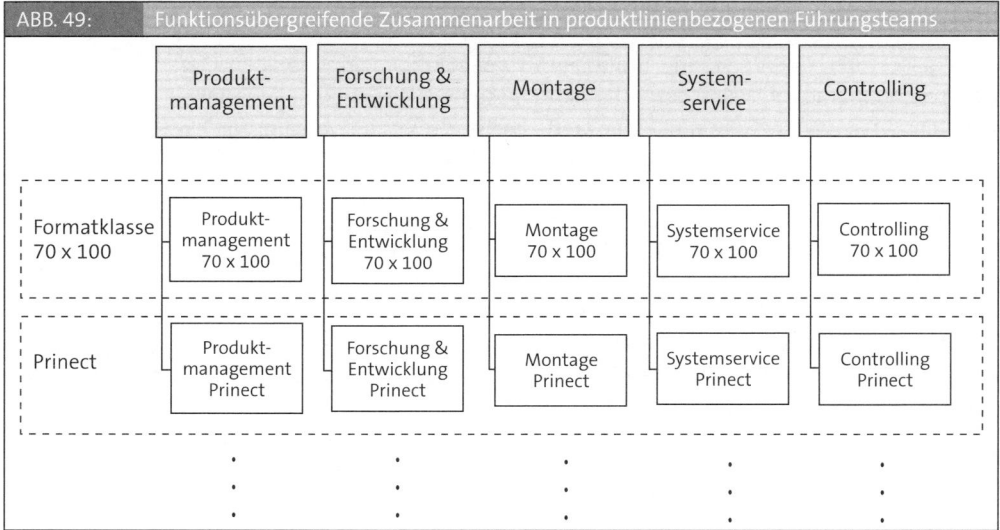

ABB. 49: Funktionsübergreifende Zusammenarbeit in produktlinienbezogenen Führungsteams

So, wie innerhalb eines solchen Führungsteams alle an der Entwicklung und Herstellung eines Produkts beteiligten Einheiten eng zusammen arbeiten müssen, ist dies auch an der Schnittstelle zwischen den produktlinienbezogenen Führungsteams und dem Vertrieb der Produkte erforderlich. Besonders enge Schnittstellen gibt es hier z. B. am Anfang des Produktlebenszyklus zwischen dem Produktmanager und dem Vertriebsmitarbeiter bei der Ermittlung von Kundenbedarfen und deren Umsetzung in Produkteigenschaften, oder aber am Ende der Supply Chain zwischen Auslieferung und Installation des Produkts beim Kunden.

Parallel zu der für einen längeren Zeitraum ausgelegten Grundstruktur der Heidelberg-Organisation gibt es immer wieder Projekte mit spezifischen Zielsetzungen, die auf eine begrenzte Zeit angelegt sind und die interdisziplinäre Zusammenarbeit unterschiedlicher Funktionsbereiche erfordern. Hierzu gehören zum Beispiel Produktentwicklungsprojekte, an denen nicht die Entwicklung, sondern auch Bereiche wie Montage oder Technischer Service intensiv mitarbeiten. Welche Bereiche wie und in welchem Umfang an einem Projekt beteiligt und wie die Verantwortlichkeiten geregelt sind, wird projekt-spezifisch entschieden.

Dokumentation der Unternehmensorganisation

Um Schnittstellenprobleme zu vermeiden und den Corporate Governance-Forderungen gerecht zu werden, sind bei Heidelberg zum einen alle relevanten Prozesse beschrieben und Verantwortlichkeiten definiert sowie zum anderen Regeln der Zusammenarbeit festgelegt und Eskalationswege für Konfliktfälle aufgezeigt.

In Form eines Hauses ist im Firmen-Intranet ein Organisationshandbuch veröffentlicht, das alle unternehmensweit gültigen Strukturen und Aufgaben, Prozesse, Gremien, Steuerungssysteme und Regelungen allen Mitarbeitern zugänglich macht. Darüber hinaus lassen sich in einem Dokumentenmanagementsystem spezifische, für bestimmte Bereiche relevante Regelungen (wie z. B. Gefahrstoffverzeichnisse oder Arbeitsanweisungen) finden.

Die permanente Veränderung der Organisation ist eingebettet in das so genannte Heidelberg Leadership & Management System. Ein grundlegendes Prinzip des Heidelberg Leadership & Management Systems ist, dass sich alle Organisationseinheiten regelmäßig einer Selbstprüfung unterziehen und an den daraus gewonnenen Erkenntnissen arbeiten. Hierbei werden die zuvor beschriebenen Aspekte im jeweiligen Führungsteam besprochen. Beispielsweise wird die Frage gestellt, ob alle Verantwortlichkeiten definiert sind, ob die Organisationsstruktur innerhalb des Funktionsbereichs die strategische Ausrichtung optimal unterstützt oder ob die Zusammenarbeit an den Schnittstellen reibungslos funktioniert. Durch diesen kontinuierlichen Verbesserungsprozess wird die Unternehmensorganisation laufend aktiv weiter entwickelt.

Lessons learned

Die Unternehmensorganisation der Heidelberger Druckmaschinen AG ist das Resultat eines sich ständig auf interne und externe Herausforderungen einstellenden Prozesses. Die Veränderung organisatorischer Strukturen ist daher zum Regelfall geworden.

Die aktuelle funktionale Grundstruktur ist um zahlreiche Organisationselemente erweitert. Hier sind vor allem die produktlinienbezogenen sowie die projektbezogenen Teams zu nennen.

In einem global aufgestellten Unternehmen bietet das Intranet eine gute Plattform, um allen Mitarbeitern wichtige Organisationsdokumente mit vertretbarem Aufwand aktuell zugänglich zu machen.

Das regelmäßige Hinterfragen und Weiterentwickeln von Organisationsstrukturen gehört zu den Führungsaufgaben und ist daher bei Heidelberg ein wichtiger Bestandteil des Leadership & Management Systems.

2.6 Zusammenfassung: Das Wichtigste in Kürze

Die formale Aufbauorganisation ergibt sich aus der Summe organisatorischer Regelungen bezüglich der vier Gestaltungsparameter:

► Spezialisierung

► Koordination

► Leitungssystem

► Entscheidungsdelegation

Für jeden dieser Gestaltungsparameter existieren Handlungsoptionen, von denen jede mit Vor- und Nachteilen verbunden ist. Die Ausgestaltung der einzelnen Gestaltungsparameter und deren Kombination ergibt die aufbauorganisatorische Grundstruktur. In der Organisationslehre werden traditionell vier Grundformen der Aufbauorganisation (sog. Primärorganisation) unterschieden:

► Funktionale Organisation

► Divisionale Organisation

► Matrix- bzw. Tensor-Organisation

► Holding-Organisation

Diese lassen sich bei Bedarf um ausgewählte Strukturkomponenten ergänzen, indem spezialisierte Organisationseinheiten für Produkte, Kunden, Funktionen oder Projekte an die Grundstruktur angegliedert werden (sog. Sekundärorganisation).

In der Praxis sind die sowohl die Formen der Primär- als auch der Sekundärorganisation häufig nicht lehrbuchmäßig in Reinform, sondern in unternehmensspezifischen Mischformen anzutreffen.

Ist- oder Soll-Strukturen lassen sich mit Hilfe einschlägiger Darstellungstechniken anschaulich dokumentieren. In der betrieblichen Praxis sind vor allem Organigramme, Stellenbeschreibungen, Funktionsdiagramms und Organisationsanweisungen weit verbreitete Techniken zur Dokumentation der Aufbauorganisation.

3. Gestalten der Prozessorganisation

Um mit zunehmender Zahl von Arbeitskräften zielorientiert und effizient arbeiten zu können, benötigen Unternehmen nicht nur ein grundlegendes Ordnungsgefüge in Form der Aufbauorganisation, sondern auch Regelungen zum Ablauf von Arbeitsprozessen. Es ist festzulegen, welche Stellen welche Aufgaben zu welchen Zeitpunkten im Arbeitsprozess an welchen Orten unter Anwendung welcher Arbeitsmethodik und mit welchen Arbeitsmitteln durchführen sollen. Organisatorische Regelungen, die diese Aspekte betreffen, bilden in ihrer Gesamtheit die Prozessorganisation.

LERNZIELE:

Nach der Lektüre dieses Kapitels sollten Sie

► mit dem Prozessbegriff vertraut sein,

► sich der Bedeutung der Prozessorganisation für Unternehmen bewusst sein,

► die wichtigsten Parameter zum Gestalten der Prozessorganisation kennen,

► wissen, wie man beim Gestalten von Prozessen vorgehen kann,

► Techniken zum Darstellen der Prozessorganisation kennen.

3.1 Grundlagen der Prozessorganisation

3.1.1 Prozessorganisation in der Organisationslehre

Die Unterscheidung von Aufbau- und Ablauforganisation hat eine lange Tradition in der deutschen betriebswirtschaftlichen Organisationslehre (vgl. Gaitanides 2007, S. 5 ff.). Interessanterweise hat sie sich ausschließlich im deutschsprachigen Raum durchgesetzt. Diese Zweiteilung geht zurück auf die von Nordsieck vorgenommene Unterteilung der Organisationslehre in eine „Organisatorische Beziehungslehre" (Nordsieck 1934, S. 68 ff.) und eine „Organisatorische Aufbaulehre" (derselbe, S. 188 ff.). Während die Aufbauorganisation in erster Linie ein Unternehmen in einzelne Organisationseinheiten gliedert sowie Aufgaben und Befugnissen zuordnet, soll die Ablauforganisation den zeitlichen und räumlichen Verlauf der Arbeitsvorgänge regeln.

Diese gedanklich-analytische Trennung kann bei der Auseinandersetzung mit organisatorischen Fragen sehr zweckmäßig sein, da sie hilft, komplexe Sachverhalte für Analyse und Beschreibung handhabbar zu machen. In der praktischen Gestaltungsarbeit ist jedoch eine isolierte Betrachtung wenig sinnvoll, da aufbau- und ablauforganisatorische Fragen in aller Regel eng miteinander verbunden sind. Leider wurde bis in die 80er Jahre in der organisationswissenschaftlichen Literatur das Hauptaugenmerk auf die Gestaltung der Aufbauorganisation gelenkt. Ablauforganisatorische Aspekte blieben hingegen selbst in zahlreichen Standardlehrbüchern zur Organisationslehre unerwänt oder wurden nur am Rande behandelt. Geprägt durch die Arbeiten von Kosiol (1962, S. 187) galt die Ablauforganisation gegenüber der Aufbauorganisation als zweitrangig. Die Ablauforganisation sollte entsprechend dem Kosiolschen Analyse-Synthese-Konzept erst gestaltet werden, wenn die Stellenbildung (Aufbauorganisation) abgeschlossen ist. Dieser klassische Ansatz vernachlässigt allerdings, dass die Abläufe von Geschäftsprozessen in der Regel stellenübergreifend sind und daher auch als Ganzes betrachtet und gestaltet werden sollten (vgl. Schulte-Zurhausen 2002, S. 45).

Da für den Erfolg eines Unternehmens weniger der optimal gestaltete Ablauf einzelner Teilaufgaben als vielmehr das schnelle und kostengünstige Abwickeln bereichsübergreifender Prozesse entscheidend ist, setzt sich verstärkt die Auffassung durch, dass Strukturen und Abläufe simultan gestaltet werden sollten. Teilweise wird auch eine grundlegende Kehrtwende von den traditionell geltenden Prioritäten gefordert und die Prozesse zur Ausgangsbasis für die Gestaltung der Aufbauorganisation erklärt. Unter dem Begriff der **prozessorientierten Organisationsgestaltung** hat etwa Gaitanides (1983, S. 62) diesen Gedanken in die Diskussion gebracht.

Wie Abbildung 50 zeigt, existieren verschiedene Formen der prozessorientierten Organisation. Bei der reinen Prozessorganisation dienen die Prozesse als primäres Strukturierungskriterium, indem das gesamte Unternehmen nach Wertschöpfungsprozessen untergliedert und einem Prozesseigentümer (Process Owner) bzw. Prozessverantwortlich übertragen wird. Dieser ist für den ihm zugeordneten Prozess und das Erreichen der Prozessziele verantwortlich. Hierzu kann er seinen Prozess eigenverantwortlich in Teilprozesse untergliedern und deren Bearbeitung an Prozessteams delegieren. Bearbeitet er den Prozess allein, spricht mal von ganzheitlicher Auftragsbearbeitung oder Case-Management (vgl. Picot/Dietl/Franck 2008, S. 306). Durch eine primär prozessorientierte Struktur können Schnittstellen minimiert und eine kundenorientierte Rundumbearbeitung ermöglicht werden. Es ist jedoch darauf zu achten, dass die in den verschiedenen Prozessen anfallenden Doppelarbeiten nicht zu umfangreich ausfallen, die Ressourcenauslastung insgesamt akzeptabel ist und Spezialisierungsvorteile ausreichend realisiert werden können.

Bei der Einfluss- und Matrix-Prozessorganisation wird die existierende Grundstruktur um eine prozessorientierte Dimension erweitert. Hierbei werden ergänzend zur vorhandenen Linienverantwortung prozessorientierte Aufgaben, Befugnisse und Verantwortlichkeiten an spezialisierte Stellen (sog. Prozesseigner, Process Owner) übertragen. Bei der Stabsstellen-Lösung hat das Prozessmanagement die Aufgabe, auf reibungslose Prozesse hinzuwirken. Da eine Stabsstelle selbst über keine Entscheidungs- und Weisungsbefugnisse verfügt, hat sie eine stark moderierende Funktion. Für die Umsetzung ist letztlich das Linienmanagement zuständig. Bei der Matrix-Lösung hat das Prozessmanagement die Aufgabe, die Prozesse entlang der Funktionalorganisation so auszurichten, dass die Prozessziele erreicht werden. Auf diese Weise ergeben sich Kompetenz- und Verantwortungsüberschneidungen zwischen Funktions- und Prozessverantwortlichen.

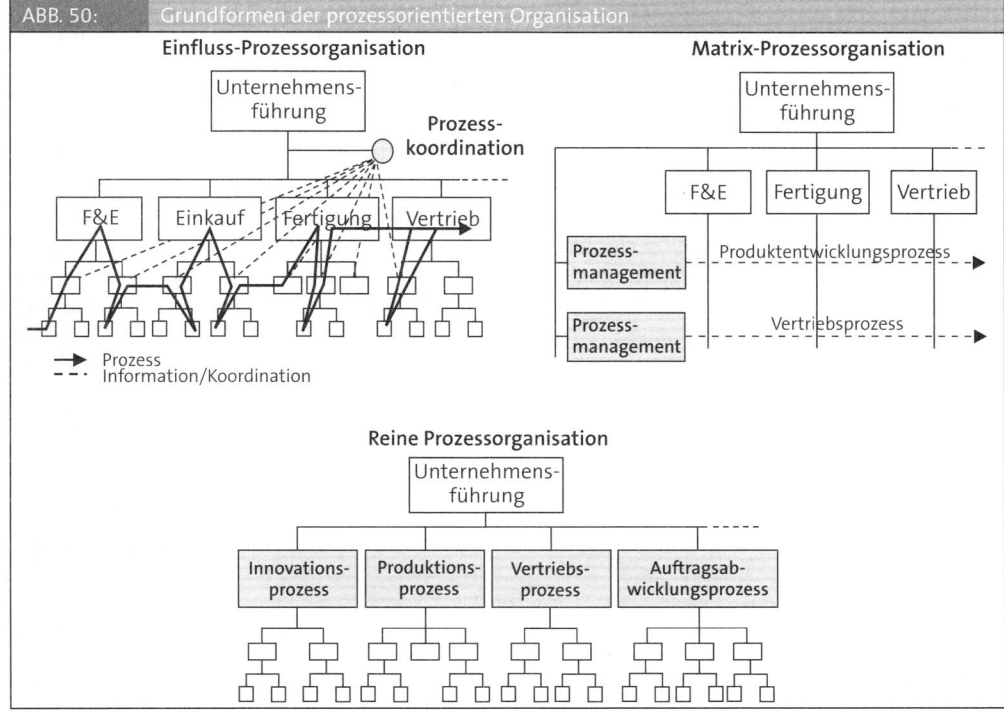

ABB. 50: Grundformen der prozessorientierten Organisation

Nicht zuletzt durch neuere Organisations- und Managementkonzepte hat die Prozessorientierung seit den 80er Jahren eine zunehmende Aufmerksamkeit in Theorie und Praxis erfahren. Wenngleich Hammer/Champy (1993) in ihrem Konzept des **Business Process Reengineering** auf Vorarbeiten zahlreicher Autoren zurückgriffen haben, hat ihr internationaler Managementbestseller zumindest in der deutschsprachigen Organisationslehre wesentlich zu diesem Bedeutungswandel beigetragen. Ungeachtet der kritischen Anmerkungen gegenüber dem Konzept des Business Process Reengineering (vgl. Kapitel 4.1.2) hat die Fokussierung auf Geschäftsprozesse in vielen Unternehmen bewirkt, dass die Unternehmensorganisation heutzutage als strategischer Erfolgsfaktor gesehen wird. Verbunden mit diesem Bedeutungswandel ist auch eine zunehmende Verwendung des Begriffs Prozessorganisation anstelle des traditionellen Begriffs Ablauforganisation zu beobachten.

3.1.2 Was man unter „Prozess" versteht

Wer organisatorische Prozesse gestalten will, muss wissen, was man unter einem Prozess versteht. Obwohl sich der Begriff in Wissenschaft und Praxis großer Beliebtheit erfreut, ist bislang kein einheitliches Begriffsverständnis auszumachen. Allgemein kann ein Prozess definiert werden als eine **Reihe von Aktivitäten, die aus einem definierten Einsatz von Produktionsfaktoren (Input) ein definiertes Arbeitsergebnis (Output) erzeugen**.

Diesem relativ allgemeinen Begriffsverständnis lassen sich sowohl arbeitsplatzbezogene als auch unternehmensübergreifende Arbeitsprozesse unterordnen. Darüber hinaus finden sich in der Fachliteratur eine Reihe von Merkmalen, mit denen Prozesse näher definiert werden (vgl. Wilhelm 2007, S. 23 f.; Vahs 2007, S. 222 ff.; Schulte-Zurhausen 2002, S. 50 ff.; Fischermanns/Liebelt 2000, S. 23 ff.) (vgl. Abb. 51):

▶ **Ausrichtung auf Ziele:** Prozesse erzeugen bestimmte Ergebnisse (Outputs). Diese wiederum können direkt oder indirekt dazu dienen, angestrebte (Bereichs- bzw. Unternehmens-)Ziele zu erreichen. Diese werden zum Teil auch als Outcome bezeichnet (vgl. Abb. 11).

▶ **Beginn und Ende durch Ereignisse:** Prozesse werden durch ein definiertes Startereignis begonnen (z. B. Bestellung ist eingegangen) und durch ein definiertes Endereignis (z. B. Angebot ist erstellt) abgeschlossen. Ein Prozess kann durch das Erreichen eines bestimmten Zeitpunktes angestoßen werden (z. B. mit Erreichen des Geschäftsjahresendes ist mit den Arbeiten zum Jahresabschluss zu beginnen).

▶ **Umwandlung von Inputs zu Outputs:** Die angestrebten Arbeitsergebnisse (Outputs) entstehen durch das Umwandeln von Inputs (sog. Faktorkombination). Als Prozessinputs können materielle Güter (z. B. Rohstoffe) oder Informationen (z. B. Kundenauftrag) zum Einsatz kommen. Als Output von Prozessen entstehen dementsprechend materielle Güter (z. B. Halb- oder Fertigerzeugnisse) oder immaterielle Leistungen (Dienstleistungen, Informationen).

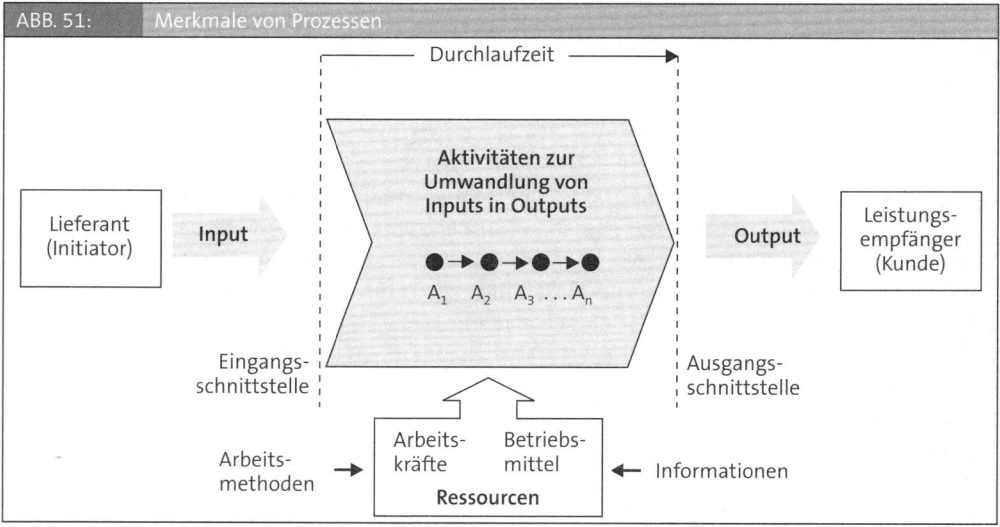

ABB. 51:   Merkmale von Prozessen

▶ **Abfolge von Aktivitäten:** Die Umwandlung von Inputs in Outputs geschieht durch eine Abfolge von inhaltlich miteinander verknüpften Aktivitäten. Diese können sowohl zeitlich nacheinander als auch parallel durchgeführt werden und sich wiederholen. Es können auch unterschiedliche Ablauffolgen existieren (sog. Prozessvarianten).

▶ **Input-Lieferant und Output-Empfänger:** Die Inputs von Prozessen stammen von mindestens einem Lieferanten (auch Quelle genannt) und werden an mindestens einen Empfänger (auch Senke genannt) weitergegeben. Leistungserbringer und -empfänger können sowohl unternehmensintern als auch extern sein.

▶ **Einsatz von Ressourcen:** Um die erforderlichen Aktivitäten zur Umwandlung von Inputs zu Outputs durchführen zu können, müssen Arbeitskräfte oder Sachmittel (z. B. Maschinen) eingesetzt werden, die allein oder kombiniert zum Einsatz kommen. Die Ressourcen dienen dazu, auf der Grundlage spezieller Informationen und mehr oder weniger vorgegebenen Arbeitsmethoden die Aktivitäten durchzuführen.

▶ **Zeitliche Befristung:** Die Abfolge von Tätigkeiten ist zeitlich befristet. Die Zeitspanne vom Start eines Prozesses bis zu dessen Ende wird als Durchlaufzeit bezeichnet (vgl. Kap. 3.1.5).

Ob sich Prozesse zusätzlich zu diesen Merkmalen durch einen **Wertzuwachs** (oder **Wertschöpfung**) auszeichnen, ist umstritten. Vor allem für die Analyse und Gestaltung von Geschäftsprozessen wird von Wissenschaftlern und Unternehmensberatern gleichermaßen die Ansicht vertreten, dass durch die Kombination von Inputs ein definierter Wertzuwachs entsteht, der als Prozessergebnis weitergeleitet wird. Dieser Wertzuwachs ist die Differenz zwischen dem Wert des Outputs (erzielter Marktpreis oder interner Verrechnungspreis) und dem Wert des Inputs (Kosten für erbrachte Leistungen). In den meisten Ausführungen bleibt jedoch offen, inwieweit das Kriterium Wertzuwachs für alle Ebenen einer Prozesshierarchie und in allen Organisationen (z. B. Non-Profit-Organisationen) zweckmäßig angewendet werden kann.

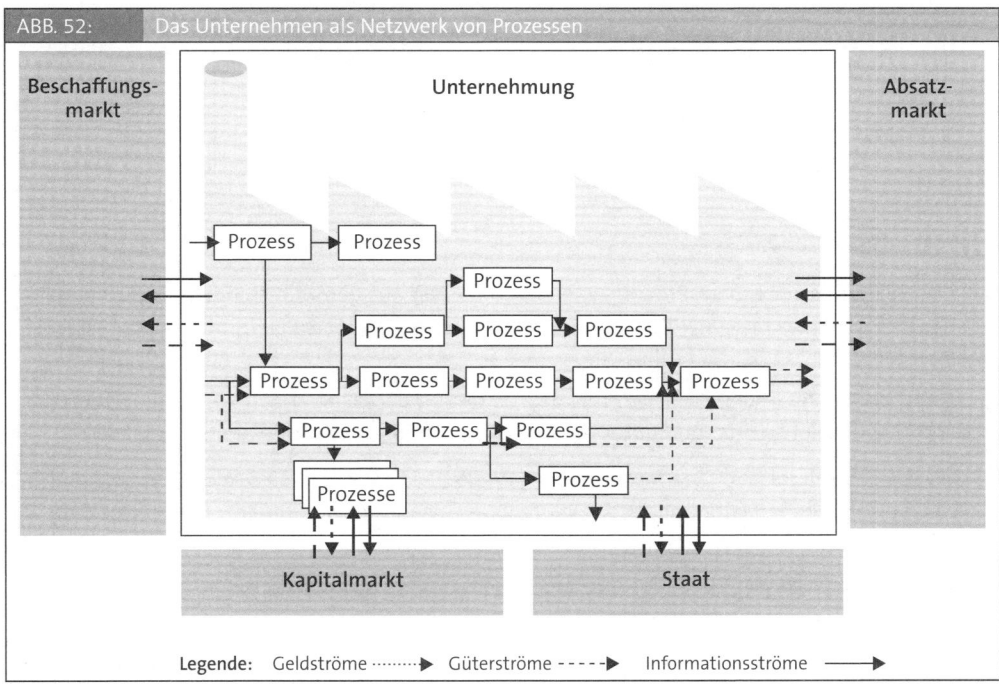

ABB. 52: Das Unternehmen als Netzwerk von Prozessen

Legende: Geldströme ········▶ Güterströme ----▶ Informationsströme ——▶

Entsprechend den genannten Merkmalen laufen in einem Unternehmen in der Regel hunderte oder tausende von Prozessen ab. Sie sind meist über ihre Output-Input-Beziehungen miteinander verbunden und bewirken im Ergebnis die betriebliche Leistungserstellung und -verwertung (vgl. Abb. 52). Die Unternehmen müssen ihre Prozesse so organisieren und aufeinander abstimmen, dass die Ergebnisse (Outputs) den Anforderungen und Erwartungen der verschiedensten Stakeholder wie etwa den Kunden, Eigentümern, Lieferanten oder Finanz- und Genehmigungsbehörden gerecht werden.

3.1.3 Klassifizierung von Prozessen

Als Folge des Bedeutungszuwachses und der inflationären Verwendung des Prozessbegriffs finden sich heute in Literatur und Praxis verschiedenste Ansätze zur Klassifizierung von Prozessarten. Mit Blick auf die organisatorische Gestaltung von Prozessen erscheint eine Unterscheidung nach fünf Kriterien zweckmäßig:

ABB. 53:   Ansätze zur Klassifizierung von Prozessen

Prozesse werden häufig unterschieden nach ...

Prozess-gegenstand	Art der Tätigkeit	Reichweite	Strukturiertheit	Häufigkeit des Auftretens
▸ Materielle Prozesse ▸ Informations-prozesse	▸ Management-prozesse ▸ Operative Prozesse ▸ Unterstützungs-prozesse	▸ Arbeitsplatz-bezogene Prozesse ▸ bereichsinterne Prozesse ▸ bereichsüber-greifende Prozesse ▸ unternehmens-übergreifende Prozesse	▸ strukturierte Prozesse ▸ teilstrukturierte Prozesse ▸ gering bzw. nicht strukturierte Prozesse	▸ selten/einmalig auftretende Prozesse ▸ gelegentlich auf-tretende Prozesse ▸ häufig auf-tretende Prozesse

(1) Prozessgegenstand

Die Klassifizierung nach dem Prozessgegenstand basiert auf den unterschiedlichen Gegenständen der betrieblichen Leistung. Dies können sowohl materielle als auch immaterielle Güter oder eine Kombination von beidem sein.

▶ **Materielle Prozesse** befassen sich mit Bearbeiten und Transportieren von real existierenden Objekten wie Roh-, Hilfs- und Betriebsstoffen oder Halb- und Fertigwaren.

Beispiele: Mechanische Bearbeitung von Werkstücken, inner- und zwischenbetrieblicher Transport von Roh-, Halb- und Fertigerzeugnissen, Montage von Baugruppen, Lackierung von Bauteilen.

▶ **Informationsprozesse** umfassen das Austauschen, Verarbeiten, Weiterleiten und Speichern von Informationen.

Beispiele: Entwicklung von Strategien und Konzepten, Kalkulation von Preisen, Erstellung von Angeboten, Bearbeitung von Reklamationen, Marktforschung.

Je nachdem, ob materielle Prozesse oder Informationsprozesse vorliegen, ergeben sich unterschiedliche Inhalte und Schwerpunkte bei der organisatorischen Analyse und Gestaltung. Während etwa bei materiellen Prozessen der räumlichen Anordnung, den Transportwegen oder den Materialbeständen häufig ein besonderer Stellenwert zukommt, spielt dies aufgrund moderner Informations- und Kommunikationstechniken bei Informationsprozessen heute eine weitaus geringere bis keine Rolle. Dagegen sind dort Medienbrüche, wie sie etwa beim Übertragen von Information aus schriftlichen Unterlagen in DV-Systeme entstehen oder die Qualität von Informationen von größerer Bedeutung als bei materiellen Prozessen.

(2) Art der Aktivität

Dieser Klassifizierungsansatz beruht auf der Unterscheidung verschiedener Arten von Aktivitäten und Tätigkeiten. Hierbei wird zwischen Tätigkeiten unterschieden, die die Führung eines Unternehmens betreffen und solchen, die der unmittelbaren Erstellung und Vermarktung von Leistungen für externe Kunden dienen. Ferner existieren Tätigkeiten, die unterstützenden Charakter besitzen (vgl. Abb. 54). Diese Dreiteilung stellt eine Weiterentwicklung des Wertkettenmodells von Michael Porter dar, der zwischen Primär- und Sekundärprozessen unterscheidet (Porter 2000, S. 66).

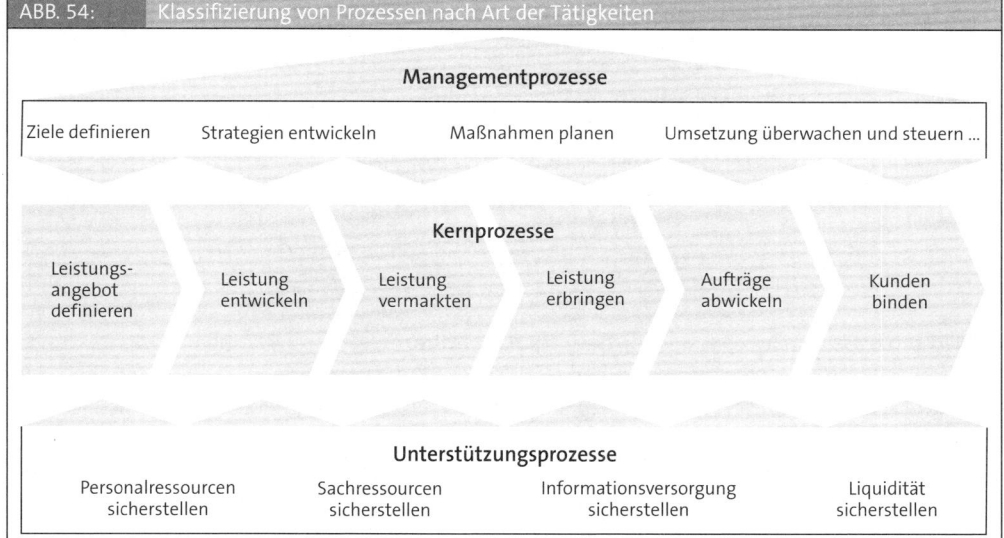

ABB. 54: Klassifizierung von Prozessen nach Art der Tätigkeiten

Managementprozesse

Ziele definieren　　Strategien entwickeln　　Maßnahmen planen　　Umsetzung überwachen und steuern ...

Kernprozesse

Leistungsangebot definieren — Leistung entwickeln — Leistung vermarkten — Leistung erbringen — Aufträge abwickeln — Kunden binden

Unterstützungsprozesse

Personalressourcen sicherstellen　　Sachressourcen sicherstellen　　Informationsversorgung sicherstellen　　Liquidität sicherstellen

▶ **Managementprozesse** (auch Führungsprozesse) kennzeichnen all jene Aktivitäten, die auf den verschiedensten Leitungsebenen eines Unternehmens zum Planen, Überwachen und Steuern von Zielen, Strategien und Maßnahmen dienen. In Managementprozessen geht es daher in erster Linie um Informations- und Kommunikationsprozesse. Je nach Zeithorizont und Geltungsbereich wird zwischen strategischen und operativen Managementprozessen unterschieden.

Beispiele für strategische Managementprozesse: Unternehmensumfeld analysieren, langfristige Ziele definieren, Unternehmensstrategie entwickeln, Unternehmensteile kaufen bzw. verkaufen, Führungskräfte langfristig entwickeln.

Beispiele für operative Managementprozesse: Mittel- bis kurzfristig orientierte Maßnahmenpläne erstellen, Planumsetzung überwachen und ggf. gegensteuern, Personal führen, Kontakte zu wichtigen Kunden und Lieferanten pflegen.

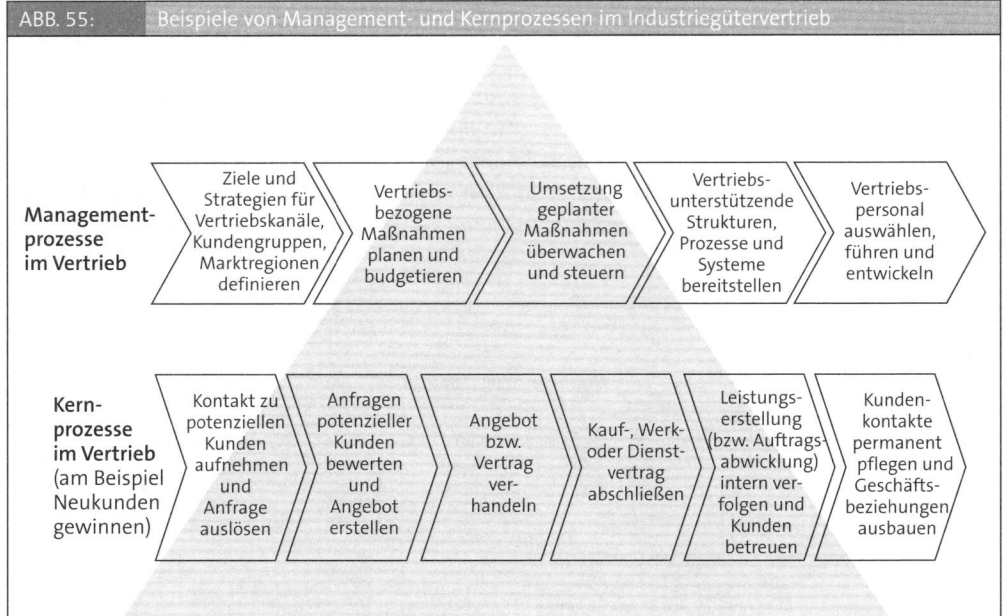

ABB. 55: Beispiele von Management- und Kernprozessen im Industriegütervertrieb

Managementprozesse im Vertrieb
- Ziele und Strategien für Vertriebskanäle, Kundengruppen, Marktregionen definieren
- Vertriebsbezogene Maßnahmen planen und budgetieren
- Umsetzung geplanter Maßnahmen überwachen und steuern
- Vertriebsunterstützende Strukturen, Prozesse und Systeme bereitstellen
- Vertriebspersonal auswählen, führen und entwickeln

Kernprozesse im Vertrieb (am Beispiel Neukunden gewinnen)
- Kontakt zu potenziellen Kunden aufnehmen und Anfrage auslösen
- Anfragen potenzieller Kunden bewerten und Angebot erstellen
- Angebot bzw. Vertrag verhandeln
- Kauf-, Werk- oder Dienstvertrag abschließen
- Leistungserstellung (bzw. Auftragsabwicklung) intern verfolgen und Kunden betreuen
- Kundenkontakte permanent pflegen und Geschäftsbeziehungen ausbauen

► **Kernprozesse** (auch Leistungsprozesse, operative Prozesse) umfassen alle Prozesse, die der unmittelbaren Beschaffung und Erstellung von Kundenaufträgen dienen. Anders ausgedrückt: diese Prozesse dienen dazu, den definierten Unternehmenszweck zu erfüllen und so Geld zu verdienen. Da diese Prozesse zum einen die Hauptleistung eines Unternehmens erbringen und zum anderen den Kundennutzen und damit einen wesentlichen Beitrag zur Wettbewerbsfähigkeit liefern, besitzen sie eine hohe Bedeutung. Das Ergebnis operativer Prozesse kann sowohl materieller wie auch immaterieller Art sein.

Beispiele: Produkte entwickeln, Produkte herstellen, Neukunden gewinnen, Kundenaufträge abwickeln, Kundendienst erbringen.

► **Unterstützungsprozesse** (auch Supportprozesse) umfassen Aktivitäten, die geeignete Rahmenbedingungen zum Erbringen von Managementprozessen bzw. operativen Prozessen schaffen oder gesetzliche Auflagen erfüllen (z. B. externes Rechnungswesen). Sie sind in der Regel für externe Kunden nicht sichtbar bzw. nicht von unmittelbarer Bedeutung.

Beispiele: Personal beschaffen und betreuen, Maschinen und Anlagen instand halten, Auditieren des Qualitätsmanagementsystems.

Im unternehmerischen Sinne produktiv und wertschöpfend sind nur die Kernprozesse. Management- und Unterstützungsprozesse sind zwar notwendig, um die Unternehmensziele zu erreichen, sie machen für sich alleine ohne Kernprozesse jedoch keinen Sinn.

(3) Reichweite

Prozesse lassen sich im Hinblick auf ihre Reichweite in unternehmensinterne und unternehmensübergreifende Prozesse unterscheiden. Während sich die erstgenannten innerhalb der rechtlichen Grenzen eines Unternehmens abspielen und Inputs bzw. Outputs unternehmensintern verwendet werden, überschreiten letztere die Unternehmensgrenzen und laufen zwischen zwei oder mehreren Unternehmen ab.

► **Arbeitsplatzbezogene Prozesse** erstrecken sich vornehmlich auf einzelne Arbeitsplätze. Da ihre Bearbeitung keine wesentlichen Schnittstellen (Input- bzw. Output-Beziehungen) zu anderen Arbeitsplätzen aufweist, können sie von einzelnen Stellen komplett bearbeitet werden (z. B. Baugruppenmontage an einem Montagearbeitsplatz, Kreditwürdigkeitsprüfung durch einen Mitarbeiter der Kreditabteilung). Oft sind arbeitsplatzbezogene Prozesse mehr oder weniger umfangreiche Arbeitsschritte oder Teilprozesse umfangreicherer, arbeitsteilig organisierter Prozessketten.

► **Bereichsbezogene Prozesse** spielen sich innerhalb einer größeren organisatorischen Einheit (z. B. Gruppe, Abteilung, Sparte, Bereich) ab und werden dort arbeitsteilig von zwei oder mehr Stellen bearbeitet (z. B. mechanische Bearbeitung eines Werkstücks an verschiedenen Arbeitsplätzen innerhalb des Fertigungsbereichs).

► **Bereichsübergreifende Prozesse** erfordern zu ihrer erfolgreichen Bearbeitung das intensive Zusammenwirken von zwei oder mehr Organisationseinheiten, da deren Ergebnis (Output) nur durch Inputs mehrerer Bereiche erzielt werden kann (z. B. Bearbeiten von Kundenreklamationen, Entwickeln neuer Produkte, Erstellen eines Produktionsplans). Beim Gestalten bereichsübergreifender Prozesse spielt daher die inhaltliche und zeitliche Abstimmung von Organisationseinheiten an den Schnittstellen eine besondere Bedeutung.

► **Unternehmensübergreifende Prozesse** laufen zwischen zwei oder mehreren Unternehmen ab und können sich auf Material-, Waren-, Informations- und Wertflüsse entlang der gesamten Wertschöpfungskette beziehen. Anhand des Begriffs des Supply Chain Management lassen verschiedene Stufen der Wertschöpfungskette, die unternehmensübergreifende Prozesse umfassen können, anschaulich aufzeigen. Im Extremfall reichen Analyse und Gestaltung dieser Prozesse vom Rohstofflieferanten über die verschiedene Zuliefer-, Herstell- und Handelsstufen bis zum Endabnehmer (vgl. Abb. 56).

Mit der Tendenz zur Reduzierung der Fertigungstiefe, die als Folge der Anwendung des Lean Production-Konzepts in vielen produzierenden Unternehmen zu beobachten ist, gewinnt die Notwendigkeit für Analyse und Gestaltung unternehmensübergreifender Prozesse an Bedeutung. Je mehr interne Prozesse mit den Prozessen von Lieferanten vernetzt sind, desto wichtiger ist es, externe Prozesse ins Blickfeld zu rücken.

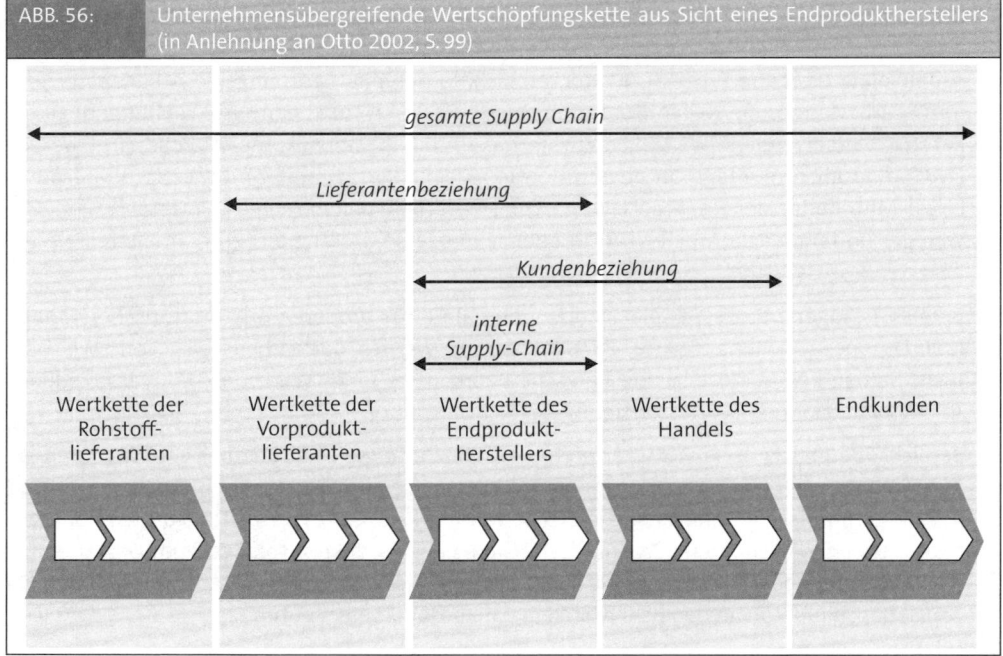

ABB. 56: Unternehmensübergreifende Wertschöpfungskette aus Sicht eines Endproduktherstellers (in Anlehnung an Otto 2002, S. 99)

(4) Strukturiertheit

Der Grad der Strukturiertheit und Formalisierbarkeit ist ein häufig von Vertretern der Informationstechnik verwendetes Kriterium zum Klassifizieren von Prozessen.

► **Strukturierte Prozesse** zeichnen sich dadurch aus, dass ihre Bearbeitung in hohem Maße strukturiert und damit planbar ist. Für die Abwicklung der einzelnen Arbeitsschritte lassen sich eindeutige Regelungen definieren. Diese Art von Prozessen ist daher sehr gut wiederholbar und automatisierbar.

► **Teilstrukturierte Prozesse** lassen sich dagegen nicht vollständig regeln. Sie enthalten sowohl Elemente, die sich im Voraus genau regeln lassen (d. h. bestimmte Aktivitäten sind zu definierten Zeitpunkten in vorgeschriebener Weise durch bestimmte Stellen zu erledigen), als auch Elemente, die nicht exakt formalisierbar sind. Bei letzteren geht es meist um das Finden von Problemlösungen oder das Treffen von Entscheidungen.

► **Gering/nicht strukturierte Prozesse** zeichnen sich dadurch aus, dass sowohl die Vorgehensweise zu ihrer Bearbeitung als auch deren Ergebnis aufgrund der Komplexität offen und nicht generell regelbar ist. Bei dieser Art von Prozessen geht es hauptsächlich um das Suchen nach Problemlösungen oder das Treffen von Entscheidungen in spezifischen Situationen (z. B. Finden kundenspezifischer Problemlösungen in Beratungsprozessen).

Tendenziell lässt sich sagen: Je mehr Prozesse durch feste Regeln bearbeitbar sind, desto eher lassen sie sich wirtschaftlich automatisieren.

(5) Häufigkeit des Auftretens

Eine weitere Klassifizierung von Prozessen ergibt sich aus der Häufigkeit, in der Prozesse in identischer Weise auftreten. Grob lassen sich hier folgende Prozessarten unterscheiden:

▶ Selten bzw. einmalig auftretende Prozesse,

▶ Gelegentlich auftretende Prozesse,

▶ Häufig auftretende Prozesse (z. B. stündlich, täglich, wöchentlich).

Eine solche Unterscheidung kann sinnvoll sein, um zu beurteilen, welche quantitative Bedeutung bestimmte Prozessen in einem Unternehmen besitzen, welche Priorität einer Prozessoptimierung eingeräumt werden und welchen Umfang dies einnehmen sollte. Aufgrund des hohen Wiederholungsgrads bietet sich für Routineprozesse häufig eine sehr tiefe Prozessgliederung und eine hohe Standardisierung und/oder Automatisierung an. Hingegen liegt es bei selten oder gelegentlich auftretenden Prozessen nahe, sich auf die grobe Analyse der Prozessphasen und -schritte zu beschränken. Ferner bietet sich aus wirtschaftlichen Gründen für diese Art von Prozessen meist ein geringer Standardisierungs- und/oder Automatisierungsgrad an.

3.1.4 Warum gut gestaltete Prozesse wichtig sind

In Unternehmen laufen permanent zahlreiche Prozesse unterschiedlichster Art ab, unabhängig davon, ob man sich ihrer bewusst ist oder nicht. Führungskräfte haben also die Wahl, die Prozesse sich selbst zu überlassen und zu hoffen, dass sie zu den gewünschten Ergebnissen führen, oder sie bewusst zu gestalten und kontinuierlich weiterzuentwickeln (vgl. Wilhelm 2007, S. 3). Folgende Gründe sprechen für ein aktives und systematisches Gestalten von Unternehmensprozessen:

(1) Einfluss auf Effizienz und Rentabilität

Gut organisierte Prozesse sind eine wichtige Voraussetzung für Effizienz und Rentabilität einzelner Organisationseinheiten oder ganzer Unternehmen. Auf der Kostenseite beeinflusst die Prozessorganisation maßgeblich die Höhe und die Zusammensetzung der Gesamtkosten. Gut organisierte Prozesse stellen sicher, dass für eine erzeugte Leistung nur so viel Aufwand erzeugt wird, wie wirklich notwendig ist. Verschwendungen etwa in Folge von hohen Fehlerquoten, geringen Arbeitsproduktivitäten, Mehraufwand infolge von Medienbrüchen oder hohen Warenbeständen werden auf ein Mindestmaß reduziert. Insbesondere in umkämpften Märkten sind exzellente Prozesse von großer Bedeutung, da sie eine wichtige Basis für eine gute Kostenposition sind. Auf der Erlösseite bilden klar definierte und gut beherrschte Prozesse – insbesondere in Marketing, Vertrieb und Auftragsabwicklung – eine notwendige Voraussetzung für das Erzielen von Umsätzen. Schlecht organisierte Prozesse können dazu führen, dass Umsatzpotenziale nicht ausgeschöpft werden oder Aufträge infolge zu langer Angebotserstellungs- oder Lieferzeiten verloren gehen.

Durch ihren Einfluss auf die Durchlaufzeit von Kundenaufträgen wirken sich gut organisierte Prozesse darüber hinaus auf die kurzfristige operative Kapitalbindung im Umlaufvermögen und die Kapitaleffizienz aus.

(2) Einfluss auf die Zufriedenheit von Kunden und Handelspartnern

Die Prozessorganisation kann unabhängig von ihren direkten wirtschaftlichen Auswirkungen erheblich die Zufriedenheit der Kunden beeinflussen. Dies ist darauf zurückzuführen, dass Kunden die Auswirkungen vor allem kundennaher Prozesse häufig direkt spüren, etwa indem sie fehlerhafte Produkte erhalten, zugesagte Liefertermine nicht eingehalten werden oder Wartezeiten zu lang sind. Vor allem in Käufermärkten sind gut organisierte Prozesse ein bedeutender Erfolgs-faktor, indem sie die Voraussetzungen schaffen, die Kundenerwartungen in puncto Schnellig-keit, Fehlerfreiheit, Flexibilität oder Termintreue gut zu erfüllen.

(3) Einfluss auf die Motivation und Zufriedenheit der Mitarbeiter

Ob Prozesse definiert und inwieweit diese zuverlässig ausgeführt werden, wirkt sich auch auf die Motivation und Zufriedenheit der Mitarbeiter aus. Schlecht organisierte Prozesse und man-gelnde Transparenz (z. B. hinsichtlich Bearbeitungsstand von Prozessen, Zuständigkeiten und Verantwortlichkeiten) bringen tendenziell Unordnung und Hektik mit sich. Die Arbeitsbelastung für die Beschäftigten ist in solchen Fällen oft hoch, weil sie durch Improvisation, Feuerwehr-aktionen und Mehrarbeit die organisatorischen Mängel zu kompensieren und das Schlimmste zu verhindern versuchen (vgl. Wilhelm 2007, S. 5). Dies kann nicht nur negative Folgen für ihre Motivation und Arbeitszufriedenheit, sondern auch für das Betriebsklima haben.

(4) Einfluss auf die Führung

Nicht funktionierende Prozesse bringen operative Hektik und die Notwendigkeit von Improvisa-tion und schnellen Entscheidungen mit sich. Da solche Situationen oft das Einschalten von Füh-rungskräften erforderlich macht, binden schlecht organisierte Prozesse damit auch Zeit und Energie von Führungskräften. Angesichts ihrer meist ohnehin hohen Arbeitsbelastung, fehlt ih-nen dann oft die Zeit für ihre eigentliche Führungsaufgabe – dem Beschäftigen mit strategi-schen und konzeptionellen Aufgaben.

(5) Einfluss auf standardisierte IT-Anwendungen

Klar strukturierte und gut funktionierende Prozesse sind in der Regel eine elementare Voraus-setzung, um die mit standardisierten IT-Anwendungen verbundenen Nutzenpotenziale aus-zuschöpfen. Da schlecht funktionierende Prozesse nicht durch IT-Technologien in den Griff zu bekommen sind, können sie die Wirtschaftlichkeit von Investitionen in IT-Systeme in erhebli-chem Maße verschlechtern oder gar völlig in Frage stellen.

(6) Vermeiden von Bußgeld- und Schadensersatzforderungen

Unternehmen müssen aufgrund vielfältigster rechtlicher, regulativer oder normativer Vorgaben eine ordnungsgemäße Organisation aufweisen (vgl. Kap. 1.2). Verletzungen von Gesetzen und Verordnungen infolge organisatorischer Mängel können erhebliche Bußgeld- und Schadens-ersatzforderungen gegen Unternehmen und/oder Unternehmensleitung zur Folge haben.

Aus genannten Gründen empfiehlt sich ein systematisches Auseinandersetzen mit Unterneh-mensprozessen. Gut organisierte Prozesse sind nicht nur aus wirtschaftlichen Gesichtspunkten sinnvoll, sondern aufgrund rechtlicher, regulativer oder normativer Bestimmungen häufig zwin-gend erforderlich, um rechtliche Folgen zu vermeiden. Mit anderen Worten: Es lohnt sich, wenn Unternehmen ihre Prozesse im Griff haben.

3.1.5   Ziele beim Gestalten von Prozessen

Organisatorisch gut gestaltete Prozesse zielen im Allgemeinen darauf ab, alle zum Erreichen der Bereichs- bzw. Unternehmensziele erforderlichen Arbeitsschritte und Teilprozesse so aufeinan-der abzustimmen, dass

▶ die zu bearbeitenden Objekte (z. B. Kundenaufträge, Anträge) **möglichst schnell** die verschiedenen Bearbeitungsstationen durchlaufen,

▶ die dadurch verursachten **Kosten möglichst gering** sind und

▶ das Prozess**ergebnis den qualitativen Erwartungen** der jeweiligen Leistungsempfänger **weitgehend entspricht**.

Als generelle Ziele der Prozessgestaltung stehen also die Verkürzung der Durchlaufzeiten, die Minimierung der Prozesskosten und die Sicherstellung der geforderten Prozessqualität im Vordergrund. Aufgrund ihrer Bedeutung werden diese Ziele auch als **„magisches Dreieck der Prozessgestaltung"** bezeichnet (vgl. Abb. 57).

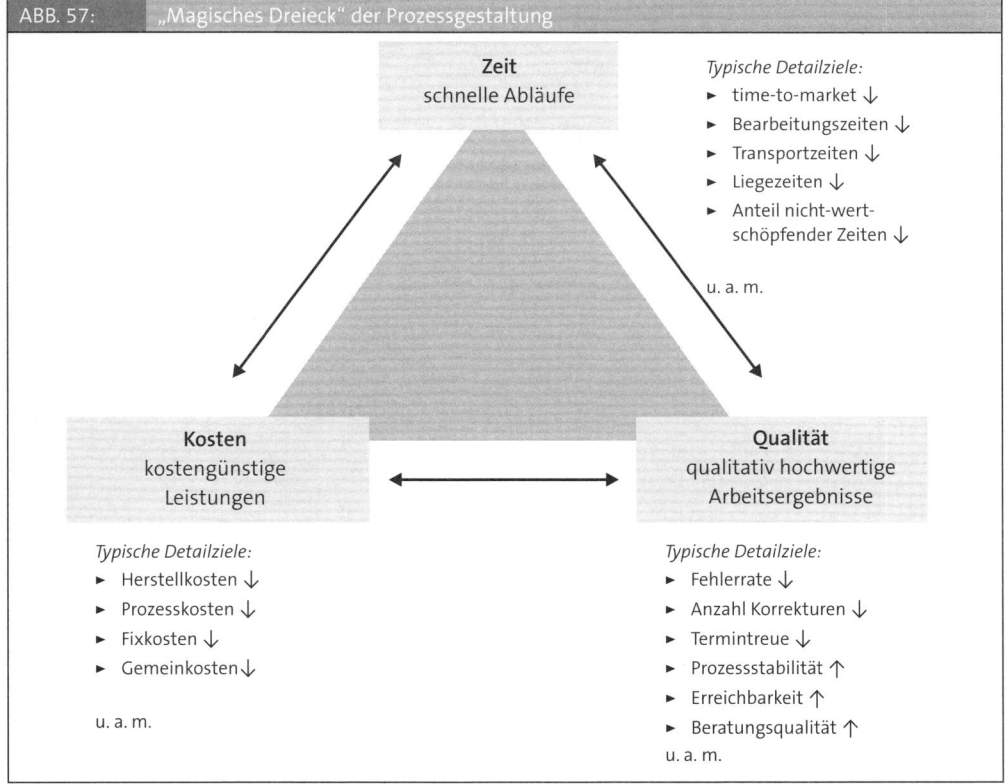

ABB. 57: „Magisches Dreieck" der Prozessgestaltung

Zeit
schnelle Abläufe

Typische Detailziele:
▶ time-to-market ↓
▶ Bearbeitungszeiten ↓
▶ Transportzeiten ↓
▶ Liegezeiten ↓
▶ Anteil nicht-wertschöpfender Zeiten ↓

u. a. m.

Kosten
kostengünstige
Leistungen

Qualität
qualitativ hochwertige
Arbeitsergebnisse

Typische Detailziele:
▶ Herstellkosten ↓
▶ Prozesskosten ↓
▶ Fixkosten ↓
▶ Gemeinkosten↓

u. a. m.

Typische Detailziele:
▶ Fehlerrate ↓
▶ Anzahl Korrekturen ↓
▶ Termintreue ↓
▶ Prozessstabilität ↑
▶ Erreichbarkeit ↑
▶ Beratungsqualität ↑
u. a. m.

(a) Zeit

Der Faktor Zeit hat vor allem in gesättigten Märkten und Märkten mit kurzen Produktlebenszyklen eine große Bedeutung. Zum einen ist der Zeitraum von der Idee bis zur Markteinführung eines Produktes (time-to-market) ein zentrales Erfolgskriterium im Wettbewerb. Auch das beste Produkt nutzt oft wenig, wenn ein anderer Anbieter in der Lage ist, es früher auf den Markt zu bringen und so Marktanteile sichern und gegebenenfalls Markteintrittsbarrieren aufbauen kann.

Zum anderen ist die Fähigkeit, Produkte oder Leistungen innerhalb der von den Kunden geforderten Zeiträume liefern zu können (Lieferfähigkeit), eine wichtige Erfolgsgröße. Der Unternehmenserfolg aber auch die Zufriedenheit der Kunden hängt in hohem Maße davon ab, ob die Produkte zu dem Zeitpunkt verfügbar sind, zu dem die Kunden sie benötigen. Nicht zuletzt verursachen lange Durchlaufzeiten, dass Umlaufvermögen vor allem in Form von Materialien gebunden ist. Da dies negative Auswirkungen auf die Kostensituation hat, ist die Verkürzung von Durchlaufzeiten ein wichtiges und häufig angestrebtes Ziel der (Neu-)Gestaltung organisatorischer Prozesse.

Die **Durchlaufzeit** beschreibt die Dauer vom Zeitpunkt des Inputs (Eingangsschnittstelle) bis zum Output (Ausgangsschnittstelle). Sie setzt sich im Wesentlichen aus drei Komponenten zusammen (vgl. Abb. 58):

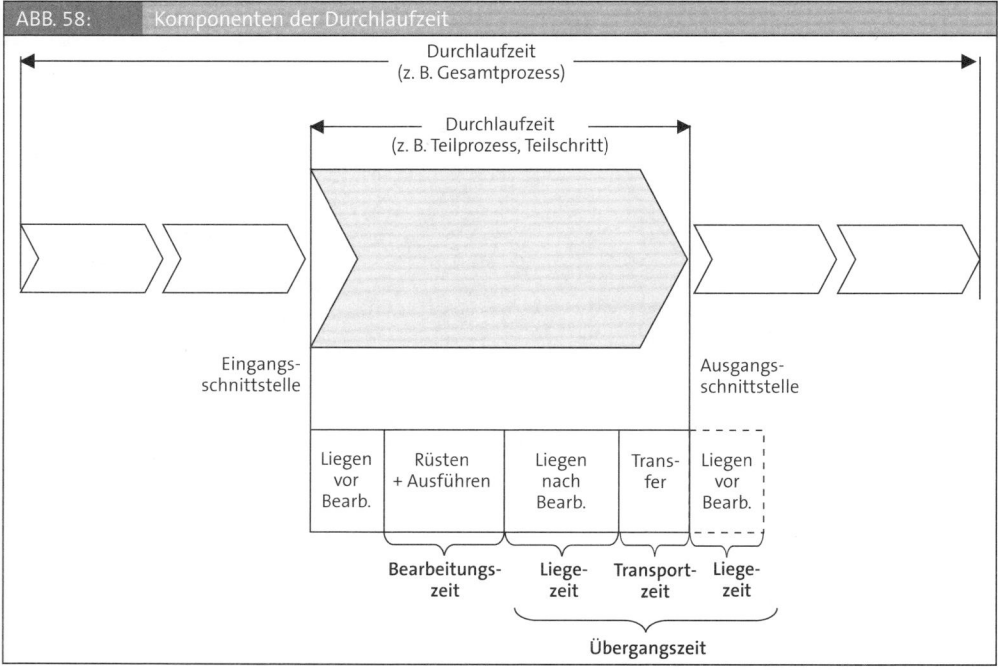

ABB. 58: Komponenten der Durchlaufzeit

▶ **Bearbeitungs-/Durchführungszeit:** Dies ist die Zeit, die notwendig ist, um Inputs in Outputs zu verwandeln. Neben der reinen Ausführungszeit, die für die Be- oder Verarbeitung erforderlich ist, zählen hierzu auch eventuell anfallende Rüstzeiten.

▶ **Transport-/Transferzeit:** Dies umfasst die erforderliche Zeit, um ein Prozessergebnis an interne Prozesskunden zu übermitteln. Dies kann von einem Arbeitsplatz zum anderen bzw. von einem Arbeitsplatz zu einem Liegeplatz sein und umgekehrt.

▶ **Liegezeit:** Die Dauer, in der das zu bearbeitende Objekt (z. B. Werkstück, Kundenauftrag, Antrag) weder bearbeitet noch transportiert wird, ist die Liegezeit. Diese Zeit kann zwischen dem Eingang des Input und der eigentlichen Bearbeitung anfallen und/oder nach der Bearbeitung bis zum Ausgang des Outputs. Die Ursachen für Liegezeiten können vielfältig sein, wie zum Beispiel ablaufbedingte Wartezeiten, Maschinenstörungen, fehlende Arbeitskräfte, fehlende und/oder fehlerhafte Materialien, unzureichende Arbeitsmittel oder begrenzte Maschinenkapazitäten.

Vielfach machen die Liegezeiten den Großteil der Durchlaufzeit aus, während die reine Ausführungszeit nur eine untergeordnete Rolle spielt. In fertigenden Unternehmen ist nicht selten das Verhältnis 1:10 von Ausführungs- und Liegezeit anzutreffen. Das Verhältnis aus der Summe der Bearbeitungszeiten und der Durchlaufzeiten wird als Zeiteffizienz bezeichnet (vgl. Schmelzer/ Sesselmann 2008, S. 284).

(b) Kosten

Die Art und Weise, wie Prozesse organisiert sind, beeinflusst die Höhe und Zusammensetzung der Kosten eines Unternehmens. Da die Differenz zwischen Umsatz und Kosten – also der Gewinn – für Unternehmen von zentraler Bedeutung ist, wird beim Gestalten oder Optimieren von Prozessen den Kosten oft eine große Beachtung geschenkt. Meist gilt es, eine definierte Leistung (z. B. Entwicklung, Herstellung und Verkauf einer Maschine) mit einem bestimmten Kostenniveau zu realisieren oder die vorhandenen Kosten für den Prozess der Leistungserstellung zu reduzieren.

Damit die Kosten eine aussagekräftige monetäre Bewertung des betrieblichen Leistungserstellungsprozesses erlauben, ist eine möglichst verursachungsgerechte Zuordnung zu den erbrachten Leistungen erforderlich. Dies ist jedoch bei den klassischen Kostenrechnungssystemen oft nicht gegeben, da die Gemeinkosten auf der Basis der Einzelkosten mittels Zuschlagssätzen pauschal verteilt werden. Weil die hierbei unterstellte Proportionalität von Einzel- und Gemeinkosten heute vielfach nicht mehr gegeben ist, entsprechen auch die Zuschlagssätze nicht der tatsächlichen Kostenverursachung und spiegeln so auch nicht den wirklichen Ressourcenverbrauch wider.

ABB. 59: Beispiel für die Ermittlung von Prozesskosten (Quelle: Ahlrichs/Knuppertz 2006, S. 182)

Prozesskostenstelle Vertrieb	Kapazität: 10 MJ Kosten: 600 T€		Kosten pro MJ: 60 T€							
Teilprozess	Kostentreiber: Anzahl der	Prozess-menge	Mitarbeitereinsatz (MJ)			Teilprozesskosten (T€)			PK-Satz (€)	
Nr. Bezeichnung			Imi	Umlage Imn	Imi+Imn	Imi	Umlage Imn	Imi+Imn	Imi	Imi+Imn
1 Kundenanfrage entgegennehmen	Kunden-anfragen	10.000	1,43	0,16	1,59	85,80	9,60	95,40	8,58	9,54
2 Kundenanfrage prüfen	Kunden-anfragen	10.000	7,10	0,79	7,89	426,00	47,40	473,40	42,60	47,34
3 Kundenanfrage bestätigen	Kunden-anfragen	1.000	0,47	0,05	0,52	28,20	3,00	31,20	28,20	31,20
			9,00	1,00	10,00	540,00	60,00	600,00		

Imn-Prozesse	Aufwand (MJ)
Abteilung leiten	1
Umlage im Verhältnis der Imi-Prozesse	

Hauptprozess Kundenauftrag bearbeiten	Kostentreiber: Anzahl Kundenaufträge Menge: 1.500									
Teilprozesse	Herkunft/ Kostenstelle	Mitarbeitereinsatz (MJ)			Teilprozesskosten (T€)			PK-Satz (€)		
		Imi	Umlage Imn	Imi+Imn	Imi	Umlage Imn	Imi+Imn	Imi	Imi+Imn	
Kundenanfrage entgegennehmen	Vertrieb	1,43	0,16	1,59	85,80	9,60	95,40	57,20	63,60	
Kundenanfrage prüfen	Vertrieb	7,10	0,79	7,89	426,00	47,40	473,40	284,00	315,60	
Kundenauftrag erfassen	IT	1,05	0,09	1,14	73,50	6,30	79,80	49,00	53,20	
Kundenauftrag bestätigen	Vertrieb	0,47	0,05	0,52	28,20	3,00	31,20	18,80	20,80	
Summe		10,05	1,09	11,14	613,50	66,30	679,80			

Im Unterschied zu den klassischen Kostenrechnungssystemen versucht die Prozesskostenrechnung die Gemeinkosten entsprechend den in Anspruch genommenen Ressourcen auf die erbrachten Leistungen zu verteilen (vgl. Horváth 2006, S. 529). Indem jedem Teilprozess ein Kostentreiber zugewiesen wird, werden die leistungsmengeninduzierten Kosten einer Kostenstelle (sog. Imi-Kosten) verrechnet. Die leistungsmengenneutralen Kosten (sog. Imn-Kosten) werden anteilig der Imi-Kosten auf die Teilprozesse umgelegt. Durch die Addition der Teilprozesskosten werden Prozesskosten für die einzelnen Hauptprozesse ermittelt. Abbildung 59 zeigt ein verkürztes Beispiel für die Ermittlung von Prozesskosten – zunächst für eine Kostenstelle und darauf aufbauend für einen Prozess.

Die Prozesskostenrechnung strebt damit eine genauere Bewertung der Ressourcen an, die einzelne Unternehmensprozesse, Teilprozesse oder Prozessschritte verbrauchen und der Kosten, die sie dabei verursacht haben. Daher bietet die Prozesskostenrechnung gerade für organisatorische Aufgabenstellungen einen interessanten Analyseansatz. Sie unterstützt das Aufspüren und Reduzieren von Kosteneinflussfaktoren, so genannten Kostentreibern, und ermöglicht eine hohe Transparenz der tatsächlichen Kosten von Arbeitsprozessen.

(c) Ergebnisqualität

Um sich auf Dauer erfolgreich am Markt behaupten zu können, benötigen Unternehmen nicht nur schnelle und kostengünstige Prozesse. Wichtig ist auch, dass die in zahlreichen Prozessen erbrachten Leistungen bei zentralen, kaufentscheidungsrelevanten Kriterien den Qualitätserwartungen der internen oder externen Abnehmer entsprechen. Dies ist eine wichtige Voraussetzung für eine hohe Kundenzufriedenheit und bewirkt als Folge eine hohe Kundenloyalität und Kundenbindung. Da Qualität kein allgemeingültiges Maß besitzt, ist auch diese Zielgröße im Einzelfall zu konkretisieren. Je nach Prozessart, Unternehmensbereich oder Branche kann sich die Prozessqualität in unterschiedlichsten Merkmalen äußern, z. B. in der Fehlerfreiheit von Produkten, der Einhaltung vereinbarter Liefertermine, korrekten Warenlieferungen, richtig erteilten Auskünften und Empfehlungen oder etwa der telefonischen Erreichbarkeit von Hotlines. Entsprechend unterschiedlich sind die Ansätze zur Messung von Prozessqualität. In der Praxis werden folgende Messgrößen häufig verwendet:

▶ **Qualitätskosten:** Vor allem die Kosten für das Suchen und Beseitigen von Fehlern und Fehlerursachen (sog. Fehlleistungskosten) geben Aufschluss über die Verschwendung von Ressourcen, zeigen Handlungsbedarf auf und spiegeln die finanzielle Wirkung qualitätsverbessernder Maßnahmen wider. Fehlleistungskosten lassen sich rechnerisch durch Multiplikation von Mehrmengen und Mehrzeiten mit den entsprechenden Wertansätzen ermitteln. Die Aussagekraft dieser Messgröße ist allerdings in hohem Maße von einer vollständigen und genauen Erfassung und Zurechnung der relevanten Kostengrößen abhängig.

▶ **Fehlerrate:** Weit verbreitet ist der Ansatz, Prozessqualität anhand der Fehler bzw. Fehlerrate zu messen. Als Fehler gilt, wenn Prozesse festgelegte Anforderungen oder Erwartungen von Kunden und anderen Interessengruppen nicht zu 100 % erfüllen. Die Fehlerrate wird rechnerisch ermittelt, indem die Prozessfehler ins Verhältnis zur Gesamtsumme der Prozessergebnisse gesetzt werden. Diese Kennzahl wird häufig in Prozent angegeben. Die seit wenigen Jahren zunehmend verbreitete Managementmethode Six Sigma verwendet die Kennzahl „parts per million" (ppm) oder „Fehler pro Million Möglichkeiten" (FpMM) als Maßeinheit für Prozessqualität. Die Methode definiert anhand von sechs Sigma-Niveaus unterschiedliche Anforderungen an die Fehlerwahrscheinlichkeit. Angestrebt werden robuste und leistungsstarke Arbeitsprozesse auf einem Sechs-Sigma-Niveau mit maximal 3,4 Fehlern pro einer Million Möglichkeiten (vgl. Rehbehn/Yurdakul 2005, S. 60).

▶ **First Pass Yield:** Diese Kennzahl gibt den Anteil an Ergebnissen an, die bereits im ersten Prozessdurchlauf fehlerfrei sind und keine Nacharbeit erfordern (vgl. Schmelzer/Sesselmann 2008, S. 288). Ist das Prozessergebnis fehlerfrei, hat die Kennzahl den Wert 1, im umgekehrten Fall, etwa aufgrund von fehlerhaften Angeboten, Vertragskorrekturen, fehlerhaften Einbuchungen oder unvollständigen Auslieferungen, den Wert 0. Eine Verbesserung der Kennzahl First Pass Yield geht in der Regel mit einer Senkung der Fehlleistungskosten und einem Anstieg der Kundenzufriedenheit einher.

Die Gewichtung von Qualitäts-, Kosten- und Zeitzielen kann von Fall zu Fall unterschiedlich ausfallen. Seit einigen Jahren ist jedoch eine Tendenz zu erkennen, dass bei der Prozessorganisation die Minimierung von Materialbeständen, die Verkürzung von Durchlaufzeiten und die Einhaltung von Fertigstellungsterminen (sog. Termintreue) im Mittelpunkt des Interesses stehen.

3.2 Gestaltungsparameter der Prozessorganisation

Beim Gestalten der Prozessorganisation gilt es, Regelungen bezüglich folgender Fragen zu finden: Wer macht was, wann, wo und mit welchen Arbeitsmitteln? Damit lassen sich sechs zentrale Gestaltungsparameter identifizieren, die in ihrer Ausgestaltung und Kombination die formale Prozessorganisation ergeben (vgl. Abb. 60).

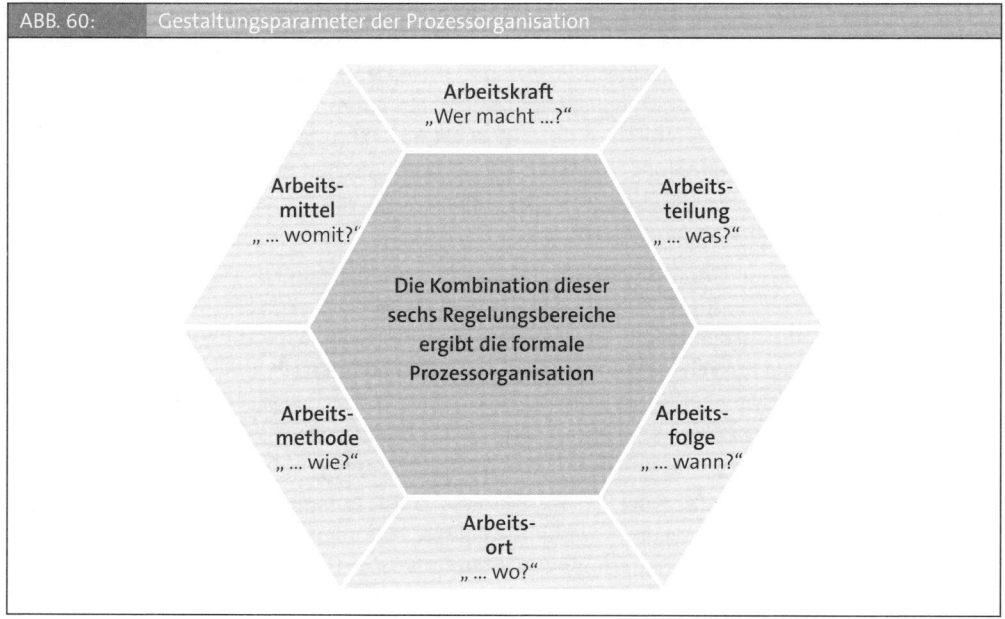

ABB. 60: Gestaltungsparameter der Prozessorganisation

Arbeitskraft
„Wer macht ...?"

Arbeits-
mittel
„ ... womit?"

Arbeits-
teilung
„ ... was?"

Die Kombination dieser
sechs Regelungsbereiche
ergibt die formale
Prozessorganisation

Arbeits-
methode
„ ... wie?"

Arbeits-
folge
„ ... wann?"

Arbeits-
ort
„ ... wo?"

3.2.1 Arbeitskräfte

Trotz zunehmender Technisierung und Automatisierung von Prozessen nehmen Arbeitskräfte in vielen Bereichen nach wie vor eine bedeutende Rolle ein. Die verfügbare Personalkapazität sowie die Leistungsfähigkeit und Leistungsbereitschaft der Arbeitskräfte beeinflussen in hohem Maße die Ergebnisqualität, die Dauer und die Kosten von Arbeitsprozessen.

Die **Personalkapazität** gibt wieder, wie viele Arbeitskräfte mit welcher Qualifikation an welchen Einsatzorten wie lange zur Verfügung stehen. Grundlage der quantitativen Bedarfsplanung sind häufig Berechnungen in Manntagen bzw. FTEs (Full Time Equivalent). Zum Bemessen der Personalkapazität kann auf verschiedene Verfahren zurückgegriffen werden (vgl. Bokranz 2004, Sp. 1383 ff.).

Die **Leistungsfähigkeit** („Können") steht für das Vermögen von Individuen, eine bestimmte Leistung zu erbringen. Sie basiert auf den physischen, psychischen, sozialen und intellektuellen Fähigkeiten der arbeitenden Menschen und ist damit zumindest teilweise durch Aus- und Weiterbildungsmaßnahmen beeinflussbar.

Bei körperlichen Arbeiten, wie sie zum Teil in operativen oder unterstützenden Prozessen anfallen (z. B. Fertigung, Lagerhaltung, Transport), sind neben physischen Fähigkeiten und Fertigkeiten oft auch intellektuelle Fähigkeiten von Bedeutung. Letzteres hängt vor allem mit dem inzwischen weit verbreiteten Einsatz von Maschinen und computergestützten Technologien in allen hoch industrialisierten Ländern zusammen. Bei administrativen Aufgaben oder beim Bewältigen von Führungsaufgaben ist die Leistungsfähigkeit in der Regel weniger von physischen als vielmehr von psychischen, intellektuellen und sozialen Fähigkeiten und Fertigkeiten abhängig.

Die **Leistungsbereitschaft** („Wollen") steht für den Willen von Arbeitskräften, unter gegebenen Rahmenbedingungen (z. B. verfügbare Zeit, Erfolgswahrscheinlichkeit, erwartete Belohnung) eine bestimmte Leistung zu erbringen. Sie kann sowohl die Folge von eigenen, inneren Antrieben (sog. intrinsische Motivation) als auch von außen kommenden Anreizen (sog. extrinsische Motivation) sein. Handlungen, die auf intrinsische Motivation zurückzuführen sind, dienen der persönlichen Befriedigung. Spaß und Interesse an einer Aufgabe spielen dabei eine wichtige Rolle. Extrinsische Motivation basiert dagegen auf Anreizen wie Macht, Ansehen, Belohnung, die Möglichkeit von sozialen Kontakten in der Arbeit oder von beruflichem Aufstieg. Arbeitswissenschaftliche Erkenntnisse belegen, dass durch ganzheitliche Aufgaben, ausreichenden Handlungsspielraum, ein überschaubares Umfeld sowie eine zeitnahe Rückkopplung der Arbeitsergebnisse die Leistungsbereitschaft gefördert werden kann (vgl. Picot et al. 2001, S. 266).

ABB. 61:	Merkmale motivations-, persönlichkeits- und lernförderlicher Aufgabengestaltung (Quelle: Ulich 2007, S. 166)	
Gestaltungsmerkmal	Angenommene Wirkung	Realisierung durch ...
Ganzheitlichkeit	▶ Mitarbeiter erkennen Bedeutung und Stellenwert ihrer Tätigkeiten ▶ Mitarbeiter erhalten Rückmeldung über den eigenen Arbeitsfortschritt aus der Tätigkeit selbst	▶ Aufgaben mit planenden, ausführenden und kontrollierenden Elementen und der Möglichkeit, Ergebnisse der eigenen Tätigkeit auf Übereinstimmung mit gestellten Anforderungen zu prüfen
Anforderungsvielfalt	▶ Unterschiedliche Fähigkeiten und Fertigkeiten ▶ Vermeiden einseitiger Beanspruchungen	▶ Aufgaben mit unterschiedlichen Anforderungen an Körperfunktionen und Sinnesorgane
Möglichkeiten der sozialen Interaktion	▶ Schwierigkeiten lassen sich gemeinsam bewältigen ▶ Gegenseitige Unterstützung hilft Belastungen besser zu ertragen	▶ Aufgaben, deren Bewältigung Kooperation nahe legt oder voraussetzt
Autonomie	▶ Stärkt Selbstwertgefühl und Bereitschaft zur Übernahme von Verantwortung ▶ Vermittelt die Erfahrung, nicht einfluss- und bedeutungslos zu sein	▶ Aufgaben mit Dispositions- und Entscheidungsmöglichkeiten
Lern- und Entwicklungsmöglichkeiten	▶ Allgemeine geistige Flexibilität bleibt erhalten ▶ Berufliche Qualifikationen werden erhalten und weiter entwickelt	▶ Problemhaltige Aufgaben, zu deren Bewältigung vorhandene Qualifikationen eingesetzt und erweitert bzw. neue Qualifikationen angeeignet werden müssen
Zeitelastizität und stressfreie Regulierbarkeit	▶ Wirkt unangemessener Arbeitsverdichtung entgegen ▶ Schafft Freiräume für stressfreies Nachdenken und selbst gewählte Interaktionen	▶ Schaffen von Zeitpuffern bei der Festlegung von Vorgabezeiten

Gestaltungsmerkmal	Angenommene Wirkung	Realisierung durch …
Sinnhaftigkeit	► Vermittelt das Gefühl, an der Erstellung gesellschaftlich nützlicher Produkte beteiligt zu sein ► Gibt Sicherheit in Bezug auf Übereinstimmung individueller und gesellschaftlicher Interessen	► Produkte, deren gesellschaftlicher Nutzen nicht in Frage gestellt wird ► Produkte und Produktionsprozesse, deren ökologische Unbedenklichkeit überprüft und sichergestellt werden kann

Auf die Frage, wie die Bereitschaft zur Leistung bei Menschen entsteht und wie sie durch Dritte beeinflusst werden kann, liegen zahlreiche Erklärungsansätze der Psychologie vor (vgl. Weinert 2004, S. 187 ff.). Eine übereinstimmende Schlussfolgerung der verschiedensten Motivationstheorien lautet: Eine möglichst hohe Leistung und Zufriedenheit der Arbeitskräfte ist nur zu erreichen, wenn die individuellen Unterschiede der Arbeitskräfte hinsichtlich Erfahrung, Persönlichkeit und Arbeitsaufgaben beachtet werden.

3.2.2 Arbeitsteilung

Die Entscheidung, ob und wie Aufgaben auf verschiedene Arbeitskräfte bzw. Stellen verteilt werden, hat ebenso maßgeblichen Einfluss auf die zentralen Gestaltungsziele der Prozessorganisation – Zeiten, Kosten und Ergebnisqualität.

Die Arbeitsteilung ist seit Beginn der Industrialisierung einer der zentralen Ansatzpunkte für Effizienzsteigerungen menschlicher Arbeit. Allen voran hat der Ingenieur Frederick W. Taylor (1856-1915) in seinen Grundsätzen der wissenschaftlichen Betriebsführung unter anderem die Zerlegung von Aufgaben in kleinste Arbeitsschritte propagiert. Auf diese Weise sollte es auch weniger qualifizierten Arbeitskräften möglich sein, durch ständige Wiederholung der gleichen Tätigkeit ihre Arbeitsleistung zu steigern. Die Anwendung dieser Gestaltungsprinzipien erfuhr zu Beginn des 20. Jahrhunderts im sog. Fordismus eine große Breitenwirkung, indem Henry Ford die tayloristischen Prinzipien mit mechanischen Abläufen im Fließband verband und in der Automobilindustrie zum Einsatz brachte. Die Kombination aus den tayloristischen Prinzipien der Arbeitsgestaltung und der mechanischen Fließbandtechnologie legte das Fundament für die industrielle Massenfertigung.

Die Entscheidung über Art und Umfang der Arbeitsteilung stellt sich meist erst mit zunehmender Arbeitsmenge und Aufgabenvielfalt. Da einzelne Arbeitskräfte irgendwann an ihre kapazitätsmäßigen und/oder fachlichen Grenzen stoßen, stellt sich die Frage, wie die Arbeit auf verschiedene Arbeitskräfte verteilt werden soll. Hierbei sind zwei **Grundformen der Arbeitsteilung** zu unterscheiden, die in der Praxis häufig auch als Mischformen anzutreffen sind:

► Bei der **Mengenteilung** wird die Arbeit so auf die Arbeitskräfte verteilt, dass jeder die gleichen Aufgaben und das gleiche Arbeitspensum erhält (Objektprinzip). Für die Arbeitskräfte bleibt damit der jeweilige Arbeitsprozess als Ganzes weitgehend erhalten.

► Bei der **Artteilung** erhält jede Arbeitskraft eine andere Arbeit (Verrichtungsprinzip). Der Arbeitsablauf wird damit in nacheinander zu bearbeitende Aufgaben zerlegt und der Einzelne übernimmt nur noch einen Teil der Aufgaben und spezialisiert sich. Diese Form der Arbeitsteilung wird daher auch Spezialisierung genannt. Dabei sind zwei generelle Erscheinungsformen zu nennen – die horizontale und vertikale Spezialisierung (vgl. Abb. 62):

Die **horizontale Spezialisierung** beschreibt den Umfang unterschiedlicher Tätigkeiten, den eine Person wahrnimmt. Das Spektrum reicht dabei von einer einzelnen Tätigkeit, die häufig wiederholt werden muss (z. B. bestimmter Handgriff am Fließband), bis hin zu einer Vielzahl unterschiedlicher Aufgaben, die zu erfüllen sind. Ein hoher Spezialisierungsgrad ist jedoch nicht gleichzusetzen mit einer gering qualifizierten Arbeit. Je nach Aufgabengebiet kann eine hohe Spezialisierung auch mit umfangreichen Qualifikationsanforderungen verbunden sein (z. B. IT-Spezialisten, Steuerrechtsspezialisten).

Vorteile eines geringen Tätigkeitsumfangs:

► Erlaubt kurze Anlern- und Einarbeitungszeiten für Arbeitskräfte, sofern geringe Qualifikationsanforderungen an die Aufgabenerfüllung gestellt sind.

► Ermöglicht geringe Lohnkosten, sofern infolge geringer Qualifikationsanforderungen gering qualifizierte Arbeitskräfte einsetzbar sind.

► Bietet relativ hohe Arbeitsgeschwindigkeit und damit geringe Durchlaufzeiten durch ständige Aufgabenwiederholung.

► Ermöglicht aufgrund umfangreicher Erfahrungs-/Übungseffekte eine hohe Arbeitsqualität.

► Bietet wirtschaftliche Voraussetzung zum spezifischen Gestalten von Arbeitsplätzen.

Nachteile eines geringen Tätigkeitsumfangs:

► Hoher Koordinationsaufwand infolge zahlreicher Schnittstellen.

► Gefahr monotoner Tätigkeiten mit negativen Auswirkungen auf Leistungsbereitschaft, Arbeitsqualität, Fluktuations- und Absentismusquote.

► Gefahr, dass die Arbeitskräfte sich nicht mit der Gesamtaufgabe identifizieren.

Um die negativen Auswirkungen einer hohen horizontalen Spezialisierung zu vermeiden, kann zum einen ein planmäßiger Arbeitsplatzwechsel der Arbeitskräfte durchgeführt werden (**Job Rotation**). Wenngleich der Spezialisierungsgrad dadurch weitgehend unverändert bleibt, lassen sich so einseitige Belastungen und Monotonie verringern, die Arbeitszufriedenheit, das Verständnis für Gesamtzusammenhänge sowie die Personaleinsatzflexibilität verbessern. Zum anderen kann der Tätigkeitsumfang um gleichartige oder ähnliche Aufgaben erweitert werden (**Job Enlargement**). Durch das rein mengenmäßige Erweitern des Tätigkeitsumfangs können einseitige Beanspruchung, Monotonie und Demotivation reduziert werden.

Neben der Gestaltung des Arbeitsumfangs ist eine weitere Form der Arbeitsteilung zu unterscheiden. Sie wird als **vertikale Spezialisierung** bezeichnet und umfasst den Umfang der unterschiedlichen Tätigkeitsebenen, der einer Stelle zugewiesen wird. Es geht um die Entscheidung, inwieweit ausführende, planende und kontrollierende Tätigkeiten in einer Hand sein sollen. Mit anderen Worten geht es bei der vertikalen Spezialisierung um den Grad der Trennung von Hand- und Kopfarbeit.

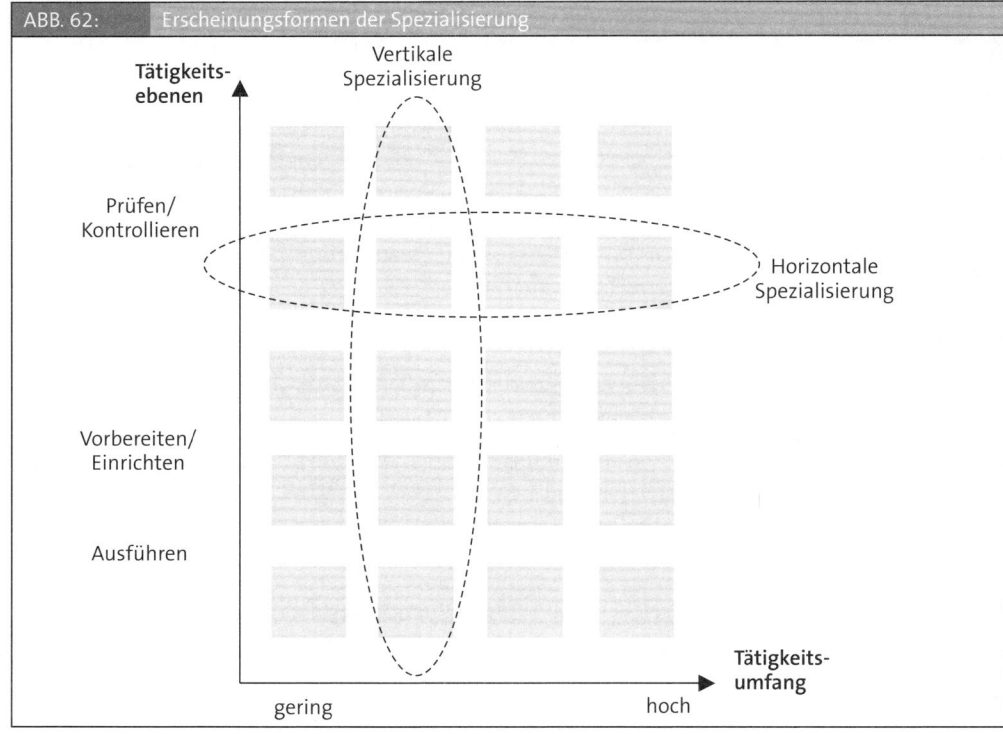

ABB. 62: Erscheinungsformen der Spezialisierung

Vorteile eines hohen Umfangs verschiedener Tätigkeitsebenen:

▶ Bietet gute Voraussetzung für eine hohe Arbeitszufriedenheit und Motivation der Arbeitskräfte und damit für eine quantitativ und qualitativ bessere Arbeitsleistung.

▶ Trägt zum Reduzieren von Reaktionszeiten und damit zum Erhöhen der Flexibilität bei.

▶ Fördert Eigeninitiative und persönliches Engagement der Arbeitskräfte.

Nachteile eines hohen Umfangs verschiedener Tätigkeitsebenen:

▶ Erfordert relativ hohe fachliche Qualifikation der Arbeitskräfte.

▶ Die Bereitschaft der Arbeitskräfte zur Übernahme qualitativ höherwertiger und verantwortlicher Tätigkeiten ist nicht immer gegeben.

▶ Hohe Personalkosten aufgrund steigender Qualifikationsanforderungen.

Die qualitative Erweiterung des Tätigkeitsspektrums um zusätzliche Tätigkeitsebenen wird als Arbeitsbereicherung, **Job Enrichment** oder Aufgabenintegration bezeichnet. Sie ist eine typische Maßnahme, um unerwünschte Folgen einer als zu hoch empfundenen vertikalen Spezialisierung (d. h. geringem Umfang verschiedener Tätigkeitsebenen) zu vermeiden.

Beim Konzept der **teilautonomen Arbeitsgruppe** werden die Konzepte des Arbeitsplatzwechsels, der Arbeitserweiterung sowie der Arbeitsbereicherung verknüpft und auf eine Gruppensituation übertragen (vgl. Antoni 2003, S. 413). Hierbei erhält eine Arbeitsgruppe einen zusammenhängenden Aufgabenbereich, der innerhalb der Gruppe in Teilaufgaben aufgeteilt wird. Es wird ein flexibler Einsatz der Mitarbeiter angestrebt, so dass sich für die einzelnen Mitglieder je nach

Arbeitsteilung erweiterte oder auch bereicherte Arbeitsinhalte ergeben. Abhängig von der gruppeninternen Arbeitsteilung ergeben sich ähnliche Effekte wie beim systematischen Arbeitsplatzwechsel, der Arbeitserweiterung oder Arbeitsbereicherung. Da der Gruppe dabei nicht nur die Ausführung, sondern auch die Planung und Kontrolle der Arbeit weitgehend übertragen wird, spricht man auch von teilautonomen oder selbstregulierenden Gruppen. Eine vollkommene Autonomie der Gruppe ist meist aufgrund innerbetrieblicher Arbeitszusammenhänge eher die Ausnahme. Der Entscheidungsspielraum einer Gruppe hört in der Regel spätestens dort auf, wo er den anderer Gruppen oder übergeordnete Vorgaben (z. B. Fertigstellungstermine, Qualitätsziele, Planmengen) berührt.

BEISPIEL: für eine teilautonome Arbeitsgruppe

Eine Fertigungsinsel erhält die Aufgabe, eine bestimmte Teilefamilie (z. B. mittelgroße Pumpen) komplett herzustellen. Neben den verschiedenen ausführenden Arbeiten werden der Gruppe auch die Qualitätskontrolle, kleinere Wartungs- und Reparaturarbeiten, die Materialdisposition sowie Reinigungs- und Transportarbeiten übertragen. Die Gruppe regelt die interne Arbeitsverteilung, die Planung der Arbeits- und Urlaubszeiten, die Feinsteuerung von Fertigungsaufträgen und die gruppeninterne Optimierung von Arbeitsbedingungen und -abläufen selbst.

Bei jeder Form der Artteilung bzw. Spezialisierung entstehen Schnitt- bzw. Nahtstellen zwischen verschiedenen Organisationseinheiten. Um reibungslose Prozesse sicher zu stellen, sollte den Schnittstellen ausreichend Beachtung geschenkt werden.

3.2.3 Arbeitsfolgen

Ein gut funktionierender Prozess zeichnet sich dadurch aus, dass alle erforderlichen Prozessschritte durchgeführt und so aufeinander abgestimmt werden, dass die Durchlaufzeit möglichst gering und – bei der Einbindung verschiedener Personen – die Auslastung der einzelnen Stellen gleichzeitig möglichst hoch ist. Zudem ist durch ein sinnvolles Aneinanderreihen der einzelnen Teilprozesse bzw. Prozessschritte sicher gestellt, dass die gewünschte Ergebnisqualität erreicht wird. Dies macht deutlich, dass die Festlegung der Arbeitsfolge ein weiterer zentraler Gestaltungsparameter der Prozessorganisation ist.

Sofern die Reihenfolge einzelner Teilprozesse bzw. Prozessschritte nicht zwangsläufig gegeben ist, muss eine sachlich sinnvolle und logische Arbeitsfolge gebildet werden. Hierfür stehen sechs Grundformen zur Verfügung, mit denen sich selbst die kompliziertesten Abläufe ordnen lassen (vgl. Fischermanns/Liebelt 2000, S. 47 ff.):

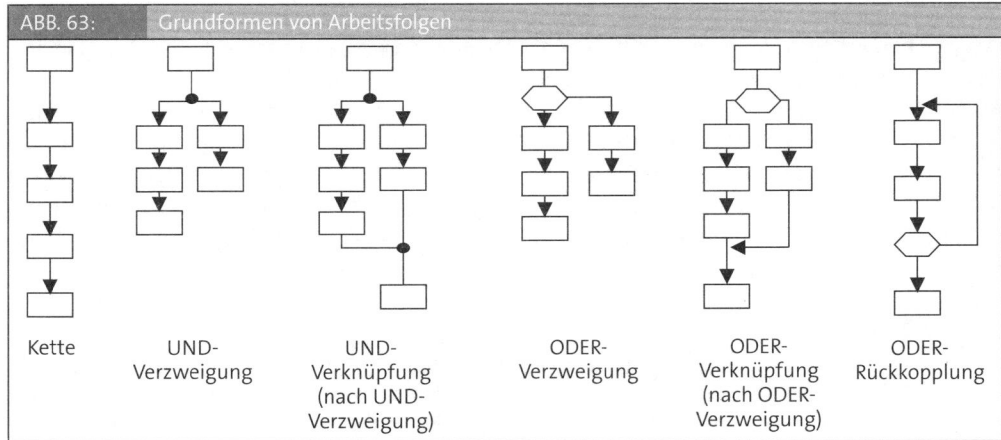

ABB. 63:   Grundformen von Arbeitsfolgen

Kette · UND-Verzweigung · UND-Verknüpfung (nach UND-Verzweigung) · ODER-Verzweigung · ODER-Verknüpfung (nach ODER-Verzweigung) · ODER-Rückkopplung

Lassen sich alle Arbeiten nacheinander bearbeiten, ohne dass eine Verzweigung erforderlich ist, spricht man von einer **Kette (auch sequentielle Bearbeitung)**.

Können Arbeiten nebeneinander durchgeführt werden, bezeichnet man dies als **Und-Verzweigung** (auch parallele Bearbeitung). Durch eine Parallelbearbeitung von Arbeitsschritten können Durchlaufzeiten reduziert werden. Dies ist jedoch nur möglich, wenn in ausreichendem Umfang fachlich qualifizierte Stellen vorhanden sind, um die zu jeweiligen Objekte (z. B. Kundenaufträge, Anträge) zu bearbeiten und/oder die erforderlichen Arbeiten auszuführen.

Bei Aufgaben, die zunächst arbeitsteilig bearbeitet werden können, dann jedoch wieder zusammengeführt werden müssen, um ein Ganzes als Endresultat zu ergeben, handelt es sich um so genannte **Und-Verknüpfungen**. Dies ist etwa beim Herstellen einer Maschine der Fall, bei der die Fertigung einzelner Teile und Baugruppen zunächst unabhängig voneinander erfolgt, bevor schließlich alle Komponenten in der Endmontage zusammengebaut werden. Da die einer Zusammenführung direkt folgenden Arbeiten erst ausgeführt werden können, wenn beide Vorgänger komplett durchlaufen sind, entstehen für das Objekt, das schneller eintrifft, Warte- und Liegezeiten. Um diese möglichst gering zu halten, sollten Parallelläufe so gestaltet werden, dass sie zeitlich gleich lang sind bzw. möglichst kleine Zeitdifferenzen aufweisen. Man spricht in diesem Zusammenhang auch von Taktabstimmung.

Von einer **Oder-Verzweigung** spricht man, wenn Arbeitsfolgen davon abhängig sind, ob bestimmte Bedingungen erfüllt sind. Ist beispielsweise die Bonität eines potenziellen Kunden gegeben, dann erfolgt die Ausfertigung der Vertragsunterlagen. Ist sie nicht gegeben, erhält der Interessent eine standardisierte schriftliche Absage. Da es sich hierbei um Aufgaben handelt, deren Bearbeitung sich gegenseitig ausschließen, spricht man auch von einer exklusiven Oder-Beziehung.

Aufgaben, deren Bearbeitung sich zunächst ausschließen, die später jedoch eine gemeinsame Fortsetzung haben und deshalb wieder zusammengeführt werden, nennt man **Oder-Verknüpfung**. So ist es zum Beispiel für eine effiziente Auftragsannahme wichtig zu unterscheiden, ob ein Auftrag schriftlich oder telefonisch erteilt wurde. Für die spätere Auftragsbearbeitung muss dies jedoch keine Rolle mehr spielen, so dass die alternativen Arbeitsabläufe hier wieder zusammengeführt werden können.

Ist der Fortgang eines Prozesses an eine Bedingung geknüpft und sind die davor liegenden Teil-prozesse bzw. Prozessschritte so lange zu durchlaufen, bis die jeweilige Bedingung erfüllt ist, handelt es sich um eine **Oder-Rückkopplung**. Dies ist z. B. der Fall, wenn an einer Stelle im Ar-beitsprozess geprüft wird, ob alle erforderlichen Informationen für die Annahme einer Kunden-bestellung vorhanden sind. Eine Auftragsfreigabe kann erst erfolgen, wenn alle Auftragsdaten vorhanden sind. Das Festlegen von Prüfpunkten (auch Gateways, Quality Gates), an denen im Arbeitsprozess das Vorhandensein von Bedingungen überprüft wird, kann in Führungsprozessen helfen, relevante Compliance-Anforderungen zu erfüllen.

Ob eine Arbeitsfolge sachlich sinnvoll und logisch ist, kann nur im Einzelfall beantwortet wer-den. „Logisch" bedeutet dabei, dass die Erfüllung von Aufgaben oder Aufgabenfolgen von Bedin-gungen abhängig gemacht werden können (vgl. Fischermanns/Liebelt 2000, S. 45). Mit Hilfe von Flussdiagrammen lassen sich Arbeitsabläufe transparent machen und mögliche Probleme (z. B. Fehlen von Prozessschritten oder ungünstige Abfolge) gut erkennen (vgl. Kap. 3.4.4).

3.2.4 Arbeitsort

Die Entscheidung, wo einzelne Prozesse, Teilprozesse oder Arbeitsschritte durchgeführt werden, weist verschiedene Dimensionen und damit Gestaltungsebenen auf (vgl. Abb. 64). Sie alle ha-ben Einfluss auf die Durchlauf- und Reaktionszeiten sowie die Kosten von Prozessen.

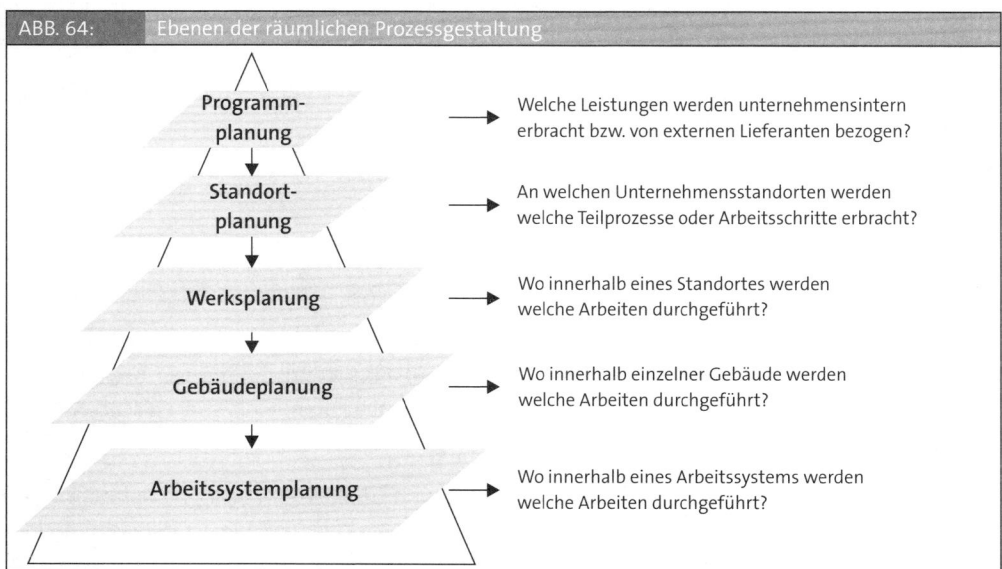

ABB. 64: Ebenen der räumlichen Prozessgestaltung

Ebene	Leitfrage
Programmplanung	Welche Leistungen werden unternehmensintern erbracht bzw. von externen Lieferanten bezogen?
Standortplanung	An welchen Unternehmensstandorten werden welche Teilprozesse oder Arbeitsschritte erbracht?
Werksplanung	Wo innerhalb eines Standortes werden welche Arbeiten durchgeführt?
Gebäudeplanung	Wo innerhalb einzelner Gebäude werden welche Arbeiten durchgeführt?
Arbeitssystemplanung	Wo innerhalb eines Arbeitssystems werden welche Arbeiten durchgeführt?

Zunächst ist im Rahmen der strategischen **Programmplanung** festzulegen, welche Leistungen im Unternehmen erbracht und welche von externen Anbietern bzw. Lieferanten bezogen wer-den sollen (Make-or-Buy-Entscheidung).

Outsourcing

Werden einzelne Aufgaben, Funktionen oder komplexe Prozesse, die bislang im Unternehmen selbst erbracht wurden, dauerhaft von einem Externen bezogen, spricht man von Outsourcing. Im Zusammenhang mit dem Auslagern von Unternehmensprozessen wird zunehmend auch von Business Process Outsourcing (BPO) gesprochen. Die Wiedereingliederung von Aktivitäten, die einmal ausgelagert worden waren, wird als Insourcing bezeichnet.

Chancen des Outsourcing:

▶ Bessere Konzentration auf die Kernkompetenzen durch Entlastung von Aktivitäten, die nur Randbereiche darstellen.

▶ Steigern der Leistungsqualität durch Auslagern von Aktivitäten an Externe, die auf dem betreffenden Gebiet über eine hohe Professionalität verfügen.

▶ Erhöhen der Effizienz, indem Aktivitäten nicht unverändert ausgelagert, sondern vom Outsourcing-Partner möglichst effizient umgestaltet werden.

▶ Reduzieren der Kosten bzw. Umwandeln von fixen in variable Kosten.

▶ Beseitigen von Kapazitätsengpässen und damit der Flexibilität gegenüber Nachfrageschwankungen.

Risiken des Outsourcing:

▶ Erhöhte Abhängigkeit von Externen, insbesondere wenn bei komplexen Leistungen die Auslagerung nicht kurzfristig rückgängig gemacht werden kann.

▶ Geringere Leistungsqualität infolge zu spät erkannten Kompetenzmängeln des Outsourcing-Partners.

▶ Verlust von Know-how an Outsourcing-Partner.

▶ Unerwartete Zusatzkosten infolge hoher Koordinations- oder Steuerungsaufwendungen.

Die Chancen und Risiken eines Outsourcing können nur situationsspezifisch qualifiziert beurteilt werden. Bei der Entscheidung über den Umfang des Produktionsprogramms bzw. der Auslagerung von Tätigkeiten an Externe sollten neben Kostenkalkülen auch strategische Aspekte ausreichend berücksichtigt werden.

Um beim Auslagern von Prozessen den Nutzen hoch und die Risiken gering zu halten, sollten vor allem solche Prozesse ausgelagert werden, die einerseits eine geringe strategische Bedeutung für das Unternehmen und andererseits ein hohes Standardisierungspotenzial aufweisen. In nachfolgendem Portfolio sind dies Prozesse, die im unteren linken Quadranten angesiedelt sind.

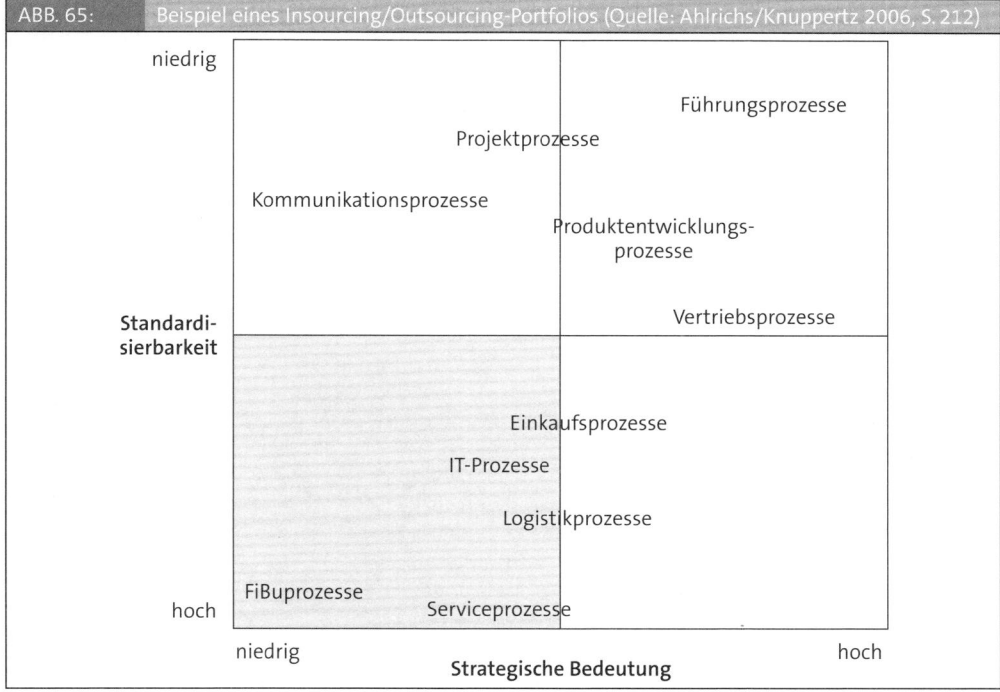

ABB. 65: Beispiel eines Insourcing/Outsourcing-Portfolios (Quelle: Ahlrichs/Knuppertz 2006, S. 212)

Aufbauend auf die Make-or-Buy-Entscheidung stellt sich die Frage, an welchem Standort welche Leistungen in welchem Umfang erbracht werden sollen. Bei dieser Entscheidung können sehr unterschiedliche Kriterien zum Tragen kommen, wie zum Beispiel:

Standortkriterien (Beispiele)	Erläuterungen
Infrastruktur	Verfügbarkeit, Lage, verkehrstechnische Anbindung, Beschaffenheit und Preis von Immobilien
Arbeitsmarkt	Ausreichende Verfügbarkeit von qualifizierten Arbeitskräften, Höhe der Arbeitskosten
Absatzmarkt	Räumliche Nähe zu potenziellen Abnehmern, Marktvolumen und zu erwartendes Marktwachstum, Wettbewerbssituation
Staat	politische Stabilität, Steuern und Subventionen, Gesetze und Vorschriften, Rechtssicherheit
Umwelt(-schutz)	Verfügbarkeit natürlicher Ressourcen, behördliche Vorschriften und Auflagen, Kosten für Umweltschutzmaßnahmen

Welche Kriterien bei der **Standortwahl** zu berücksichtigen und wie diese im Einzelnen zu gewichten sind, kann nur situationsspezifisch beurteilt werden.

Ist die Entscheidung über die Standorte getroffen, ist festzulegen, wo an den jeweiligen Standorten, wo in den einzelnen Firmengebäuden (**Gebäudeplanung**) und wo innerhalb der zahlreichen Arbeitssysteme (**Arbeitssystemplanung**) welche Arbeiten durchgeführt werden sollen.

Im **Fertigungsbereich** werden hinsichtlich der räumlichen Anordnung der Arbeitsplätze die idealtypischen Organisationsformen der Werkstatt-, Fließ- und Gruppenfertigung unterschieden (vgl. Abb. 66). Während in der **Werkstattfertigung** Arbeitskräfte und Maschinen räumlich so angeordnet sind, dass gleichartige Verrichtungen in so genannten Werkstätten zusammengefasst werden, zeichnet sich die **Fließfertigung** durch eine räumliche Anordnung von Menschen und Maschinen entlang dem Produktionsprozess aus. Bei der **Gruppenfertigung** werden zunächst Mensch und Maschine nach dem Objektprinzip (z. B. nach Produktgruppen) räumlich zusammengefasst. Innerhalb der Gruppen bzw. Fertigungsinseln findet dann meist das Fließprinzip Anwendung. Dies kann beispielsweise durch eine U-förmige Anordnung der Maschinen erfolgen, die es den Arbeitskräften ermöglicht, mehrere Tätigkeiten in der Reihenfolge des Produktionsprozesses auszuführen, ohne aufgrund langer Wege zu einer losweisen Fertigung gezwungen zu sein (vgl. Kummer 2006, S. 244).

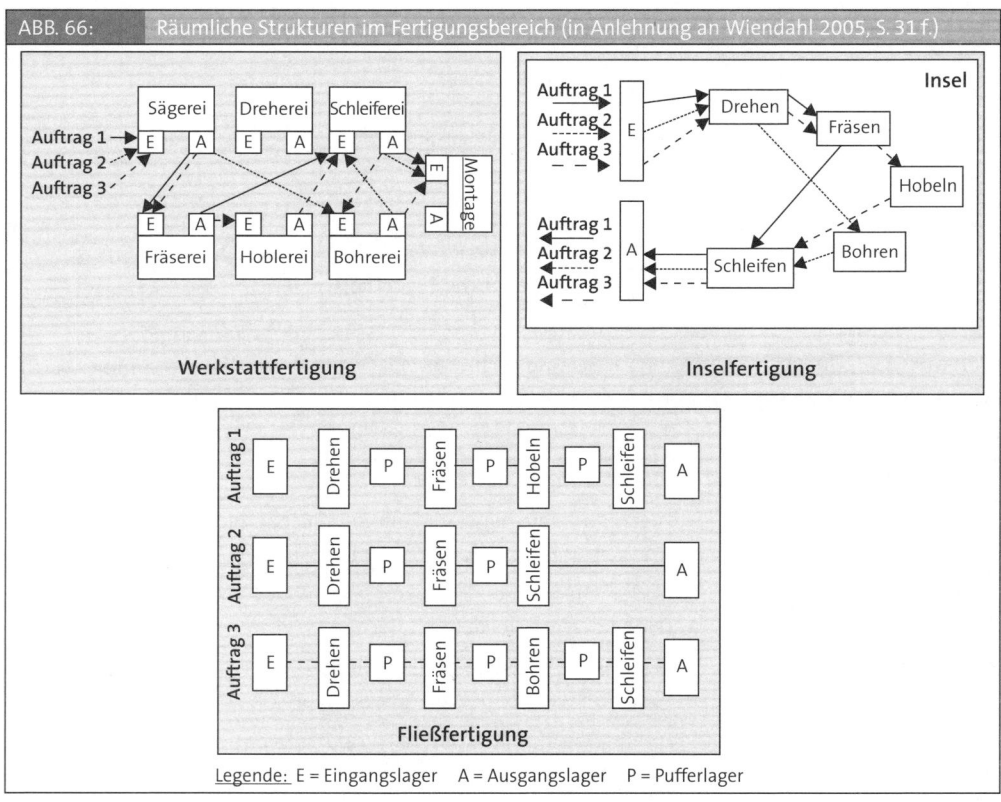

ABB. 66: Räumliche Strukturen im Fertigungsbereich (in Anlehnung an Wiendahl 2005, S. 31 f.)

Legende: E = Eingangslager   A = Ausgangslager   P = Pufferlager

Im **Büro- und Verwaltungsbereich** spielt dagegen die räumliche Anordnung der Arbeitsplätze mit zunehmendem Einsatz moderner Informations- und Kommunikationstechniken (z. B. Workflow-Systeme, integrierte DV-Systeme, Email usw.) in der Regel eine geringere Rolle. Durch ihre Funktionalität ermöglichen diese Techniken, nicht nur bestehende Prozesse schneller und kostengünstiger, sondern auch völlig neu zu gestalten. Sie eröffnen neue Gestaltungsspielräume bei der Aufgabenintegration und der räumlichen Dezentralisation. Beispielsweise können einer Stelle durch den problemlosen Zugriff auf eine Fülle elektronisch gespeicherter Daten mehr Aufgaben übertragen werden als dies beim Einsatz traditioneller, papierbasierter Archivsysteme denkbar wäre. Dies ermöglicht beispielsweise in der Versicherungswirtschaft die wirtschaftliche Umsetzung einer kundenorientierten Rundumbetreuung, bei der ein Kunde für alle Versicherungsarten durch eine einzige Stelle betreut wird. Ferner eröffnen moderne Informations- und Kommunikationstechniken die Chance, Büroarbeiten an jeden beliebigen Ort zu verlagern (vgl. auch virtuelle Organisation, Kap. 4.1.5).

Auch wenn die Bedeutung der räumlichen Anordnung von Arbeitsplätzen im Bürobereich tendenziell geringer ist als im Fertigungsbereich, so bietet sie auch hier einen viel versprechenden Ansatz zur Effizienzsteigerung. Grund ist, dass sich trotz moderner Technik die räumliche Nähe infolge der direkten Kommunikation und der Entstehung informeller Strukturen sehr positiv auf die Arbeitsproduktivität, etwa eines funktionsübergreifenden Kundenbetreuungsteams, auswirken kann.

Im Sinne einer effizienten Prozessorganisation sollten auf allen Ebenen der Prozessgestaltung die Teilprozesse und Prozessschritte räumlich so angeordnet werden, dass die erforderlichen Transportwege möglichst gering sind. Insbesondere beim Gestalten materieller Prozesse, in denen Rohstoffe, Halb- oder Fertigerzeugnisse bearbeitet und transportiert werden, haben räumliche Distanzen zwischen Bearbeitungs- oder Lagerstationen maßgeblichen Einfluss auf die Länge der Transportwege und damit auf die Durchlaufzeit und Wirtschaftlichkeit von Prozessen. Die Auswirkungen auf die Durchlaufzeit ergeben sich nicht nur durch die eigentliche Transportzeit, sondern auch durch Liegezeiten vor den einzelnen Bearbeitungsstationen. Die Wirtschaftlichkeit des Prozesses wird hauptsächlich durch die Kosten für Transportpersonal, Transportmittel und das in den Materialbeständen gebundene Umlaufvermögen beeinflusst.

3.2.5 Arbeitsmethode

Beim Gestalten von Arbeitsprozessen kann es sinnvoll sein, die Entscheidung, wie eine bestimmte Arbeit gemacht wird, nicht dem Einzelnen zu überlassen, sondern generell zu regeln. Ob jedoch generelle Regelungen hinsichtlich der anzuwendenden Arbeitsmethodik sinnvoll sind und wenn ja, welche die effizienteste ist, kann nur im Einzelfall beurteilt werden.

Je nach Aufgabenstellung kann die Arbeitsmethodik ganz unterschiedliche Formen annehmen. In der industriellen Produktion etwa kann es um die Wahl des wirtschaftlichsten Bearbeitungsverfahrens (z. B. Bohren, Drehen, Erodieren, Laserschneiden usw.) gehen. Im administrativen Bereich kann es z. B. zu entscheiden sein, mittels welcher Methodik Aufträge oder Projekte geplant, kalkuliert und überwacht oder die Produktqualität gemessen werden soll.

BEISPIELE: ▶ **für Arbeitsmethoden aus dem betriebswirtschaftlichen Bereich**

▶ Wirtschaftlichkeitsermittlung: Die ökonomische Vorteilhaftigkeit eines Investitions- oder Projektvorhabens kann auf unterschiedliche Art und Weise ermittelt werden. Die Rechenverfahren werden grob in statische und dynamische Ansätze unterschieden, für die jeweils verschiedene Methoden existieren (vgl. Däumler/Grabe 2007).

▶ Preiskalkulation: Die Preiskalkulation kann mit Hilfe unterschiedlicher Rechenschemata erfolgen. Zwei große Gruppen von Kalkulationsverfahren sind zu unterscheiden: die Divisions- und die Zuschlagskalkulation. Beiden Gruppen können wiederum jeweils eine Reihe von Kalkulationsverfahren zugeordnet werden.

▶ Material-, Auftrags- bzw. Fertigungssteuerung: Hierbei lassen sich zwei grundlegend unterschiedliche Ansätze unterscheiden. Das Push-Prinzip (sog. schiebende Produktion) steht für eine Materialsteuerung, bei der mittels zentraler Steuerungsinformationen (insb. Absatzprognosen) die Auslastung optimiert wird, indem große Mengen an Material und Vorfabrikaten bereitgestellt werden. Da dies ohne Rücksicht auf den tatsächlichen Bedarf der nachfolgenden Prozesse geschieht, sind meist umfangreichere Lager erforderlich. Im Gegensatz dazu wird beim Pull-Prinzip (sog. ziehende Produktion) das Material mittels sich selbst steuernder Regelkreise durch den Fertigungsprozess „gezogen". Die einzelnen Stufen erhalten ihre Fertigungsimpulse von den jeweils vorgelagerten Stufen (vgl. Kap. 4.1.1). So wird in jedem Prozessschritt nur die Menge hergestellt, die vom direkt nachfolgenden Prozessschritt (verbrauchende Stelle) in kürzest möglicher Zeit verbraucht wird. Ein Kanbansystem ist eine typische Anwendung des Pull-Prinzips (vgl. Kiener et al. 2006, S. 275 ff.).

In der Regel ist jede Arbeitsmethode mit spezifischen Vor- und Nachteilen sowie unterschiedlichen Aufwendungen verbunden. Die Einführung oder Änderung der Arbeitsmethodik kann ein Ansatz zum Verbessern der Prozessleistung sein. Die Standardisierung von Arbeitsweisen erfolgt häufig durch den Einsatz von Verfahrensrichtlinien, Formularen, Schemata oder Checklisten.

Oft ist die Arbeitsmethodik eng mit den jeweiligen Arbeitsmitteln verbunden, da nicht selten eine bestimmte Arbeitsweise den Einsatz bestimmter Arbeitsmittel erfordert oder umgekehrt. Ein Zusammenhang ist jedoch nicht zwingend.

Vorteile der Standardisierung von Arbeitsmethoden:

► Niedrige Herstellkosten durch effizientere Ressourcennutzung.

► Niedrige Durchlaufzeiten durch verbindliche Anwendung bewährter Arbeitsmethoden (sog. Best Practice).

► Verbesserte Prozessqualität (z. B. weniger Fehler, höhere Prozesssicherheit) durch verbindliche Anwendung bewährter Arbeitsmethoden (sog. Best Practice).

► Bietet gute Basis für Vergleichbarkeit von Organisationseinheiten (z. B. im Zuge von Zeitreihenanalysen, internen oder externen Benchmarkingprojekten).

Nachteile der Standardisierung von Arbeitsmethoden:

► Zeit- und Kostenaufwand für das Erstellen und Aktualisieren von Standards.

► Geringere Möglichkeiten zur Flexibilität und Kreativität von Arbeitskräften.

► Geringe Akzeptanz bzw. Ablehnung bei den Betroffenen, da durch Standards individuelle Handlungsspielräume eingeschränkt werden.

Eine Standardisierung macht tendenziell überall dort Sinn, wo in einer großen Zahl weitgehend identische Arbeitsprozesse zu bewältigen sind und Kosten, Durchlaufzeit und/oder Prozessqualität eine wichtige Rolle spielen.

3.2.6 Arbeitsmittel

Arbeitsprozesse werden seit Urzeiten wesentlich von den eingesetzten Werkzeugen und Arbeitsmitteln bestimmt. Sie haben erheblichen Einfluss auf Bearbeitungszeiten, Arbeitsqualität und Herstellkosten. Dies gilt in produzierenden wie in administrativen Bereichen gleichermaßen. Das verfügbare Spektrum an Arbeitsmitteln und -werkzeugen ist in aller Regel groß. In Produktionsbereichen reicht es zum Beispiel von einfachen Messmitteln über konventionelle Werkzeugmaschinen bis in hochautomatisierte Fertigungsstraßen. Im Bürobereich spielen heutzutage vor allem Arbeitsmittel aus dem Bereich der Informations- und Kommunikationstechnologien eine zentrale Bedeutung. Das Spektrum reicht hier vom einfachen Personal Computer bis hin zu unternehmensweiten Workflow-Systemen. Mit ihrer Hilfe lassen sich Prozesse nicht nur beschleunigen und kostengünstiger gestalten, sondern ihre Funktionalität eröffnet vielfältige Chancen für völlig neue Organisationsformen in Unternehmen sowie deren zwischenbetriebliche Zusammenarbeit. Wie sich Informationstechnologien auf Prozesse auswirken können, macht Abbildung 67 deutlich.

ABB. 67:	Auswirkungen von Informationstechnologien auf die Gestaltung von Arbeitsabläufen (in Anlehnung an Davenport 1993, S. 51)
Auswirkungen von Informationstechnologien	**Bedeutung für die Gestaltung von Arbeitsprozessen**
Automatisierung	Ersetzen menschlicher Arbeit
Informatisierung	Sammeln von Prozessinformationen
Sequentialisierung und Parallelisierung	Veränderung der Arbeitsfrequenz sowie Ermöglichen simultaner Bearbeitung
Zielorientierung	Verfolgung des Prozessstatus und Bearbeitungszustandes
Verbesserte Analyse	Verbesserung der Möglichkeit zur Analyse der gewonnenen Informationen und der Entscheidungsfindung
Überwindung geografischer Distanzen	Koordination von Prozessen über große Entfernung
Integration von Aufgaben	Koordination zwischen Teilaufgaben
Vergrößerung der intellektuellen Verarbeitungskapazität	Verbesserung der Generierung und Verbreitung von Wissen
Eliminierung von Schnittstellen	Minimierung kritischer Abhängigkeiten aus den Prozessen

Die Erhöhung der Anzahl eingesetzter Arbeitsmittel (Betriebsmittelkapazität) und die Erhöhung der Leistungsfähigkeit der eingesetzten Arbeitsmittel (z. B. verbesserte Geschwindigkeit) sind wichtige Parameter beim Gestalten effizienter Prozesse. Dies gilt vor allem in den Fällen, in denen der Einsatz von Arbeitsmitteln der menschlichen Arbeit in Bezug auf Arbeitsgeschwindigkeit oder -qualität überlegen ist oder in denen aufgrund eines Kapazitätsengpasses eine geforderte Prozessleistung nicht erbracht werden kann.

Eine zentrale Frage bei der Auswahl von Arbeitsmitteln lautet: Welcher Automatisierungsgrad ist unter den gegebenen Rahmenbedingungen am sinnvollsten bzw. effizientesten? Unter Automatisierung wird dabei verstanden, dass einzelne Arbeitsschritte selbstständig von Maschinen durchgeführt werden. Auch wenn diese Frage nur situationsspezifisch beantwortet werden kann, lassen sich folgende Chancen und Risiken einer Automatisierung von Prozessen erkennen:

Vorteile der Automatisierung:

▶ Entlastet Arbeitskräfte von den Folgen physisch oder psychisch belastender Tätigkeiten.

▶ Reduziert Personalkosten, indem menschliche Arbeit durch Maschinen mehr oder weniger ersetzt wird.

▶ Erhöht die Arbeitsgeschwindigkeit, da Maschinen in der Regel Routineaufgaben schneller bewältigen können als Menschen.

▶ Gewährleistet eine gleich bleibende Qualität auch bei hohen Stückzahlen.

Nachteile der Automatisierung:

► Hohe Investitionskosten und damit hohe Fixkosten.

► Abhängig von der eingesetzten Technologie reduziert es die Flexibilität gegenüber geänderten Marktanforderungen.

► Sie kann in kundennahen Aufgabenbereichen (z. B. Call Center, Auftragsannahme, Hotline) auf geringe Akzeptanz stoßen, da Maschinen als weniger persönlich wahrgenommen werden.

Tendenziell bietet sich aus wirtschaftlichen Gründen das Automatisieren von Arbeitsschritten vor allem bei manuellen Tätigkeiten an, die sehr häufig in identischer Weise durchzuführen sind. Beim Einsatz neuer Informations- und Kommunikationstechniken empfiehlt es sich, in den betreffenden Arbeitsbereichen nach dem Motto „Organisation vor Technik" zunächst die Aufbau- und Prozessorganisation effizient zu gestalten. In der Regel lassen sich die Nutzenpotenziale dieser Techniken besser ausschöpfen, wenn sie unter geeigneten organisatorischen Rahmenbedingungen eingesetzt werden.

3.3 Vorgehensweise zum Gestalten von Prozessen

Das Gestalten und Optimieren von Prozessen gehört mit zu den originären Führungsaufgaben. Daran ändert auch die Tatsache nichts, dass diese Aufgabe oft an interne oder externe Organisationsspezialisten delegiert wird. Je nachdem, auf welcher Ebene der Prozesshierarchie Abläufe zu gestalten oder zu optimieren sind, ist dies Aufgabe des unteren, mittleren oder höheren Managements.

Vor allem im Zuge der Diskussion um die Optimierung bereichsübergreifender Prozesse (sog. Geschäftsprozesse) sind in den letzten Jahren zahlreiche Publikationen zur Vorgehensweise bei der Prozessgestaltung erschienen. Die meisten stammen aus der Unternehmens-, vor allem aber aus der Beratungspraxis und basieren mehr auf praktischen Erfahrungen als auf theoretischen Überlegungen. Es ist daher nicht verwunderlich, dass sowohl hinsichtlich einzelner Begrifflichkeiten als auch der Vorgehensweisen inzwischen eine kaum noch überschaubare Vielfalt an Vorschlägen existiert. Trotz aller Unterschiedlichkeit der Ansätze lassen sich fünf zentrale Schritte zum Optimieren von Prozessen nennen (vgl. Abb. 68):

1. Prozesse definieren

2. Prozesse transparent machen

3. Prozesse organisieren

4. Neu gestaltete Prozesse einführen

5. Prozessleistung kontinuierlich ermitteln und verbessern

Die konkrete Ausgestaltung der einzelnen Schritte ist in erster Linie abhängig von der jeweiligen Prozessart und der Ebene in der Prozesshierarchie. Mit Blick auf die generellen Ausführungen zur Vorgehensweise in Veränderungsvorhaben (vgl. Kapitel 5.3) liegt der Schwerpunkt der nachfolgenden Ausführungen auf den Besonderheiten beim Gestalten der Prozessorganisation.

Für jeden der folgenden fünf Schritte kann auf zahlreiche Techniken zum Gewinnen von Informationen, zum Bewerten und Beschreiben der Ist-Situation sowie zum Entwickeln und Bewerten organisatorischer Lösungen zurückgegriffen werden (vgl. Kapitel 6).

ABB. 68:	Idealtypische Vorgehensweise zur Prozessgestaltung				
Phasen	1. Prozess-definition	2. Prozess-transparenz	3. Prozess-gestaltung	4. Prozess-einführung	5. Prozess-verbesserung
Inhalte	► Unternehmens-spezifische Prozessstruktur identifizieren ► Analyse- und Gestaltungs-schwerpunkte festlegen	► Detaillierte Prozessstruktur ermitteln ► Ist-Prozesse beschreiben ► Ist-Prozesse bewerten ► Schwachstellen, ihre Ursachen und Wirkungen analysieren	► Gestaltungs-ziele festlegen ► Gestaltungs- bzw. Verbesserungs-ideen entwickeln ► Soll-Konzept entwickeln, ggf. simulieren und evaluieren	► Umsetzungskon-zept entwickeln ► flankierende Maßnahmen konzipieren ► Detaillierten Zeit- und Maßnahmen-plan ableiten ► Messgrößen für Umsetzungserfolg festlegen ► Umsetzungspro-zess überwachen und steuern	Prozessleistung kontinuierlich ermitteln und ggf. verbessern
Ergebnisse	Übersicht der zentralen Unter-nehmensprozesse und Klarheit bzgl. der Analyse- und Gestaltungs-schwerpunkte	Detaillierte Kenntnisse der Unternehmens-prozesse sowie ihrer Effizienz und Leistungs-qualität	Entscheidungs-fähiges Soll-Konzept	Umsetzung des Soll-Konzepts mit allen notwendigen Begleitmaß-nahmen	Kenntnisse der aktuellen Prozessleistung und ggf. des aktuellen Optimierungs-bedarfs

3.3.1 Prozesse definieren

Um in einem Unternehmen die Prozesse effizient gestalten zu können, ist zunächst Klarheit darüber herzustellen, wie die unternehmensspezifische Prozesslandschaft aussieht. Hierzu sind alle existierenden Prozesse auf einer hohen Aggregationsebene zu identifizieren und zu strukturieren.

(1) Unternehmensspezifische Prozessstruktur identifizieren

Was in der Theorie einfach klingt, erweist sich in der Praxis nicht selten als erste Herausforderung: Die Beantwortung der Frage, welche Prozesse notwendig sind, um die Erwartungen der Leistungsempfänger (bzw. den internen oder externen Kunden) zu erfüllen. Dies gestaltet sich vor allem deshalb schwierig, weil keine eindeutigen und objektiven Regeln zum Bestimmen von Unternehmensprozessen existieren. Das Verwenden von Prozessmodellen kann eine wertvolle Orientierungshilfe beim Identifizieren von Prozessen und deren Einordnen in die Prozesslandschaft sein. Basierend auf zwei Hypothesen haben sich folgende zwei Herangehensweisen herausgebildet:

Ausgehend von der Annahme, dass alle Unternehmen – von unternehmens- und branchenspezifischen Besonderheiten abgesehen – über weitgehend identische Unternehmensprozesse verfügen, lässt sich die Prozessstruktur mit Hilfe **standardisierter, idealtypischer Prozessmodelle** (sog. Referenzmodelle) identifizieren.

Die Modelle sind meist das Resultat umfangreicher praktischer Erfahrung von Beratern oder Softwareentwicklern. Weit verbreitet ist die Unterscheidung von Management-, Kern- und Unterstützungsprozessen (vgl. Abb. 54). Darüber hinaus finden sich in Literatur und Beratungspraxis eine Vielzahl weiterer Prozessmodelle, die hinsichtlich Anzahl, Strukturierung, Begrifflichkeit und Inhalt zum Teil erhebliche Unterschiede aufweisen (vgl. Schmelzer/Sesselmann 2008, S. 230 ff.).

Beispielsweise bietet die SAP AG, der weltweit führende Anbieter betriebswirtschaftlicher Standardsoftware, unter der Bezeichnung „Solution Maps" eine Vielzahl solcher Geschäftsprozessmodelle an, die regelmäßig aktualisiert und an neue betriebswirtschaftliche und technologische Anforderungen angepasst werden (vgl. SAP 2007).

Weit verbreitet ist auch das Supply Chain Operation Reference-Modell (SCOR) zur Beschreibung von unternehmensinternen und unternehmensübergreifenden Geschäftsprozessen, das von der Supply Chain Council (SSC), einer unabhängigen Non-Profit-Organisation entworfen wurde (vgl. http://www.supply-chain.org).

Bei Anwendung idealtypischer Prozessmodelle ist im Einzelfall zu prüfen, welches Modell am besten der eigenen Situation gerecht wird und mit welchem Aufwand es gegebenenfalls angepasst werden kann. Dies wird jedoch mitunter dadurch erschwert, dass in den idealtypischen Prozessmodellen die einzelnen Prozesse nur grob beschrieben sind und daher einen breiten Interpretationsspielraum eröffnen.

Geht man dagegen von der Annahme aus, dass in jedem Unternehmen weitestgehend spezifische Prozesse zu bewältigen sind, lassen sich diese auch nur mittels **unternehmensspezifischer Prozessmodelle** identifizieren. Beim Identifizieren unternehmensspezifischer Prozesse können strategische Aspekte, konkrete Probleme und Schwachstellen oder auch vorhandene Aktivitäten im Vordergrund stehen. Werden ausgehend von der Strategie eines Unternehmens die Prozesse schrittweise heruntergebrochen, spricht man von einer Top-down-Vorgehensweise. Beim Bottom-up-Ansatz werden einzelne Aktivitäten auf der untersten Prozessebene schrittweise zu Prozessschritten, Teilprozessen und Geschäftsprozessen zusammengefasst (vgl. Schmelzer/Sesselmann 2008, S. 122; Gaitanides et al. 1994, S. 6).

Unabhängig davon, ob ein idealtypisches oder ein unternehmensspezifisches Prozessmodell verwendet wird, ist das Ergebnis dieses ersten Arbeitsschrittes eine mehr oder weniger aggregierte Übersicht der existierenden Prozesse (auch Prozess-Architektur, Prozesshierarchie, Prozesslandschaft oder Process-Map genannt).

(2) Analyse- und Gestaltungsschwerpunkte festlegen

In aller Regel ist auch im Zuge von Optimierungsprojekten nicht die gesamte Prozesslandschaft eines Unternehmens verbesserungsbedürftig. Selbst wenn dies der Fall sein sollte, ist meist aufgrund begrenzter finanzieller und personeller Ressourcen das Priorisieren einzelner Geschäftsprozesse oder Teilprozesse erforderlich. Als Bewertungstechniken können hierfür Checklisten, Nutzwertanalysen oder Bewertungsmatrizen (sog. Prozess-Portfolios) eingesetzt werden (vgl.

Kapitel 6.7). Vor allem Prozess-Portfolios erfreuen sich großer Beliebtheit. Mit ihrer Hilfe können Unternehmensprozesse anhand ausgewählter Kriterien unternehmensspezifisch bewertet und entsprechend ihrer Bedeutung für die weitere Analyse und Optimierung priorisiert werden (vgl. Abb. 69). Welche Prozesse beispielsweise bezüglich Unternehmenserfolg und Kundennutzen relevant sind kann nur im Einzelfall beurteilt werden, da dies von der Branche, der Unternehmensstrategie und anderen Faktoren abhängig ist. Beispielsweise sind in einem produzierenden Unternehmen mit großer Fertigungstiefe. andere Geschäftsprozesse relevant als in einem reinen Montage- oder einem Handelsunternehmen.

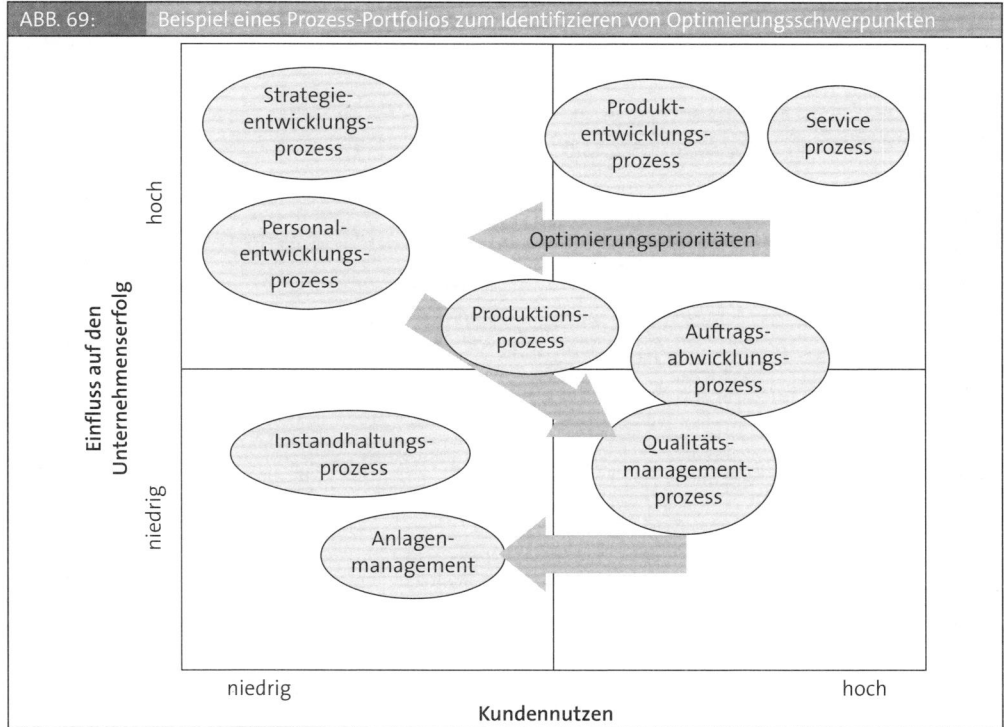

ABB. 69:   Beispiel eines Prozess-Portfolios zum Identifizieren von Optimierungsschwerpunkten

3.3.2   Prozesse transparent machen

Sind die Unternehmensprozesse auf einer vergleichsweise abstrakten Ebene identifiziert und hinsichtlich ihres Optimierungsbedarfs priorisiert, gilt es, die Ist-Situation der ausgewählten Prozesse genauer zu analysieren. Die detaillierte Kenntnis der Ausgangssituation ist Voraussetzung für eine zielgerichtete Prozessoptimierung. Für das Herstellen der Prozesstransparenz sind die ausgewählten Prozesse detailliert zu **beschreiben und** zu **bewerten**.

In der Praxis ist dies eine der aufwändigsten und kritischsten Phasen, da hier mittels mehr oder weniger umfangreicher Datenerhebungen und -auswertungen die Grundlagen für die nachfolgende Prozessgestaltung gewonnen werden. Meistens gilt es in dieser Phase mit möglichst geringem Aufwand in vergleichsweise kurzer Zeit qualitativ hochwertige Ergebnisse zu erzielen.

Dieser Zielkonflikt zwischen Aufwand einerseits sowie Schnelligkeit und Qualität der Analyse-ergebnisse andererseits kann nur im Einzelfall durch das Management gelöst werden.

(1) Detaillierte Prozessstruktur ermitteln

Ein Prozess wurde oben als Reihe von Aktivitäten beschrieben, die aus einem definierten Einsatz von Produktionsfaktoren (Input) ein definiertes Arbeitsergebnis (Output) erzeugen (vgl. Kap. 3.1.2). Für eine detaillierte Prozessanalyse ist daher zunächst festzulegen, wo genau die einzel-nen Prozesse beginnen und wo sie enden. Ferner ist zu beschreiben, durch wen welche Inputs bereitgestellt werden und welche Hauptaktivitäten zur Erstellung welcher Leistung (Output) notwendig sind. Durch das Ordnen in über- und untergeordnete Prozesse entsteht eine Prozess-hierarchie. Sie bietet einen Gesamtüberblick über die verschiedenen Prozessebenen hinweg (vgl. Abb. 70).

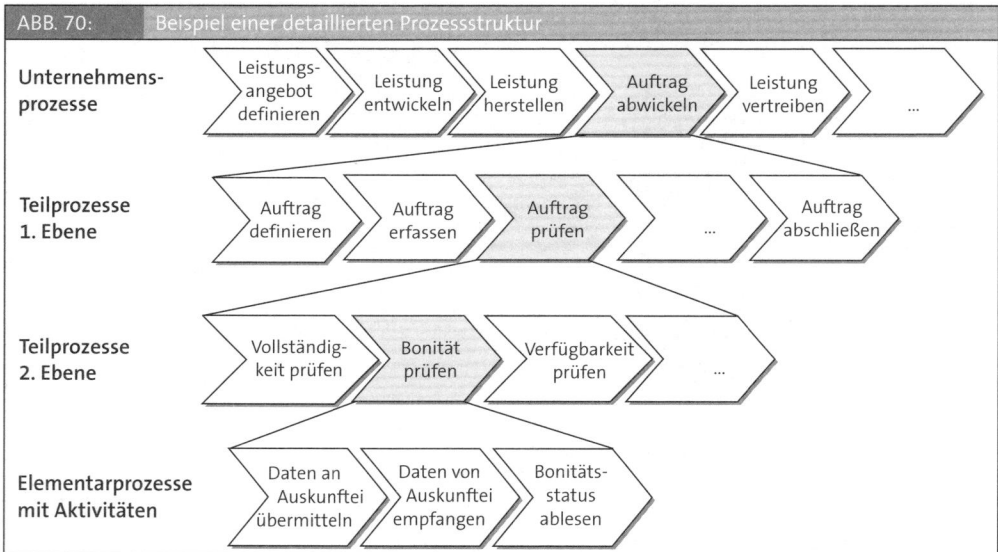

ABB. 70: Beispiel einer detaillierten Prozessstruktur

Wie stark ein Prozess hierbei in Teilprozesse bzw. Arbeitsschritte zerlegt wird und ob dies nach objekt- oder verrichtungsorientierten Kriterien erfolgt, ist im Einzelfall zu entscheiden. All-gemeingültige Regeln existieren hierfür nicht.

Mit der Festlegung von Input-Output-Beziehungen entsteht bei umfangreicheren Prozessen eine Prozesshierarchie bzw. -landkarte. Sie zeigt auf, wo der betrachtete Prozess in der gesam-ten Prozesslandschaft eines Unternehmens eingebettet ist und welche Schnittstellen die einzel-nen Prozesse miteinander verbinden.

(2) Ist-Prozesse beschreiben

Für eine effektive und effiziente Prozessgestaltung ist die Transparenz bezüglich der existieren-den bzw. neu zu gestaltenden Prozesse unabdingbar. Ohne entsprechende Kenntnisse ist eine zielorientierte Optimierung nicht möglich.

Die Kenntnis der jeweiligen Prozesslandschaft bildet die Grundlage für die detaillierte Beschrei-bung der einzelnen Prozesse. Die Prozesse lassen sich dabei unter verschiedensten Dimensionen betrachten und beschreiben (vgl. Abb. 71).

ABB. 71:	Ausgewählte Dimensionen zur Beschreibung von Prozessen
Beschreibungsdimensionen	**Erläuterungen**
Prozessgegenstand	Welche Arten von Prozessen liegen vor? Welche Arten von Objekten (z. B. Aufträge, Anträge, Anfragen) sind zu bearbeiten? Welche mengen- und wertmäßige Bedeutung haben die Prozesse? Wie verteilt sich das mengenmäßige Aufkommen der Objekte in einem bestimmten Zeitraum? usw.
Prozessinput/-output	Was löst den Prozess aus? Wer liefert in welcher Form die notwendigen Inputs? Was ist der Output? Wer ist der Empfänger der Outputs? usw.
Leistungsanforderungen	Welches sind die aktuellen und künftigen Anforderungen der Leistungsempfänger bezüglich der wichtigsten Prozessparameter (z. B. Input, Prozess, Output)? Inwieweit sind wichtige Compliance-Anforderungen (z. B. gesetzliche Vorgaben) bei der Prozessdurchführung zu berücksichtigen? usw.
Prozessablauf	Welche Aufgaben sind zu bewältigen? Durch welche Ereignisse werden sie ausgelöst? In welcher Reihenfolge werden die Aufgaben bearbeitet? Wo verzweigt sich der Prozessablauf aufgrund welcher Bedingungen? Existieren Ablaufvarianten, wenn ja, wie sehen sie aus und wie häufig sind sie erforderlich? usw.
Prozessressourcen	Welche Personal- und Sachressourcen werden für den Prozess benötigt? Welche qualitativen und quantitativen Anforderungen sind an die erforderlichen Ressourcen gestellt?
Prozessschnittstellen	Durch welches Input-Output-Verhältnis sind die einzelnen Prozessschritte oder Teilprozesse miteinander verknüpft? In welcher Form werden an den Schnittstellen Informationen ausgetauscht? usw.
Prozessdokumentation	Welche Dokumente bzw. Aufzeichnungen werden für den Prozess benötigt (z. B. Verfahrensanweisungen, Arbeits- und Prüfanweisungen)? Welche Dokumente und Aufzeichnungen werden vom Prozess erzeugt (z. B. Prüfberichte, Formulare, Schriftstücke, Datensätze)? usw.
Prozesssteuerung	Mit welchen Kriterien wird der Prozess gesteuert? Wo, wie und wie oft werden die Steuerungsparameter gemessen? Wie ist das Feedback organisiert? usw.
Prozessbeteiligte und -verantwortliche	Welche Stellen sind wie und in welchem Umfang an dem Prozess beteiligt? Wer ist für was zuständig? Wer trägt die Gesamtverantwortung für den Prozess? usw.

Inhalt, Umfang und Detaillierungsgrad der in dieser Phase erhoben Informationen hängen letztlich von der jeweiligen Aufgabenstellung und den konkreten Rahmenbedingungen (insb. verfügbarem Zeit- und Kostenrahmen sowie Personalressourcen) ab.

Um die Fülle der hierbei gesammelten Informationen zu strukturieren und anschaulich darzustellen, bietet sich der Einsatz von Dokumentationstechniken an (vgl. Kapitel 3.4). Sie können einen wesentlichen Beitrag dazu leisten, dass alle an der Prozessgestaltung Beteiligten ein einheitliches Verständnis der Ausgangssituation entwickeln.

(3) Ist-Prozesse bewerten

Neben der reinen Beschreibung der Prozesse ist deren Bewertung eine weitere Voraussetzung zum Gestalten einer effizienten Prozessorganisation. Die Prozessbewertung schafft Transparenz darüber, in welchem Umfang die Prozessziele erreicht werden. Die Prozessbewertung kann sowohl anhand quantitativer als auch qualitativer Kriterien erfolgen (vgl. Abb. 72).

ABB. 72:	Ausgewählte Dimensionen zur Bewertung von Prozessen
Bewertungsdimensionen	**Erläuterungen**
Kosten	Wie hoch sind bestimmte Kostenarten (z. B. Gemein-, Personal-, Fehler-, Materialkosten)? Welche Kosten werden bereichsübergreifend infolge des Prozesses verursacht (Prozesskosten)? Welches sind die Kostentreiber der wichtigsten Kostenarten?
Auslastung	Wie hoch ist die Auslastung der einzelnen Stellen pro Zeiteinheit? Wie hoch ist der Nutzungsgrad der benötigten Anlagen? Wie hoch ist die Anlagenverfügbarkeit?
Produktivitäten	Wie hoch ist der Anteil wertschöpfender/nicht-wertschöpfender Tätigkeiten insgesamt bzw. an einzelnen Stellen? Wie hoch ist die Ausbringungsmenge pro Mitarbeiter/Schicht/Werk innerhalb eines definierten Zeitraums?
Rentabilitäten	Wie hoch ist die Umsatzrentabilität je Mitarbeiter? Wie gestaltet sich die Eigenkapitalrentabilität?
Zeiten	Wie hoch ist die durchschnittliche Durchlaufzeit für den Prozess? Welche Anteile entfallen davon auf Bearbeitungs-, Transport-, Umrüst- und Liegezeiten? Sind überdurchschnittlich hohe Zeiten an bestimmten Arbeitsplätzen zu erkennen?
Qualität	Wie hoch ist die Fehler- bzw. Ausschussquote? Wie hoch ist der Anteil an Nacharbeit? Wie hoch sind Reklamations- und Retourquote? Wie gut sind Liefer- bzw. Termintreue? Wie zufrieden sind die Leistungsempfänger? usw.

Die Bewertung der Ist-Situation erfolgt in der Regel durch das Gegenüberstellen von Ist- und Referenzwerten. Als Referenzwerte können selbstdefinierte Soll-Werte oder Vergleichswerte (z. B. aus Zeitreihenvergleichen, internen oder externen Benchmarks) dienen. Aus dem Vergleich von Ist- und Referenzwerten lassen sich Potenziale zur Leistungssteigerung ableiten (vgl. Abb. 73).

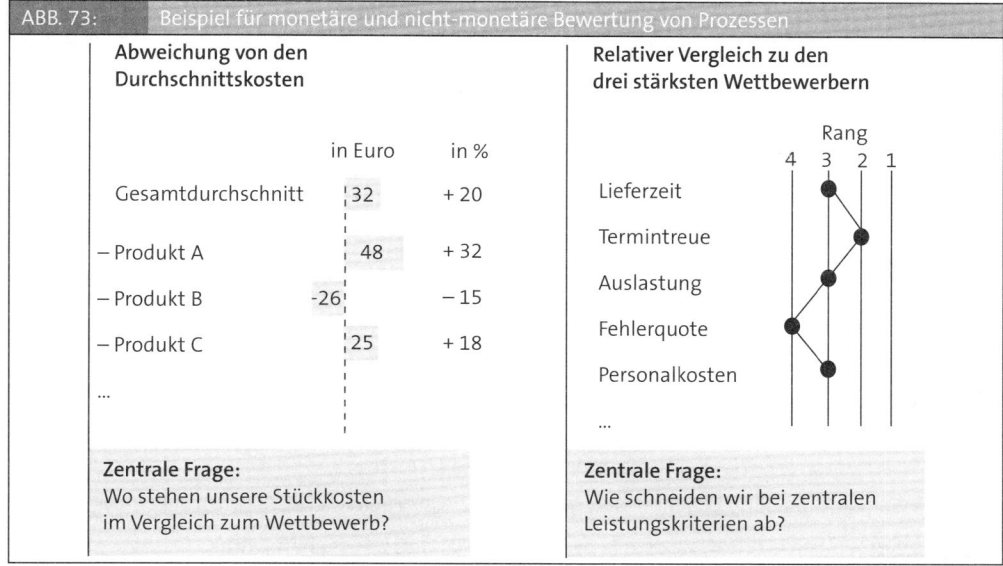

ABB. 73: Beispiel für monetäre und nicht-monetäre Bewertung von Prozessen

Abweichung von den Durchschnittskosten

	in Euro	in %
Gesamtdurchschnitt	32	+ 20
– Produkt A	48	+ 32
– Produkt B	-26	– 15
– Produkt C	25	+ 18
...		

Zentrale Frage:
Wo stehen unsere Stückkosten im Vergleich zum Wettbewerb?

Relativer Vergleich zu den drei stärksten Wettbewerbern

Rang
4 3 2 1

Lieferzeit
Termintreue
Auslastung
Fehlerquote
Personalkosten
...

Zentrale Frage:
Wie schneiden wir bei zentralen Leistungskriterien ab?

(4) Schwachstellen, ihre Ursachen und Wirkungen analysieren

Die Analyse der Ist-Situation kann je nach Aufgabenstellung sehr umfangreich und detailliert erfolgen. Mit zunehmender Informationsfülle gestaltet sich das Strukturieren und Verdichten der gesammelten Informationen jedoch immer aufwändiger und komplexer. Die Analyse zielt darauf ab, Schwachstellen zu identifizieren. Hierunter sollen Prozesse oder Teilprozesse verstanden werden, die

► bei diesen selbst oder bei nachfolgenden Prozessschritten zu Beeinträchtigungen in Bezug auf Qualität, Zeit oder Kosten führen,

► fachlich unzureichend bzw. funktional falsch bearbeitet werden,

► fehlende oder überflüssige Kontrollschritte aufweisen,

► nicht ausreichend transparent sind,

► in verschiedenen Prozessen (inhaltlich richtig) durchgeführt werden und damit zu Doppelarbeit führen oder die

► durch zu erwartende Mengensteigerungen oder Änderungen von Rahmenbedingungen (z. B. Gesetze, Marktentwicklungen) zu absehbaren Problemen führen (vgl. Ahlrichs/Knuppertz 2006, S. 260).

BEISPIELE: ► für Anzeichen von Prozessmängeln

Stapel und Warteschlangen: Schauen Sie sich um, wo Sie Stapel mit Akten und Papieren finden. Wo sind Mitarbeiter oder Abteilungen im Rückstand mit fälligen Aufgaben? Wo finden Sie Warteschlangen von Kunden, Bewerbern oder Lieferanten?

Redundante Informationshaltung: Stellen Sie fest, wo die gleichen (oder ähnliche) Informationen in unterschiedlichen Listen mehrmals gepflegt und aktualisiert werden.

Überflüssige Informationen: Stellen Sie fest, wer welche Listen, Berichte oder Auswertungen wie oft erhält und was die betreffenden Stellen mit den Informationen im Arbeitsalltag wirklich anfangen.

Veraltete Informationen: Existiert ein Konzept zum Umgang mit nicht mehr benötigen Informationen? Ist sichergestellt, dass wertvolle Informationen effizient archiviert und künftig nicht mehr benötigte Informationen entsorgt werden?

Offensichtliche Missverhältnisse: Stellen Sie fest, wie viel Personal mit wie viel Vorgängen beschäftigt ist, wie sich die Mitarbeiterzahlen und das Arbeitsaufkommen verändern, wie sich die Kosten und Durchlaufzeiten entwickeln.

vgl. Feldbrügge/Brecht-Hadraschek 2008, S. 143 f.

Am Ende dieses Schrittes der Analysephase sollten folgende Erkenntnisse stehen:

► Was läuft im derzeitigen Betriebsablauf gut und bedarf keiner Änderung?

► Welches sind aktuell die wesentlichen Schwachstellen und anhand welcher Symptome sind sie zu erkennen?

► Wann, wo und in welchem Umfang sind diese Schwachstellen bzw. deren Symptome erkennbar?

► Welche monetären und nicht-monetären Auswirkungen sind infolge dieser Schwachstellen bereits aufgetreten bzw. in absehbarer Zeit zu erwarten?

► Auf welche möglichen Ursachen sind die identifizierten Schwachstellen zurückzuführen?

Abb. 74 zeigt, wie eine differenzierte Schwachstellenanalyse aussehen kann.

ABB. 74:	Beispiel einer Schwachstellenanalyse (Quelle: Drew/McCallum/Roggenhofer 2005, S. 268 f.)	
Schwachstelle	**Symptome**	**Mögliche Ursachen**
Überproduktion Es wird früher, schneller oder in größeren Mengen als vom Kunden verlangt, produziert.	► Es werden zu viele Teile produziert ► Teile werden zu früh produziert ► Teile sammeln sich unkontrolliert in Lagern an ► Lange Durchlaufzeit in der Fertigung ► Mangelnde Liefertreue	► Lange Umrüstzeiten führen zu großen Seriengrößen ► Bestimmung der Seriengrößen nach rein wirtschaftlichen Aspekten ► Schlechte Planung ► Unklare Prioritäten in der Planung ► Ungleichmäßiger Materialfluss ► Anlagenauslastung hat als wichtige Kennzahl Priorität
Transport Überflüssige Materialbewegungen ...	► Teile werden mehrmals bearbeitet oder bewegt ► Schäden durch zu häufige Bearbeitung ► Weite Entfernungen, welche zwischen den Prozessen zurückgelegt werden müssen ► Lange Durchlaufzeiten in der Fertigung ► Hohe indirekte Kosten wegen des erforderlichen Lagerraums und der Werkzeuge für die Materialbearbeitung ...	► Aufeinander folgende Prozesse sind räumlich getrennt ► Schlechtes Layout ► Hohe Bestände; dasselbe Teil wird oft an mehreren Stellen gelagert ...

Ergänzend zu den wichtigsten Schwachstellen können auch die zentralen Hebel zum Verbessern der Ausgangssituation identifiziert werden. Dies bietet sich vor allem bei der Betrachtung quantitativer Kosten- und Leistungsgrößen an, die mittels Benchmark-Analysen gewonnen wurden (vgl. Abb. 75). Die Kenntnis der zentralen Hebel zum Verbessern der Ist-Situation kann einen entscheidenden Beitrag zum zielorientierten Suchen und Priorisieren von geeigneten organisatorischen Gestaltungs- bzw. Verbesserungsmaßnahmen leisten.

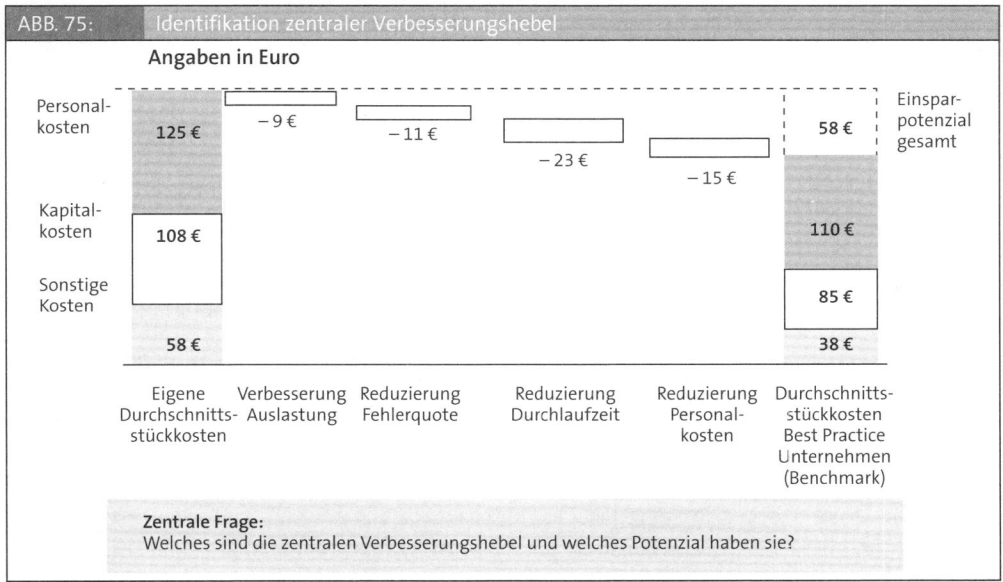

ABB. 75: Identifikation zentraler Verbesserungshebel

Angaben in Euro

Personalkosten 125 € −9 € −11 € −23 € −15 € 58 € Einsparpotenzial gesamt

Kapitalkosten 108 € 110 €

Sonstige Kosten 85 €

58 € 38 €

Eigene Durchschnitts-stückkosten | Verbesserung Auslastung | Reduzierung Fehlerquote | Reduzierung Durchlaufzeit | Reduzierung Personalkosten | Durchschnittsstückkosten Best Practice Unternehmen (Benchmark)

Zentrale Frage:
Welches sind die zentralen Verbesserungshebel und welches Potenzial haben sie?

3.3.3 Prozesse organisieren

Die Ergebnisse der Ist-Analyse sowie die Informationen über die Anforderungen der jeweiligen internen oder externen Leistungsempfänger bilden die Grundlage für die eigentliche Prozessgestaltung bzw. -optimierung. Diese Phase umfasst das Organisieren im engeren Sinne und stellt den kreativsten Teil des gesamten Analyse- und Gestaltungsprozesses dar. Neben Erfahrung können hierbei Kreativitäts- und Bewertungstechniken eine wertvolle Unterstützung bieten (vgl. Kapitel 6.6 und 6.7).

(1) Gestaltungsziele festlegen

Bevor man daran geht, Verbesserungsideen für die im vorangehenden Schritt identifizierten Schwachstellen zu suchen, sollte Klarheit über die zu erreichenden Ziele hergestellt werden. Diese ist notwendig, um im Folgenden zielorientiert Verbesserungsideen suchen und bewerten zu können.

Grundlage für die Festlegung der Detailziele sind die in der Ist-Analyse erhobenen Leistungsanforderungen und die aktuellen Schwachstellen. Beim Formulieren der Ziele kann die SMART-Regel eine praktikable Hilfestellung bieten (vgl. Kapitel 6.2.1).

(2) Gestaltungs- und Verbesserungsideen entwickeln

Besteht Klarheit hinsichtlich der zu erreichenden Ziele, sind mit Hilfe der skizzierten Gestaltungsparameter (vgl. Kapitel 3.2) die neu zu organisierenden Prozesse so zu gestalten, dass sie den Kundenanforderungen unter Berücksichtigung der jeweiligen Randbedingungen (z. B. Qualifikation der Mitarbeiter, vorhandene IT-Systeme) in hohem Maße gerecht werden. Bei der praktischen Prozessgestaltung kann folgende Checkliste hilfreich sein:

ABB. 76:	Ausgewählte Prüffragen zur praktischen Prozessgestaltung
Arbeitskräfte	► Welche Anzahl von Arbeitskräften ist erforderlich, um das Arbeitsvolumen in angemessener Zeit zu bewältigen? ► Über welche Qualifikation sollten die Arbeitskräfte für die einzelnen Arbeitsschritte verfügen? ► Wie können die Arbeitskräfte angemessen motiviert werden?
Arbeitsteilung	► Wie ist die Arbeit unter fachlichen und wirtschaftlichen Aspekten sinnvoll auf verschiedene Stellen zu verteilen? ► Wie können die Schnittstellen eindeutig definiert werden? ► Wie sollen die Aufgaben, Kompetenzen und Verantwortlichkeiten klar verteilt werden?
Arbeitsfolge	► In welcher Reihenfolge sind die einzelnen Arbeitsschritte am sinnvollsten durchzuführen? ► Welche Arbeiten können parallel durchgeführt werden? ► Wie kann durch klar definierte Prüfpunkte im Ablauf sichergestellt werden, dass die geforderte Ergebnisqualität erzeugt und/oder alle relevanten Normen und Vorschriften eingehalten werden?
Arbeitsort	► Wo werden die einzelnen Arbeitsschritte am sinnvollsten durchgeführt, um die jeweiligen Prozessziele zu erreichen?
Arbeitsmethode/-mittel	► Welche Arbeitsmethoden und -mittel können die Bearbeitung der einzelnen Prozessschritte bezüglich der jeweiligen Prozessziele sinnvoll unterstützen? ► Welche Anzahl von Arbeitsmitteln ist erforderlich, um das Arbeitsvolumen in angemessener Zeit zu bewältigen?

Für das Steigern von Prozessleistung und Effizienz existierender Prozesse hat sich die Anwendung folgender Grundprinzipien bewährt (vgl. Schmelzer/Sesselmann 2008, S. 137; Binner 2003, S. 258; Bleicher 1991, S. 196):

► **Weglassen:** Verzicht auf nicht wertschöpfende Teilprozesse, Prozess- oder Arbeitsschritte wie z. B. Doppelarbeiten, überflüssige Zwischenprüfungen oder Mehrfacherfassung identischer Daten.

Da auch auf Teilprozesse und Prozessschritte mit einem geringen oder fehlenden Wertschöpfungsbeitrag nicht immer verzichtet werden kann, sollten Eliminationsentscheidungen nur auf der Basis systematischer Prüfungen erfolgen (vgl. Abb. 77).

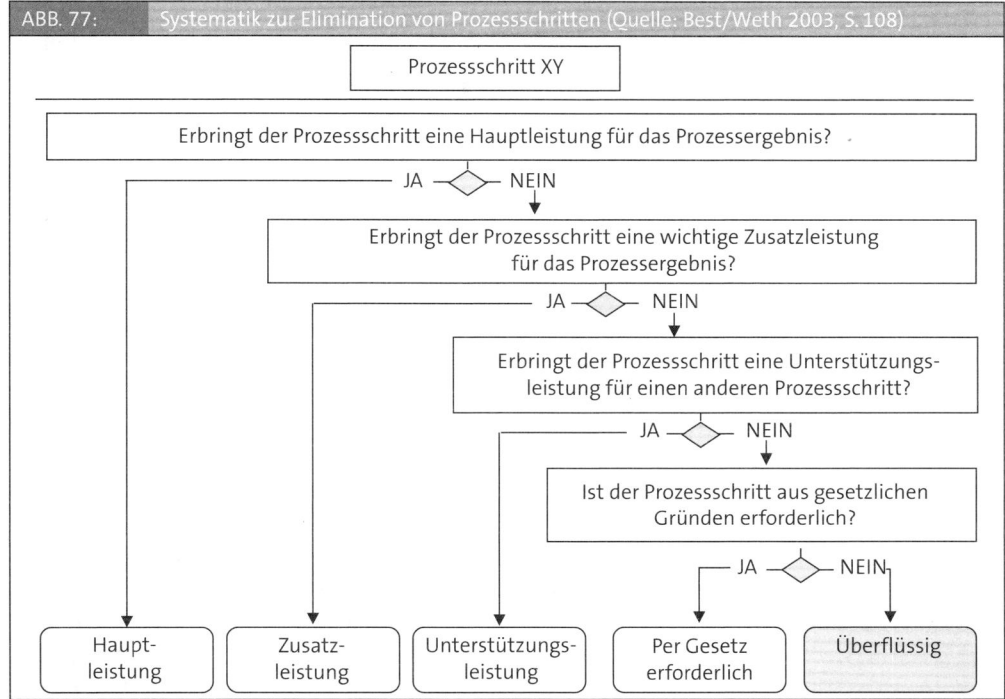

ABB. 77: Systematik zur Elimination von Prozessschritten (Quelle: Best/Weth 2003, S. 108)

▶ **Reduzieren:** Umfang, Häufigkeit oder Perfektion nicht wertschöpfender, aber dennoch erforderlicher Aktivitäten reduzieren. Produktkomplexität verringern, Qualitätsansprüche oder geforderte Fehlertoleranzen reduzieren. Weniger Arbeitskräfte, Maschinen, Materialbestände oder Platzbedarf im Prozess einsetzen.

▶ **Erhöhen:** Vorhandene Arbeitskräfte oder Arbeitsmittel höher auslasten. Mehr Arbeitskräfte oder Maschinen einsetzen. Geschwindigkeit für Teilprozesse, Prozess- oder Arbeitsschritte erhöhen.

▶ **Ändern:** Neugestalten von Arbeitsfolgen, sofern keine sachlichen oder (produktions)technischen Zwänge gegeben sind. Arbeitsmitteln oder Arbeitsmethoden ändern.

▶ **Zusammenlegen:** Bündeln von Teilprozessen, Prozess- oder Arbeitsschritten in einer Organisationseinheit (Aufgabenintegration).

▶ **Aufteilen:** Aufteilen von Teilprozessen, Prozess- oder Arbeitsschritten auf mehrere Organisationseinheiten (Spezialisierung).

▶ **Ergänzen:** Einfügen von Teilprozessen, Prozess- oder Arbeitsschritten.

▶ **Parallelisieren:** Simultanes Durchführen verschiedener Teilprozesse, Prozess- oder Arbeitsschritte, die nicht aufgrund sachlogischer (z. B. produktionstechnischer) Bedingungen nacheinander erledigt werden müssen.

▶ **Synchronisieren:** Zeitliches Aufeinanderabstimmen von arbeitsteilig oder intern und extern (z. B. bei Lieferanten) durchgeführten Arbeitsschritten sowie von Informations- und Materialflüssen.

► **Auslagern:** Ausgliedern von Teilprozessen, Prozess- oder Arbeitsschritten auf andere Prozesse, Kunden, Lieferanten (z. B. Outsourcing) oder ausländische Dienstleister (z. B. Offshoring).

► **Automatisieren:** Teilweises oder vollständiges Automatisieren von Teilprozessen, Prozess- oder Arbeitsschritten.

► **Segmentieren:** Bilden von eigenständigen Organisationseinheiten mit spezifischen Prozess- und Arbeitsschritten für wichtige Prozessvarianten mit unterschiedlichen Anforderungen (z. B. für unterschiedliche Auftragsarten, Aufgabenkomplexitäten, Produkt- oder Kundengruppen).

► **Standardisieren:** Vereinheitlichen von bewährten Arbeitsmethoden, Arbeitsmitteln oder Arbeitsfolgen.

Diese Grundprinzipien können einzeln oder in Kombination angewendet werden, um Teilprozesse, Prozess- oder Arbeitsschritte logisch und zeitlich so miteinander zu verknüpfen, dass eine hohe Effizienz und Ergebnisqualität erreicht wird.

(3) Soll-Konzept entwickeln und bewerten

In der Regel werden als Ergebnis einer kreativen Suche zahlreiche Gestaltungs- und Verbesserungsideen gefunden. Davon sind diejenigen auszuwählen, die im Hinblick auf die zu erreichenden Ziele die viel versprechenden Potenziale bieten. Dabei können Bewertungstechniken wertvolle Hilfestellung leisten (vgl. Kapitel 6.7). Anschließend sind die priorisierten Gestaltungsideen zu einem stimmigen und verabschiedungsreifen Gesamtkonzept zusammenzuführen.

Hierbei kann es Situationen geben, in denen mehrere Konzeptalternativen gegeneinander abzuwägen sind, zum Beispiel weil verschiedene Arten von Ressourcen, unterschiedliche Automatisierungsgraden oder unterschiedliche Prozessfolgen zur Auswahl stehen. Neben den klassischen Bewertungstechniken können in solchen Fällen auch Prozesssimulationen hilfreich sein, mit deren Hilfe sich „Was-wäre-wenn"-Szenarien erstellen und bewerten lassen. Prozesssimulationen werden hauptsächlich zu folgenden Zwecken eingesetzt (vgl. Ahlrichs/Knuppertz 2006, S. 171):

► Ermittlung von Ressourcenbedarfen und Engpässen

► Funktionskontrollen zur Beseitigung von Prozessfehlern (z. B. Ermitteln von Schleifen)

► Szenarien-Simulation zur Ermittlung von Prozessvarianten

► Ermittlung von Wirkungszusammenhängen innerhalb und zwischen Prozessen

► Optimierung von Prozesskennzahlen (z. B. Durchlaufzeiten, Prozesskosten, Ressourcenauslastung)

Inzwischen existiert eine größere Anzahl von Software-Anwendungen bzw. Modellierungstools, die eine Simulation von Prozessmodellen und eine Analyse zu erwartenden Prozesszeiten und -kosten erlauben (vgl. Gadatsch 2005, S. 61 ff.). Vielfach sind Simulationsmodule heutzutage Bestandteil von Business-Process-Management-Systemen (vgl. BIT 2008).

ABB. 78:	Verkürztes Beispiel einer Auswirkungsanalyse			
Veränderungsfelder	Auswirkungen des geplanten Soll-Konzepts	Betroffene Bereiche	Geplante Begleitmaßnahmen	Wichtigkeit
Organisations-struktur	► Veränderung von Aufgaben-bereichen, Rollen und Ver-antwortlichkeiten	ZMM	► Informationen und Trainings	Hoch
	► Änderung von Arbeitsteams	DS, GH	► Seminare zur Teamentwick-lung	Mittel
	► Änderung der Mitarbeiter-zuordnung	OV	► persönl. Information	Hoch
Geschäftsprozesse	► Änderung des Inputs (z. B. von Papierunterlagen zu elektronischen Daten)			
	► Änderungen für interne und externe Prozesskunden			
Richtlinien & Verfahren	► Änderung von Arbeitsan-weisungen			
	► Änderung des Planungs-procedere			
Systeme	► Anpassung von IT-Systemen			
	► Anpassung des Anreiz-systems			
	► Anpassung des internen Berichtssystems			
Mitarbeiter & Führungskräfte	► Notwendigkeit neuer Kenntnisse und Fertigkeiten			
	► Notwendigkeit neuer Verhaltensweisen			
Infrastruktur	► Räumliche Veränderungen			
	► Bauliche Veränderungen			

Im Zuge einer **Auswirkungsanalyse** können schließlich die Auswirkungen des geplanten Soll-Konzepts untersucht und geeignete Begleitmaßnahmen abgeleitet werden, um die Veränderung der Ist- zur Soll-Situation zu ermöglichen bzw. zu erleichtern (vgl. Abb. 78). Da sich Effizienzsteigerungen vielfach nicht allein durch organisatorische Maßnahmen erreichen lassen, können zum Beispiel Schulungsmaßnahmen, die Anpassung von Arbeitszeit-, Entgelt- und Anreizsystemen oder die Änderung von Rollenverständnissen und Unternehmenskultur, die Umsetzung einer neuen Prozessorganisation wirksam unterstützen.

Abschließend ist das Soll-Konzept strukturiert darzustellen und zu begründen, dass es den relevanten Entscheidern zur Verabschiedung vorgelegt werden kann.

3.3.4 Neu gestaltete Prozesse einführen

Ist von der zuständigen Führungsebene eine Entscheidung über die vorgeschlagenen Maßnahmenpakete getroffen, kann die Umsetzung (auch Implementierung, Roll-out) des verabschiedeten Prozesskonzepts erfolgen. In dieser Phase sind entsprechend des zu realisierenden Soll-Konzepts beispielsweise die räumliche Anordnung von Mitarbeitern oder Maschinen zu ändern, informationstechnische Systeme anzupassen, neue Maschinen zu beschaffen, Führungskräfte und Mitarbeiter zu qualifizieren, Mitarbeiter, Lieferanten und Kunden über das Wirksamwerden der neugestalteten Prozesse zu informieren usw.

Da die Einführung des Soll-Konzepts meist innerhalb eines vorgegebenen Zeit- und Kostenbudgets erfolgen soll, liegt es nahe, die Implementierungsphase selbst als Projekt zu definieren und mit Methoden des Projektmanagements effizient zu bewältigen (vgl. Kapitel 6.1.2).

Im Hinblick auf die zeitliche Umsetzung neu gestalteter Prozesse bieten sich drei Vorgehensweisen (auch Roll-out-Strategien) an:

▶ **Pilothafte Einführung:** Die Umsetzung der neuen Prozesse erfolgt zunächst in einem überschaubaren Pilot-Bereich. Basierend auf den dort gesammelten Erfahrungen wird dann über das weitere Vorgehen entschieden bzw. werden die neu konzipierten Prozesse in mehreren Wellen in anderen Organisationseinheiten umgesetzt.

▶ **Schrittweise Einführung:** Hier wird das verabschiedete Prozesskonzept Schritt für Schritt – meist nach einem vorab festgelegten Stufenplan – von den betroffenen Organisationseinheiten realisiert.

▶ **Schlagartige Einführung:** Bei dieser auch als Big-Bang bezeichneten Vorgehensweise wird das verabschiedete Prozesskonzept ab einem vereinbarten Zeitpunkt gleichzeitig in allen betroffenen Bereichen umgesetzt.

Mit diesen unterschiedlichen Herangehensweisen sind vergleichbare Chancen und Risiken verbunden wie sie generell beim Umsetzen von Veränderungen auftreten können (vgl. Kap. 5.3.2.5).

ABB. 79:	Beispiel eines Zielkontrollblatts in der Umsetzungsphase

Zielkontrollblatt

Evaluierungszeitraum: Januar 2009 bis September 2009

Verantwortlich für Aktualisierung des Zielkontrollblatts: H. Seeger aktualisiert am: 30.04.2009

Zu informierende Personen bei Verletzung der Eingriffsgrenzen: H. Lehmann, Fr. Grün

Messgröße	Definition	Ausgangs-wert	Ziel-wert	Eingriffs-grenze	Ist-Werte						Verant-wortlich
					Jan.	Feb.	März	April	Mai	...	
Durchlaufzeit	Differenz aus Datum Auftrags-eingang – Waren-ausgang	22 Wochen	11 Wochen	Ø DLZ > 15	16	15	12	13			Fr. Bley
Liefertreue	$\frac{\sum \text{termingerechte Lieferungen}}{\sum \text{Lieferungen}}$	65 %	95 %	85 %	80 %	85 %	89 %	91 %			H. Kühn
Qualität	$\frac{\sum \text{Reklamationen}}{\sum \text{Lieferungen}}$	75 %	98 %	90 %	82 %	89 %	93 %	92 %			H. Kühn

Mit Beginn der Umsetzungsphase empfiehlt es sich einige wenige Messgrößen festzulegen, anhand deren der Umsetzungserfolg gemessen werden soll. Damit wird gewährleistet, dass die angestrebten Verbesserungen auch erreicht werden. Für jede Messgröße sollte eine verantwortliche Person für das Sammeln und Strukturieren der Informationen benannt und eine klare Eingriffsgrenze vereinbart werden, bei der korrigierend einzugreifen ist (vgl. Abb. 79). Die so gesammelten Informationen über den Umsetzungserfolg sollten regelmäßig allen betroffenen Mitarbeitern bzw. Organisationseinheiten bekannt gemacht werden. Dies bietet die Chance, bei Bedarf erforderliche Korrekturen am Soll-Konzept unverzüglich vorzunehmen und Hindernisse, die die Umsetzung beeinträchtigen, auszuräumen.

3.3.5 Prozessleistung kontinuierlich ermitteln und verbessern

Angesichts der laufenden Veränderung von Kundenanforderungen, Wettbewerbsstruktur und Unternehmensumfeld ist das Gestalten und Optimieren von Unternehmensprozessen keine einmalige Aufgabe. Die Unternehmensprozesse sind regelmäßig auf ihre Leistungsqualität und Effizienz hin zu bewerten und bei Bedarf zu ändern bzw. zu verbessern. Hierfür bieten sich hauptsächlich folgende Methoden an:

a) **Kontinuierlicher Verbesserungsprozess (KVP):** Wird die Prozessleistung durch das Lösen von Problemen auf der Arbeitsebene permanent gesteigert, spricht man von einem kontinuierlichen Verbesserungsprozess (auch Kaizen, continuous improvement). Vor allem der aus Japan stammende Kaizen-Ansatz plädiert dafür, Fehler, Probleme und Schwachstellen im Prozessablauf als „Schätze" zu betrachten. Unter Einsatz von gesundem Menschenverstand, Anwendung weniger Grundregeln sowie einfachen Methoden und Techniken zur Lokalisierung, Beschreibung, Bewertung und Beseitigung von Verschwendungen können entsprechende Potenziale ausgeschöpft werden (vgl. Schmelzer/Sesselmann 2008, S. 386 ff.). Obwohl es sich bei kontinuierlichen Verbesserungen meist um kleine und schrittweise durchgeführte Verbesserungen handelt, können sie auf Dauer zu einer hohen Prozessqualität und Effizienz führen.

ABB. 80:	Ausgewählte Grundlagen des Gemba Kaizen (vgl. Imai 1997)
Zentrale Ansatzpunkte für kontinuierliche Verbesserungen	**Fünf Goldene Regeln für kontinuierlich Verbesserungen**
Entfernung von Verschwendung (muda) Verschwendung entsteht vor allem durch Überproduktion, Bestände, Nacharbeit/Fehler, unnötige Bewegungen, suboptimale Herstellungsprozesse, durch Warten oder unnötigen Transport. **Ordnung und Sauberkeit (5S)** - Seiri: Aussortieren unnötiger Dinge - Seiton: Aufräumen und Ordnung sichtbar machen - Seiso: Arbeitsplätze sauber halten - Seiketsu: Anordnungen zur Regel machen - Shitsuke: Alle Punkte einhalten und ständig verbessern **Standardisierung** Erhalten und Verbessern von Standards, die sich im Alltag bewährt haben.	► Wenn ein Problem auftritt, gehe zuerst an den Ort des wirklichen Geschehens. ► Prüfe den Sachverhalt und erkenne die Ursache für das Problem. ► Ergreife sofort vorläufige Gegenmaßnahmen zur Beseitigung der Problemsymptome. ► Finde die Ursache des Problems heraus. ► Standardisiere erfolgreiche Problemlösungen, um künftigen Problem vorzubeugen.

Entscheidend für den Erfolg eines kontinuierlichen Verbesserungsprozesses ist, dass Mitarbeiter, die vor Ort in die betreffenden Arbeitsabläufe eingebunden sind, ihr Wissen und ihre Fähigkeiten in die Optimierung der Prozesse einbringen. Dies erfolgt meist im Rahmen moderierter Arbeitsgruppen (sog. KVP-Teams, KVP-Workshops).

b) **Prozess-Kennzahlen:** Für die regelmäßige Beurteilung und Weiterentwicklung von Prozessen bieten sich auch Prozesskennzahlen an. Sie können wichtige Informationen und Zusammenhänge in verdichteter, quantitativ messbarer Form wiedergeben und sind daher ein klassisches Führungsinstrument (vgl. Kap. 6.4.4). Beim Einsatz von Kennzahlen zur Messung der Prozessleistung sind folgende Grundsatzfragen zu beantworten (vgl. Wilhelm 2007, S. 81f.):

▶ Welche Prozesse sollen gemessen werden?

Da es in der Regel weder möglich noch wirtschaftlich ist, alle Prozesse in einem Unternehmen permanent zu messen, ist eine Auswahl zu treffen. Es empfiehlt sich die Prozesse zu messen, die im Hinblick auf die Anforderungen externer Kunden und die strategischen Erfolgsfaktoren besonders wichtig sind.

▶ Anhand welcher Kriterien sollen diese Prozesse bewertet werden?

Für jeden zu messenden Prozess ist zu klären, ob dieser hinsichtlich der Kriterien Qualität, Zeit und/oder Kosten betrachtet werden soll. Auch hier empfiehlt sich eine Orientierung an der Unternehmensstrategie.

▶ Anhand welcher Kennzahlen sollen die ausgewählten Beurteilungskriterien bewertet werden?

Die Kennzahlen zur Messung von Prozessen lassen sich in zwei Kategorien teilen (vgl. Ahlrichs/Knuppertz 2006, S. 148): Kennzahlen der Prozesseffizienz (auch Process Performance Indicators, PPI) und Kennzahlen des Prozessergebnisses (auch Key Performance Indicators, KPI).

Die **Effizienzkennzahlen** versuchen die Leistungsfähigkeit von Prozessen zu messen, indem sie in erster Linie Kosten und Zeiten, aber auch Ressourceneinsatz und Qualität an bestimmten Messpunkten bewerten (z. B. Prozesszeiten, Termintreue, Prozessqualität, Prozesskosten, Kapazitätsauslastung, Arbeitsproduktivität, First Pass Yield). Sie haben in erster Linie interne Auswirkungen, können aber auch von den Kunden wahrgenommen werden, wenn sie Auswirkungen auf Ergebniskennzahlen haben (z. B. wenn aufgrund eines häufig auftretenden Fehlers Nacharbeit notwendig wird, die letztlich zu einem Überschreiten des Liefertermins führt).

ABB. 81:	Beispiel einer Kennzahl zur Prozessüberwachung (Quelle: Lunau 2007, S. 337)	
Kennzahl	**Anteil der fehlerhaften Sitzbezüge**	
Definition	Anteil der fehlerhaften Sitzbezüge im Verhältnis zur Gesamtzahl produzierter Sitze	
Dimension	%	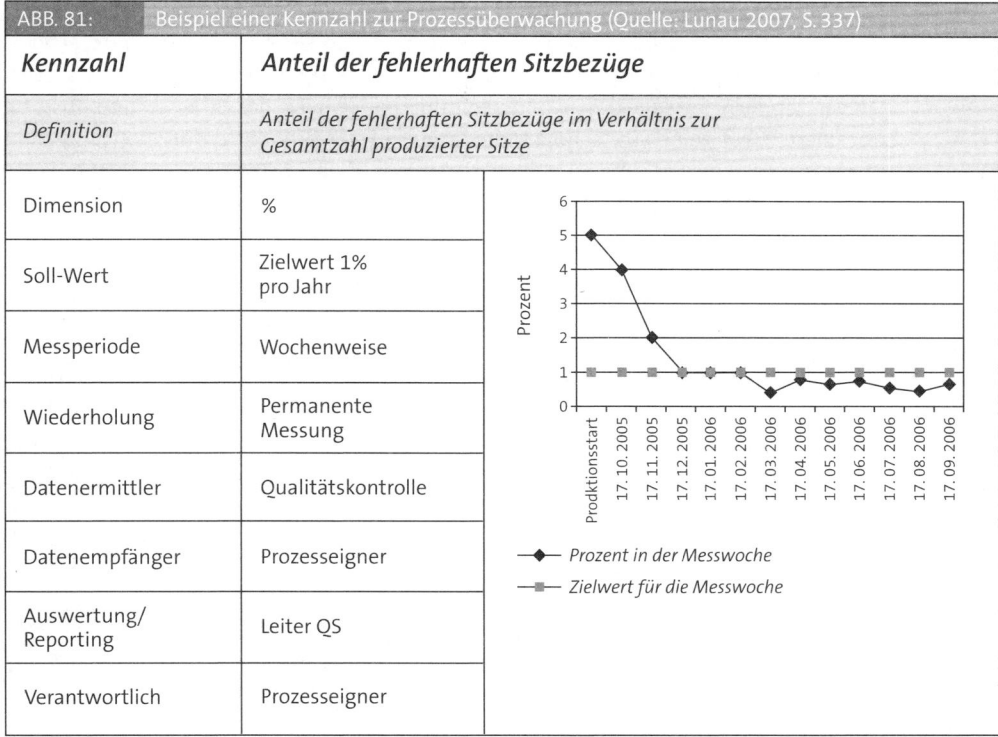
Soll-Wert	Zielwert 1% pro Jahr	
Messperiode	Wochenweise	
Wiederholung	Permanente Messung	
Datenermittler	Qualitätskontrolle	
Datenempfänger	Prozesseigner	
Auswertung/ Reporting	Leiter QS	
Verantwortlich	Prozesseigner	

Die **Ergebniskennzahlen** leiten sich aus den von internen oder externen Kunden an den Prozess gestellten Anforderungen (z. B. Pünktlichkeit, Anzahl Gutteile, Übereinstimmung von Bestell- und Liefermenge) ab. Da das Prozessergebnis von den internen oder externen Kunden wahrgenommen wird, hat es einen direkten Einfluss auf die Kundenzufriedenheit. Der zum Erzeugen des Outputs erforderliche Aufwand ist aus Abnehmersicht nicht primär von Bedeutung.

► Woher stammen die Daten zum Berechnen der Kennzahlen?

Aus wirtschaftlichen Gründen sollte der Aufwand zum Berechnen von Kennzahlen stets in angemessenem Verhältnis zum Erkenntniswert stehen. Idealerweise erfolgt die Berechnung der Kennzahlen anhand von Daten, die im betrieblichen Informationssystem bereits ohnehin vorhanden sind (z. B. weil sie zur Auftragsabwicklung ohnehin benötigt werden).

► Wie häufig soll die Messung durch wen erfolgen?

Es ist festlegen, wie oft (z. B. täglich, wöchentlich, monatlich) und zu welchen Zeitpunkten (z. B. am letzten Tag der Woche) die festgelegten Kennzahlen ermittelt werden sollen.

► Wie und an wen werden die Kennzahlen kommuniziert?

Damit auf den verschiedenen Führungsebenen aus den aktuellen Messungen zeitnah die richtigen Konsequenzen gezogen werden können, ist sicherzustellen, dass die Kennzahlen in geeigneter Aggregation und Form (z. B. Prozessinfotafel, Berichte und Reports) an die relevanten Prozessverantwortlichen kommuniziert werden.

Beim Definieren von Prozesskennzahlen sollte darauf geachtet werden, dass die Kennzahlen die Mitarbeiter in ihrem Streben nach Perfektion unterstützen. Sie müssen daher nicht nur relevante Sachverhalte in verdichteter Form wiedergeben, sondern auch für die zuständigen Prozessverantwortlichen verständlich, aussagekräftig und beeinflussbar sein. Da das Erfassen und Auswerten von Kennzahlen selbst keine wertschöpfende Tätigkeit ist, sollte der dafür zu erbringende Aufwand auf ein notwendiges Minimum reduziert werden. Es empfiehlt sich nur solche Kennzahlen zu verwenden, aus denen tatsächlich Optimierungsaktivitäten resultieren. Alles andere wäre Verschwendung.

c) **Prozess-Benchmarking:** Die Idee des Benchmarking ist es, Vorbilder zu finden, die bestimmte Prozesse besser beherrschen als man selbst, um darüber Anregungen für die Verbesserung der eigenen Prozesse zu gewinnen (vgl. Kap. 6.5.1). Beim Prozess-Benchmarking werden anhand festgelegter Kriterien die Leistungen eines Prozesses mit den Leistungen anderer unternehmensinterner oder -externer Prozesse verglichen (vgl. Jung 2002, S. 115 ff.). Durch den systematischen Vergleich mit den „Klassenbesten" sollen Leistungsunterschiede und deren Gründe identifiziert, Möglichkeiten für Leistungsverbesserungen erkannt und anzustrebende Zielwerte abgeleitet werden. Im Ergebnis soll die Orientierung an den Besten bzw. an ausgewählten Vergleichswerten (Benchmarks) dazu dienen, selbst Spitzenleistungen zu erlangen.

ABB. 82:	Prozessbenchmarking am Beispiel eines Retail-Unternehmens im Hauptprozess Vermarktung (vgl. Ahlrichs/Knuppertz 2006, S. 125)			
Teilprozess	Prozesskennziffer	Eigenes Unternehmen	Benchmarking-Partner	Beurteilung
Marketingstrategie festlegen	Wachstumsquote des rentablen Umsatzes	8 % p. a.	15 % p. a.	Deutlicher Nachteil
Verkaufsfläche planen	Verkaufsumsatz/m²	T€ 15/Monat	T€ 20/Monat	Nachteil
Werbestrategie bestimmen	Werbekostenanteil am Umsatz	6 %	8 %	Nachteil
Vertriebswege steuern	Wachstumsraten Internet	20 % p. a.	50 % p. a.	Deutlicher Nachteil

d) **Prozessaudit:** Die Qualität von Prozessen kann auch mit Hilfe von Prozessaudits regelmäßig oder aufgrund besonderer Anlässe systematisch geprüft werden. Dabei stellen interne oder externe Auditoren anhand einzelner Prüfpunkte fest, inwieweit die aus Kundensicht geforderte Prozessleistung kontinuierlich erfüllt wird (sog. Prozessfähigkeit), wie gut die Prozesseffizienz ist und inwieweit die realen mit den dokumentierten Prozessen übereinstimmen. Der Erfüllungsgrad der einzelnen Prüfpunkte wird meistens in Form eines Punktesystems oder eines prozentualen Erfüllungsgrades quantifiziert (vgl. Jung 2002, S. 124 f.). Auf diese Weise können Defizite in der Qualität und Effizienz von Prozessen systematisch aufgedeckt, zweckmäßige Ansatzpunkte für notwendige Verbesserungsmaßnahmen gefunden und die Wirksamkeit von eingeleiteten Korrektur- und Präventivmaßnahmen geprüft werden.

ABB. 83: Ablauf eines Prozessaudits (Quelle: VDA 2005, S. 21)

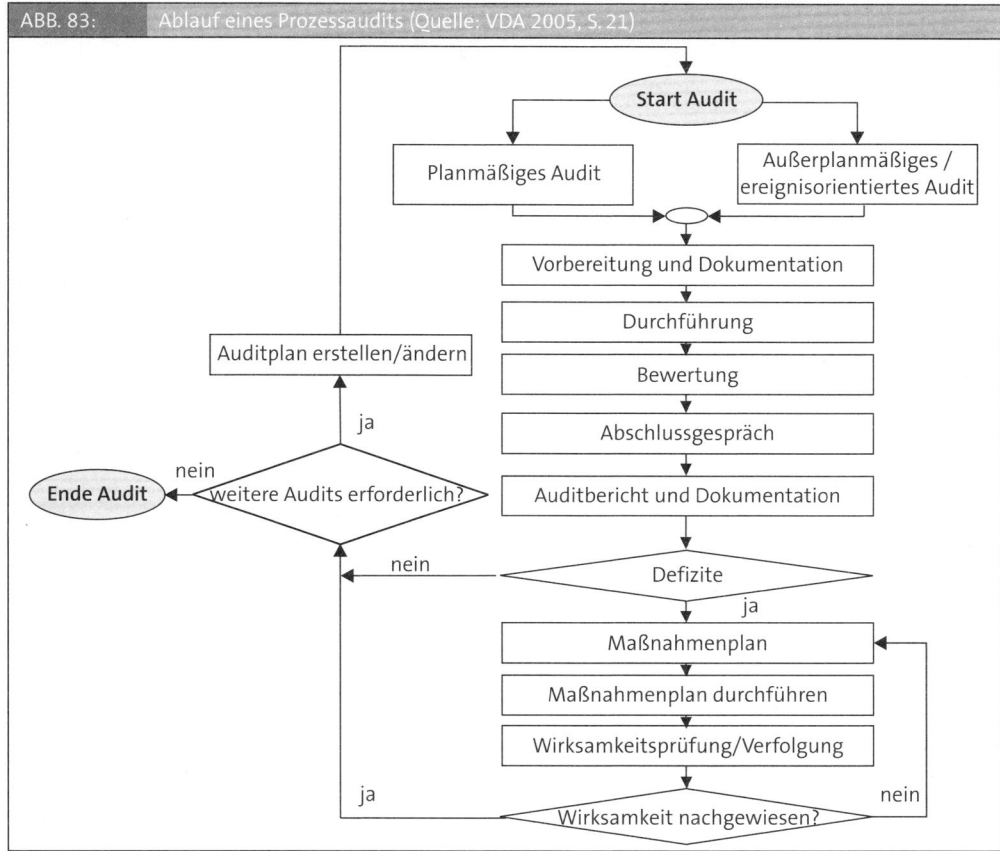

In mehreren Qualitätsnormen wie VDA 6.3, DIN EN ISO 9000ff und EFQM sind Prozessaudits neben Audits der Qualitätsmanagement-Systeme und der Produktqualität beschrieben. In Abb. 3-34 ist der Ablauf eines Prozessaudits dargestellt, wie er in der Automobilindustrie weit verbreitet ist. Prozessaudits haben im Unterschied zum Prozessassessment in Verbindung mit der Zertifizierung auch externe Bedeutung.

e) **Prozessassessment:** Hierbei handelt es sich um einen Verbesserungsansatz, der auf einer Selbstbewertung von Effektivität und Effizienz der Geschäftsprozesse bzw. des Geschäftsprozessmanagements basiert. Mit Hilfe von Checklisten werden alle als wichtig erachteten Aspekte und Erfolgsfaktoren des Geschäftsprozessmanagements bewertet, wie z. B. Prozessstruktur, Prozessorganisation, Prozesscontrolling und Prozessverbesserung (vgl. Schmelzer/ Sesselmann 2008, S. 314 ff.). Aus der Summe einzelner Bewertungen und deren Gewichtung wird der Reifegrad des jeweils betrachteten Prozesses festgelegt. Hierfür können unterschiedliche Reifegradmodelle herangezogen, und je nach Situation ausgewählt und bei Bedarf angepasst werden (vgl. Schmelzer/Sesselmann 2004, S. 220 ff.). Die bekanntesten Vertreter sind CMMI (Capability Maturity Model Integrated) und SPICE (Software Process Improvement and Capability Determination).

ABB. 84:	Fähigkeitsstufen im Prozessassessment basierend auf SPICE (vgl. Wagner/Patzak 2007, S. 390)	
Prozessfähigkeitsstufen	**Prozessattribute**	**Erläuterungen**
Stufe 5: Optimierter Prozess ("Optimizing")	PA 5.1: Prozessinnovation PA 5.2: Prozessoptimierung	Basierend auf Unternehmenszielen werden quantitative Prozessziele gesetzt und deren Einhaltung kontinuierlich verfolgt. Die Prozesse werden laufend verbessert und verfeinert.
Stufe 4: Vorhersagbarer Prozess ("Predictable")	PA 4.1: Prozessmessung PA 4.2: Prozesssteuerung	Bei der Ausführung des definierten Prozesses werden detaillierte Messungen durchgeführt und analysiert. Dies führt zu einer verbesserten Vorhersagegenauigkeit.
Stufe 3: Etablierter Prozess ("Established")	PA 3.1: Prozessdefinition PA 3.2: Prozessanwendung	Es exisitiert ein einheitlich festgelegter Standardprozess. Dieser ist in der Lage definierte Prozessergebnisse zu erreichen.
Stufe 2: Gesteuerter Prozess ("Managed")	PA 2.1: Management der Prozessdurchführung PA 2.2: Management der Arbeitsprodukte	Prozessausführung wird geplant und gesteuert. Die Arbeitsprodukte des Prozesses sind adäquat implementiert, werden qualitätsgesichert, gemanagt und fortgeschrieben.
Stufe 1: Durchgeführter Prozess ("Performed")	PA 1.1: Prozessdurchführung	Prozess ist implementiert und erfüllt seinen Zweck, d. h. grundlegende Praktiken sind implementiert und definierte Prozessergebnisse werden erzielt.
Stufe 0: Unvollständiger Prozess ("Incomplete")		Prozess ist nicht implementiert oder Zweck des Prozess wird nicht erfüllt. Das Erreichen von Prozesszielen ist möglich, basiert aber primär auf individuellen Leistungen der Mitarbeiter.

Bewertung der Prozessattribute:
N = not achieved bzw. nicht erfüllt
P = Partially achieved bzw. teilweise erfüllt
L = Largely achieved bzw. überwiegend erfüllt
F = Fully achieved bzw. vollständig erfüllt

Selbstbewertungen in Form von Prozessassessments stellen primär ein internes Verbesserungs-instrument dar und können daher je nach Bedarf sehr breit angelegt sein. Zum Nachweis der Prozessfähigkeit gegenüber Dritten kann das Prozessassessment auch nach dem Standard ISO 15504 durchgeführt und zertifiziert werden (vgl. Wagner/Patzak 2007, S. 386 ff.).

3.4 Techniken zur Darstellung der Prozessorganisation

Nachfolgend werden ausgewählte Techniken zur Darstellung der Prozessorganisation vor-gestellt, die in der betrieblichen Anwendung breite Verwendung finden. Sie können helfen, die Verteilung von Aufgaben, Kompetenzen und Verantwortlichkeiten innerhalb definierter Arbeits-abläufe, die Festlegung von Arbeitsfolgen oder die Anwendung von Arbeitsmitteln und -metho-den bei der Ausführung bestimmter Tätigkeiten anschaulich zu dokumentieren. Dies kann nicht nur aufgrund unternehmensinterner Zwecke, sondern auch infolge rechtlicher Bestimmungen, branchenspezifischer Regularien oder nationaler bzw. internationale Normen erforderlich sein. Zum Visualisieren von Prozessabläufen und Prozessbeteiligten existiert heute ein breites Ange-bot an computergestützten Instrumenten. Sie erleichtern mit Hilfe vorgefertigter Element-schablonen und Verbindungslinien das Erstellen von Prozessschemata.

3.4.1 Prozessbeschreibung

Eine Prozessbeschreibung ist eine strukturierte Darstellung eines aus mehreren Tätigkeiten bestehenden Arbeitsprozesses mit allen zugehörigen relevanten Informationen. Die Beschreibung kann entweder rein verbal oder in kombinierter Form von Text und Schaubildern erfolgen.

Aus Gründen der besseren Lesbarkeit wird die verbale Beschreibung meist durch die Gestaltung des Textlayouts (z. B. Absätze, Einrückungen, Unterstreichungen) optisch unterstützt. Unabhängig von solchen layouttechnischen Maßnahmen, sind rein verbale Darstellungen vor allem bei umfangreichen Verzweigungen, Zusammenführungen und Rückkopplungen für ein schnelles Verstehen weniger geeignet. Dieser Mangel kann durch die Ergänzung einfacher grafischer Symbole beseitigt werden.

Welche Informationen relevant sind, wie detailliert und in welcher Form sie dargestellt werden, richtet sich in aller Regel nach den unternehmensspezifischen Anforderungen und Gegebenheiten. Folgende Inhalte haben sich für Prozessbeschreibungen in der Praxis als geeignet erwiesen (vgl. Wagner 2003, S. 64; Jung 2002, S. 55):

► **Zweck:** Hier soll der übergeordnete Zweck des zu dokumentierenden Prozesses kurz erläutert werden (z. B. Abwicklung von Kundenaufträgen)

► **Geltungsbereich:** Festlegung, für welchen Unternehmensbereich (z. B. gesamtes Unternehmen, bestimmte Unternehmensbereiche) und/oder für welche Situationen (z. B. für alle Anschaffungen oder nur für Anschaffungen von Geräten ab einem Wert von x Euro).

► **Verwendete Abkürzungen und Begriffe:** Um die Verständlichkeit der getroffenen Regelungen sicherzustellen, sollten verwendete Abkürzungen und Fachbegriffen kurz erläutert werden.

► **Ablaufbeschreibung:** Hier erfolgt die eigentliche Beschreibung der im Rahmen des ausgewählten Arbeitsablaufes anfallenden Tätigkeiten und ihrer Zuständigkeiten. Aus Gründen der Anschaulichkeit empfehlen sich hierfür grafische Darstellungen wie etwa Ablauf- oder Flussdiagramme. Bei Bedarf können diese durch ergänzende Erläuterungen erweitert werden.

► **Prozessziele:** Die mit dem beschriebenen Prozess angestrebten Ziele sollten so beschrieben sein, dass klar ist, was genau mit dem Prozess erreicht werden soll, anhand welcher Messgrößen die Leistungsfähigkeit des Prozesses gemessen werden kann und wie häufig die Zielerreichung von wem überprüft werden soll.

► **Mitgeltende Dokumente:** Für den Fall, dass bei dem zu beschreibenden Prozess Informationen zu berücksichtigen sind, die bereits in anderen Dokumenten wie Beschreibungen angrenzender Prozesse, Arbeitsanweisungen, gesetzliche Vorgaben, Kundennormen usw. niedergeschrieben sind, kann bzw. sollte auf diese verwiesen werden.

Vor allem wenn eine Prozessbeschreibung als Nachweis für ein existierendes Qualitätsmanagementsystem dienen soll, ist über die reine Erstellung der Dokumentation sicherzustellen, dass die betreffenden Mitarbeiter die Beschreibung kennen, verstehen und sich nicht zuletzt auch persönlich verpflichtet fühlen, diese einzuhalten. Weit verbreitet in der Praxis ist auch die strukturierte und formalisierte Beschreibung von Prozessen mit Hilfe von **Prozessdefinitionsblättern** (vgl. Abb. 85). Sie findet vor allem bei Prozessanalyse und -optimierung Anwendung.

ABB. 85:	Beispiel eines Prozessdefinitionsblatts (Quelle: Jung 2002, S. 46)			
Definitionsblatt für den Teilprozess:				
Prozesskategorie:		Hauptprozess:		
Auslösendes Ereignis:	Abschließendes Ereignis:		Menge/Periodizität:	
Zielsetzungen:				
Relevante Umwelten (Interessenpartner, andere Prozesse):				
Wesentliche Outputs:		Wesentliche Inputs:		
Hauptaktivitäten:	beteiligte Funktionen:	Stärken/Schwächen:		

Vorteile der Prozessbeschreibung:

► Schafft Transparenz über existierende Prozessstrukturen.

► Gut an individuelle Anforderungen anpassbar.

► Verbessert einheitliches Verständnis von Prozessbeteiligten und Prozessfremden über Ziele und Inhalte eines Prozesses.

Nachteile der Prozessbeschreibung:

► Mit zunehmendem Detaillierungsgrad erhöht sich der Aufwand für Erstellung und Aktualisierung.

Da Prozessbeschreibungen sowohl in Struktur, Detaillierungsgrad und Umfang den individuellen Anforderungen angepasst werden können, sind sie vielfältig einsetzbar.

3.4.2 Ablaufdiagramm

Ein Ablaufdiagramm gibt in grafischer Form wieder, welche Stellen, in welcher Form innerhalb eines Arbeitsprozesses mitwirken. Hierzu werden die einzelnen Prozessschritte – dies können je nach Detaillierungsgrad einzelne Aktivitäten oder auch umfangreiche Teilprozesse sein – in den Zeilen aufgelistet. In den Spalten werden die Organisationseinheiten aufgeführt, die an der Bewältigung des betreffenden Prozesses beteiligt sind. Mit Hilfe standardisierter Symbole wird die Art der Beteiligung am Prozess angegeben. Im Unterschied zum Funktionendiagramm lässt sich mit dem Ablaufdiagramm die Beteiligung von Stellen bei stellenübergreifenden Arbeitsabläufen darstellen. Weil die beteiligten Stellen in Zeilen eingeteilt werden und dies an Bahnen von Schwimmwettbewerben erinnert, wird diese Darstellungsform im Englischen häufig als **Swim Lane** bezeichnet (vgl. Becker 2008, S. 129).

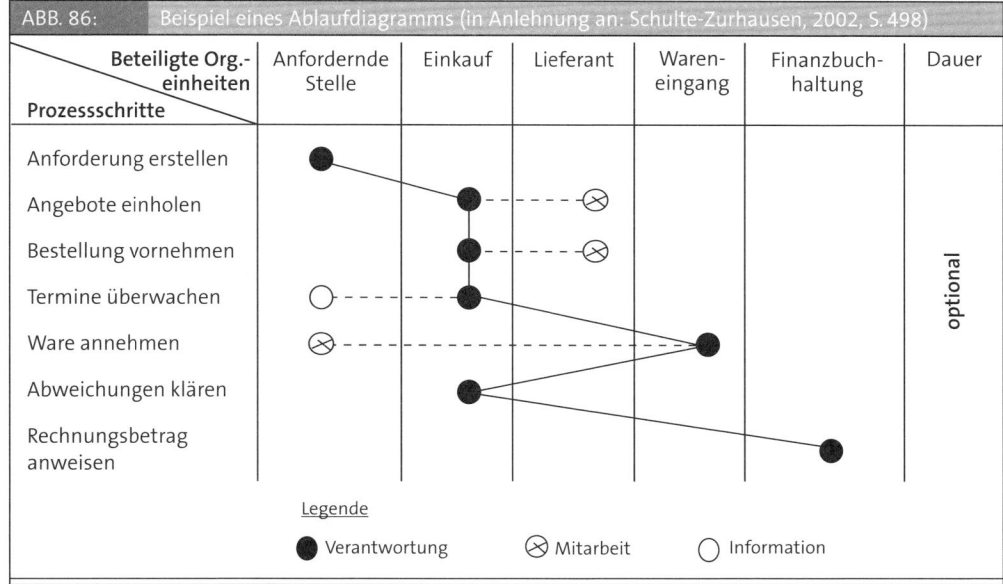

ABB. 86:   Beispiel eines Ablaufdiagramms (in Anlehnung an: Schulte-Zurhausen, 2002, S. 498)

Weit verbreitet ist die Unterscheidung folgender Beteiligungsformen:

► **Durchführung:** Sie erstreckt sich meist auf das fehlerfreie, termingerechte und kostengünstige Durchführen der Aktivität. Um Kompetenzstreitigkeiten zu vermeiden empfiehlt es sich, die Verantwortung für die Durchführung einzelner Aktivitäten nicht zu teilen, sondern eindeutig einer Stelle bzw. Person zuzuordnen.

► **Entscheidung:** Sie beinhaltet das Recht, Entscheidungen zu treffen und durchzusetzen.

► **Mitarbeit:** Sie umfasst das Mitwirken an der Durchführung einer Aktivität.

► **Information:** Hier beschränkt sich die Einbindung in einen Arbeitsablauf auf die Information über getroffene Entscheidungen bzw. über erarbeitete Ergebnisse.

Bei Bedarf kann das Ablaufdiagramm um zusätzliche Angaben erweitert werden, wie beispielsweise Durchführungszeiten, eingesetzte Sachmittel, verwendete Informationsträger oder -systeme.

Vorteile des Ablaufdiagramms:

► Schafft Transparenz über Arbeitsabläufe und alle beteiligten Stellen.

► Leicht lesbar.

► Vereinfachte Einarbeitung neuer Mitarbeiter.

Nachteile des Ablaufdiagramms:

► Verzweigungen sind nur bedingt darstellbar.

► Logische Abhängigkeiten sind nicht abbildbar.

Ablaufdiagramme eignen sich aufgrund der begrenzten Möglichkeit zur Darstellung von logischen Abhängigkeiten und Verzweigungen in erster Linie zur Darstellung einfacher Abläufe.

3.4.3 Blueprint

Das Blueprint (engl. Blaupause) ist eine spezielle Technik zum Darstellen und Strukturieren von Service- oder Dienstleistungsprozessen. Hierbei werden die einzelnen Aktivitäten, die beim Erbringen von Service- oder Dienstleistungen durchzuführen sind, anhand eines Ablaufdiagramms in ihrer zeitlichen Reihenfolge dargestellt und verschiedenen Ebenen zugeordnet.

Die Besonderheit der Blueprint-Darstellung besteht darin, dass sie Dienstleistungsprozesse aus Sicht der Kunden darstellt, indem sie die Interaktion zwischen Anbietern und ihren Kunden in Form von Kontaktpunkten explizit wiedergibt. Dahinter steht die Annahme, dass Kunden vor, während und nach einem Dienstleistungsprozess bestimmte Erlebnisse als besonders qualitäts- bzw. kaufentscheidungsrelevant wahrnehmen (sog. Momente der Wahrheit). Mit Hilfe von Blueprints sollen diese Momente deutlich gemacht, analysiert und im Interesse des Unternehmens kundenfreundlich gestaltet werden.

Die unterschiedlichen Grade der Kundenbeteiligung an einem Service- oder Dienstleistungsprozess werden durch verschiedene Ebenen, die durch Linien voneinander getrennt sind, dargestellt. Je nach Ansatz werden zwischen zwei und sechs Ebenen betrachtet (vgl. Wilhelm 2007, S. 167). Weit verbreitet ist die Unterscheidung folgender fünf Ebenen (vgl. Lasshof 2006, S. 78ff):

► **Kundeninteraktionslinie (line of interaction):** Oberhalb der Linie werden die Aktivitäten, die die Kunden selbst ausführen, eingeordnet. Unterhalb der Linie befinden sich die Anbieteraktivitäten. Auf der Kundeninteraktionslinie werden diejenigen Aktivitäten positioniert, bei denen Anbieter und Nachfrager aufeinander treffen.

► **Sichtbarkeitslinie (line of visibility):** Sie zeigt, welche Prozessschritte direkt vom oder im Beisein des Kunden erfolgen. Oberhalb dieser Linie befinden sich die Aktivitäten, die für die Kunden sichtbar sind (sog. Onstage-Aktivitäten), unterhalb die für die Kunden nicht sichtbaren Aktivitäten (sog. Backstage-Aktivitäten).

► **Interne Interaktionslinie (line of internal interaction):** Sie unterscheidet zwischen Aktivitäten des Kundenkontaktpersonals, die den Kunden unmittelbar nutzen (sog. primäre Aktivitäten) und den unterstützenden Aktivitäten der Mitarbeiter ohne direkten Kundenkontakt (sog. back-office). Da sie den Kunden nur mittelbar dienen, werden sie als sekundär bezeichnet.

► **Vorplanungslinie (line of order penetration):** Sie trennt die unmittelbar kundeninduzierten Aktivitäten von denen, die unabhängig von einem konkreten Kunden vorgeplant werden können.

► **Implementierungslinie (line of implementation):** Die oberhalb dieser Linie liegenden Preparation-Aktivitäten dienen der Vorbereitung auf den Leistungserstellungsprozess. Die unterhalb dieser Linie liegenden Facility-Aktivitäten sind den Vorbereitungsaktivitäten zeitlich und logisch vorgelagert.

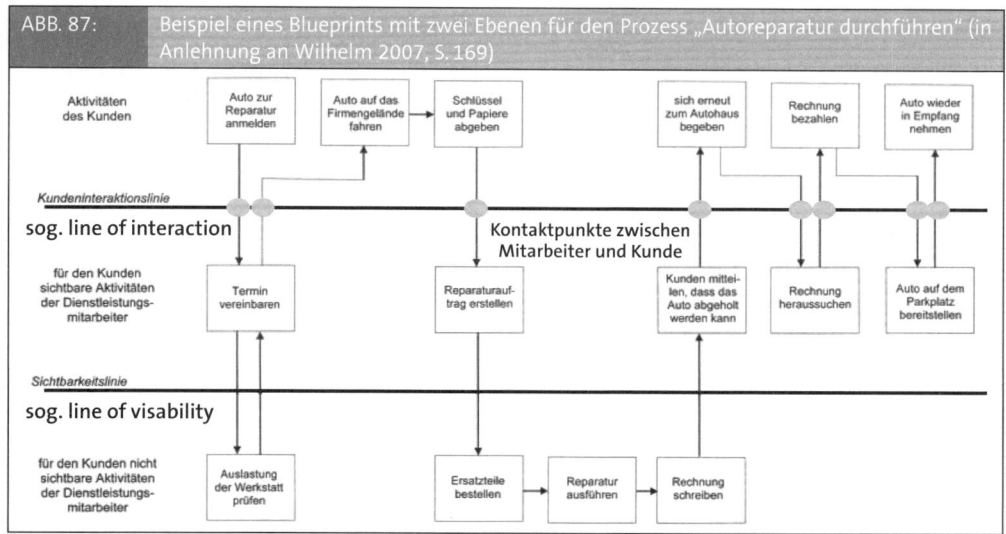

ABB. 87: Beispiel eines Blueprints mit zwei Ebenen für den Prozess „Autoreparatur durchführen" (in Anlehnung an Wilhelm 2007, S. 169)

Vorteile von Blueprints:

► Einfach zu verstehen.

► Sie bieten eine vollständige Übersicht der Kundenkontaktpunkte, die bei Service- oder Dienstleistungsprozessen entstehen und ermöglichen so deren gezielte Gestaltung.

► Sie fördern bei Unternehmen das Bewusstsein für die Sichtweise von Kunden auf ihre Service- oder Dienstleistungsprozesse und verbessern so die Prozessorientierung.

Nachteile von Blueprints:

► Für komplexe Prozesse weniger geeignet, da Übersichtlichkeit schnell verloren geht.

► Prozessvarianten nur schwer darstellbar.

Blueprints eignen sich besonders zum Darstellen von weitgehend standardisierten und wenig umfangreichen Service- oder Dienstleistungsprozessen. Hierfür können sie nützliche Erkenntnisse liefern, wie Prozesse, bei denen unmittelbarer Kundenkontakt besteht, kundenfreundlich gestaltet und mit internen Prozessen Backoffice effizient abgestimmt werden können.

3.4.4 Flussdiagramm

Ein Flussdiagramm (auch Folgeplan) dient dazu, logische und zeitliche Aufgabenfolgen darzustellen. Im Unterschied zum Ablaufdiagramm können durch die Verwendung von Symbolen, Verbindungslinien, Verzweigungen und Rückkopplungen auch komplexe Aufgabenfolgen mit logischen Bedingungen (z.B. wenn...dann...) und Abhängigkeiten anschaulich wiedergegeben werden. Bei Bedarf kann die reine Darstellung der Aufgabenfolge noch durch eine Vielzahl weiterer Informationen wie etwa die ausführenden Stellen, die jeweils ein- und ausgegebenen Informationen oder verwendeten Informationsträger und vieles andere mehr ergänzt werden (vgl. Liebelt 1992, Sp. 25 ff.).

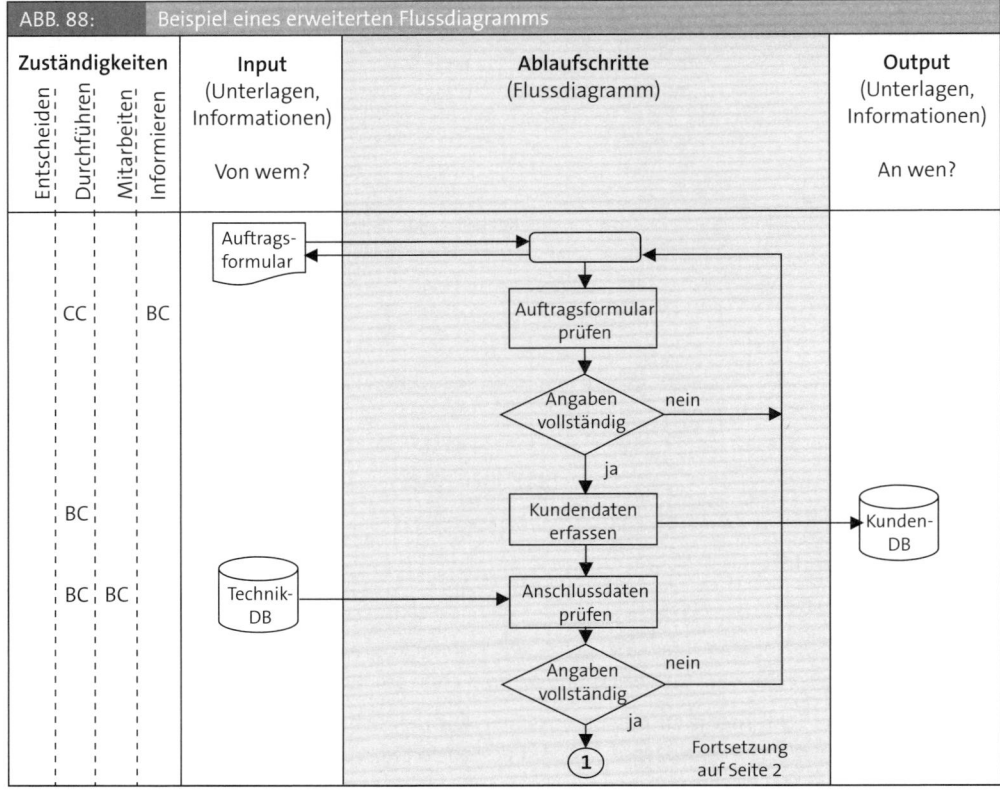

ABB. 88: Beispiel eines erweiterten Flussdiagramms

Da die in einem Flussdiagramm verwendeten Symbole und Gestaltungsregeln individuell fest-gelegt werden können, existiert eine kaum überschaubare Vielfalt unterschiedlicher Darstel-lungsformen von Flussdiagrammen. Ein Beispiel für ein Folgeplan bzw. Flussdiagramm, das der Anwendung definierter Symbole und Regeln unterliegt, ist das Modell der **„Ereignisgesteuerten Prozesskette (EPK)"**. Dieses ist vor allem in Europa relativ weit verbreitet, da sie von der SAP AG zur Geschäftsprozessmodellierung eingesetzt wird. Bei der ereignisgesteuerten Prozesskette werden Prozesse durch zwei Grundelemente – entweder Funktionen oder Ereignisse – beschrie-ben und über verschiedene Verknüpfungsoperatoren miteinander verbunden (vgl. Wilhelm 2007, S. 207 ff.; Seidlmeier 2002, S. 70 ff.).

Ein Ereignis bezeichnet dabei einen eingetretenen betriebswirtschaftlich relevanten Zustand, der den weiteren Verlauf eines oder mehrerer Geschäftsprozesse steuert oder beeinflusst (z. B. Bestellung ist eingetroffen, Ware ist ausgeliefert). Eine Funktion beschreibt eine fachliche Auf-gabe bzw. Tätigkeit an einem Objekt, die als Antwort auf ein Ereignis vorgenommen werden soll. Im Unterschied zum Ereignis beansprucht die Ausführung einer Funktion Zeit und Ressour-cen (z. B. Auftragsannahme, Warenversand). Die Abbildung von Verzweigungen, Zusammenfüh-rungen und Bearbeitungsschleifen erfolgt durch so genannte logische Verknüpfungsoperatoren (z. B. Und-, Oder-, exklusive Oder-Verknüpfung).

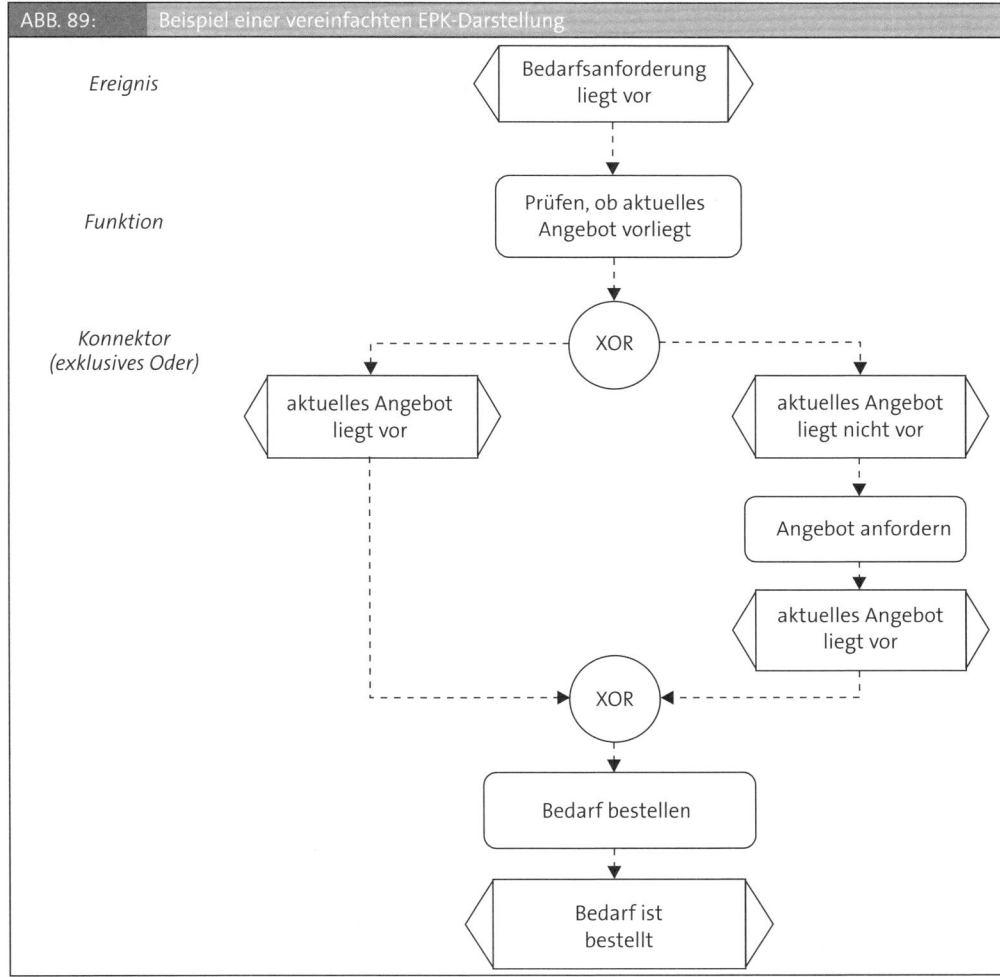

ABB. 89:   Beispiel einer vereinfachten EPK-Darstellung

Durch die Zuordnung von Ereignissen zu Funktionen, die wiederum ein oder mehrere Ereignisse erzeugen können, erhält man eine zusammengehörige Ablauffolge von Funktionen. Da die Ereignisse die Funktionen steuern, wird diese Darstellungstechnik als „ereignisgesteuerte Prozesskette" bezeichnet.

Vorteile des Flussdiagramms:

▶ Übersichtliche und differenzierte Darstellung von komplexen zeitlichen und logischen Abhängigkeiten zwischen Aufgabenfolgen möglich.

▶ Informationsgehalt kann nach Bedarf durch Ergänzen weiterer Ablaufelemente (z. B. Organisationseinheiten, Sachmittel, Informationen) erhöht werden.

▶ Reichhaltiges Angebot an softwaretechnischer Unterstützung zum Erstellen von Flussdiagrammen.

Nachteile des Flussdiagramms:

► Mit zunehmendem Detaillierungsgrad erhöht sich die Gefahr der Unübersichtlichkeit.

► Hoher Aufwand für das Erstellen und Aktualisieren der Diagramme.

Folgepläne bzw. Flussdiagramme sind sehr gut geeignet, um komplexe Arbeitsabläufe in anschaulicher Form wiederzugeben. Mit Blick sowohl auf den Darstellungsaufwand als auch die Verständlichkeit empfiehlt sich eine Konzentration auf die normalen, relativ häufig vorkommenden Ereignisse.

3.4.5 Wertstromdiagramm

Das **Wertstromdiagramm** (engl. value stream map) ist eine Technik, mit deren Hilfe Material- und Informationsflüsse entlang kompletter Wertschöpfungsketten abgebildet und analysiert werden können (vgl. Rother/Shook 2004). Es dient hauptsächlich zur Ergebnisdokumentation von Wertstromanalysen (vgl. Erlach 2007). Deren Ziel ist es, aus der Analyse der Ist-Situation Verschwendungen zu erkennen und optimierte Soll-Prozesse abzuleiten, in denen im Idealfall nur noch Leistungen erbracht werden, die wertschöpfend sind und diese genau zu dem Zeitpunkt bereitzustellen, wenn sie benötigt werden.

Das Wertstromdiagramm ist je nach Aufgabenstellung in verschiedenen Betrachtungsebenen anwendbar: Beginnend von der Ebene eines Arbeitsplatzes oder einer Produktionszelle über die Ebene bereichsübergreifender Prozesse bis hin zu gesamten Wertschöpfungsketten (vgl. Abb. 90).

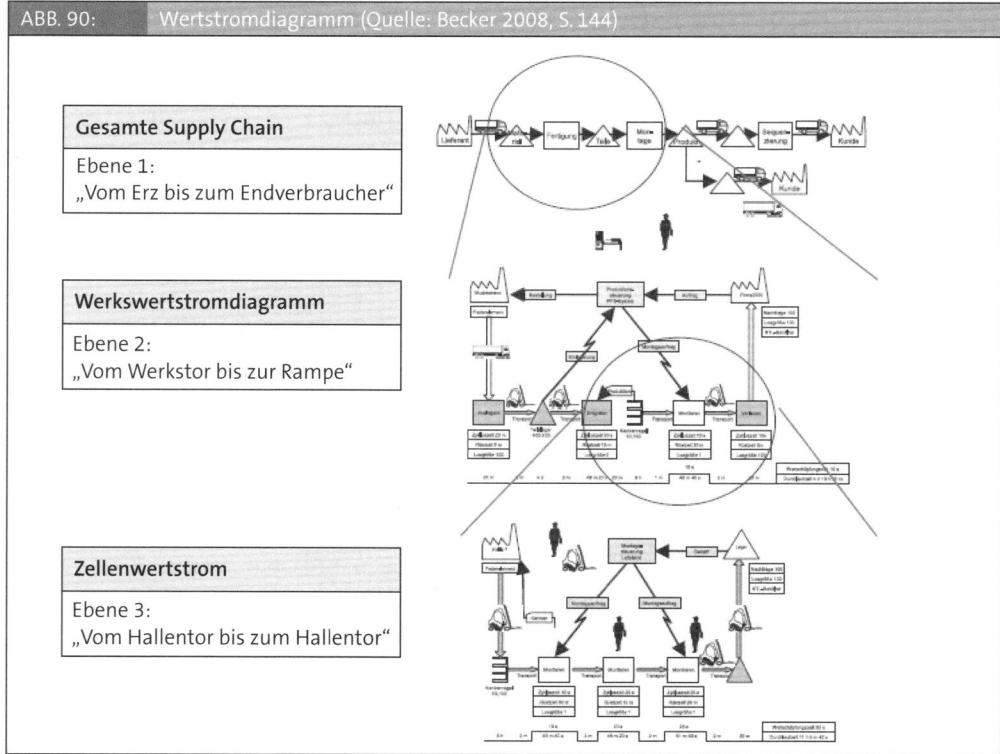

ABB. 90:   Wertstromdiagramm (Quelle: Becker 2008, S. 144)

Gesamte Supply Chain

Ebene 1:
„Vom Erz bis zum Endverbraucher"

Werkswertstromdiagramm

Ebene 2:
„Vom Werkstor bis zur Rampe"

Zellenwertstrom

Ebene 3:
„Vom Hallentor bis zum Hallentor"

Unabhängig von der Betrachtungebene oder dem Verdichtungsgrad werden im Diagramm unterschiedliche Symbole eingesetzt, um Materialtransporte, Bearbeitungsschritte und Lager sowie Informationsflüsse darzustellen. Die Symbole sind in der zeitlichen und logischen Ablauffolge, vom Lieferanten auf der linken bis zum Kunden auf der rechten Blattseite angeordnet. Zusätzlich werden die Prozessschritte mit einem Namen versehen, grob beschrieben und mit standardisierten Werten für Zeiten und Auftragsmengen dargestellt. Um die Übersichtlichkeit zu wahren, wird empfohlen, das gesamte Diagramm auf einem DIN A3 Blatt darzustellen.

Zum Erstellen von Wertstromdiagrammen existieren Vorschläge für definierte Vorgehensweisen (vgl. Becker 2008, S. 142 ff.). Diese beginnen mit der differenzierten Erfassung der Kundenanforderungen und dokumentieren darauf aufbauend alle Prozessschritte vom Lieferanten zum Kunden.

Vorteile von Wertstromdiagrammen:

▶ Die Einfachheit der Symbolik erlaubt eine gute Anwendbarkeit für Mitarbeiter in der Produktion bis hin zum Management.

▶ Für unterschiedliche Betrachtungs- und Analyseebenen einsetzbar.

▶ Kann je nach Aufgabenstellung für unterschiedliche Betrachtungsebenen und Verdichtungsgraden eingesetzt werden.

▶ Fördert das Entwickeln eines gemeinsamen Verständnisses von Prozessen, deren Schwachstellen und Verbesserungsmöglichkeiten in Arbeitsgruppen.

Nachteile von Wertstromdiagrammen:

▶ Das Bestimmen der Wertschöpfungs- und Durchlaufzeiten ist komplex und nicht immer eindeutig möglich.

▶ Komplexe Informationsflüsse werden als Nebenfluss betrachtet und lassen sich nicht in ausreichendem Maße differenzieren.

▶ Gefahr der Unübersichtlichkeit, da sehr viele Informationen zu betrachten sind.

Das Wertstromdiagramm eignet sich besonders zum Erfassen, Analysieren und Neugestalten von materialflussintensiven Prozessen in Produktion und Logistik, also überall dort, wo in einem Unternehmen Materialien oder Teile transportiert, gehandhabt, gelagert, gefertigt oder montiert werden.

3.4.6 Arbeits- und Verfahrensanweisung

Arbeits- bzw. Verfahrensanweisungen (engl. Standard Operating Procedures – SOP) sind schriftlich dokumentierte organisatorische Vorschriften darüber, wie bestimmte Tätigkeiten im Detail durchzuführen und deren Ergebnisse zu dokumentieren, zu archivieren oder zu verteilen sind. Bei Bedarf können die verbalen Ausführungen durch geeignete Darstellungstechniken grafisch unterstützt werden (z. B. Flussdiagramme).

ABB. 91:	Gliederungsbeispiel einer Arbeits-/Verfahrensanweisung	
Dokumentenart/-nummer*	Dokumententitel	Seite
erstellt:	geprüft:	freigegeben:
Datum:	Datum:	Datum:
Zweck Beschreibt Ziel und Zweck der Anweisung		
Anwendungsbereich Legt Anwendungsbereich bzw. -grenzen der Anweisung fest (z. B. einzelne Abteilungen, Stellen)		
Normative Verweise, Begriffe, Abkürzungen Erläutert alle verwendeten Begriffe, Abkürzungen und Normen, die nicht allgemein verständlich sind		
Zuständigkeiten Gibt Hauptzuständigkeiten für betreffenden Ablauf wieder.		
Beschreibung, Vorgehensweise, Ablauf Verbale und/oder grafische Darstellung des Prozessablaufs, der Durchführung eines bestimmten Vorgangs usw.		

* z. B. VA für Verfahrensanweisung; AA für Arbeitsanweisung

Während der Begriff Arbeitsanweisung meist für Regelungen verwendet wird, die eine Person bzw. einen Arbeitsplatz betreffen, kommt der Begriff Verfahrensanweisung oft für Tätigkeiten zur Anwendung, die mehrere Personen bzw. Arbeitsplätze betreffen. Verfahrensanweisungen können bei Bedarf auf Arbeitsanweisungen Bezug nehmen. Im Allgemeinen beschreiben Arbeits- und Verfahrensanweisungen im Detail, welche Arbeitsschritte wie durchzuführen sind. Diese Form der Dokumentation stellt also eine exakte Arbeitsanleitung dar, in der oft die Reihenfolge der Arbeitsschritte, die einzusetzenden Arbeits-, Prüf- oder Transportmittel, die benötigten Formulare, die anzuwendenden Checklisten oder die Ablagesysteme angegeben sind. Abbildung 91 zeigt, wie die Gliederung einer Arbeits- bzw. Verfahrensanweisung aussehen kann.

Arbeits- und Verfahrensanweisungen dienen in erster Linie dazu, die betroffenen Arbeitskräfte über die geltenden Regelungen zu informieren. Die Schriftform erspart einerseits die wiederholte mündliche Unterweisung betroffener Mitarbeiter, zum anderen erhöht sie erfahrungsgemäß die Verbindlichkeit organisatorischer Regelungen gegenüber einer rein mündlichen Darstellung.

Vorteile von Arbeits- und Verfahrensanweisungen:

▶ Sie schaffen eine hohe Transparenz geltender Regelungen und damit bei Bedarf auch eine hohe Rechtssicherheit.

▶ Durch die Schriftform verbessern sie die Verbindlichkeit von Anordnungen.

▶ Sie bilden eine gute Grundlage für Zertifizierungsverfahren (z. B. ISO 9000 ff.).

▶ Sie können als Folge der Standardisierung von Abläufen zu einer hohen Arbeitsproduktivität und Arbeitssicherheit beitragen.

▶ Vereinfachen die Einarbeitung neuer Mitarbeiter.

Nachteile von Arbeits- und Verfahrensanweisungen:

▶ Hoher Aufwand für Erstellung und laufende Aktualisierung.

▶ Mit zunehmendem Umfang und Detaillierungsgrad der Anweisungen wächst die Gefahr von Überorganisation und Bürokratisierung sowie Demotivation der Mitarbeiter.

▶ Mit zunehmendem Umfang an Anweisungen wächst das Risiko, dass den Betroffenen die Inhalte nicht bekannt sind bzw. diese nicht berücksichtigt werden.

Angesichts des Aufwands für Erstellung und Aktualisierung empfiehlt es sich, Umfang und Detaillierungsgrad von Arbeits- und Verfahrensanweisungen auf das Notwendigste zu beschränken. Ihr Einsatz sollte sich vor allem auf solche Tätigkeiten bzw. Arbeitsplätze konzentrieren, bei denen erhebliche Gefahrenpotenziale existieren oder für die aufgrund von Gesetzen oder Vorschriften eine Anwendung zwingend erforderlich ist. Arbeits- und Verfahrensanweisungen können auch hilfreich sein, wenn mehrere Personen im Wechsel eine Tätigkeit ausführen (z. B. im Schichtbetrieb) und dennoch eine Einheitlichkeit der Arbeitsweise gewünscht oder erforderlich ist.

3.5 Fallbeispiel: Optimierung eines Unterstützungsprozesses[1]

Das Unternehmen und sein Leistungsangebot

Die ABC GmbH ist ein Komplettanbieter von logistischen Dienstleistungen. Als Tochterunternehmen eines großen Chemieunternehmens sind die Kunden vorwiegend Unternehmen der chemischen und pharmazeutischen Industrie. Als einer der größten Lagerdienstleister für Gefahrgüter und Gefahrstoffe übernimmt die ABC GmbH die jeweils benötigte professionelle Lagerung aller Art.

Das Projekt

Beim Transportieren, Umschlagen und Lagern von Gütern lassen sich trotz größter Sorgfalt Schadensfälle nie völlig vermeiden. Um die daraus entstehenden finanziellen Risiken zu begrenzen, ist die ABC GmbH gegen entsprechende Schäden versichert. Da die Versicherungsbedingungen einen pauschalen Selbstbehalt pro Schadensfall vorsehen, muss das Logistikunternehmen jedoch stets einen Teil des finanziellen Risikos selbst tragen. Anlass für das nachfolgend grob dargestellte Prozessoptimierungsprojekt war, dass die Zahl der abzuwickelnden Schäden in den vorangegangenen Jahren auf bis zu 300 Fälle gestiegen war und Kosten in Form von Selbstbehalten in Höhe von rund 90 T€ pro Jahr verursachte.

Ziel der von der Geschäftsleitung initiierten Prozessoptimierung war es, innerhalb von fünf Monaten die Dauer der Abwicklung von Schadensfällen sowie die Schadenskosten signifikant zu reduzieren. Das Projekt sollte den gesamten Prozess der Schadensabwicklung – von der Schadensmeldung bis zur Schlusszahlung und unternehmensinternen Rückkopplung an den schadenverursachenden Bereich – umfassen.

---

1 Mein besonderer Dank gilt Herrn Dipl.-Ing. Christian Staudter von der UMS GmbH, Frankfurt, für seine engagierte Unterstützung beim Erstellen dieses Fallbeispiels und für das zur Verfügung Stellen von Informationsmaterial. Die Ausführungen basieren auf einem realen Projekt. Aus Gründen der Anonymität wird der korrekte Name des Unternehmens jedoch nicht genannt. Ferner sind einige Sachverhalte, die für das Verständnis des Praxisbeispiels nicht entscheidend sind, in verkürzter und leicht abgewandelter Form dargestellt.

Das Projektteam bestand aus insgesamt vier Mitgliedern, die aus zentralen Unternehmensbereichen stammten und das Projekt zusätzlich zu ihren eigentlichen Aufgaben bearbeiteten. Mit der Koordination bzw. Leitung des Projekts war eine Mitarbeiterin betraut, die im Vorfeld die methodische Vorgehensweise zur Prozessoptimierung mit Six Sigma in einer Black Belt-Ausbildung erlernt hatte.

Nachfolgend werden ausgewählte Ergebnisse des Optimierungsprojekts vorgestellt. Die Darstellung orientiert sich jedoch entgegen dem tatsächlichen Projektverlauf nicht an der Six-Sigma-Methodik. Zum einen, weil die Methode in diesem Lehrbuch nicht näher beschrieben wird. Zum anderen, weil der Ablauf von Six-Sigma-Projekten gemäß dem sog. DMAIC-Zyklus[2] im Großen und Ganzen mit der in Abbildung 93 vorgestellten Vorgehensweise übereinstimmt.

Initiierungs- und Planungsphase

In der konstituierenden Sitzung des Projektteams (sog. Kick-off) wurden zunächst Spielregeln der Zusammenarbeit vereinbart und durch die Projektleiterin zentrale Elemente der Six-Sigma-Methode vermittelt.

Um ein gemeinsames Verständnis des Projektauftrags zu erreichen, stellte das Team die Ausgangssituation in Form eines Projekt-Steckbriefes strukturiert dar. Hierbei wurde unter anderem die Frage beantwortet, warum das Projekt jetzt durchgeführt werden muss und welche Konsequenzen ein weiteres Verschieben hätte. Darüber hinaus formulierte die Projektleiterin mit dem Team detaillierte Projektziele. Dabei wurden die Anforderungen an die Prozessgestaltung sowohl aus Kunden- als auch aus Unternehmenssicht gezielt herausgearbeitet. Als wichtigstes Ziel seitens der (hauptsächlich internen) Kunden ergab sich eine schnelle Abwicklung bzw. Bezahlung im Schadensfall. Durch das Projekt sollte die Durchlaufzeit für die Abwicklung von Schadensfällen, in denen ein Versicherungsanspruch geltend gemacht werden kann, um 50 Prozent auf durchschnittlich elf Wochen reduziert werden. Aus Unternehmenssicht sollten durch das Projekt die Schadenskosten um 30 Prozent auf ca. 35 T€ gesenkt werden.

Nachdem so ein gemeinsames Verständnis hinsichtlich des Projektauftrags hergestellt worden war, verschaffte sich das Team einen Überblick über den zu verbessernden Prozess. Hierzu wurde der Schadensabwicklungsprozess aus der „Hubschrauber-Perspektive" strukturiert dargestellt (vgl. Abb. 92).

---

2 Damit werden die einzelnen Phasen des Regelkreises zur Prozessoptimierung bezeichnet: Define, Measure, Analyze, Improve, Control.

ABB. 92:	Grobstruktur des Ist-Prozesses			
Lieferant	**Input**	**Prozess**	**Output**	**Kunde**
		START		
Operative Einheiten der ABC GmbH Dritte (z. B. Spediteur)	Schadens-ereignis	Meldung „Abweichung vom bestimmungs-gemäßen Betrieb"		
Kunde von ABC	Geltendmachung einer Forderung auf Schadensersatz	Sachverhalt klären		
		Klärung Schadenshöhe		
		Einstufung Schadensfall		
		Anmeldung des Schadens bei Versicherung		
		Beantwortung Rückfragen der Versicherung		
		Durchführung Regress		
		Entscheidung zur Kostenübernahme	Bezahlung der Schadensrechnung an Geschädigten	Kunde von ABC
		Bezahlung des Schadens an die ABC GmbH	Rückmeldung an Schadenserzeuger	Operative Einheiten
		STOPP		

Zum Abschluss der Startphase wurde ein Ablauf- und Zeitplan für das Projekt erstellt, in dem zentrale Eckdaten wie Termine, Aufwände und Meilensteine festgelegt wurden. Das Ergebnis gibt nachfolgende Übersicht wider.

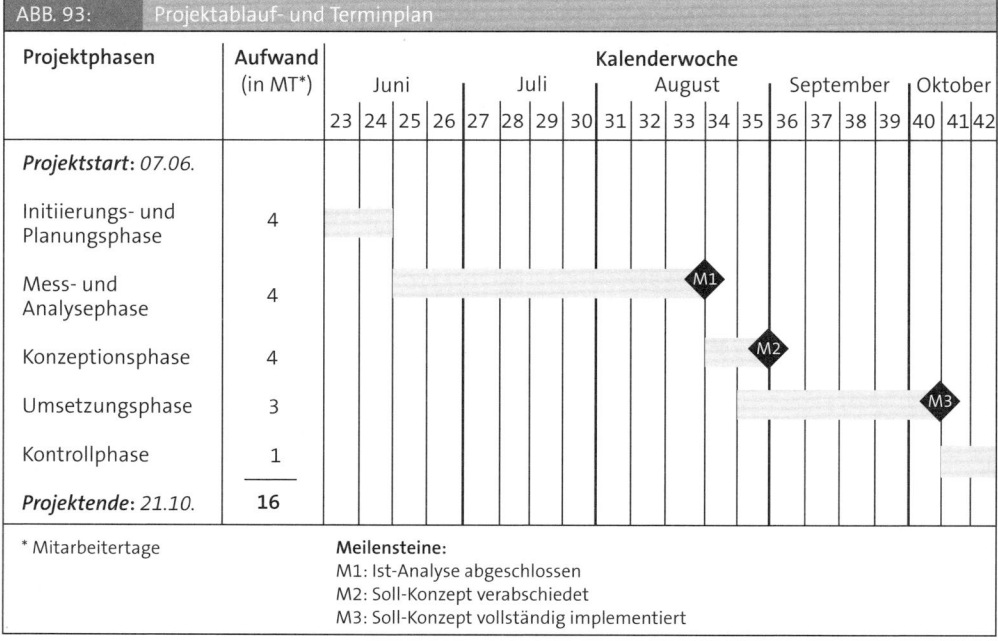

ABB. 93: Projektablauf- und Terminplan

Projektphasen	Aufwand (in MT*)	Kalenderwoche																				
		Juni				Juli				August					September				Oktober		
		23	24	25	26	27	28	29	30	31	32	33	34	35	36	37	38	39	40	41	42
Projektstart: 07.06.																					
Initiierungs- und Planungsphase	4																				
Mess- und Analysephase	4												M1								
Konzeptionsphase	4															M2					
Umsetzungsphase	3																			M3	
Kontrollphase	1																				
Projektende: 21.10.	**16**																				

* Mitarbeitertage

Meilensteine:
M1: Ist-Analyse abgeschlossen
M2: Soll-Konzept verabschiedet
M3: Soll-Konzept vollständig implementiert

Mess- und Analysephase

Zu Beginn dieser Phase wurden die zentralen Ziel- bzw. Messgrößen – Durchlaufzeit und Schadenskosten – definiert. Anhand eines Datenerhebungsplans vereinbarte man, wie die entsprechenden Daten gesammelt werden sollten (vgl. Abb. 94). Als Erhebungsmethode kam die Dokumentenanalyse zur Anwendung (vgl. Kap. 6.3.1).

ABB. 94: Datenerhebungsplan

Messgröße	Definition	Messverfahren	Stichprobe	Datenquelle	Verantwortlich
Durchlaufzeit	Dauer von Eintritt Schadensereignis bis zum letzten Bearbeitungstag in der ABC	Berechnung der Kalenderwochen zwischen Datum des Schadenseintritts und Datum des abschließenden Bearbeitungsschritts	Alle abgeschlossenen Schadensfälle mit Eintritt zw. 01.01.06 und 30.06.06	SR-Schadensstatistik	Fr. Müller Fr. Meyer
Schadenskosten	Selbstbehalte + Kulanzzahlungen	Ermittlung der Zahlungsanweisungen und der geschätzten Zahlungen für Schadensfälle, in denen noch keine genauen Kosten fest stehen	Alle zw. 01.01.06 und 31.12.06 entstandenen Schadensfälle	SR-Schadensstatistik/ Aktenlage	Fr. Müller Fr. Meyer

Die auf diese Weise erhobenen Daten wurden durch das Ermitteln von Häufigkeitsverteilungen und Streuungsmaßen statistisch ausgewertet. Mögliche Zusammenhänge einzelner Variablen wurden mittels weiterführender statistischer Hypothesentests untersucht. Die Datenauswertung ergab folgendes Bild:

Die **Durchlaufzeit** bei der Abwicklung von Schadensfällen betrug im Untersuchungszeitraum im Mittel 23,7 Wochen. Die Standardabweichung lag bei 14,38 Wochen. Der Medianwert betrug 26 Wochen, d. h. 50 Prozent der Fälle dauerten weniger und 50 Prozent der Fälle dauerten länger als 26 Wochen. Eine detaillierte Analyse, inwieweit die beobachteten Unterschiede der Durchlaufzeiten etwa von der Schadensart, der Schadenshöhe, dem Unternehmensbereich oder der Schadensursache abhängen, ließ keine signifikanten Zusammenhänge erkennen.

Die 236 untersuchten **Schadensfälle** verteilten sich im Untersuchungszeitraum sehr inhomogen auf die unterschiedlichen Unternehmensbereiche. Auffallend war, dass ein Subunternehmer mit 147 Schadensfällen die höchste aller Schadensquoten (62,3 %) verzeichnete.

Die Schadensforderungen aller Fälle im Betrachtungszeitraum betrugen insgesamt 249.178 Euro. Die **Schadenskosten** in Form von Selbstbehalten beliefen sich auf insgesamt 88.680 Euro. Die Verteilung der Schadenskosten auf die Unternehmensbereiche war nicht deckungsgleich mit der Verteilung der Anzahl der Schadensfälle. Mit 21.840 Euro fielen die höchsten Schadenskosten im Bereich Eisenbahn/Häfen an. Interessanterweise entstanden für die Schadensfälle des oben genannten Subunternehmers gar keine Schadenskosten.

Ein systematischer Zusammenhang zwischen der Anzahl der Schadensfälle, den Schadensforderungen und den entstandenen Schadenskosten war weder bei der Analyse der Unternehmensbereiche noch der verschiedenen Schadensarten zu erkennen. Aufgrund der Erkenntnis, dass die Schadenskosten in keinem ursächlichen Zusammenhang zu dem in diesem Projekt verfolgten Prozessablauf standen, wurde dieses Ziel im weiteren Projektverlauf nicht mehr verfolgt. Damit stand die Reduzierung der Durchlaufzeiten im Mittelpunkt der weiteren Arbeit.

Zur näheren Untersuchung der möglichen Gründe für die als zu lang empfundenen Durchlaufzeiten erstellte das Projektteam ein Ursache-Wirkungs-Diagramm (vgl. Kap. 6.5.3). Das Ergebnis zeigt Abbildung 95.

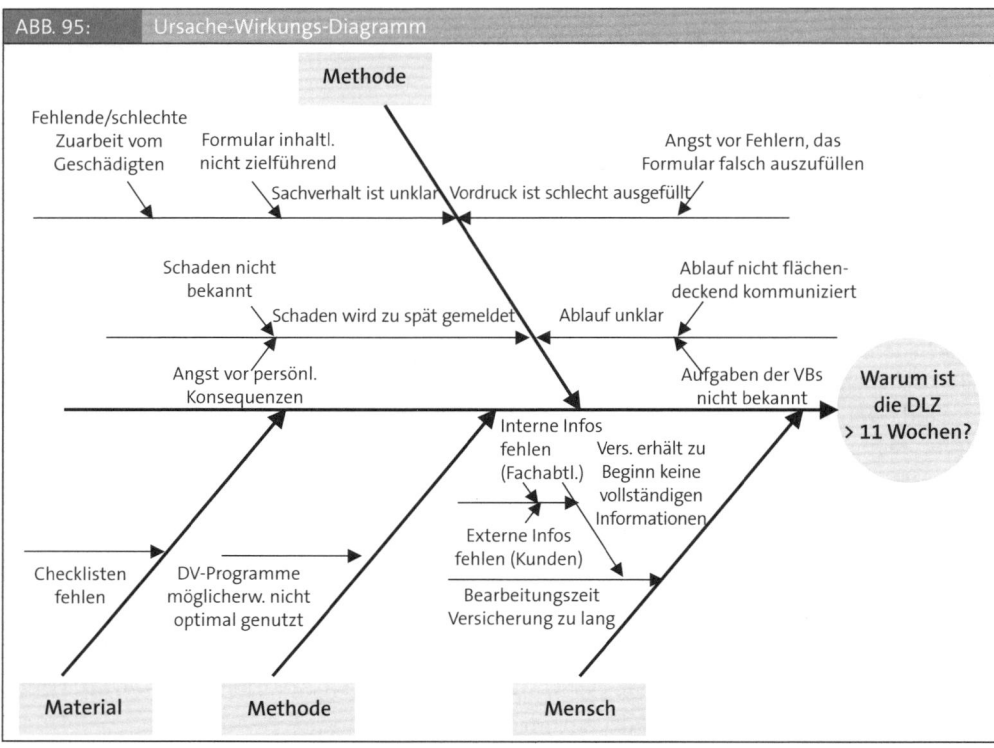

ABB. 95:   Ursache-Wirkungs-Diagramm

Aus der Sammlung möglicher Ursachen wurde anschließend versucht, durch weitere Analysen die Hauptursachen zu verifizieren und zu quantifizieren.

▶ **Prozessanalyse:** Mit Hilfe eines Ablaufplans wurde der gesamte Prozess zur Abwicklung von Schadensfällen detailliert dargestellt. Dabei zeigte sich, dass der Schadensabwicklungsprozess eine Vielzahl von Schnittstellen aufweist, die die Durchlaufzeit entscheidend beeinflussen. Unklare Anforderungen an einzelne Prozessschritte und zahlreiche Prozessschleifen konnten als maßgebliche Gründe für Verzögerungen im Ablauf identifiziert werden.

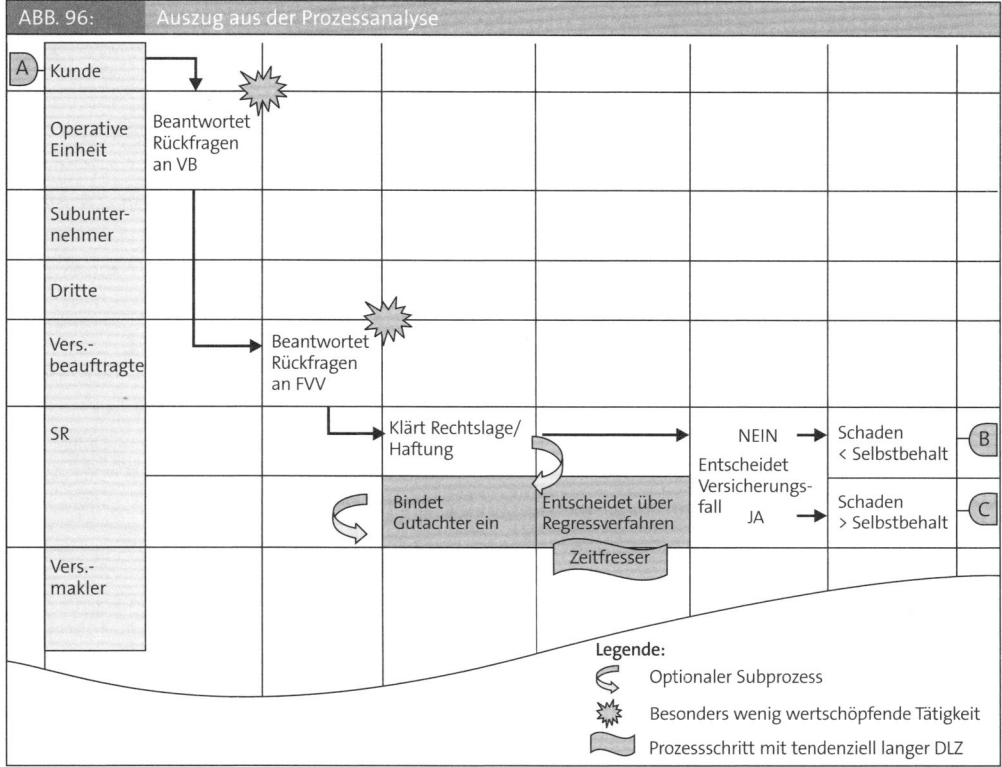

ABB. 96: Auszug aus der Prozessanalyse

► **Wertanalyse:** Der Prozess „Abwicklung von Schadensfällen" stellt per se keine wertschöpfende Tätigkeit dar, ist jedoch aufgrund der unternehmerischen Realität erforderlich. Innerhalb dieses Prozesses wurden zwei Prozessschleifen identifiziert, die sich extrem nachteilig auf die Wertschöpfung auswirken.

► **Zeitanalyse:** Auf eine detaillierte Zeitanalyse der einzelnen Prozessschritte konnte verzichtet werden, da die meisten Prozessschritte unter individuellen Rahmenbedingungen erfolgen. Als „Zeitfresser" wurden folgende Prozessschritte identifiziert: Klärung von Rückfragen/Rechnungslieferung durch Kunden, Fallprüfung und -entscheidung durch Versicherungsmakler und gegebenenfalls Regress-Verfahren.

Für die unbefriedigende Durchlaufzeit bei der Schadensabwicklung wurden drei Hauptursachen identifiziert:

(1) Ungeeignetes Formular für die interne Schadensmeldung. Dies führt zu einer verzögerten Feststellung seitens der Abteilung SR, ob es sich um einen Versicherungsfall handelt. Wiederholte Rückfragen und Bearbeitungsschleifen führen zu hohen Durchlaufzeiten.

(2) Unzureichende Kenntnisse unter den Prozessbeteiligten bezüglich Zuständigkeiten und Abläufen. Dies hat parallele und nicht standardisierte Abläufe zur Folge, die eine hohen Fehlerquote (Rückfragen erforderlich) und einen hohen Zeitbedarf verursachen.

(3) Fehlende Sicherheit im Umgang mit dem externen Formular zur Schadensmeldung. Dies hat unvollständig und fehlerhaft ausgefüllte Formulare zur Folge, die zu wiederholten Rückfra-

gen seitens der Versicherung führen. Dadurch verzögert sich die Entscheidung über die Anerkennung seitens des Versicherungsmaklers.

Konzeptionsphase

Auf der Basis der Ergebnisse der Ist-Analyse ging es im nächsten Schritt darum, mittels Brainstorming (vgl. Kapitel 6.6) effiziente Lösungen für folgende Fragen zu finden:

► Wie kann das Formular zur internen Schadensmeldung gestaltet werden, damit die Abteilung SR direkt alle zur Beurteilung eines Schadensfalls notwendigen Informationen erhält?

► Wie kann sichergestellt werden, dass alle Prozessbeteiligten den Ablauf und die Zuständigkeiten bei der Schadensabwicklung kennen und es zu einem standardisierten Prozessablauf kommt?

► Wie können die Mitarbeiter beim Ausfüllen des externen Versicherungsformulars unterstützt werden?

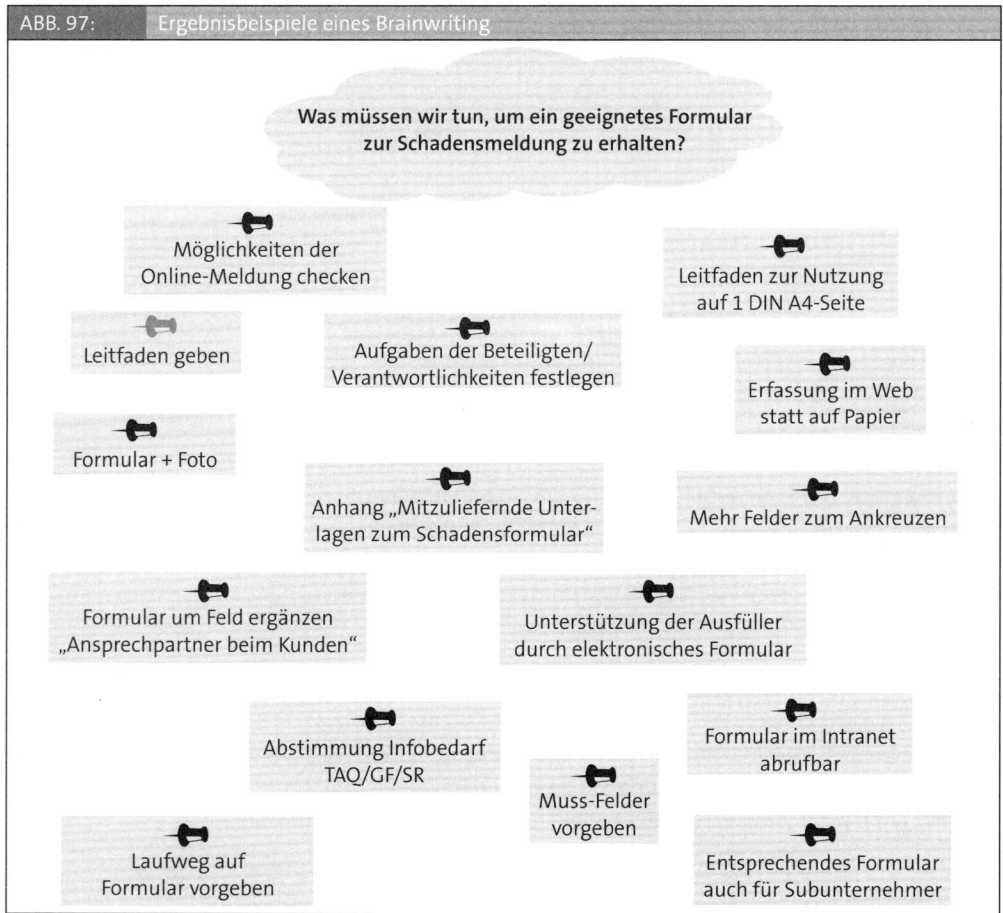

ABB. 97:   Ergebnisbeispiele eines Brainwriting

Was müssen wir tun, um ein geeignetes Formular zur Schadensmeldung zu erhalten?

- Möglichkeiten der Online-Meldung checken
- Leitfaden zur Nutzung auf 1 DIN A4-Seite
- Leitfaden geben
- Aufgaben der Beteiligten/ Verantwortlichkeiten festlegen
- Erfassung im Web statt auf Papier
- Formular + Foto
- Anhang „Mitzuliefernde Unterlagen zum Schadensformular"
- Mehr Felder zum Ankreuzen
- Formular um Feld ergänzen „Ansprechpartner beim Kunden"
- Unterstützung der Ausfüller durch elektronisches Formular
- Abstimmung Infobedarf TAQ/GF/SR
- Formular im Intranet abrufbar
- Muss-Felder vorgeben
- Laufweg auf Formular vorgeben
- Entsprechendes Formular auch für Subunternehmer

Die durch Brainwriting entwickelten insgesamt knapp 60 Lösungsideen wurden mittels weniger Fragen auf ihre Zweckmäßigkeit überprüft (z. B. Inwieweit sind die Ideen sinngemäß doppelt? Inwieweit sind sie zielführend? Würden durch ihre Realisierung bestehende gesetzliche Vorgaben verletzt?). Auf diese Weise wurde die Anzahl der Lösungsvorschläge um Doppelnennungen bereinigt, umsortiert und die verbliebenen in einen strukturierten Zusammenhang gebracht. Zur systematischen Auswahl und Priorisierung wurden zwölf Lösungsvorschläge mit Hilfe einer Aufwand-Nutzen-Matrix (vgl. Kapitel 6.7) bewertet, von denen das Projektteam letztlich acht zur Umsetzung vorschlug.

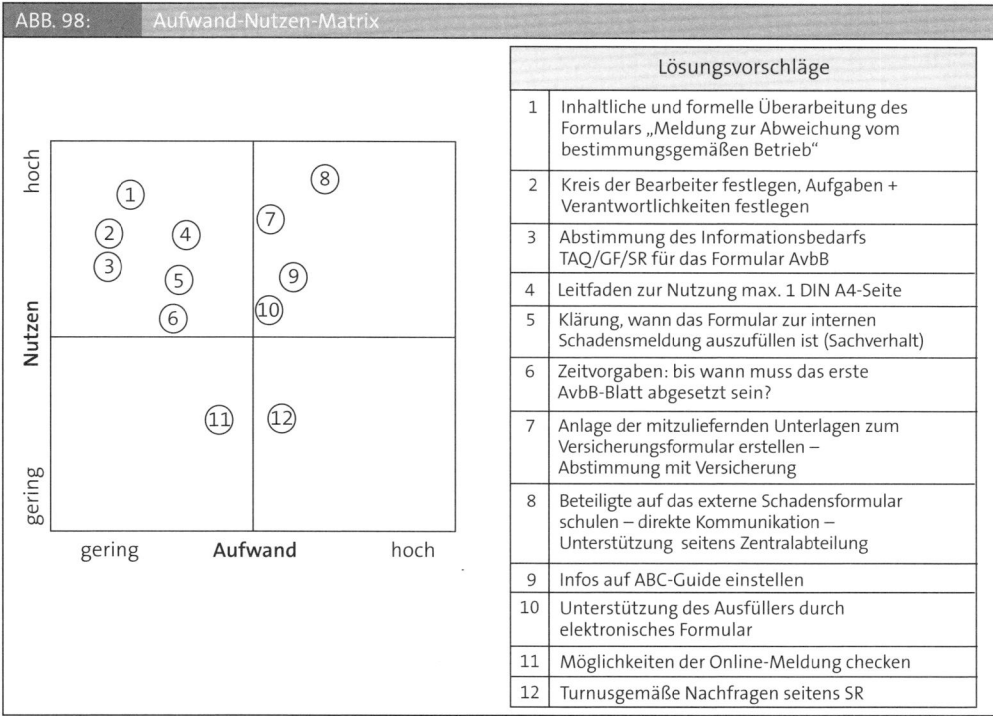

ABB. 98: Aufwand-Nutzen-Matrix

	Lösungsvorschläge
1	Inhaltliche und formelle Überarbeitung des Formulars „Meldung zur Abweichung vom bestimmungsgemäßen Betrieb"
2	Kreis der Bearbeiter festlegen, Aufgaben + Verantwortlichkeiten festlegen
3	Abstimmung des Informationsbedarfs TAQ/GF/SR für das Formular AvbB
4	Leitfaden zur Nutzung max. 1 DIN A4-Seite
5	Klärung, wann das Formular zur internen Schadensmeldung auszufüllen ist (Sachverhalt)
6	Zeitvorgaben: bis wann muss das erste AvbB-Blatt abgesetzt sein?
7	Anlage der mitzuliefernden Unterlagen zum Versicherungsformular erstellen – Abstimmung mit Versicherung
8	Beteiligte auf das externe Schadensformular schulen – direkte Kommunikation – Unterstützung seitens Zentralabteilung
9	Infos auf ABC-Guide einstellen
10	Unterstützung des Ausfüllers durch elektronisches Formular
11	Möglichkeiten der Online-Meldung checken
12	Turnusgemäße Nachfragen seitens SR

Auf detaillierte Kosten-Nutzen-Betrachtungen wurde in diesem Fall verzichtet, da aus den Lösungsvorschlägen weder nachweisbare Kosten noch quantifizierbare Einsparungen zu erwarten waren.

Umsetzungsphase

Für die Umsetzung der ausgewählten Lösungsvorschläge wurde ein detaillierter Zeit- und Maßnahmenplan mit klar definierten Verantwortlichkeiten vereinbart. Darin wurden auch die in einer Stakeholderanalyse (vgl. Kapitel 6.2.2) ermittelten Kommunikationsbedarfe zielgruppenspezifisch berücksichtigt. Mit Abschluss aller geplanten Maßnahmen konnte das verabschiedete Soll-Konzept Anfang Oktober 2008 termingerecht implementiert werden.

Kontrollphase

Der Prozess „Abwicklung von Schadensfällen" bei der ABC GmbH zeichnet sich dadurch aus, dass der Eintritt eines Schadensfalls hinsichtlich Zeitpunkt, Häufigkeit und Ort nicht vorhersehbar ist. Damit fehlen Taktzeiten, anhand derer der Prozess ausgerichtet werden kann. Darüber hinaus führt die große Vielfalt an Schadensfällen etwa hinsichtlich Schadensart, Schadenshöhe oder Geschädigter zwangsläufig zu einer starken Schwankung der Durchlaufzeit.

Für die Beurteilung der durchgeführten Maßnahmen bedeutete dies, dass die erreichte Durchlaufzeit immer unter Beachtung der zugrunde liegenden Stichprobe zu bewerten war. Erst mit zunehmender Anzahl abgeschlossener Schadensfälle war zu erwarten, dass die Stichprobe mit der in diesem Projekt gegebenen Stichprobe von 236 Schadensfällen vergleichbar ist. Aufgrund der Erfahrungen vergangener Jahre ging das Projektteam davon aus, dass erst sechs Monate nach Projektabschluss ein Spektrum abgeschlossener Schadensfälle vorliegt, das eine Beurteilung der Entwicklungsrichtung für die Durchlaufzeit erlaubt. Zum Überwachen der Projektergebnisse verständigte man sich daher, auf einem Kontrollblatt jeweils am Monatsletzten die Durchlaufzeiten aller Schadenseintrittsfälle nach dem 1. 10. 2008 zu erfassen. Die statistische Berechnung von Mittelwert und Standardabweichung sowie die Darstellung des Verlaufsdiagramms erfolgte automatisiert durch ein entsprechendes Excel-Makro. Für den Fall, dass der berechnete Mittelwert der Durchlaufzeit bei der Messung im März 2009 über 14 Wochen liegen sollte, wurde die Durchführung einer umgehenden Ursachenanalyse vereinbart. Hierbei wäre zu untersuchen, ob spezifische Ursachen für die Zielabweichung zugrunde liegen oder ob die durchgeführten Maßnahmen nicht die vorgesehene Wirkung erzielen konnten. Sollte Letzteres der Fall sein, ist über geeignete Korrekturmaßnahmen zu entscheiden.

Der eigentliche Nutzen einer verringerten Durchlaufzeit wurde in der Reduzierung der tatsächlichen Bearbeitungszeit der einzelnen Schadensfälle gesehen. Es wurde erwartet, dass dadurch sowohl in der zuständigen Fachabteilung SR als auch bei den operativen Einheiten Kapazitäten freigesetzt werden können, die sich zum Erledigen anderer Aufgaben bzw. wertschöpfender Tätigkeiten nutzen lassen. Um diese Annahmen zu überprüfen, legte das Projektteam fest, nach Umsetzungs- und Anlaufphase ab Mai 2009 bei einer Stichprobe von zwanzig Schadensfällen eine händische Erfassung der tatsächlichen Bearbeitungszeiten in der Abteilung SR durchzuführen. Nach Abschluss der Stichprobenerfassung sollten die Bearbeitungszeiten vor und nach der Prozessoptimierung durch den Projektleiter statistisch ausgewertet werden.

In der Projektabschlusssitzung wurden die mit den umgesetzten Lösungsansätzen auf den Prozess der Schadensabwicklung erzielten Wirkungen sowohl vom Projektteam als auch von der Unternehmensleitung insgesamt als sehr positiv bewertet.

Lessons learned

► Mangelhafte Prozesse (z. B. lange Durchlaufzeiten) sind oft auf wenige Ursachen zurückzuführen. Diese Mängel lassen sich zum Teil bereits durch relativ einfache und kostengünstige Maßnahmen (hier: Überarbeiten von Formularen oder Informieren von Mitarbeitern) beheben.

► Eine strukturierte und methodisch unterstützte Vorgehensweise ermöglicht es, die Performance von Prozessen auch unter begrenztem Zeit- und Kostenbudget signifikant zu verbessern. Dies macht auch bei der Optimierung von Prozessen Sinn, die weniger umfangreich und erfolgskritisch sind (hier: Optimierung eines Unterstützungsprozesses).

► Für die praktische Gestaltung der Prozessorganisation ist stets ein Mix von Kenntnissen und Fertigkeiten hilfreich. Neben spezifischem Fachwissen bilden Grundkenntnisse der Prozessorganisation, des Projektmanagements, des Change Managements und der wichtigsten Organisationstechniken eine solide Basis für eine erfolgreiche Arbeit.

3.6 Zusammenfassung: Das Wichtigste in Kürze

In Unternehmen laufen permanent zahlreiche Prozesse unterschiedlichster Art ab. Gut funktionierende Prozesse sind für den Erfolg von Unternehmen zu wichtig, um sie sich selbst zu überlassen. Prozesse sollten daher bewusst gestaltet und kontinuierlich weiterentwickelt werden.

Prozesse lassen sich in organisatorischer Hinsicht mit Hilfe von sechs zentralen Parameter gestalten: die Arbeitskräfte, die Arbeitsteilung, die Arbeitsfolge, den Arbeitsort, die Arbeitsmethode und die Arbeitsmittel. In ihrer Kombination ergeben sie die formale Prozessorganisation.

Für das Gestalten der Prozessorganisation empfiehlt sich ein systematisches Herangehen mit klar definierten Phasen und Arbeitsergebnissen. Dies erhöht die Wahrscheinlichkeit für eine hohe Effektivität und Effizienz betrieblicher Prozesse. Insbesondere für das Optimieren organisatorischer.Prozesse haben sich folgende Schritte bewährt:

► Prozessdefinition

► Prozesstransparenz

► Prozessgestaltung

► Prozesseinführung

► Prozessbewertung und -verbesserung

Für die konkrete Ausgestaltung der einzelnen Schritte existieren Handlungsalternativen. Dabei kann jeweils auf unterschiedliche Erhebungs-, Analyse-, Bewertungs- und Dokumentationstechniken zurückgegriffen werden.

Da Kundenanforderungen, Wettbewerb und Unternehmensumfeld ständigen Veränderungen unterworfen sind, ist auch das Gestalten organisatorischer Prozesse eine permanente Herausforderung für Unternehmen im Bemühen um eine hohe Kundenzufriedenheit und Effizienz.

4. Neuere Konzepte der Organisationsgestaltung

Seit Beginn der industriellen Revolution ändern sich die Vorstellungen, wie moderne Unternehmen organisiert sein sollten. Auslöser hierfür sind sowohl politische, gesellschaftliche und soziale Umwälzungen als auch technologischer Fortschritt. Die tayloristischen Gestaltungsprinzipien, die seit dem 19. Jahrhundert wesentlich die Arbeitsorganisation von Unternehmen prägt haben, sind vor allem in den letzten beiden Jahrzehnten vielerorts durch neue Paradigmen und Gestaltungselemente abgelöst worden.

Es sind in erster Linie Wissenschaftler und Unternehmensberater, die immer wieder neue Organisationskonzepte präsentieren. Auch wenn bei näherer Betrachtung nicht alles neu ist, was als solches bezeichnet wird und wenn bezüglich der Wirkungen manchmal Wunsch und Wirklichkeit auseinander fallen, besitzen diese Konzepte interessante Potenziale für die Organisationsgestaltung von Unternehmen.

LERNZIELE

Nach der Lektüre dieses Kapitels sollten Sie

▶ mit den Grundideen ausgewählter neuerer Organisationskonzepte vertraut sein,

▶ aktuelle Trends der Organisationsgestaltung kennen,

▶ wissen, was Managementmoden sind und

▶ die möglichen Chancen und Risiken neuerer Organisationskonzepte als Managementmode bewerten können.

4.1 Darstellung ausgewählter Konzepte

4.1.1 Schlanke Organisation

Der Begriff Lean Production (dt. Schlanke Produktion) wurde von Womack, Jones und Roos (1992) geprägt und galt schon bald als revolutionäres Konzept zur Neugestaltung von Unternehmen und ganzer Wirtschaftszweige. Die drei Wissenschaftler des Massachusetts Institute of Technology (MIT) hatten in der zweiten Hälfte der 80er Jahre japanische, europäische und amerikanische Automobilhersteller in einer umfangreichen Vergleichsstudie untersucht. Dabei hatten sie festgestellt, dass die japanischen Hersteller grundlegend anders organisiert und mit ihrem spezifischen Produktionskonzept – der Lean Production – den westlichen Herstellern in puncto Produktivität, Qualität und Flexibilität klar überlegen sind.

Die Analyse ergab, dass der Erfolg des japanischen Produktionskonzepts über die unmittelbare Fertigung hinausgeht und auf das enge Zusammenspiel grundlegender Handlungsprinzipien sowie verschiedenen methodischen und strukturellen Gestaltungselemente zurückzuführen ist. Das Konzept von Toyota, das als erfolgreichstes und bekanntestes Modell der Lean Production gilt, wird daher oft auch als ganzheitliches Produktionskonzept zur Integration aller Unternehmensfunktionen in der Prozesskette von Produktentwicklung, Fertigungsvorbereitung, Beschaffung, Produktion, Vertrieb und Personalwesen charakterisiert.

ABB. 99:	Zentrale Handlungsprinzipien des Toyota Production System (in Anlehnung an Liker/Meier 2005, S. 8 ff.)

Organisatorisches Lernen durch kontinuierliches Lösen von Problemen

► Beobachte ausführlich, wenn du Probleme verstehen und besser werden willst.
► Treffe Entscheidungen mit Bedacht und im Konsens, aber setze getroffene Entscheidungen schnell um.
► Reflektiere dein Tun unbarmherzig und strebe permanent nach Verbesserungen.

Werte schaffen durch die Entwicklung von Menschen und Partnern

► Entwickle kompetente Führungskräfte mit Vorbildcharakter.
► Entwickle herausragende Mitarbeiter und Teams.
► Respektiere deine Geschäftspartner und hilf ihnen, sich zu verbessern.

Mit den richtigen Prozessen die richtigen Ergebnisse erzielen

► Schaffe einen kontinuierlichen Teilefluss und bringe Probleme so an die Oberfläche.
► Nutze Pull-Systeme um Überproduktion zu vermeiden.
► Strebe nach einer ausgeglichenen Auslastung.
► Etabliere eine Unternehmenskultur, die Probleme konsequent aufgreift und löst.
► Standardisiere Aufgaben und Prozesse auf der Basis von kontinuierlicher Verbesserung und Empowerment.
► Nutze die Visualisierung zum Aufdecken von Problemen.
► Setze nur erprobte Technologien ein.

Philosophie als Basis

Richte Managemententscheidungen an der langfristigen Unternehmensentwicklung aus.

Die schlanke Organisation basiert auf einer Reihe von Handlungsprinzipien (vgl. Abb. 99). Diese finden ihre praktische Anwendung in folgenden Elementen (vgl. Dreher et al. 1995, S. 13 ff.):

► **Gestalten und Steuern der Wertschöpfungskette:** Die Produktherstellung wird entlang der gesamten, unternehmensübergreifenden Wertschöpfungskette neu organisiert. Innerbetrieblich sind die Betriebsmittel produktorientiert angeordnet (Fertigungssegmentierung), überbetrieblich werden Teile der Produktion an Zulieferer ausgelagert. Inner- und überbetriebliche Materialflüsse und Abläufe werden mittels neuer Prinzipien (insb. Pullprinzip, Fließprinzip, Nullpufferprinzip) gesteuert und finden ihre Realisierung zum Beispiel in neuen Systemen zur Produktionssteuerung wie Kanban oder Just-in-Time. Mit deren Hilfe wird sichergestellt, dass die erforderlichen Materialien hinsichtlich Zeit und Menge bedarfsorientiert an den einzelnen Bearbeitungs- oder Montagestationen bereitgestellt werden.

HINWEIS:

Kanban

Kanban ist ein dezentrales Konzept zur Produktionssteuerung. Der Bedarf an Produkten und Teilen wird nicht wie traditionell üblich auf Basis von Absatzprognosen bzw. Produktionsprogrammen, sondern durch den tatsächlichen Materialverbrauch gesteuert. Ausgehend von der Endmontage oder dem Fertigwarenlager wird das Hol-, Zieh- bzw. Pull-Prinzip angewendet, indem die nachgelagerte Stufe das von ihr benötigte Material aus einem der vorgelagerten Stufe zugeordneten Pufferlager entnimmt (vgl. Abb. 100). Erreicht dort der Materialbestand ein definiertes Niveau, beginnt die betreffende Stelle automatisch mit der Produktion des entsprechenden Materials und füllt den Bestand wieder auf. Die Produktion wird eingestellt, sobald der definierte Maximalbestand erreicht ist. Als Informationsträger im Kanban-System dienen Karten (jap. Kanban), die alle erforderlichen Informationen zur Materialsteuerung (insb. Materialart und -menge) enthalten. Hierbei ist zwischen Transport- und die Produktionskanbans zu unterscheiden. Die Transportkanbans steuern den Materialfluss zwischen Lager und nachfolgendem Fertigungsbereich, die Produktionskanbans den Informations- und Materialfluss zwischen erzeugendem Bereich und Lager.

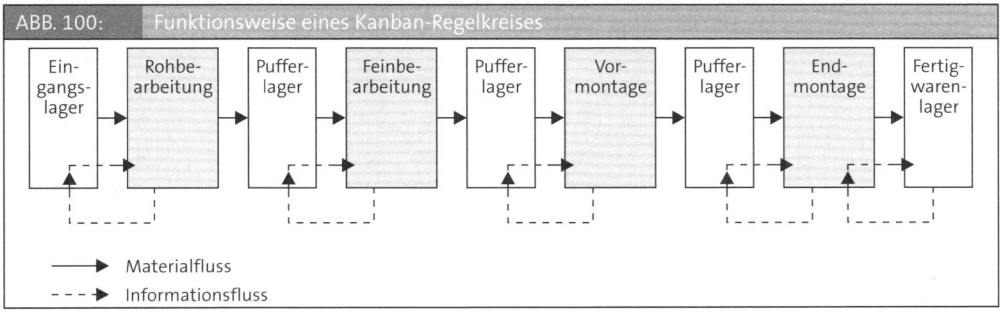

ABB. 100: Funktionsweise eines Kanban-Regelkreises

Ausgehend vom Warenabfluss entsteht so ein System vieler sich selbst steuernder Regelkreise, das eine bedarfsorientierte Materialversorgung sicherstellt. Die Kanbansteuerung ist auch auf überbetriebliche Materialflüsse anwendbar, indem Regelkreise zwischen Lieferanten und Endmontage oder zwischen Lager und Verkaufsstellen eingerichtet werden.

▶ **Arbeitsorganisation und Personalführung:** Das Zusammenwirken der technischen Komponenten der Wertschöpfungskette wird durch geeignete Maßnahmen der Arbeitsorganisation und Personalführung unterstützt. Hier sind vor allem flache Hierarchien, die Standardisierung von Arbeitsabläufen, die Integration von Aufgaben und Tätigkeiten an einzelnen Arbeitsplätzen, die Gruppenarbeit, die Mitarbeiterqualifikation und Partizipation zu nennen.

▶ **Totales Qualitätsmanagement (TQM):** Um Verschwendung zu vermeiden, muss die Produktion ohne Fehler oder Mängel erfolgen (sog. robuste Prozesse). Als Verschwendung (jap. muda) gelten vor allem unnötige Bestände, Transporte oder Bewegungen. Um sie möglichst gering zu halten, wird die volle Qualitätsverantwortung an die einzelnen Arbeitsgruppen übertragen und sichergestellt, dass nur einwandfreie Produkte zur nächsten Produktionsstufe gelangen (produktionssynchrone Qualitätskontrolle). Der Einsatz spezieller Methoden wie Jidoka, Andon, Poka Yoke und Kaizen (vgl. Syska 2006) spielt dabei eine wichtige Rolle.

▶ **Produktentwicklung:** Um differenzierten Kundenwünschen gerecht zu werden und gleichzeitig die Kosten niedrig zu halten, werden Produkte auf der Basis einer hohen Standardisierung relativ spät im Herstellungsprozess differenziert. Bereits in der Produktentwicklungsphase findet eine intensive Abstimmung in bereichsübergreifenden Entwicklungsteams sowie mit externen Lieferanten statt.

Die Resonanz auf die Veröffentlichung des japanischen Produktionskonzepts in den 90er Jahren war insbesondere in den westlichen Industrieländern sehr groß. Der Schlankheitsbegriff wurde ausgehend von der MIT-Studie bald mit den unterschiedlichsten Funktionsbereichen (z. B. Lean Administration, Lean Development) und Branchen (z. B. Lean Banking, Lean Insurance) kombiniert. Kritik wurde am Untersuchungsdesign sowie der Interpretation und der Übertragbarkeit der Ergebnisse geübt (vgl. Kieser/Hegele/Klimmer 1998, S. 48 ff.). Da unter dem Deckmantel des Lean-Konzepts vielfach auch massive Personal- und Kostenreduktionsprogramme durchgeführt wurden, ist der Schlankheitsbegriff in Teilen der öffentlichen Meinung nicht nur positiv besetzt. „Lean" steht zum Teil auch als Synonym für „magere" oder „magersüchtige" Unternehmen. Dennoch hat das Konzept der schlanken Organisation zweifellos viele entscheidende Anstöße zur organisatorischen Neugestaltung von Unternehmen inner- und außerhalb der Automobilbranche gegeben. Zahlreiche Prinzipen und Elemente dieses Organisationskonzepts gehören heute weltweit zum Standardrepertoire produzierender Industrieunternehmen (z. B. Just-in-Time, Kanban, Kaizen, Gruppenarbeit) und haben vielfach zu erheblichen Produktivitätssteigerungen und Qualitätsverbesserungen beigetragen.

4.1.2 Prozessorientierte Organisation

Mit ihrem Konzept des Business Process Reengineering (kurz BPR, auch Reengineering) haben Michael Hammer und James Champy Anfang der 90er Jahre einen weltweit sehr populär gewordenen Ansatz zur radikalen und prozessorientierten Neugestaltung von Unternehmen vorgestellt. Sie stellen als Ergebnis der Anwendung ihres Organisationskonzepts signifikante Leistungsverbesserungen in Bezug auf Kosten, Qualität und Zeit (sog. Quantensprünge) in Aussicht. Die wichtigsten Prinzipien ihres Konzepts sind:

► **Fundamentales Überdenken von Bestehendem:** Zu Beginn eines Reorganisationsprozesses soll nichts als selbstverständlich angenommen werden. Alles Bestehende – ob Unternehmenszweck, Strategien, Strukturen oder Prozesse – ist in Frage zu stellen.

► **Radikale Neugestaltung:** Anstelle oberflächlicher Veränderungen oder kleiner, kontinuierlicher Verbesserungen soll ein klarer Trennungsstrich zur Vergangenheit gezogen werden, indem ein radikales Redesign des Unternehmens oder zumindest wichtiger Unternehmensprozesse erfolgt.

► **Konzentration auf Unternehmensprozesse:** Bei der organisatorischen Neugestaltung sollte die verrichtungsorientierte zugunsten einer objektorientierten Arbeitsteilung aufgegeben werden. Unternehmen sollen nicht mehr vertikal nach Funktionen, sondern horizontal nach Prozessen strukturiert werden. Ziel sind durchgängige Prozesse ohne viele Schnittstellen, indem Einzelpersonen (sog. process owner, casemanager, caseworker) oder generalistische Teams (sog. caseteams) komplette Arbeitsprozesse übernehmen und selbstständig abwickeln. Den Kunden gegenüber entsteht somit je Prozess eine zentrale Anlaufstelle, die sie bei allen Fragen rundum bedient.

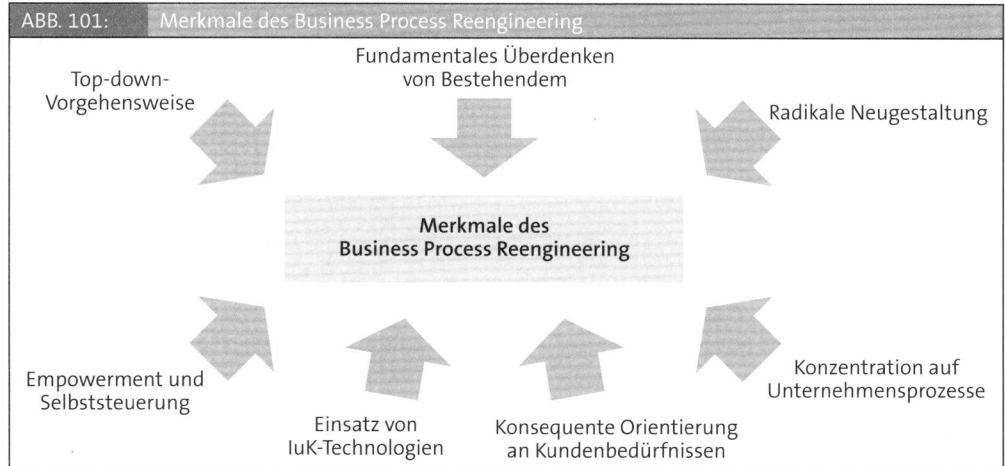

ABB. 101: Merkmale des Business Process Reengineering

▶ **Empowerment und Selbststeuerung:** Die Einzelpersonen oder Prozessteams erhalten zur Erfüllung ihrer Aufgaben umfangreiche Entscheidungsbefugnisse und sie steuern sich anhand von Zielvereinbarungen weitgehend selbst. Dadurch können Hierarchieebenen reduziert und Vorgesetzte von Koordinationsaufgaben entlastet werden. Führungskräfte übernehmen in der Folge weniger die Rolle eines Kontrolleurs als die eines Coaches.

▶ **Ausrichtung an Kundenbedürfnissen:** Die Erneuerung ausgewählter Kernprozesse erfolgt konsequent anhand der Anforderungen und Wünsche der jeweiligen Kunden bzw. Leistungsempfänger.

▶ **Zentrale Rolle der IuK-Technologie:** Bei der revolutionären Neugestaltung von Unternehmensprozessen spielt die Informations- und Kommunikationstechnologie (IuK) eine tragende Rolle. Sie dient nicht nur dazu die Produktivität zu steigern, sondern vollkommen neue organisatorische Lösungen überhaupt zu ermöglichen. Beispielsweise bieten gemeinsam genutzte Datenbanken oder Expertensysteme die technischen Voraussetzungen dafür, dass Daten an vielen Stellen simultan abrufbar sind und damit die Vorteile von Zentralisierung und Dezentralisierung ausgenutzt werden können.

▶ **Top-down-Vorgehensweise:** Die radikale Umgestaltung der Kernprozesse eines Unternehmens kann nur vom obersten Management ausgehen. Zum einen fehlt auf unteren und mittleren Hierarchieebenen der Gesamtüberblick, zum anderen fehlen die erforderlichen Entscheidungs- und Weisungskompetenzen für die Umsetzung tief greifender Änderungen. Zudem steht zu befürchten, dass untere und mittlere Ebenen gegen radikale Änderungen und daher eher Gegner als Befürworter des geplanten Wandels sind.

Das Konzept wurde von Anfang an hauptsächlich wegen seiner Radikalität kritisiert. Der Anspruch einer radikalen und prozessorientierten Neugestaltung wurde wegen der Gefahr, die Änderungskapazität vieler Unternehmen zu überfordern, oft als realitätsfern betrachtet (vgl. Kieser/Hegele/Klimmer 1998, S. 66). Zahlreiche Studien konnten zeigen, dass in der praktischen Anwendung die in Aussicht gestellten „Quantensprünge" vielfach nicht oder nur ansatzweise erreicht werden konnten (vgl. z. B. Koch/Hess 2003, S. 6 ff.; Hall et al. 1994, S. 85). Dabei stellt sich unter anderem heraus, dass die propagierte Top-down-Vorgehensweise keine gute Basis für die Entwicklung eines motivierenden Vertrauensverhältnisses ist, das für die Realisierung des Konzeptes eigentlich erforderlich wäre. Kritisiert wurde auch die These der allgemeingültigen Überlegenheit der Prozessorientierung. Durch eine konsequente Prozessorientierung lassen sich in der Regel zwar Durchlaufzeiten und Kosten reduzieren und Erlöse steigern, gleichzeitig jedoch verschlechtert sich die Koordination der Ressourcennutzung und damit die Effizienz (sog. Dilemma der Ablauforganisation). Da die Aufgaben in einem Unternehmen üblicherweise sehr unterschiedlich sind, können die im Business Process Reengineering unterstellte Vorteilhaftigkeit einer objektorientierten Prozessgestaltung nicht unkritisch auf alle Unternehmensbereiche übertragen werden.

Trotz dieser Kritik und der teilweise ernüchternden Erfolgsbilanz in der praktischen Anwendung, hat das Konzept des Business Process Reengineering ohne Zweifel weltweit wichtige Impulse zur Prozessausrichtung und -optimierung von Unternehmen unterschiedlichster Branchen gegeben und dort zu Leistungssteigerungen geführt. Das Konzept hat wesentlich dazu beigetragen, dass in Forschung und Praxis die prozessorientierte Organisationsgestaltung neu entdeckt wurde und bis Ende der 90er Jahre Business Process Redesign, Gestalten und Modellieren von Geschäftsprozessen und integriertes Geschäftsprozessmanagement dominante Themen waren und zum Teil heute noch sind.

4.1.3   Lernende Organisation

Im Unterschied zu den bisher skizzierten neueren Organisationskonzepten setzt die Idee der lernenden Organisation weniger an strukturellen Maßnahmen an, sondern am Umgang mit Veränderungen. Indem ein kontinuierliches Lernen der Beschäftigten ermöglicht wird, soll die Anpassungs- bzw. Veränderungsfähigkeit von Unternehmen gefördert werden. Damit soll es ihnen letztlich gelingen, in immer dynamischer werdenden Umwelten ihre Wettbewerbsfähigkeit nachhaltig zu verbessern.

Die Idee der lernenden Organisation wurde in den letzten Jahren stark durch Veröffentlichungen von Senge (1990) und Argyris/Schön (1996) geprägt. Dennoch sind die Vorstellungen, was eine lernende Organisation auszeichnet, sowohl bei diesen beiden als auch anderen Autoren teilweise recht unterschiedlich. Insgesamt ist derzeit kein Gesamtkonzept einer praxisfähigen lernenden Organisation erkennbar.

Den von verschiedenen Autoren entwickelten Konzepten ist gemeinsam, dass sie Unternehmen als lernende Systeme betrachten, die Wissen erwerben, speichern und kollektiv nutzen. Die Fähigkeit, Wissen schneller zu generieren, an die richtigen Stellen zu transferieren und zu nutzen als die Konkurrenz, wird als Chance zur Erlangung wichtiger Wettbewerbsvorteile erachtet. Insbesondere in industrialisierten Volkswirtschaften, in denen die Wertschöpfung zunehmend auf Wissensarbeit (z. B. Forschen, Entwickeln, Konzipieren) beruht, wird mit Nachdruck auf die Notwendigkeit hingewiesen, das erforderliche Wissen permanent zu erneuern und notwendige Veränderungsprozesse schnell und effizient zu bewältigen.

Organisatorisches Lernen im Sinne einer kontinuierlichen Unternehmensentwicklung erfordert permanente Lernzyklen auf verschiedenen Ebenen (vgl. Abb. 102). Zunächst müssen auf der individuellen Ebene einzelne Mitarbeiter oder Führungskräfte infolge auftretender Probleme oder sich bietender Marktchancen den Bedarf für Veränderung wahrnehmen und ihre Erkenntnisse in konkretes Handeln umsetzen. Da Unternehmen an sich nicht lernen können, erfordert organisatorisches Lernen, dass die in individuellen Lernprozessen gesammelten Erkenntnisse und Erfahrungen unternehmensintern kommuniziert werden. Gelingt es, Kollegen und Vorgesetzte zu überzeugen, bestimmte Sachverhalte anders als bisher wahrzunehmen, im Unternehmen geltende Normen und Werte in Frage zu stellen oder Probleme künftig mit anderen Arbeitsroutinen zu lösen und dies dauerhaft im Werte- oder Regelsystem des Unternehmens zu verankern, findet kollektives Lernen statt. Erstrecken sich diese Lernprozesse über einzelne Organisationseinheiten hinaus auf ein ganzes Unternehmen, spricht man von organisationalem bzw. organisatorischem Lernen. Damit die auf verschiedenen Ebenen stattfindenden Lernprozesse auch zu einer Verbesserung der Leistungs- bzw. Wettbewerbsfähigkeit eines Unternehmens beitragen, ist in angemessenen Zeiträumen zu prüfen, ob die neu gewonnen Erkenntnisse und Problemlösungsansätze auch tatsächlich die erwarteten Wirkungen zeigen. Das Ergebnis einer solchen Wirksamkeitskontrolle kann wiederum Auslöser für neue Lernprozesse sein.

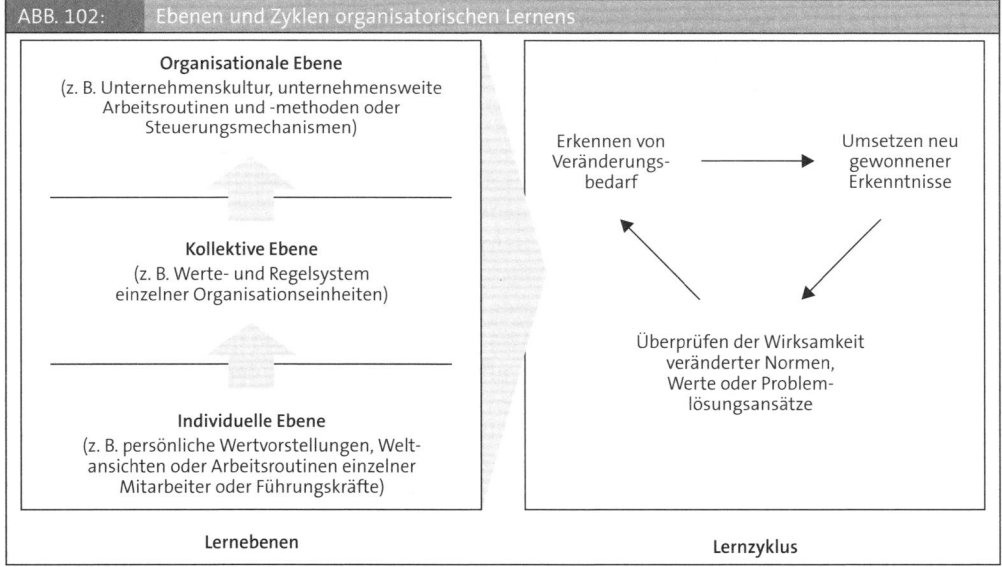

ABB. 102:   Ebenen und Zyklen organisatorischen Lernens

Wichtige Merkmale einer lernenden Organisation sind (vgl. Niess/Spandau 2005, S. 166, Kieser/Hegele/Klimmer 1998, S. 235 ff.):

► **Selbstverantwortung der Einzelnen:** Eine wichtige Voraussetzung für das Lernen von Individuen in Unternehmen ist das Gefühl, für das eigene Handeln selbst verantwortlich zu sein. Besonders flache Hierarchien mit dezentralen Entscheidungsbefugnissen können hierfür eine gute Grundlage schaffen.

► **Experimentierfreudige und fehlertolerante Unternehmenskultur:** Lernende Unternehmen verfügen über eine Unternehmenskultur, die offen ist für Experimente mit neuen Lösungen. Verbunden damit ist die Bereitschaft, Risiken einzugehen und Fehler als Chance zur Weiterentwicklung zu verstehen.

► **Offene Kommunikation:** Damit individuelles Wissen zu gemeinsamem Wissen werden kann, müssen alle bemüht sein, wertvolle Informationen bereitwillig weiterzugeben und mit anderen kompetenten Mitarbeitern zu teilen.

▶ **Umfangreiches Angebot an Lernmöglichkeiten:** Lernende Unternehmen bieten ein umfang-reiches Angebot an Lernmöglichkeiten, das von allen Mitarbeitern intensiv genutzt wird, wie etwa Lernen aus Erfahrung, Lernen aus erfolgreichen Praktiken anderer oder Nutzung spezi-fischen Wissens Externer. Es ist Aufgabe des Managements, die Ziele des Lernens festzulegen und die Rahmenbedingungen so zu gestalten, dass Wissen und Erfahrung schnell und effi-zient an die richtigen Stellen transferiert werden können. Hierbei können auch informations-technische Systeme des Wissensmanagements wie Gelbe Seiten für interne Wissensträger, elektronische Archive und Verzeichnisse zum Einsatz kommen.

▶ **Innovationsorientierte Anreiz- und Belohnungssysteme:** Geeignete Anreiz- und Belohnungs-systeme stellen sicher, dass Experimentierfreude sowie individuelles und kollektives Lernen angemessen honoriert wird. Dies kann in monetärer und nicht-monetärer Form (z. B. persön-liche Anerkennung, Verleihung von internen Titeln und Preisen) erfolgen.

Das Konzept der lernenden Organisation erfreut sich seit einigen Jahren in wissenschaftlichen Publikationen und Verlautbarungen von Unternehmen zunehmender Beliebtheit. Von ihren Be-fürwortern wird sie als Lösung für drei grundlegende Probleme angesehen, die traditionelle Or-ganisationen mit sich bringen: Fragmentierung, Konkurrenzdenken und passives Reagieren statt aktives Agieren (vgl. Kofman/Senge 1993). Die aus der Spezialisierung hervorgehende Fragmen-tierung lässt „tiefe Gräben" zwischen Organisationseinheiten entstehen und verwandelt die verschiedenen Funktionsbereiche eines Unternehmens oft in getrennt, zuweilen gegeneinander arbeitende „Fürstentümer". Als Folge einer Überbetonung des Wettbewerbsgedankens konkur-rieren Unternehmensbereiche miteinander, anstatt zusammenzuarbeiten und ihr Wissen aus-zutauschen. Und häufig reagieren Unternehmen nur passiv auf Veränderungen in ihrem Um-feld, weil sie es versäumt haben, rechtzeitig etwas Neues zu schaffen. In die Defensive gedrängt verfügen sie dann oft nur über einen eingeschränkten Gestaltungs- und Entscheidungsspiel-raum. Die Realisierung einer lernenden Organisation könnte Unternehmen unterstützen, not-wendige Veränderungsprozesse schnell und effizient zu bewältigen.

Bislang bleibt allerdings die praktische Umsetzung dieses Organisationskonzepts häufig weit hinter den Erwartungen zurück. Hierfür können im Einzelfall viele Gründe ausschlaggebend sein (vgl. Niess/Spandau 2005, S. 170). Beispielsweise konzentrieren sich zahlreiche Unternehmen zu sehr auf die technische Ebene des Wissensmanagements ohne die notwendigen Vorausset-zungen für einen schnellen und effizienten Wissensaustausch zu schaffen. Als Hemmnis erweist sich beispielsweise, dass die Balance zwischen Wissens-Gebern und Wissens-Nehmern auf Dau-er häufig nicht gegeben ist. Oft fehlt das Vertrauen, persönliche Erkenntnisse und Erfahrung an Kollegen – die man in großen Unternehmen meist nicht persönlich kennt – weiter zu geben. In international tätigen Unternehmen können darüber hinaus kulturelle oder sprachliche Unter-schiede interne Lernprozesse erheblich beeinträchtigen.

Insgesamt kann die lernende Organisation als Ideal marktorientierter Unternehmen bezeichnet werden, die sich schnell und quasi geräuschlos an geänderte Markt- und Umfeldbedingungen anpassen können. Vor allem für Unternehmen, die in einem dynamischen Marktumfeld ihre Wettbewerbsfähigkeit durch permanente Innovationen unter Beweis stellen müssen, kann die-ses Organisationskonzept wertvolle Anregungen liefern.

4.1.4 Grenzenlose Organisation

Als Folge eines zunehmenden Wettbewerbs- und Kostendrucks ist seit einigen Jahren der Trend zu beobachten, dass Unternehmen ihre Wertschöpfungstiefe reduzieren und sich auf ihre Kernkompetenzen konzentrieren. Hierbei lagern sie diejenigen Funktionen oder Prozesse an Externe aus, von denen sie sich keinen Wettbewerbsvorteil versprechen. Mit fortschreitender Reduzierung des eigenen Wertschöpfungsanteils nimmt allerdings auch das Potenzial rein unternehmensinterner Optimierungsmaßnahmen ab. Das Konzept der grenzenlosen Organisation zielt darauf ab, die Leistung der gesamten Wertschöpfungskette – vom Lieferanten des Rohmaterials bis hin zum Endkunden – zu steigern. Besondere Aufmerksamkeit wird dabei den Schnittstellen zwischen den Partnern einer Wertschöpfungskette geschenkt, da hier die größten Verbesserungspotenziale gesehen werden.

Der Begriff der grenzenlosen Organisation umschreibt die Auflösung traditioneller Unternehmensstrukturen und -grenzen in Richtung hybrider Verbindungen mit externen Partnern (vgl. Picot et al. 2001, S. 289). Das bedeutet, dass grenzenlose Unternehmen andere rechtlich und wirtschaftlich selbstständige Unternehmen, die zur Leistungserstellung erforderlich sind, aktiv in die Wertschöpfungsprozesse einbinden. Haben Unternehmen klassischerweise lediglich standardisierte Teilaufgaben auf ihren Beschaffungsmärkten bezogen, findet hier eine intensive Einbeziehung externer Partner in originäre Unternehmensaufgaben statt. Damit enden organisatorische Maßnahmen nicht wie traditionell üblich an den Unternehmensgrenzen, sondern beziehen alle relevanten Wertschöpfungspartner mit ein. Dies lässt die traditionellen, ökonomischen und rechtlichen Unternehmensgrenzen zunehmend verwischen und führt quasi zu einer Auflösung von Unternehmen (vgl. Picot et al. 2001, S. 290). Die Erscheinungsformen des grenzenlosen Unternehmens sind sehr vielfältig.

Sie können von Outsourcing-Verträgen, (strategischen) Allianzen, Arbeitsgemeinschaften, Konsortien bis hin zu Franchise-Verträgen und Gemeinschaftsunternehmen (Joint Venture) reichen. Anhand des nachfolgenden morphologischen Kastens (Abb. 103), der die verschiedenen Ansätze zur Klassifizierung von Unternehmenskooperationen aufzeigt, wird die Vielfalt der Gestaltungsformen von Kooperationen deutlich.

ABB. 103:	Morphologischer Kasten zur Klassifikation von Kooperationsformen (Quelle: Theling/Loos 2004, S. 14)					
Bindungsintensität	Nicht vertraglich	Lizenz-vereinbarung	Management-vertrag	Franchising-vertrag	Joint Venture Vertrag	Fusions-vertrag
Anzahl der Partner	Bilaterale Bindung		Trilaterale Bindung		Einfache Netzwerke	Komplexe Netzwerke
Kooperationsrichtung	horizontal		vertikal		diagonal/lateral/konglomerat	
Zeitaspekt: Häufigkeit	einmalig		sporadisch		regelmäßig	dauerhaft
Zeitaspekt: Befristung	befristet				unbefristet	
Zeitaspekt: Dauer	kurzfristig		mittelfristig		langfristig	
Partnerherkunft (institutionell)	zwischenbetrieblich			überbetrieblich		
Partnerherkunft (geografisch)	lokal		regional		national	international

Grenzenlose Unternehmen können durch folgende Merkmale beschrieben werden (vgl. Niess/ Spandau 2005, S. 188 ff.):

► **Unternehmensübergreifende Planung und Steuerung der Wertschöpfungskette:** Im Gegensatz zur unternehmensinternen Optimierung findet in grenzenlosen Unternehmen eine unternehmensübergreifende Abstimmung der Planung und Steuerung der gesamten Wertschöpfungskette statt. Das Referenzmodell des Supply Chain Management vermittelt einen anschaulichen Überblick über diese Aktivitäten (vgl. Abb. 104).

► **Definition eines gemeinsamen Zielsystems:** Zur Ausrichtung der gesamten Wertschöpfungskette auf den Nutzen des Endkunden definiert das grenzenlose Unternehmen zusammen mit seinen Partnern nicht nur Ziele der Zusammenarbeit, sondern legt auch die dazu gehörigen Aktivitäten fest.

► **Permanente Verbesserung der Wertschöpfungskette:** Als Reaktion auf Veränderungen im Unternehmensumfeld streben grenzenlose Unternehmen permanent nach einer Verbesserung ihrer unternehmensinternen und -externen Prozesse.

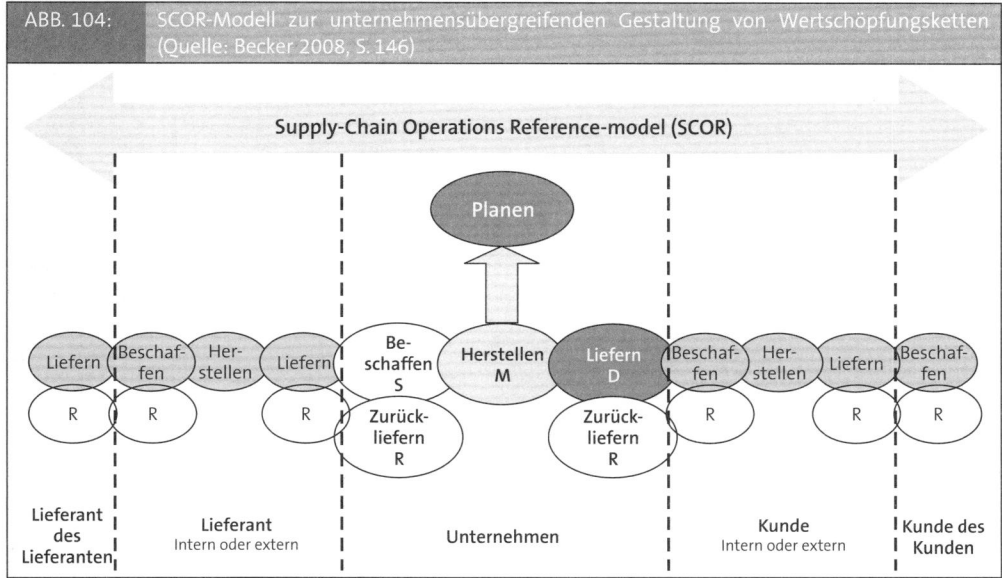

ABB. 104: SCOR-Modell zur unternehmensübergreifenden Gestaltung von Wertschöpfungsketten (Quelle: Becker 2008, S. 146)

▶ **Austausch von Informationen, Wissen, Ideen und Erfahrungen:** Um eine reibungslose Zusammenarbeit über die Unternehmensgrenzen hinweg zu erleichtern, findet zwischen den Partnern ein enger und intensiver Austausch von Informationen (z. B. Absatzprognosen, Verkaufszahlen, Lagerbestände), Wissen, Ideen und Erfahrungen statt.

▶ **Einsatz von Informationstechnologien:** Um aus den verteilten Informationssystemen der Wertschöpfungspartner die benötigten Informationen zu entnehmen, die Wertschöpfungskette effizient zu planen und zu steuern und die Ergebnisse den anderen Partnern wieder zur Verfügung zu stellen, setzen grenzenlose Unternehmen vielfältige Informations- und Kommunikationstechnologien ein. Hierbei kommen IT-Systeme zum Einsatz, die zum Beispiel die kurz-, mittel- und langfristige Festlegung von Bedarfen, Beständen und Produktionskapazitäten ermöglichen oder den Materialfluss entlang der Wertschöpfungskette überwachen.

Die intensiven Verbindungen mit anderen Unternehmen bei der Optimierung der Wertschöpfungskette eröffnen grenzenlosen Unternehmen die Chance, Synergieeffekte zu erzielen und zusätzliche Kostensenkungspotenziale zu erschließen. Die Wahl der Partnerunternehmen befähigt grenzenlose Unternehmen darüber hinaus auf spezielle Kundenanforderungen einzugehen und eine steigende Produkt- und Prozesskomplexität zu bewältigen. Zudem können durch die Verknüpfung der Prozesse in der Wertschöpfungskette der Informationsaustausch beschleunigt und damit die Reaktionszeit auf Kundenwünsche reduziert werden.

Aus der intensiveren Verbindung mit anderen Unternehmen können aber auch negative technische und wirtschaftliche Abhängigkeiten verschiedenster Art entstehen. Daher ist die Auswahl der Partner von zentraler Bedeutung. Dabei geht es nicht allein um deren Leistungsfähigkeit, sondern auch um ihre Kundenorientierung, ihr Qualitätsverständnis, ihre Wertvorstellungen und nicht zuletzt ihre Kooperationsbereitschaft. Vor allem unterschiedliche Wert- und Kooperationsvorstellungen sowie mangelndes Vertrauen sind in der Praxis häufig der Grund für das Scheitern unternehmensübergreifender Aktivitäten. Angesichts der strategischen Tendenz vieler Unternehmen, sich verstärkt auf die Kernkompetenzen zu konzentrieren und die eigene

Fertigungstiefe zu reduzieren, ist davon auszugehen, dass das Konzept der grenzenlosen Organisation in den nächsten Jahren wichtige Impulse für die unternehmensübergreifende Gestaltung von Wertschöpfungsprozessen gibt.

4.1.5 Virtuelle Organisation

Ausgelöst durch technische Entwicklungen in der Informations- und Kommunikationstechnik lässt sich ein Trend zur Virtualisierung sowohl von Leistungen als auch von Wertschöpfungsprozessen beobachten (vgl. Picot et al 2001, S. 164). Der aus dem Lateinischen kommende Begriff „virtuell" bedeutet, dass etwas zwar der Wirkung nach, aber nicht real vorhanden ist.

Eine virtuelle Organisation ist dadurch gekennzeichnet, dass sie nach außen hin als ein reales Gebilde auftritt – etwa indem sie reale Produkte entwickelt, herstellt und vertreibt – intern jedoch aus mehreren rechtlich unabhängigen Einheiten besteht, die unterschiedliche Funktionen (z. B. Entwicklung, Produktion, Logistik) übernehmen (vgl. Niess/Spandau 2005, S. 206). Damit stellt die virtuelle Organisation eine Extremform der grenzenlosen Organisation dar.

Die Idee wurde in Analogie zu virtuellen Speichern und Prozessen in der Informationstechnologie entwickelt, wo virtuelle Speicher zur Erweiterung des Hauptspeichers dienen. Eine ähnliche Wirkung soll in einer virtuellen Organisation durch flexible Kooperationsformen erreicht werden. Sie ermöglichen eine virtuelle Arbeitsteilung, ohne dass zusätzliche Ressourcen aufgebaut werden müssen. In organisatorischen Zusammenhängen wird der Begriff der Virtualität sowohl zur Beschreibung inner- als auch zwischenbetrieblicher Kooperationsformen verwendet.

► Bei **virtuellen Mitarbeitern** handelt es sich um Arbeitskräfte, die räumlich und zeitlich ausgelagert und über Telekommunikation in das betriebliche Geschehen eingegliedert sind.

► **Virtuelle Teams** bestehen aus internen bzw. externen Teammitgliedern, die standortübergreifend vernetzt gemeinsam Projekte bearbeiten.

► **Virtuelle Unternehmen** sind standortverteilte, interne oder externe Organisationseinheiten, die aufgabenbezogenen miteinander vernetzt an einem arbeitsteiligen Wertschöpfungsprozess mitwirken.

Da in der Literatur der Schwerpunkt der virtuellen Organisation (vgl. Picot 2001, S. 392) auf den zwischenbetrieblichen Kooperationsformen liegt, sollen daran nachfolgend die Merkmale eines virtuellen Unternehmens vorgestellt werden (vgl. Niess/Spandau 2005, S. 208 ff.):

► **Produkt- bzw. projektbezogene Bildung von Wertschöpfungsketten:** Die Leistungserstellung findet in einem virtuellen Unternehmen nur scheinbar in einem Unternehmen statt, in der Realität erfolgt sie in einem losen Verbund meist rechtlich selbstständiger Unternehmen. Die Wertschöpfung verteilt sich somit über mehrere Unternehmen, die ihre (realen) Ressourcen projektbezogenen verknüpfen.

► **Konzentration auf Kernkompetenzen:** Innerhalb des Unternehmensverbundes bringt jeder Partner vorrangig seine Kernkompetenzen in die Kooperation ein. Dadurch, dass jeder Partner Leistungen einbringt, die er besser, schneller oder günstiger erbringen kann als andere Unternehmen und sich die Kernkompetenzen der Partner ideal ergänzen, entsteht ein „Best-of-everything-Unternehmen". Hierin kann ein wesentlicher Wettbewerbsvorteil virtueller Unternehmen bestehen.

► **Zusammenarbeit auf Zeit:** Die Partnerunternehmen arbeiten nur solange zusammen, bis sie das gemeinsame Ziel bzw. den Geschäftszweck erreicht haben. Nach erfolgreicher Aufgabenbewältigung löst sich das virtuelle Unternehmen in Teilen oder als Ganzes wieder auf.

► **Verzicht auf gemeinsame formale Strukturen und Verträge:** Auch wenn virtuelle Unternehmen gegenüber Dritten als ein Unternehmen auftreten, verzichtet der Unternehmensverbund intern weitgehend auf gemeinsame formale Unternehmensstrukturen oder genau spezifizierte Verträge. Auf die Institutionalisierung zentraler Managementfunktionen kann verzichtet werden, da die Leistungserstellung dezentral stattfindet und über geeignete Informations- und Kommunikationssysteme koordiniert wird. An Stelle umfangreicher Vertragswerke treten meist lose Verträge, die zwischen den Partnern abgeschlossen werden und eher den Charakter eines „Gentleman´s Agreement" haben. Die Partner vertrauen statt dessen darauf, dass sich jeder an die intern vereinbarten Grundsätze der Zusammenarbeit hält und stets die nötige Kooperationsbereitschaft und Fairness mitbringt. Die fehlenden zentralen Managementfunktionen werden durch eine klare Rollenverteilung sowie eindeutige Spielregeln (insb. für die Qualitätssicherung, den technischen Kundendienst oder Gewährleistungsansprüche) kompensiert.

► **Informationstechnologische Unterstützung:** Mit Hilfe moderner Informations- und Kommunikationstechnologien kann das virtuelle Unternehmen nicht nur seine Kompetenzen und Leistungen nach außen darstellen, sondern auch netzwerkintern wesentlich schneller, besser und kostengünstiger relevante Informationen austauschen und Arbeiten koordinieren. Die technische Infrastruktur ermöglicht, dass auch räumlich entfernte Netzwerkpartner effizient eingebunden werden können.

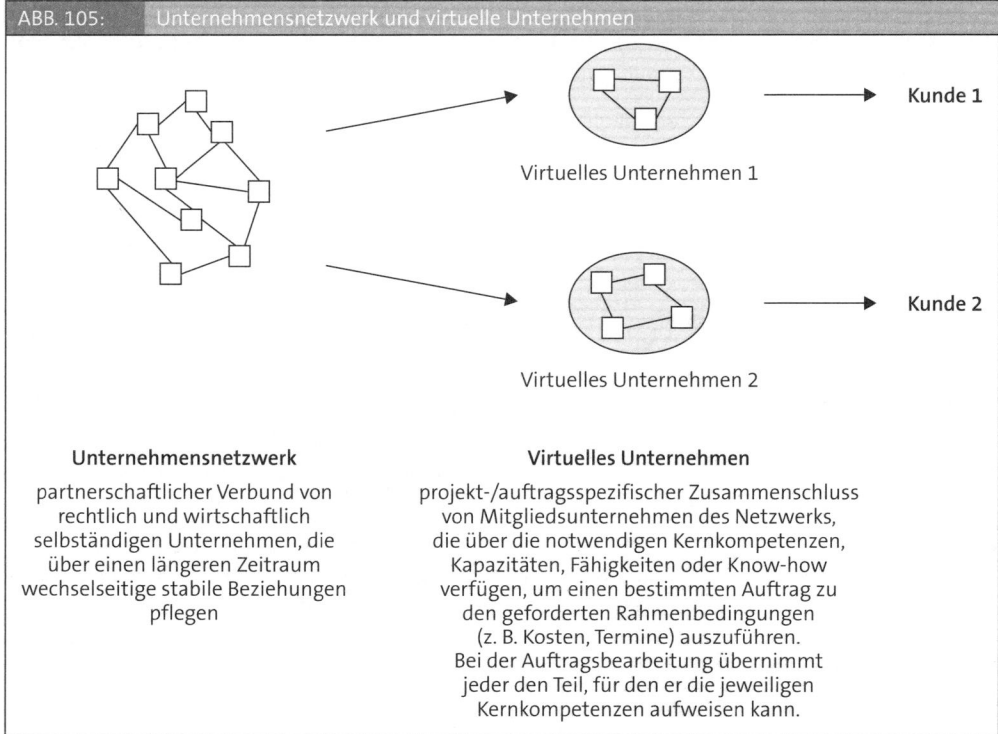

ABB. 105: Unternehmensnetzwerk und virtuelle Unternehmen

Unternehmensnetzwerk	Virtuelles Unternehmen
partnerschaftlicher Verbund von rechtlich und wirtschaftlich selbständigen Unternehmen, die über einen längeren Zeitraum wechselseitige stabile Beziehungen pflegen	projekt-/auftragsspezifischer Zusammenschluss von Mitgliedsunternehmen des Netzwerks, die über die notwendigen Kernkompetenzen, Kapazitäten, Fähigkeiten oder Know-how verfügen, um einen bestimmten Auftrag zu den geforderten Rahmenbedingungen (z. B. Kosten, Termine) auszuführen. Bei der Auftragsbearbeitung übernimmt jeder den Teil, für den er die jeweiligen Kernkompetenzen aufweisen kann.

Trotz dieser häufig zitierten Merkmale virtueller Unternehmen existiert nach wie vor kein einheitliches Organisationskonzept. Dies zeigt sich auch bei den praktischen Erfahrungsberichten zur virtuellen Organisation. Vielzitierte Praxisbeispiele für virtuelle Unternehmen sind etwa Rosenbluth International, eine der größten amerikanischen Reiseagenturen (vgl. Mertens/Faisst 1995, S. 62), der amerikanische Computeranbieter Tele-Pad Corp. (vgl. Byrne 1993, S. 39-40), der Automobilhersteller Micro Compact Car AG (vgl. van Geldern 2000, S. 166 f.) oder die Virtuelle Fabrik Euregio Bodensee (vgl. Niess/Spandau 2005, S. 216 ff.). Die Grenzen zu traditionellen zwischenbetrieblichen Kooperationsformen wie strategische Allianzen oder Arbeitsgemeinschaften sind dabei jedoch nicht immer eindeutig zu ziehen.

Die größten Potenziale des virtuellen Unternehmens liegen in der Flexibilität, die es den einzelnen Kooperationspartner erlaubt, sehr schnell Marktchancen zu nutzen, die jeder alleine so nicht nutzen könnte. Darüber hinaus ermöglicht diese Organisationsform den beteiligten Unternehmen Effizienzvorteile durch eine „virtuelle Größe" trotz „realer Kleinheit" (vgl. Picot et al. 2001, S. 426), durch das Teilen von Ressourcen und Risiken sowie durch interne Spezialisierung. Virtuelle Unternehmen können also sehr flexibel und effizient wachsen, ohne die sonst üblichen finanziellen Risiken in Kauf nehmen zu müssen. Angesichts der enormen Leistungspotenziale sehen manche in kleinen, elektronisch vernetzten und flexiblen Unternehmen die dominante Organisationsform des 21. Jahrhunderts (vgl. Malone/Laubacher 1999).

Die zentralen Herausforderungen für die praktische Umsetzung virtueller Unternehmen ergeben sich zum einen aus ihrer zeitlich befristeten Existenz. Sie verlangt überzeugende Antworten wie z. B. das notwendige Vertrauen von Lieferanten und Kunden gewonnen werden kann oder wie gesetzlich vorgeschriebene Ersatzteildienste auch nach der Auflösung des Unternehmens sichergestellt werden können. Darüber hinaus ist das erfolgreiche Realisieren virtueller Unternehmen an bestimmte Voraussetzungen geknüpft, wie z. B. gegenseitiges Vertrauen der Partner, funktionierende Konfliktlösungsmechanismen, offene und kompatible informationstechnische Infrastrukturen sowie motivierte und dem virtuellen Unternehmen loyal verbundene Mitarbeiter (vgl. Mertens/Faisst 1995, S. 65).

4.2 Aktuelle Gestaltungstrends

Die kurze Beschreibung der ausgewählten neueren Organisationskonzepte macht deutlich, dass einige Ideen und Leitbilder der Organisationsgestaltung unter verschiedenen Begriffen und in unterschiedlicher Intensität und Zusammensetzung verwendet werden. Folgende aktuelle Gestaltungstrends der Organisationsgestaltung, die eng miteinander verbunden sind, lassen sich identifizieren:

► Modularisierung

Eine vielfach geäußerte Forderung von Wissenschaft und Praxis ist die nach dem Umbau stark hierarchisch und funktional gegliederter Organisationsstrukturen in relativ kleine, überschaubare Organisationseinheiten mit weitgehenden Entscheidungsbefugnissen und Ergebnisverantwortung. Der Grundgedanke der Modularisierung findet seinen Niederschlag auf verschiedenen Unternehmensebenen:

– Auf der Ebene des Unternehmens geht es um die Untergliederung der Gesamtstruktur in objektorientierte, weitgehend autonome Teileinheiten. Die Modularisierung erfolgt hier meist nach Produktgruppen, Kundengruppen oder Marktregionen. Die Module werden als Sparten, Geschäftsbereiche oder Business Units bezeichnet.

– Auf der Ebene von Prozessketten wird die Bildung prozessorientierter Organisationseinheiten gefordert. Schwerpunktmäßig existieren entsprechende modulare Konzepte für den Fertigungsbereich (z. B. Fertigungssegmente, -fraktale, -inseln). Zunehmend kommt das Modulprinzip aber auch in indirekten Bereichen wie Entwicklung oder Vertrieb zur Anwendung (z. B. Entwicklungs- oder Vertriebsinseln).

– Auf der Ebene der Arbeitsorganisation steht die weitgehende stellenbezogene Aufgabenintegration für Einzelarbeitsplätze oder Arbeitsgruppen im Mittelpunkt des Bemühens. Dabei geht es um die Realisierung von Arbeitsplätzen mit so genannter „Rundumbearbeitung" oder „Komplettbearbeitung aus einer Hand".

Indem die Module auf den verschiedenen Unternehmensebenen über klare Zielvereinbarungen und Regelgrößen in die jeweils mit der nächsthöheren Ebene verbunden sind, entstehen kurze, weitgehend autonome Regelkreise mit wenigen und vergleichsweise einfachen Schnittstellen. Mit der Modularisierung verbunden ist die Erwartung einer verbesserten Reaktionsfähigkeit auf veränderte Marktbedingungen.

► Prozessorientierung

Die Ausrichtung von Organisationseinheiten an Prozessen wird in vielen neueren Organisationskonzepten propagiert. Vor allem im Gegensatz zu traditionellen, tayloristisch geprägten Organisationskonzepten wird die weitgehende Beseitigung organisatorischer Schnittstellen bei Leistungserstellungsprozessen gefordert. Die verrichtungsorientierte Arbeitsteilung soll so weit wie möglich reduziert und durch eine objektorientierte Arbeitsteilung (z. B. nach Kunden- oder Produktgruppen, Marktregionen) ersetzt werden. Zusammenhängende Verrichtungen sollen auf diese Weise kundenorientiert zusammengefügt und einem Prozessverantwortlichen (Einzelperson oder Team) übertragen werden. Infolge der Schnittstellenminimierung zwischen als auch innerhalb von Organisationseinheiten können Durchlaufzeiten und Änderungskosten reduziert und die Reaktionsgeschwindigkeit auf veränderte Marktanforderungen erhöht werden.

► **Selbststeuerung**

Die Verlagerung von Entscheidungskompetenz und Ergebnisverantwortung auf teilautonome Organisationseinheiten ist ebenfalls eine Forderung vieler neuerer Organisationskonzepte. Tendenziell sollen Entscheidungskompetenz und Ergebnisverantwortung möglichst nahe am eigentlichen Wertschöpfungsprozess bzw. „vor Ort" angesiedelt sein. Auf diese Weise entstehen autonome bzw. teilautonome Organisationseinheiten. Der Grundgedanke der Selbststeuerung findet seinen Niederschlag auf der Ebene objektorientierter Organisationseinheiten (z. B. Module, Sparten, Fraktale) als auch auf der Ebene der Arbeitsorganisation, wo einzelnen Stellen weitgehende Kompetenzen und Verantwortung übertragen werden sollen.

Als Folge vieler dezentraler und kundennaher Regelkreise mit kurzen Entscheidungswegen soll die Reaktionsgeschwindigkeit verbessert werden. Zugleich soll durch die Verlagerung von Entscheidungskompetenzen und Verantwortung an den „Ort des Geschehens" die Motivation der Mitarbeiter verbessert werden.

► **Teamorientierung**

Statt Aufgaben einzelnen Mitarbeitern zu übertragen, fordern viele neuere Organisationskonzepte, dass mehrere Mitarbeiter (z. B. Arbeitsgruppe, Projektteam, Segment) gemeinsam eine definierte Aufgabe erfüllen und sich dabei untereinander selbst abstimmen sollen. Das Team verfügt zur vollständigen Bewältigung der ihr übertragenen Aufgaben über alle erforderlichen Fachkompetenzen, Arbeitsmittel und Informationen. Häufig wird gefordert, den Teams im Rahmen ihrer Selbststeuerung die gruppeninterne Arbeitsteilung selbst festzulegen.

Die zunehmende Teamorientierung ist eng verknüpft mit der Prozessorientierung, da größere, zusammenhängende Aufgabenfolgen (Prozesse) oft nicht von einer Einzelperson zu bewältigen sind.

► **Unternehmensübergreifende Optimierung der Wertschöpfungskette**

Um dem zunehmenden Kostendruck einerseits und den Renditeerwartungen des Kapitalmarkts andererseits gerecht zu werden, hört die Organisationsgestaltung immer weniger an den juristischen Unternehmensgrenzen auf. Die Gestaltung und Optimierung unternehmensübergreifender Wertschöpfungsprozesse rückt gegenüber dem traditionellen Organisationsverständnis immer mehr ins Blickfeld. Die Formen und Intensitäten der unternehmensübergreifenden Kooperationen sind dabei sehr vielfältig.

► **Wandlungs- und Lernfähigkeit**

Angesichts immer dynamischerer Unternehmensumwelten wird der Wandlungs- und Lernfähigkeit von Unternehmen in sehr vielen neueren Organisationskonzepten eine große Bedeutung beigemessen. Unternehmen sollen zur Sicherung ihrer Wettbewerbsfähigkeit über die Fähigkeit verfügen, frühzeitig sich bietende Marktchancen oder Umweltveränderungen zu erkennen und darauf möglichst schnell und effizient zu reagieren. Je nach Bedarf sollen Unternehmen in der Lage sein, ihr Geschäftsmodell, ihre Strategie, Unternehmenskultur, die organisatorischen Strukturen und Prozesse oder aber ihre Ressourcenausstattung flexibel den sich ständig ändernden Marktgegebenheiten anzupassen. Die Organisation soll etwa durch geeignete Strukturen, Prozesse, Normen oder Werte eine wichtige Voraussetzung für die erforderliche Beweglichkeit und Lernfähigkeit herstellen.

Die Ausgestaltung und der Erfolg innovativer Organisationskonzepte beschränkt sich nicht auf strukturelle Maßnahmen. Wichtig ist die intensive Verzahnung, etwa mit der informations- und kommunikationstechnologischen Infrastruktur, den Überwachungs- und Steuerungssystemen, den Führungs- und Personalentwicklungssystemen oder auch der Unternehmenskultur. Diese müssen in kompatibler Weise aufeinander abgestimmt und im Hinblick auf die organisatorischen Maßnahmen gestaltet werden. Es lässt sich beobachten, dass organisatorische Gestaltungstrends eng mit anderen Managementtrends verknüpft sind (vgl. Abb. 106).

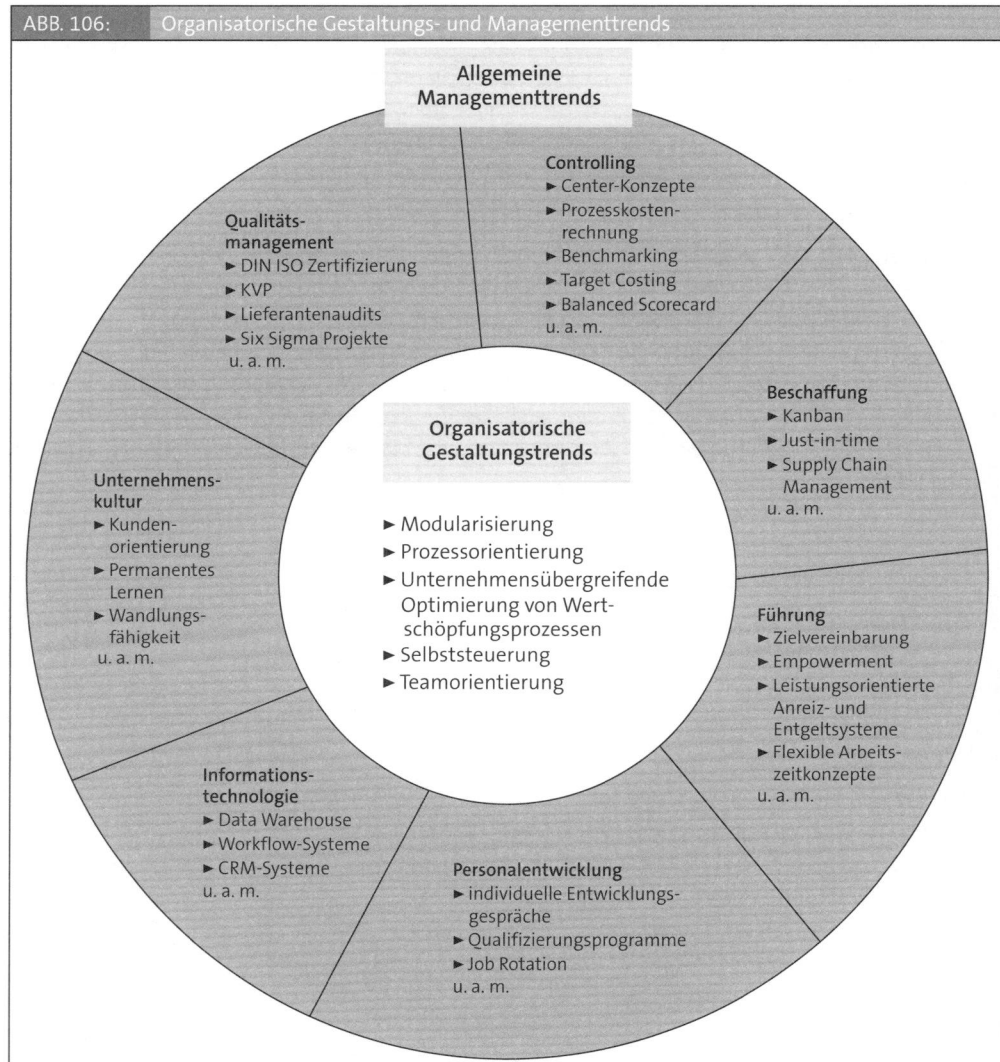

ABB. 106:   Organisatorische Gestaltungs- und Managementtrends

4.3 Managementmoden und ihr Nutzen

Angesichts der zahlreichen Organisationskonzepte, die als neu oder innovativ bezeichnet und in unzähligen Büchern und Zeitschriften, auf Tagungen und Managementseminaren angepriesen werden, die eine Zeit lang „in" sind, um schließlich wieder durch neuere Konzepte abgelöst zu werden, liegt der Eindruck nahe: Die Vorstellungen darüber, was gutes Organisieren oder was eine gute Organisation ist, unterliegen dem typischen Verlauf von Moden (vgl. Abb. 107). Dabei ist jedoch zu unterschieden zwischen dem, was über neue Konzepte geschrieben oder gesagt und dem, was davon in den Unternehmen tatsächlich realisiert wird.

Das Aufkommen von Organisationsmoden spiegelt sich wie andere Managementmoden in der Regel zunächst in einer zunehmenden Anzahl von Publikationen, Vorträgen oder Seminaren eines als neu bezeichneten und Erfolg versprechenden Konzepts wider. Es wird daher von vielen Managern mit Interesse wahrgenommen. Nicht zuletzt bietet ihnen das frühe Aufgreifen einer Mode die Chance, sich Anerkennung als moderne Führungskräfte zu erwerben, ohne dabei allzu große Risiken einzugehen. Denn gelingt etwa die Umsetzung eines neuen Organisationskonzepts nicht, kann dies im Unterschied zur Implementierung eines traditionellen Konzepts immer auch mit inhaltlichen oder methodischen Schwächen des neuen Konzepts begründet werden. Liegt man mit der Realisierung eines Konzepts jedoch „im Trend", muss man sich meist weniger kritische Fragen von Aktionären oder Analysten gefallen lassen, als wenn man einen abseits des allgemeinen Trends liegenden Weg einschlägt und dabei scheitert.

Das regelmäßige Auf und Ab von Managementkonzepten lässt sich aber nicht nur aus Sicht der Manager als „Nachfrager", sondern auch aus Sicht der „Modemacher" erklären. Hierbei wirken unterschiedliche Akteure mit, die mit dem Entstehen von Moden individuelle Interessen verfolgen und sich meist gegenseitig in die Hände spielen (vgl. Kieser/Hegele/Klimmer 1998, S. 25). Beispielsweise sind Verlage – die meisten Moden basieren auf Büchern – immer an Management-Bestsellern in ihrem Programm interessiert. Des Weiteren brauchen Seminarveranstalter immer wieder neue Themen, um ihre Veranstaltungen zu füllen und Berater oder Professoren versuchen, durch die Entwicklung innovativer Konzepte Bekanntheit, Ansehen und nicht zuletzt ihre Honorarumsätze zu steigern.

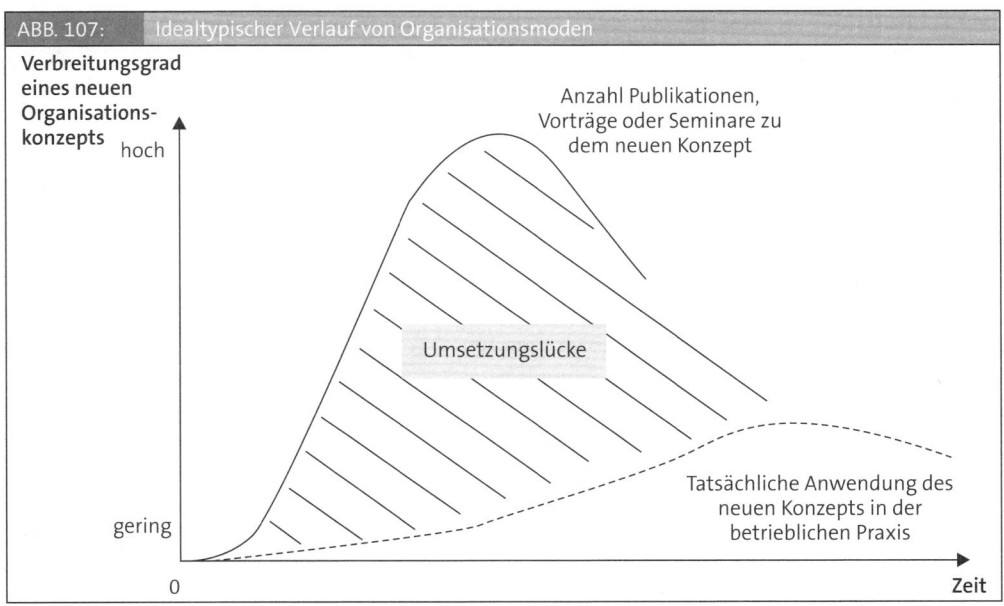

ABB. 107: Idealtypischer Verlauf von Organisationsmoden

Verbreitungsgrad eines neuen Organisationskonzepts

hoch

Anzahl Publikationen, Vorträge oder Seminare zu dem neuen Konzept

Umsetzungslücke

Tatsächliche Anwendung des neuen Konzepts in der betrieblichen Praxis

gering

0 Zeit

Neuere Organisations- oder Managementkonzepte verbreiten sich allerdings in der betrieblichen Praxis bei weitem nicht in der Geschwindigkeit und in dem Ausmaß, wie man das angesichts der Anzahl einschlägiger Publikationen, Vorträge und Tagungen vermuten könnte. In der Regel fallen die Verläufe nicht nur zeitlich auseinander, sondern sie erreichen auch unterschiedliche Maxima. Meist wird über neue Konzepte mehr geschrieben und geredet als diese tatsächlich auch Eingang in die betriebliche Praxis finden. Bezogen auf die praktische Anwendung neuerer Organisationskonzepte wird diese Umsetzungslücke auch als **organisatorischer Konservatismus** bezeichnet. Dieser kann auf verschiedene Ursachen zurückgeführt werden (vgl. Kieser/ Hegele/Klimmer 1998, S. 123 ff.). Die mangelnde Bereitschaft und Fähigkeit zur Veränderung von Menschen und Systemen in Unternehmen spielen dabei eine wichtige Rolle (vgl. Kap. 5.1.3). Darüber hinaus zeigt sich oft auch, dass als neu deklarierte Konzepte nicht wirklich neu sind und deren Umsetzung keine nennenswerten Verbesserungen verspricht oder dass praktische Umsetzungstools erst mit zeitlicher Verzögerung zur Verfügung stehen.

Für den Abschwung einer Organisationsmode sind verschiedene Faktoren verantwortlich (vgl. Kieser/Hegele/Klimmer 1998, S. 38 f.). Zum einen nutzen sich Moden mit der Zeit ab und verlieren als Symbole des Fortschritts an Wirkung. Konzepte, die zum allgemeinen Trend geworden sind, taugen nicht mehr, um sich als moderner Manager oder innovatives Unternehmen zu präsentieren. Die Ideen sind zu abgedroschen, um in den Unternehmen selbst durch eine wirkungsvolle Rhetorik Aufbruchstimmung zu erzielen. Zum anderen verlieren die Modemacher – Seminarveranstalter, Verlage oder Unternehmensberater – das Interesse an allseits bekannten Konzepten, da sich damit ihre individuellen Ziele nicht mehr wie zu Beginn der Modewelle realisieren lassen. Sie benötigen neue Konzepte, um die existierende Praxis änderungsbedürftig aussehen lassen zu können.

Angesichts der Existenz von Organisations- bzw. Managementmoden stellt sich für Unternehmen die Frage, wie man mit ihnen umgehen soll. Auch wenn zahlreiche Konzepte nicht wirklich neu sind und die in Publikationen oder Seminaren geweckten Erwartungen in der Praxis oft nicht erfüllen, sind Organisationsmoden per se nicht negativ zu werten. Sie enthalten oft genug gute Anregungen für die Praxis. Sie können Entscheider in Unternehmen daran erinnern, sich auf bestimmte Aufgaben oder Aspekte ihrer Arbeit (wieder mehr) zu fokussieren (vgl. Sommer 2002, S. 88). Zudem können sie ein wirksames Mittel zur Erhöhung der Veränderungsbereitschaft sein, indem sie Menschen (selbst konservative Manager) dazu bringen, etwas Neues auszuprobieren (vgl. Kieser 2004, S. 189). Manches so ausgelöste Experiment bewährt sich und führt zu nachhaltigen Leistungsverbesserungen. Die raffinierte und mitreißende Rhetorik, die Managementmoden oft kennzeichnen, erwecken zuweilen den Eindruck, es handele sich bei diesen Konzepten um nichts als inhaltsleere Worthülsen. Doch bei aller Gefahr, dass durch rhetorische Übertreibungen Zynismus und Ablehnung hervorgerufen werden können, ist jedoch auch klar: Rhetorisch geschickt dargestellte Organisationskonzepte können helfen, komplexere Sachverhalte verständlich darzustellen. Damit sind sie ein gutes Hilfsmittel, um in Unternehmen für Veränderungen zu werben und Widerstände zu überwinden.

Insgesamt bleibt festzuhalten: Organisationsmoden gegenüber kann man gelassen bleiben. Es ist davon auszugehen, dass die durch neue Organisationskonzepte in Aussicht gestellten Leistungsverbesserungen tendenziell stark übertrieben sind und die möglichen unerwünschten Nebenwirkungen nicht nennenswert thematisiert werden. Man sollte daher als neu deklarierte Organisationskonzepte auf ihre zentralen Prinzipien reduzieren und prüfen, inwieweit deren Anwendung im eigenen Unternehmen sinnvoll und nicht mit nennenswerten Nachteilen verbunden ist. Enthält ein Konzept brauchbare Anregungen für das eigene Unternehmen, sollten diese konkretisiert und unternehmensintern rhetorisch gut kommuniziert werden.

4.4 Zusammenfassung: Das Wichtigste in Kürze

Über die traditionellen Grundformen der Aufbau- und Prozessorganisation sowie deren Erweiterungen hinaus werden seit einigen Jahren – teilweise auch unter Zuhilfenahme rhetorisch gut gestalteter Kommunikation – verstärkt so genannte neuere Organisationskonzepte bekannt. Bei genauerer Betrachtung wird nicht jeder Ansatz dem selbst postulierten Innovationsanspruch gerecht. Dennoch gehen von diesen Konzepten zum Teil wertvolle Anregungen für die Organisationsgestaltung von Unternehmen aus.

Konzepte, die in Wissenschaft und Wirtschaft seit einigen Jahren besonders diskutiert oder vorangetrieben werden, sind: die schlanke Organisation, die prozessorientierte Organisation, die lernende Organisation, die grenzenlose Organisation und die virtuelle Organisation.

In diesen und anderen neueren Organisationskonzepten lassen sich einige übergreifende Gestaltungstrends, wie beispielsweise die Modularisierung oder die Prozess- und Teamorientierung, erkennen, die sowohl miteinander als auch mit anderen Managementtrends eng verbunden sind.

Die Vorstellungen darüber, was gutes Organisieren oder was eine gute Organisation ist, unterliegen dem typischen Verlauf von Moden. Neuere Konzepte sind also zunächst eine zeitlang „in", was sich etwa in einer zunehmenden Fülle von Publikationen oder Seminaren widerspiegelt. Nach geraumer Zeit verlieren sie an Attraktivität und werden durch noch neuere Konzepte ersetzt. Für das Auf und Ab von Organisationsmoden sind neben den Unternehmen als Nachfrager von innovativen Lösungsansätzen auch viele unterschiedliche Akteure in der Rolle als Modemacher verantwortlich.

Die sich so abzeichnenden Managementmoden lassen sich nicht grundsätzlich als gut oder schlecht charakterisieren. Begegnet man ihnen mit einem gesunden Maß an Skepsis und Gelassenheit, können sie wertvolle Anregungen für die praktische Organisationsgestaltung liefern.

5. Change Management: Organisatorische Veränderungsprozesse meistern

Nichts ist beständiger als der Wandel. Dies gilt aufgrund einer hohen Veränderungsdynamik in Wirtschaft und Gesellschaft heute mehr denn je auch für Unternehmen sowie deren organisatorische Strukturen und Prozesse. Ob tief greifende Restrukturierung und Neuausrichtung eines Unternehmens oder Beseitigung kleinerer organisatorischer Schwachstellen – die größte Herausforderung für Unternehmen besteht im Bewältigen der Veränderungsprozesse selbst. Zugleich wird die Fähigkeit, notwendige Veränderungen effizient zu meistern, angesichts der Wettbewerbssituation in weiten Teilen der Wirtschaft ein immer wichtiger werdender Erfolgsfaktor.

LERNZIELE

Nach der Lektüre dieses Kapitels sollten Sie

► die wichtigsten Gründe für die Notwendigkeit organisatorischer Veränderungen kennen,

► verschiedene Arten organisatorischer Veränderung unterscheiden können,

► mit unterschiedlichen Konzepten zur Bewältigung von organisatorischem Wandel vertraut sein und

► über grundlegende Kenntnisse zur Vorgehensweise in Veränderungsprozessen verfügen.

5.1 Veränderungen von Unternehmen

5.1.1 Gründe für Veränderungen

Die Antwort auf die Frage, warum Unternehmen von Zeit zu Zeit ihre Organisation ändern oder ändern sollten, scheint auf der Hand zu liegen: Weil in einem marktwirtschaftlich orientiertem Wirtschaftssystem nur diejenigen überleben, die schnell genug innerbetriebliche Probleme in ihren Wertschöpfungsprozessen beseitigen oder sich abzeichnende Marktchancen ausschöpfen. Unternehmen, die nicht oder zu langsam auf veränderte Marktbedingungen reagieren, laufen Gefahr, in existenzbedrohende Krisensituationen zu geraten oder über kurz oder lang vom Markt zu verschwinden. Wenngleich diese stark vereinfachte These des „survival of the fittest" in der markwirtschaftlichen Realität nicht immer gültig ist, wird deutlich, dass sowohl interne als auch externe Gründe Anlass für organisatorische Veränderungen in Unternehmen sein können.

Unternehmensinterne Gründe für Veränderungen sind beispielsweise:

► Aktuelle Probleme und Unzufriedenheiten (z. B. unbefriedigende Kosten- oder Ertragslage, Qualitätsprobleme, geringe Kundenzufriedenheit)

► Personelle Veränderungen (z. B. Wechsel in Geschäftsleitung, Aufsichtsrat oder Eigentümerstruktur)

► Managemententscheidungen (z. B. Änderungen der Unternehmensstrategie, geänderte Prioritäten, Umsetzung neuer Organisationskonzepte)

Unternehmensexterne Gründe für Veränderungen, die außerhalb des unternehmerischen Entscheidungs- und Gestaltungsspielraum liegen, können etwa sein:

► Veränderungen von Kundenanforderungen (z. B. kürzere Lieferzeiten, niedrigere Preise, höhere Lieferflexibilität)

► Veränderungen der Wettbewerbsstruktur (z. B. Markteintritt preisaggressiver Anbieter, Bildung neuer strategischer Allianzen, Unternehmenszusammenschlüsse)

► Veränderungen im Unternehmensumfeld (z. B. konjunkturelle Veränderungen, neue Gesetze und Verordnungen, struktureller Wandel von Wirtschaftsbranchen)

► Veränderungen von Technologien (z. B. neue Produktions-, Informations- oder Kommunikationstechnologien)

Abb. 108 zeigt am Beispiel einer empirischen Studie die Bedeutung verschiedener interner und externer Ursachen für die Durchführung organisatorischer Veränderungsprozesse in der Unternehmenspraxis.

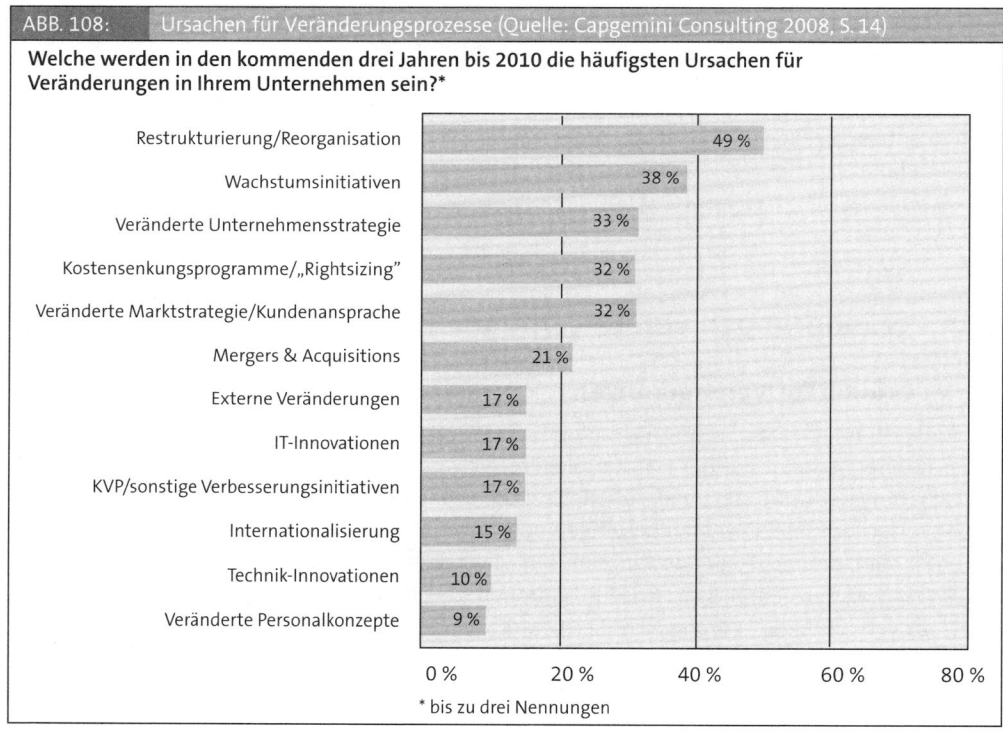

ABB. 108:   Ursachen für Veränderungsprozesse (Quelle: Capgemini Consulting 2008, S. 14)

Welche werden in den kommenden drei Jahren bis 2010 die häufigsten Ursachen für Veränderungen in Ihrem Unternehmen sein?*

Restrukturierung/Reorganisation	49 %
Wachstumsinitiativen	38 %
Veränderte Unternehmensstrategie	33 %
Kostensenkungsprogramme/„Rightsizing"	32 %
Veränderte Marktstrategie/Kundenansprache	32 %
Mergers & Acquisitions	21 %
Externe Veränderungen	17 %
IT-Innovationen	17 %
KVP/sonstige Verbesserungsinitiativen	17 %
Internationalisierung	15 %
Technik-Innovationen	10 %
Veränderte Personalkonzepte	9 %

* bis zu drei Nennungen

In der Praxis fällt auf, dass immer wieder Unternehmen in Krisensituationen geraten, obwohl sie die Notwendigkeit für organisatorische Veränderungen schon lange vorher hätten erkennen können. Die Erklärung dieses Phänomens ist einfach und komplex zugleich: Die Notwendigkeit für Veränderungen ist meist nicht objektiv erkennbar. Inwieweit Unternehmen organisatorische Veränderungen für erforderlich halten und mit welchen Maßnahmen sie auf entsprechende Signale ihrer Umwelt reagieren, hängt stark von der Wahrnehmung der Personen ab, die über die formale Macht zur Beauftragung von Veränderungsprozessen verfügen (z. B. einzelne Führungskräfte, Führungs- und Aufsichtsgremien). Entscheidend ist, in welcher Weise ihre Aufmerksamkeit auf Umfeldmerkmale bzw. -veränderungen gerichtet ist, wie sie die wahrgenommenen Signale bzw. Probleme interpretieren und diesen Lösungen zuordnen (vgl. Kieser/Hegele/Klimmer 1998, S. 9 ff.).

5.1.2 Arten von Veränderungen

Hinter dem Begriff „Veränderung", der häufig auch in den Synonymen „Wandel" oder dessen angloamerikanischen Varianten „Change" verwendet wird, können sich unterschiedliche Inhalte verbergen. Dies reicht von tief greifenden und weit reichenden Veränderungen gesamter Unternehmen bis hin zu kleinen, arbeitsplatzbezogenen Optimierungsmaßnahmen. In der Fachliteratur werden folgende Arten der Veränderung unterschieden, die jedoch nicht immer überschneidungsfrei sind:

▶ **Geplanter und ungeplanter Wandel:** Beim geplanten Wandel handelt es sich um eine bewusste, zielgerichtete und tief greifende Veränderung. Sie dient vor allem dazu, Unternehmen proaktiv oder reaktiv an veränderte Umfeldbedingungen anzupassen und so deren Überleben zu sichern. In der Regel sind diese Art von Veränderungen auf Episoden in der Unternehmensentwicklung begrenzt (evtl. Kirsch/Gabele/Esser 1979, S. 3). Im Unterschied hierzu zeichnet sich ungeplanter Wandel dadurch aus, dass strukturelle Veränderungen unbeabsichtigt, eher zufällig und oft auch unbewusst als Nebeneffekt der tagtäglichen Handhabung des laufendes Geschäfts und als Ergebnis ständiger Verbesserung oder von Improvisation stattfinden (evtl. Kirsch/Gabele/Esser 1979, S. 3).

▶ **Inkrementaler und fundamentaler Wandel:** Inkrementale Veränderungen finden innerhalb einer unternehmensgeschichtlichen Epoche statt. Dabei geht es darum, ein Unternehmen durch eine Vielzahl kleinerer Veränderungen zu optimieren. Der Übergang zwischen Unternehmensepochen ist dagegen durch fundamentale Veränderungen gekennzeichnet (vgl. Müller-Stewens/Lechner 2005, S. 560). Fundamentaler Wandel ist oft dann erforderlich, wenn Unternehmen infolge mangelnder Anpassung an veränderte Umfeldbedingungen in Krisensituationen schlittern, die nur durch tief greifende und weit reichende Änderungen zu bewältigen sind.

▶ **Wandel erster und zweiter Ordnung:** Geplanter Wandel kann unterschiedliche Ausmaße annehmen. Verlaufen die Anpassungen kontinuierlich und haben damit einen evolutionären Charakter, wird dies als Wandel erster Ordnung bezeichnet. Sie betreffen lediglich einzelne Organisationseinheiten und sind hinsichtlich Komplexität und Intensität beschränkt. Ein Beispiel hierfür sind die Bemühungen von Unternehmen zur Steigerung der Effizienz von Produktionsprozessen im Rahmen kontinuierlicher Verbesserungsprozesse. Hingegen stellen Wandel zweiter Ordnung einschneidende, paradigmatische Veränderungen dar, die die gesamte Organisation umfassen und diskontinuierlich und revolutionär erfolgen.

ABB. 109: Merkmale des Wandels erster und zweiter Ordnung (in Anlehnung an Levy/Merry 1986)	
Wandel erster Ordnung	**Wandel zweiter Ordnung**
Wandel in einer oder wenigen Dimensionen, Komponenten oder Aspekten	Mehrdimensionaler Wandel, der viele Komponenten und Aspekte einschließt
Wandel auf einer oder wenigen Ebenen (Individuen oder Gruppe)	Wandel auf allen Ebenen (Individuum, Gruppe, ganze Organisation)
Wandel in einer oder zwei Verhaltensaspekten (Einstellungen, Werte)	Wandel in allen Verhaltensaspekten (Einstellungen, Normen, Werte, Wahrnehmungen, Annahmen, Weltbildern, Verhaltensweisen)
Kontinuierlich, Verbesserungen und Entwicklungen in derselben Richtung	Diskontinuierlich, Veränderung in eine neue Richtung
Inkrementale Veränderungen	Revolutionäre Sprünge
Logisch und rational	Scheinbar irrational, basiert einer abweichenden, anderen Logik
Verändert nicht die vorhandene Weltsicht, das Paradigma	Führt zu einer neuen Weltsicht, einem neuen Paradigma

Beispiele für einen fundamentalen Wandel bzw. Wandel zweiter Ordnung sind etwa die Umwandlung von Staatsbetrieben wie Post oder Bahn in betriebswirtschaftlich geführte moderne Dienstleistungsunternehmen oder die grundlegende Umgestaltung von Strukturen, Kulturen und Prozessen, wie sie etwa im Zusammenhang von Fusionen häufig erfolgt. Übertragen auf die volkswirtschaftliche Ebene kann etwa auch der Wechsel mittel- und osteuropäischer Gesellschaften in den 1990er Jahren von einem plan- zu einem marktwirtschaftlich orientierten Wirtschaftssystem sowie die damit einhergehenden Veränderungsprozesse von Staatsbetrieben zu Privatunternehmen als Wandel zweiter Ordnung bezeichnet werden.

5.1.3 Barrieren der Veränderung

Entgegen der weit verbreiteten Auffassung, in marktwirtschaftlichen Wirtschaftssystemen müssen Unternehmen auf Änderungen in ihrem Umfeld reagieren, um ihre Wettbewerbsfähigkeit zu erhalten, sieht die Realität nicht selten anders aus. Da werden notwendige Veränderungen gar nicht oder zu langsam durchgeführt oder die erzielten Ergebnisse von Veränderungsvorhaben bleiben trotz großer Anstrengungen weit hinter den ursprünglichen Erwartungen zurück. Dies wirft die Frage nach den Barrieren auf, die bei der Planung und Umsetzung organisatorischer Veränderungen zu überwinden sind.

Für die Beantwortung dieser Frage existieren zahlreiche Erklärungsansätze. Dabei gilt Ablehnung oder Widerstand von Betroffenen als eine der zentralen Barrieren für Veränderung. Häufig wird zwischen Widerstand auf der Ebene der Individuen oder der Organisation (vgl. Watson 1975), zwischen ökonomisch und sozialpsychologisch bedingtem Widerstand (vgl. Hellriegel/Slocum/Woodman 1986) oder zwischen rationalem, politischem und emotionalem Widerstand (vgl. Vahs 2007, S. 336) unterschieden. Für das Ausbleiben oder Verzögern notwendiger Veränderungen lassen sich zwei zentrale Ursachen nennen: Mangelnde Änderungsbereitschaft (Nicht-Wollen) und mangelnde Anpassungsfähigkeit (Nicht-Können).

Mangelnde Änderungsbereitschaft umschreibt eine Situation, in der eine geplante Veränderung von relevanten Stakeholdern abgelehnt wird. Dies wird auch als Widerstand bezeichnet. Unternehmensintern kann sie vom einfachen Arbeiter bis zum Top-Manager in allen Hierarchieebenen auftreten. Wie nachfolgende Beispiele zeigen, kann Widerstand in höchst unterschiedlicher Weise zum Ausdruck gebracht werden.

► **Aktiver oder passiver Widerstand:** Aktiver Widerstand äußert sich durch Reden oder Handeln (z. B. Widerspruch, Gegenargumentation, Vorwürfe, abwertende Mimik oder Gestik), passiver Widerstand durch Unterlassen (z. B. Schweigen, Unaufmerksamkeit, Fernbleiben, innere Kündigung).

► **Offener oder verdeckter Widerstand:** Beim offenen Widerstand wird die ablehnende Haltung verbal oder nonverbal so zum Ausdruck gebracht, dass sie für Dritte als solche klar erkennbar sind. Beim verdeckten Widerstand wird die Ablehnung dagegen nur indirekt artikuliert (z. B. durch das Streuen von Gerüchten, Stimmung machen gegen Konzeptvorschläge, ins Lächerliche ziehen von Ideen).

► **Destruktiver oder konstruktiver Widerstand:** Destruktiver Widerstand zielt meist durch vorgeschobene Sachargumente darauf ab, die geplanten Veränderungen zu verhindern oder zu verzögern. Der destruktive Widerstand möchte nur deutlich machen, „dass etwas so nicht geht" oder „die Urheber der Veränderungsvorschlags von der Praxis keine Ahnung haben". Konstruktiver Widerstand versucht dagegen, durch Hinweise auf Schwachstellen und Risiken sowie das Aufzeigen von Handlungsalternativen zu zeigen, „wie etwas besser gehen könnte".

Die Ursachen mangelnder Veränderungsbereitschaft können in Personen oder im System „Unternehmen" begründet sein (vgl. Abb. 110).

ABB. 110:	Ursachen mangelnder Veränderungsbereitschaft und -fähigkeit	
	Mangelnde Veränderungsbereitschaft	**Mangelnde Veränderungsfähigkeit**
Personen-bezogene Ursachen	► Angst und Unsicherheit ► Verlust von Besitzständen ► Neid und Missgunst gegenüber Nutznießern und Veränderung ► Fehlende Einsicht in Notwendigkeit und Dringlichkeit des Veränderungsbedarfs ► Unzufriedenheit über unzureichende Mitwirkungsmöglichkeiten ► Überzeugung, eine bessere Lösung zu kennen	► Mangelndes Know-how von Schlüsselpersonen für Gestaltung von Veränderungsprozessen ► Existierende Wertvorstellungen und Verhaltensweisen können trotz „guter Vorsätze" nicht oder nur langsam aufgegeben werden ► Mangelnde Konsequenz im persönlichen Denken und Handeln („Der Geist ist willig, aber ...")
System-bezogene Ursachen	► Veränderungen bzw. Neuerungen haben keinen positiven Wert in der existierenden Unternehmenskultur ► Existierende Karriere- und Entlohnungspolitik bieten keine Anreize für Veränderung ► Führungsverhalten steht im Widerspruch zur geplanten Neuerung ► Unzureichende Machtbasis des Managements zur Durchsetzung geplanter Veränderung gegenüber relevanten Interessengruppen	► Fehlen erforderlicher Management-ressourcen aufgrund starker Bindung in operativen Aufgaben ► Fehlen klarer Verantwortlichkeiten für Initiierung und Umsetzung von Veränderungen

Neben der mangelnden Veränderungsbereitschaft können aber auch mangelnde Fähigkeiten zur Veränderung von Menschen und System entscheidende Barrieren für organisatorischen Wandel sein. **Mangelnde Änderungsfähigkeit** ist kein Widerstand im engeren Sinne, sondern eine gewisse Trägheit oder ein Unvermögen zur Veränderung. Die Wirkung auf den Veränderungsprozess ist zwar weitgehend identisch wie bei fehlendem Willen zur Veränderung, jedoch sind die Maßnahmen zur Überwindung dieser Barriere andere.

5.2 Konzepte zur Bewältigung von organisatorischem Wandel

So vielschichtig und komplex organisatorische Veränderungen sein können, so verschiedenartig sind auch die Empfehlungen von Wissenschaft und (Beratungs-)Praxis hinsichtlich ihrer Bewältigung. Die unterschiedlichen Schwerpunkte sind eng verknüpft mit dem jeweils zugrundeliegenden Organisationsverständnis (vgl. Kap. 1) sowie der historischen Entwicklung der Organisationstheorie.

Ein klassischer, stark managementorientierter Ansatz ist der der **Organisationsgestaltung**. Er versteht organisatorischen Wandel in erster Linie als Planungsproblem, das durch eine rationale Vorgehensweise gelöst werden kann. Der verhaltensorientierte Ansatz der **Organisationsentwicklung** sieht die erfolgreiche Bewältigung von Veränderungen hauptsächlich in Abhängigkeit vom richtigen Umgang mit Widerständen. Neuere Ansätze der **Organisationstransformation** begreifen die Veränderung von Unternehmen als vielschichtiges Problem, das mit Hilfe geeigneter Strategien und Interventionstechniken für grundsätzlich planbar erachtet wird.

Während sich die Ansätze der Organisationsgestaltung und -entwicklung vor allem auf Wandlungsprozesse erster Ordnung beziehen, heben Ansätze der Organisationstransformation insbesondere auf den Wandel zweiter Ordnung ab. Die unterschiedlichen Interventionsschwerpunkte und -instrumente der einzelnen Ansätze schließen sich nicht grundsätzlich aus. Vielfach kommen sie heute in Veränderungsprozessen in kombinierter Weise unter dem modischen Begriff **Change Management** zur Anwendung. Dieser Begriff gilt in Theorie und Praxis als Synonym für Konzepte, Methoden und Techniken zum Initiieren, Planen, Gestalten und Steuern komplexer Veränderungsprozesse.

5.2.1 Organisationsgestaltung – Wandel als Planungsproblem

Der Ansatz der Organisationsgestaltung ist stark durch die betriebswirtschaftlich-ingenieurmäßige Perspektive geprägt. Er basiert analog zum instrumentalen Organisationsbegriff (vgl. Kap. 1) auf der Annahme, dass Unternehmen zweckrationale Gebilde sind, die bestimmte Ziele verfolgen. Organisatorische Regeln werden als Instrument verstanden, um definierte Ziele möglichst effizient zu erreichen. Strukturen und Prozesse lassen sich bewusst und rational-analytisch gestalten und bei Bedarf verändern, indem zentrale „Stellhebel neu justiert werden". Die eigentliche Umsetzung verabschiedeter Lösungskonzepte wird nicht als nennenswertes Problem erachtet. Die Ursache für gegebenenfalls auftretende Umsetzungsprobleme wird vor allem in Planungsfehlern gesehen, denen man durch noch detailliertere Pläne begegnen kann.

Dieses Konzept des organisatorischen Wandels hat enge Bezüge zum Vorgehensmodell des Systems Engineering. Dies hat seinen Ursprung in der Gestaltung technischer Systeme und wurde später auf organisatorische Aufgabenstellungen übertragen. Der Ansatz basiert auf vier Grundgedanken (vgl. Haberfellner et al. 1997, S. 29 ff.):

▶ **Vom Groben zum Detail:** Bei Analyse und Gestaltung sollten Problem- und Lösungsfeld zu Beginn relativ grob strukturiert beschrieben und anschließend schrittweise detailliert und konkretisiert werden. Dieses Vorgehensprinzips soll verhindern, sich bereits zu Projektbeginn in der Analyse und Lösung von Detailproblemen zu verzetteln und so den Blick für das Wesentliche zu verlieren.

▶ **Schrittweise Systemgestaltung:** Der Prozess der Systemgestaltung sollte in einzelne, logisch und zeitlich voneinander zu trennende Schritte untergliedert werden. Im Allgemeinen lassen sich hierbei die Phasen Planung, Realisierung und Kontrolle unterscheiden und innerhalb der Planungsphase weiter in die Planungsstufen Vor-, Haupt- und Teilstudie differenzieren. Auf diese Weise erhält man überschaubare und kontrollierbare Projektphasen mit klar definierten Arbeitsergebnissen.

▶ **Denken in Alternativen:** Zur Lösung eines Problems existieren in der Regel mehrere Möglichkeiten. Um eine qualitativ hochwertige Lösung zu erreichen, sollte daher nicht die erstbeste Lösungsidee verfolgt, sondern auf jeder Detaillierungsstufe der existierende Lösungsraum ausgelotet und vorhandene Alternativen bewertet werden.

▶ **Konsequente Zielorientierung:** Innerhalb der drei Planungsstufen Vor-, Haupt- und Teilstudie empfiehlt sich eine Untergliederung in die Phasen Situationsanalyse (Wo stehen wir?), Zieldefinition (Wo wollen wir hin?), Lösungssuche (Welche Alternativen existieren zur Zielerreichung?) und Bewertung (Welche Lösung ist am besten geeignet, um die Ziele zu erreichen?). Auf diese Weise können Effektivität und Effizienz des Organisationsprozesses sichergestellt werden.

Diese Grundgedanken des Systems Engineering haben ihren Niederschlag in zahlreichen Phasenmodellen zur Gestaltung von Organisationsprozessen gefunden. Wenngleich Anzahl, Inhalt und Bezeichnung der in diesen Vorgehensmodellen vorgestellten Phasen zum Teil sehr unterschiedlich sind, lassen sich fünf zentrale Stufen des Organisationsprozesses identifizieren (vgl. Schmidt 2002, S. 138 ff.; Schulte-Zurhausen 2002, S. 337; Büchi/Chrobok 1997, S. 75 ff.). Abbildung 111 gibt einen Überblick über die einzelnen Phasen, die zu lösenden Kernaufgaben und die zu erzielenden Arbeitsergebnisse.

ABB. 111:	Beispiel eines Phasenmodells der Organisationsgestaltung				
Phasen	**Auftrags-klärung**	**Analyse**	**Planung**	**Umsetzung**	**Zielkontrolle und Weiter-entwicklung**
Inhalte	Projektziele und -grenzen festlegen Projektinhalte und -umfang sowie Rahmen-bedingungen klären Projektvorschlag präsentieren	Ist-Situation erheben und bewerten Anforderungen erheben	Ziele detaillieren Lösungsalter-nativen suchen Alternativen bewerten Lösungsansatz auswählen	Umsetzungs-maßnahmen planen verabschiedeten Lösungsansatz gemäß Plan umsetzen	Projekt-ergebnisse evaluieren Projekt-erkenntnisse festhalten implementierte Lösung permanent weiterentwickeln
Ergebnisse	erteilter Projektauftrag	Detail-kenntnisse des Gestaltungs-bedarfs	verabschiedetes Lösungskonzept	implementierte Lösung	den aktuellen Anforderungen entsprechende Organisation

Da die meisten Phasenmodelle Ergebnis erfolgreicher Veränderungsprojekte sind, können sie für die praktische Organisationsarbeit von großem Wert sein. Sie bieten Orientierung und Sicherheit bei der Lösung komplexer Gestaltungsaufgaben und fördern eine einheitliche und systematische Vorgehensweise in Organisationsprojekten. Anhand definierter, überprüfbarer Zwischenergebnisse bieten sie auch eine wertvolle Hilfe beim Überwachen des Projektfortschritts. Kritisch ist beim Ansatz der Organisationsgestaltung anzumerken, dass das Hauptaugenmerk traditionell auf der Änderung aufbau- und ablauforganisatorischer Gestaltungsparameter liegt. Ferner wird durch die rational-analytische Vorgehensweise eine Sicherheit suggeriert, die in der Praxis angesichts häufig auftretender Phänomene wie Ablehnung, Widerstand und Machtkämpfen so meist nicht gegeben ist.

Die Vorgehenssystematik der Organisationsgestaltung findet sich heute in vielen Ansätzen zur Gestaltung von Veränderungsprozessen wieder. Im Unterschied zum ursprünglichen Ansatz der Organisationsgestaltung werden sie dort jedoch oft um weitere Interventionsebenen und -instrumente ergänzt.

5.2.2 Organisationsentwicklung – Wandel als Umgang mit Widerständen

Im Unterschied zur rationalen Herangehensweise der Organisationsgestaltung konzentriert sich der Ansatz der Organisationsentwicklung (OE) auf das Initiieren und Begleiten unternehmensweiter Lernprozesse. Dieser verhaltensorientierte Ansatz basiert auf der Erkenntnis, dass Menschen unabhängig von ihrer Stellung in der Hierarchie auf organisatorische Veränderungen sehr unterschiedlich reagieren. Das Verhaltensspektrum kann von Begeisterung bis Ablehnung reichen. Zur Veranschaulichung der verschiedenen Reaktionsweisen kommen oft Typologien zum Einsatz, die sehr pointiert den Grad der Veränderungsbereitschaft zum Ausdruck bringen, wie etwa „Untergrundkämpfer", „Bremser" oder „Champions" (vgl. etwa Krebsbach-Gnath 1992, S. 38ff.). Abbildung 112 veranschaulicht, wie die Reaktionen der Betroffenen auf Veränderungen in Unternehmen vielfach verteilt sind.

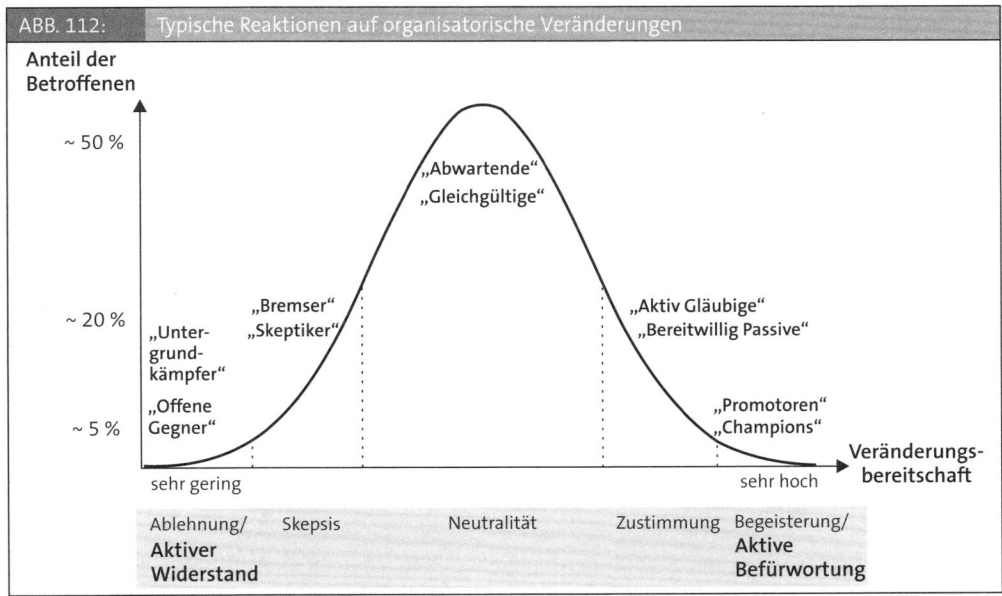

ABB. 112: Typische Reaktionen auf organisatorische Veränderungen

Vor allem die Überwindung von fehlender und geringer Veränderungsbereitschaft wird von Vertretern des OE-Ansatzes als zentrale Herausforderung für das erfolgreiche Bewältigen von Veränderungsprozessen gesehen. Demzufolge wird der Suche nach Erklärungen für Widerstände sowie nach geeigneten Wegen zu ihrer Überwindung große Bedeutung beigemessen. Große Beachtung innerhalb der Organisationsentwicklung und inzwischen weit darüber hinaus hat das **Kraftfeld-Modell** (auch Drei-Phasen-Ansatz) von Kurt Lewin (1963) gefunden. Diesem liegt die Vorstellung zugrunde, dass Organisationen nach sozialen Gleichgewichtszuständen streben. Sie können sich also in zwei verschiedenen Phasen befinden: in einer Phase des Gleichgewichts oder in einer Phase des Übergangs zwischen zwei Gleichgewichtszuständen. Damit Veränderungen von sozialen Systemen Aussicht auf Erfolg haben, wird die sorgfältige Planung und Durchführung folgender drei Schritte empfohlen:

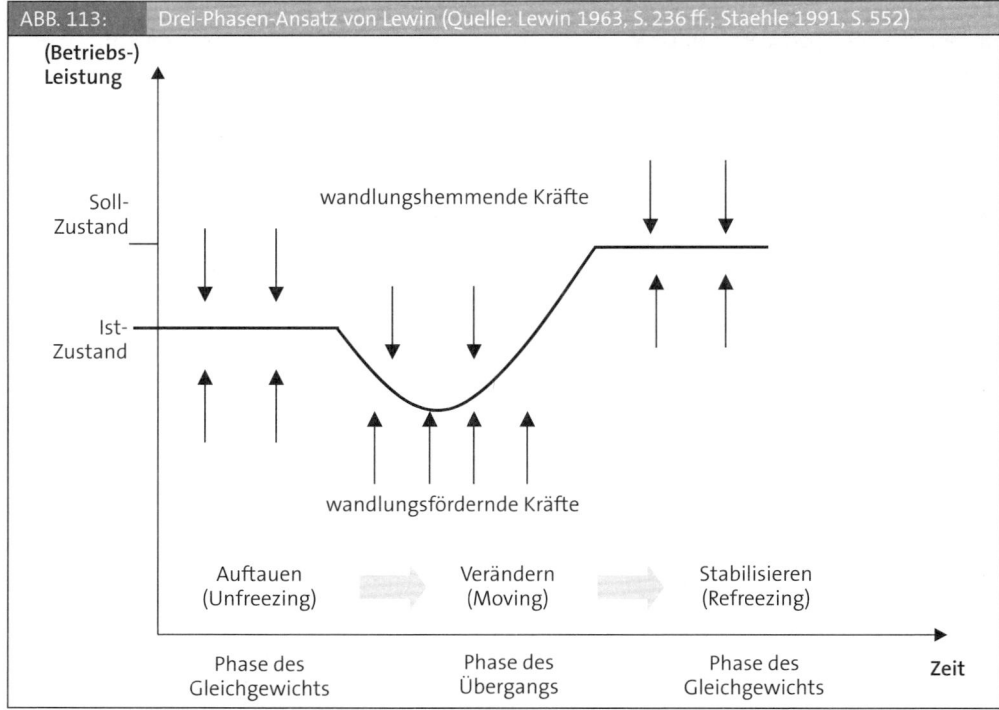

ABB. 113:   Drei-Phasen-Ansatz von Lewin (Quelle: Lewin 1963, S. 236 ff.; Staehle 1991, S. 552)

(1) **Auftauen (Unfreezing):** Jede Veränderung bedarf zunächst einer Auflösung des Gleichgewichtszustandes. Die emotionale Betroffenheit und Einsicht der Betroffenen in die Notwendigkeit des Wandels ist eine zentrale Voraussetzung für die Bereitschaft zur Veränderung. Der Anstoß für diesen Auftauprozess kann sowohl von innen als auch von außen kommen.

(2) **Verändern (Moving):** Ist die Bereitschaft zur Veränderung vorhanden, kann die eigentliche Veränderungsarbeit beginnen. Dabei wird vieles in Frage gestellt und verändert. Die Beteiligung der Betroffenen an Verlauf und Ergebnis des Veränderungsprozesses kann dabei in Form und Umfang sehr unterschiedlich sein. Da in dieser Phase vieles in Unordnung gerät und nicht mehr sicher zu sein scheint, wird sie von vielen als stressig und demotivierend empfunden. Dazu kommt, dass durch das Veränderungsprojekt die Aufmerksamkeit von Führungskräften und Mitarbeitern vom Tagesgeschäft abgelenkt wird. Alles zusammen wirkt sich negativ auf die betriebliche Leistung (z. B. Produktivität) aus. Das System drängt daher auf eine rasche Beendigung dieser Übergangsphase und eine Restabilisierung.

(3) **Stabilisieren (Refreezing):** Damit erreichte Organisations- und Verhaltensänderungen auf Dauer Bestand haben, müssen sie stabilisiert, bzw. „eingefroren" werden. Das System muss wieder in einen Zustand der Ruhe zurückkehren, um das eigene Überleben auf Dauer nicht zu gefährden.

In allen drei Phasen ist mit Kräften zu rechnen, die den Veränderungsprozess hemmen bzw. fördern. Nur wenn im Zeitverlauf die hemmenden Kräfte ab- und die fördernden Kräfte zunehmen, können Veränderungen gelingen und auf breiter Ebene wirken. Ausgehend von einem humanistisch geprägten Menschenbild manifestiert sich die Organisationsentwicklung in folgenden Gestaltungsprinzipien (vgl. Becker/Langosch 2002, S. 22-46; Kieser 1993, S. 114; Thom 1992, S. 1479):

► **Gemeinsames Problembewusstsein:** Ausgangspunkt von OE-Maßnahmen sollte ein gemeinsames Verständnis der Ist-Situation sein, verbunden mit dem Wunsch nach Veränderungen.

► **Mitwirkung eines Beraters:** Veränderungsprozesse können durch Zuhilfenahme von internen oder externen Beratern (Change Agents) unterstützt werden. Ihre Hauptaufgabe besteht darin, den von Veränderungen Betroffenen zu helfen, die eigenen Probleme selbst zu lösen („Hilfe zur Selbsthilfe").

► **Beteiligung der Betroffenen:** Befriedigende Veränderungsmaßnahmen können nur in einem kontinuierlichen Entwicklungsprozess unter aktiver Mitwirkung der betroffenen Mitarbeiter durchgeführt werde („Betroffene zu Beteiligten machen").

► **Klärung von Sach- und Beziehungsproblemen:** Bei der Klärung konkreter Probleme der täglichen Zusammenarbeit sind nicht nur Sachprobleme, sondern auch Beziehungs- und Kommunikationsprobleme zu behandeln.

► **Erfahrungsorientiertes Lernen:** Menschen ändern Einstellungen und Verhaltensweisen nur durch praktische Erfahrungen, im direkten Kontakt mit anderen Menschen und in der direkten Auseinandersetzung mit konkreten Problemen, von denen sie selbst betroffen sind. Information und aktive Mitwirkung der Betroffenen sollte daher bei der Lösung betrieblicher Probleme eine zentrale Rolle spielen.

► **Prozessorientiertes Vorgehen:** Veränderungsbemühungen sind als gemeinsamer Entwicklungsprozess zu begreifen. Nicht nur Ergebnisse von Organisationsänderungen sind wichtig, sondern auch die Art und Weise des Vorgehens. Zwischen Prozess und Ergebnis besteht eine enge Wechselwirkung.

► **Interdependenz der Ziele:** Die ökonomischen Ziele der Unternehmen (insb. Effizienz, Flexibilität, Innovationsfähigkeit) und die individuellen Ziele der Mitarbeiter (insb. Persönlichkeitsentfaltung, Selbstverwirklichung) schließen einander nicht aus, sondern bedingen sich wechselseitig.

► **Systemisches Denken:** Individuum, Organisation, Umwelt und Zeit müssen in ihren Wechselwirkungen und Systemzusammenhängen gesehen werden. Wünschenswerte Verhaltensänderungen müssen daher mit entsprechenden Struktur- und Kulturveränderungen einhergehen – und umgekehrt. Bei der Zukunftplanung ist der individuellen Unternehmensgeschichte Rechnung zu tragen.

Zur Beantwortung der Frage, wo Veränderungen am besten ansetzen sollten, existieren verschiedene Interventionsebenen und -techniken (vgl. Abb. 114). Diese lassen sich grob danach klassifizieren, ob sie eher die Veränderung von Menschen oder von formalen Organisationsstrukturen ins Zentrum der Veränderungen stellen.

ABB. 114:	Klassifikation von OE-Maßnahmen	
Interventionsebenen	**Typische Interventionstechniken**	**Typische Ziele**
Individuum	► Selbsterfahrungsgruppen ► Coaching ► Supervisionen ► Schulung	► Soziale Wahrnehmung ► Teamfähigkeit ► Problemlösungsfähigkeit
Arbeitsgruppen	► Coaching ► Supervisionen ► Teamentwicklung ► Prozessberatung ► 360°-Feedback	► Vertrauen ► Offenheit ► Kooperation ► Konfliktberatung
Gesamtorganisation	► Organisationsdiagnose ► Organisationsstrukturen und Arbeitsabläufe	Strukturelle Voraussetzungen zum Erreichen der Unternehmensziele und Befriedigung individueller Bedürfnisse schaffen

Eine der großen Stärken des OE-Ansatzes besteht darin, dass er in Bezug auf die Bewältigung eines tief greifenden organisatorischen Wandels auf die Notwendigkeit der Veränderung von Werten, Einstellungen und Verhaltensweisen sowie der Mitwirkung Betroffener hinweist und hierfür eine Vielzahl von Methoden und Techniken für die Veränderungspraxis bereithält. Viele Gestaltungsprinzipien und Interventionstechniken des OE-Ansatzes gehören zwischenzeitlich zum Standardrepertoire interner und externer Berater bei der Gestaltung sozialer Prozesse, Konflikthandhabung oder Kommunikation in Gruppen. Kritisiert wurde der OE-Ansatz immer wieder wegen einzelner Ziele, Grundannahmen und Gestaltungsprinzipien (vgl. Trebesch 2004, S. 76 ff.). Vor allem die Annahme, dass bei organisatorischen Problemlösungen die Interessen von Unternehmen und Mitarbeitern in Einklang gebracht werden können und dass in größeren Unternehmen eine weitgehende Beteiligung Betroffener handhabbar und sinnvoll ist, ist angesichts langwieriger und aufwändiger Veränderungsprozesse ernsthaft zu hinterfragen. Kritisch ist auch zu sehen, dass in vielen OE-Prozessen unter dem Deckmantel von Partizipation und Harmonie existierende Machtunterschiede verschleiert und Veränderungen mittels Change Agents „von oben" initiiert werden.

5.2.3 Organisationstransformation – Wandel als planbare Revolution

Bei den Konzepten der organisatorischen Transformation handelt es sich um neuere Ansätze zur Änderung von Organisationen. Zumindest in Teilen können sie als systematische Weiterentwicklung der Organisationsgestaltung und -entwicklung verstanden werden. Im Unterschied hierzu zielen sie jedoch in erster Linie auf die Bewältigung von Wandlungsprozessen zweiter Ordnung ab. Sie basieren auf der Erkenntnis, dass tief greifende Änderungsprozesse nur erfolgreich bewältigt werden können, wenn über die Veränderung von Strukturen und Verhaltensweisen hinaus gleichzeitig auch Strategien, Anreizsysteme und Unternehmenskulturen geändert werden. Ansätze der Organisations- bzw. Unternehmenstransformation weisen insbesondere folgende Merkmale auf (vgl. Weik/Lang 2003, S. 280, Kulmer/Trebesch 2004; Cummings/Huse 1998, S. 418 ff.):

► **Zukunfts- statt Gegenwartsorientierung:** Anstelle von Problemdiagnose und Soll-Konzeption steht der Entwurf von Visionen zur angestrebten Zukunft des Unternehmens am Beginn von Transformationsprozessen.

► **Mehr- statt Eindimensionalität:** Der Wandel betrifft nicht nur einzelne Teile, sondern das gesamte Unternehmen. Sie betrifft nicht nur Strukturen, sondern auch die Veränderung von Strategien, Anreiz- und Managementsystemen, Unternehmenskulturen und Verhalten. Alle relevanten Gestaltungsdimensionen, die zur erfolgreichen Bewältigung tief greifender Änderungsprozesse erforderlich sind, müssen daher simultan betrachtet werden.

► **Revolution statt Evolution:** Ziel sind grundlegende Veränderungen von Tiefenstrukturen sowie der gesamten Operationsweise eines Unternehmens. Anstelle kontinuierlicher Veränderungen geht es um relativ schnelle und grundlegende Veränderungen.

► **Leadership:** Veränderungsprozesse sind mithilfe geeigneter Strategien und Interventionstechniken grundsätzlich gestaltbar. Der obersten Führungsebene kommt dabei eine besondere Bedeutung zu.

Einen anschaulichen Eindruck der verschiedenen Komponenten des Transformationsmanagement und ihrer vielfältigen Wirkungszusammenhänge gibt das Modell von Krüger wider (vgl. 2006, S. 37 ff.).

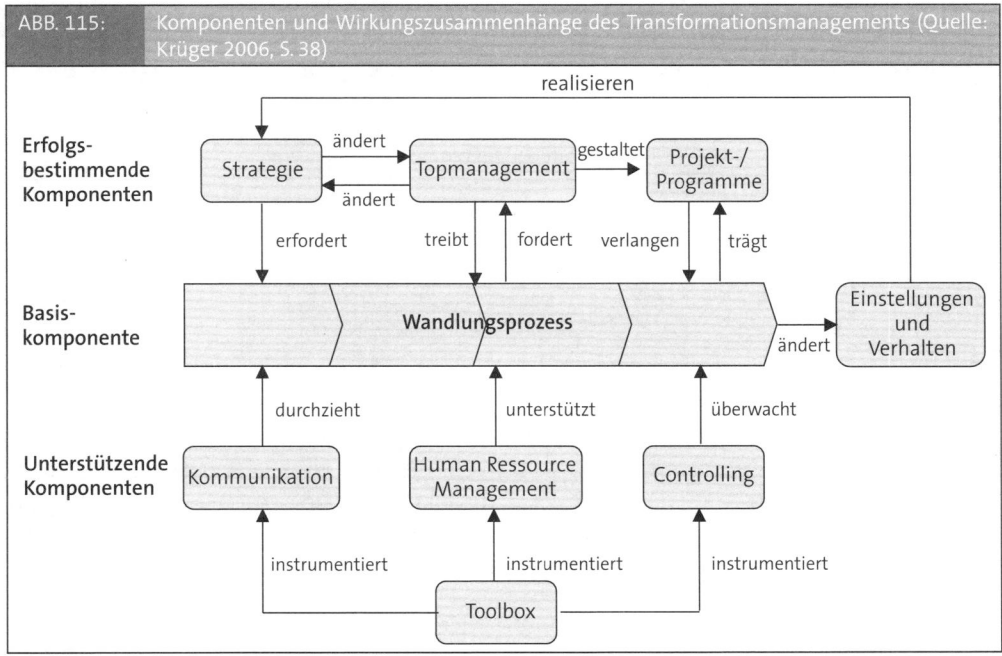

ABB. 115: Komponenten und Wirkungszusammenhänge des Transformationsmanagements (Quelle: Krüger 2006, S. 38)

Viele Autoren, die sich zum organisatorischen Wandel äußern, schlagen analog zu Lewins Dreiphasenmodell (vgl. Kap. 5.3.2) zum Gestalten von Transformationsprozessen ein phasenorientiertes Vorgehen vor. Wenn auch Anzahl und Bezeichnung der einzelnen Phasen variieren, ist die Kernidee weitgehend identisch – Unternehmen lassen sich nur verändern, wenn die Notwendigkeit für Änderungen erkannt ist, ein attraktives und realistisches Bild der Zukunft vorliegt und förderliche Rahmenbedingungen für die Umsetzung der geplanten Änderungen gegeben sind.

Die Konzepte der Organisationstransformation haben trotz aller Unterschiedlichkeit eines gemeinsam: Sie berücksichtigen ausdrücklich verschiedene Handlungsebenen bei der Gestaltung von Veränderungsprozessen und integrieren diese. Sie verbinden die sachrationale und verhaltensorientierte Vorgehensweise von Organisationsgestaltung und -entwicklung und ergänzen diese um eine kulturelle und politische Dimension. Je nach Phase des Veränderungsprozesses erfahren die einzelnen Handlungsdimensionen eine unterschiedliche Priorisierung. Analog zu den beiden erstgenannten Veränderungsansätzen basieren auch die Konzepte der Organisationstransformation größtenteils auf praktischen Beratungserfahrungen. Je nachdem, ob die Bewertung der Konzepte aus wissenschaftlicher oder anwendungsbezogener Sicht erfolgt, ist dies eher als Stärke bzw. als Schwäche zu werten.

5.3   Management von Veränderungsprozessen

Das erfolgreiche Bewältigen von tief greifenden und weit reichenden Veränderungen zählt heutzutage zu den größten Herausforderungen für Unternehmen und Führungskräfte. Zu den zentralen Aufgaben des Veränderungsmanagements gehört es, den Veränderungsbedarf rechtzeitig wahrzunehmen, eine möglichst breite Bereitschaft dafür zu mobilisieren und die erforderlichen Fähigkeiten sicher zu stellen.

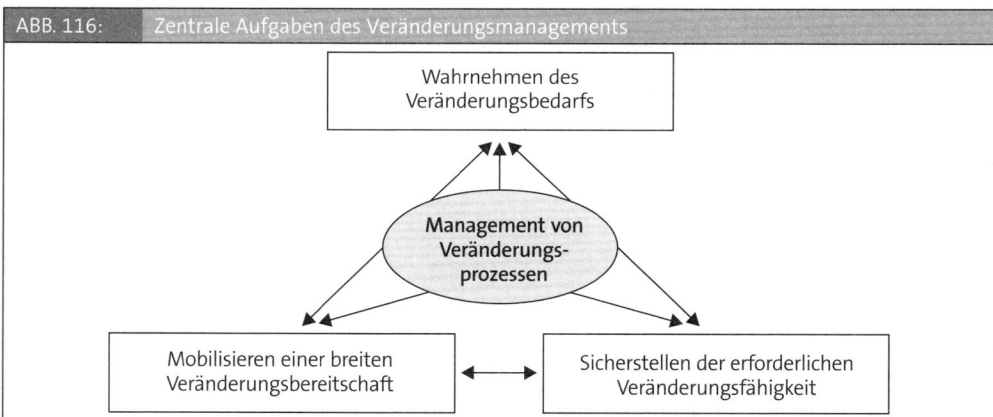

ABB. 116:   Zentrale Aufgaben des Veränderungsmanagements

Wichtig ist, dass diese drei Aufgaben gut aufeinander abgestimmt erfüllt werden, da weder die Wahrnehmung von Veränderungsbedarf, noch die Bereitschaft und Fähigkeit zur Veränderung für sich alleine genommen erfolgreiche Veränderungsprozesse bewirken können.

5.3.1   Phasen von Veränderungsprozessen

Bei aller Unterschiedlichkeit der Konzepte zum Bewältigung von organisatorischem Wandel ist eine Gemeinsamkeit festzustellen: Veränderungen werden als Prozess verstanden. Dies hat zur Folge, dass zum Erklären und Gestalten organisatorischer Veränderungen zahlreiche Phasenmodelle existieren. Diese unterscheiden sich vor allem in den Betrachtungsdimensionen sowie der

Anzahl und Bezeichnung der einzelnen Phasen. Hierbei lassen sich zwei Arten von Modellen unterscheiden: Zum einen Modelle, die Veränderungsprozesse aus Sicht von Betroffenen und deren typische emotionale Reaktionen wie etwa Schock, Verneinung und Abwehr, Neugierde, Erkenntnis und Akzeptanz beschreiben (vgl. etwa Kraus/Becker-Kolle/Fischer 2004, S. 108 ff., Streich 1997, S. 243). Zum anderen Modelle, die notwendige Schritte und Aufgaben in Veränderungsprozessen aus Sicht des Managements aufzeigen (vgl. etwa Schreyögg 2008, S. 418 ff., Krüger 2006, S. 66 ff.; Kotter 1995). In diese fließen meist auch die Erkenntnisse der erstgenannten psychologischen Modelle ein.

Nachfolgend wird in Anlehnung an Krüger (2006, S. 66 ff.) ein Vorgehensmodell dargestellt, das in Abhängigkeit von der jeweiligen Ausgangssituation individuell ausgestaltet werden kann. Es ist in erster Linie für tief greifende Wandlungsvorhaben geeignet, kann aber auch für kleinere Veränderungsvorhaben wertvolle Hinweise liefern.

ABB. 117: Vorgehensmodell zur Gestaltung von Veränderungsprozessen (in Anlehnung an Krüger 2006, S. 67)

Phase	Initialisieren	Konzipieren	Mobilisieren	Umsetzen	Verstetigen
Aufgaben	Veränderungs-bedarf erkennen Relevante Stakeholder identifizieren Bewusstsein für Veränderungs-bedarf bei relevanten Stakeholdern schaffen Unterstützung relevanter Stakeholder sichern	Ziele und Rahmen-bedingungen des Veränderungs-vorhabens festlegen Veränderungs-konzept bzw. Maßnahmenprogramm entwickeln	Veränderungs-bereitschaft durch zielgruppenspezifische Kommunikation und Einbindung relevanter Stakeholder mobilisieren Veränderungs-fähigkeit durch Schaffung notwendiger Voraussetzungen sicherstellen	Geplante Veränderungen entsprechend ihren Prioritäten umsetzen Umsetzung der geplanten Veränderungen überwachen und bei Bedarf gegensteuern Erste sichtbare Erfolge kommunizieren	Erreichte Verbesserungen weiter ausbauen Veränderungs-prozess mit neuen Projekten, Themen und Impulsen in Gang halten und beleben

Phase 1: Initialisieren – den Wandel vorbereiten

Veränderungen von Unternehmen finden in der Regel nur statt, wenn eine Notwendigkeit und Dringlichkeit dafür gesehen wird. Der Beginn eines Veränderungsprozesses setzt also voraus, dass bei der Beobachtung der internen oder externen Unternehmenssituation Signale für Änderungsbedarf wahrgenommen werden. Meist sind es zunächst einzelne Personen, die einen Bedarf für Veränderung erkennen und versuchen, andere von ihrer Erkenntnis zu überzeugen. Dies gelingt ihnen erfahrungsgemäß nicht immer (vgl. Abb. 112).

Entscheidend für den Beginn eines Veränderungsprozesses ist es, die „richtigen" Personen und Gruppen von der Notwendigkeit und Dringlichkeit des Wandels zu überzeugen und als Promotoren des geplanten Vorhabens zu gewinnen. Wichtig ist es, diejenigen Stakeholder zu gewinnen, die über die formale Macht verfügen, den offiziellen Start von Veränderungsprozessen auszulösen (z. B. Mitglieder der Unternehmensleitung, des Aufsichtsrates).

Je nachdem, wie im einzelnen Macht und Einfluss verteilt sind, kann es in dieser frühen Phase auch sinnvoll sein, die Gegner des Wandels durch geeignete Maßnahmen in den Veränderungsprozess einzubinden. Im Extremfall kann es sogar darum gehen, den Einfluss von Gegnern des Wandels durch die Anwendung mikropolitischer Taktiken zu begrenzen (vgl. Neuberger 1995, S. 134 ff.). Beim Identifizieren der relevanten Interessengruppen und entwickeln zielgruppengerechter Maßnahmen bietet die Stakeholder-Analyse wertvolle Dienste (vgl. Kap. 6.2.2).

ABB. 118:	Offener und verdeckter Gebrauch mikropolitischer Taktiken (in Anlehnung an Neuberger 1995, S. 154)	
Der Einsatz der Taktik erfolgt offen, authentisch	**Der Einsatz der Taktik erfolgt verdeckt, in Täuschungsabsicht**
► Zwang oder Druck ausüben, Sanktionen androhen, bestrafen	► Bluffen, einschüchtern
► Belohnen, Vorteile verschaffen	► Hohle Versprechungen machen, ködern
► Einschalten höherer Autoritäten, an allseits respektierte Institutionen, Prinzipien oder Werte appellieren	► Korruption, erlogene Beziehungen, Verfälschung von Normen
► Rationales Argumentieren	► Fassade von Rationalität präsentieren, blenden, hochstapeln
► Koalitionen bilden, Partizipation, Solidarisieren, Allianzen bilden	► Pseudo-Partizipation, Intrigen, Verschwörungen
► Persönlich attraktiv sein, Vorbild sein	► Schmeicheln, lobhudeln, Imponiergehabe zeigen
► Idealisieren, begeisternde Appelle und Visionen bieten, Inspirieren	► Ideologisieren

Wie ein Veränderungsprozess beginnt hat in der Regel erhebliche Auswirkungen auf die Dynamik und den Verlauf des gesamten Vorhabens.

Phase 2: Konzipieren – Veränderungskonzept erarbeiten

Auf den Anstoß zum Wandel folgt die Konzipierung des Veränderungsvorhabens. Ausgehend von definierten Zielvorstellungen und Rahmenbedingungen wird hier die Stoßrichtung des Wandels festgelegt. Dabei werden inhaltliche Schwerpunkte sowie Zeit- und Maßnahmenpläne konzipiert, die die Entwicklungen im Unternehmensumfeld ebenso berücksichtigen wie die internen Stärken und Schwächen. Bei komplexen Vorhaben mit einer Vielzahl unterschiedlicher Maßnahmen ist die Arbeitsteilung und sachliche und zeitliche Koordination zwischen den einzelnen Maßnahmen zu planen. Meist genügt in dieser Phase eine Grobplanung.

Während die Konzeption in der Regel durch speziell beauftragte Projektteams oder externe Berater erfolgt, ist es Aufgabe der Entscheider (insb. Management, Aufsichtsgremien), diese Vorschläge abschließend zu bewerten und über deren Realisierung zu entscheiden.

Wie offen Zielsetzung, Inhalte und Vorgehensweise des geplanten Veränderungsvorhabens in dieser Phase von den Entscheidern in der Breite kommuniziert werden, ist im Einzelfall zu entscheiden. Um Ablehnung und Widerstand zu vermeiden, spricht vieles für eine frühe und offene Information der Betroffenen. Allerdings können hierdurch auch Widerstände erst mobilisiert werden, die das gesamte Vorhaben in dieser frühen Phase ernsthaft gefährden. Daher können unter Umständen auch Geheimhaltung oder gar gezielte Desinformation in dieser Phase dazu geeignet sein, Widerstände zu vermeiden oder zu begrenzen.

Phase 3: Mobilisieren – Bereitschaft und Fähigkeit zur Veränderung in der Breite sicherstellen

Wurde von den zuständigen Personen oder Gremien über die Stoßrichtung des Wandels entschieden, müssen das Vorhaben offiziell bekannt gegeben und die Betroffenen auf die beabsichtigen Änderungen eingestellt werden. Dies kann je nach Situation auf unterschiedliche Weise geschehen. Das Spektrum reicht von der Geheimhaltung bis zum Tag X, an dem die Betroffenen vor vollendete Tatsachen gestellt werden (sog. Bombenwurfstrategie) bis zu einer weit reichenden Beteiligung der Betroffenen (sog. Partizipationsstrategie). In der Phase der Mobilisierung sind drei Kernaufgaben zu unterscheiden:

▶ **Veränderungskonzept kommunizieren:** Die Kommunikation spielt bei der Mobilisierung einer breiten Veränderungsbereitschaft eine zentrale Rolle. Sie erfolgt idealerweise zielgruppenspezifisch, etwa in Einzelgesprächen, Informationsmärkten, Konferenzen oder anderen Kommunikationsformen. Wichtig ist, dass die Betroffenen die Hintergründe der bevorstehenden Veränderungen verstehen und sich möglichst konkret vorstellen können, was diese für sie bedeuten, welchen Nutzen sie davon haben und welche Rolle sie im Veränderungsprozess selbst oder nach erfolgreichem Abschluss der Veränderung einnehmen könnten.

  Die Sprache ist in dieser Phase eines der wichtigsten Instrumente. In Veränderungsprozessen kann die Verwendung von Zukunftsvisionen und Metaphern eine wichtige Rolle spielen, da sich durch sie Bilder erzeugen lassen, die bei der Zielgruppe ausreichend Raum für eigene Interpretationen lassen und noch keine Details erfordern. Im späteren Verlauf des Veränderungsprozesses können diese dann wieder aufgegriffen und präzisiert werden. Ob die Sprache ihre Wirkung erreicht, hängt nicht nur von einem guten Kommunikationskonzept ab, sondern auch vom sichtbaren Verhalten der Verantwortlichen. Vor allem für die Betroffenen zeigt sich darin die Ernsthaftigkeit des Veränderungswillens des Managements.

▶ **Anreize zur Veränderung schaffen:** Veränderungen sind häufig nicht nur mit Aufwand, sondern für einen Teil der Betroffenen auch mit Nachteilen gegenüber dem Status quo verbunden. Um möglichst viele Betroffene zum aktiven Mitwirken an den geplanten Veränderungen zu bewegen, genügt der Einsatz von Druckmitteln allein meist nicht. Mit ihrer Hilfe lassen sich zwar möglicherweise massive Widerstände überwinden, aber keine positive und konstruktive Mitwirkung erreichen. Daher empfiehlt es sich, geeignete Anreize zu schaffen, die den Betroffenen die geplanten Veränderungen als lohnendes Ziel in Aussicht stellen.

▶ **Notwendige Durchführungsvoraussetzungen schaffen:** Neben dem Mobilisieren einer breiten Bereitschaft zur Veränderung ist vor der eigentlichen Umsetzungsphase sicherzustellen, dass die Fähigkeit zur Veränderung in ausreichender Form gegeben ist. Mit anderen Worten sind die personellen, finanziellen, technischen oder organisatorischen Voraussetzungen, die für eine erfolgreiche Umsetzung erforderlich sind, zu schaffen. Hierzu zählen etwa Qualifizierungsmaßnahmen für Projektleiter und -mitglieder, die Einrichtung arbeitsfähiger Projektstrukturen mit Projektteams und Lenkungsgremien oder die Beauftragung externer Berater zur Unterstützung und Begleitung des Veränderungsprozesses.

Phase 4: Umsetzen – notwendige Veränderungen durchführen

Sind alle Voraussetzungen für eine erfolgreiche Umsetzung des verabschiedeten Veränderungskonzepts gegeben, kann die eigentliche Umsetzungsphase beginnen. Hierzu sind in der Regel vielfältigste Einzelmaßnahmen inhaltlich zu konkretisieren, der erforderliche Zeit-, Ressourcen- und Kostenaufwand im Detail zu planen sowie Verantwortlichkeiten zu definieren. Da vor allem bei komplexen Vorhaben aufgrund begrenzter personeller und finanzieller Ressourcen häufig nicht alle Maßnahmen gleichzeitig umgesetzt werden können, erfolgt die eigentliche Umsetzung auf Basis einer Maßnahmenpriorisierung. Typische Kriterien sind dabei sachliche Abhängigkeiten, Dringlichkeit, Beitrag zum Unternehmenserfolg oder Projektrisiken. Im Anschluss an die priorisierten Teilprojekte und Maßnahmen werden die Folgeprojekte durchgeführt.

Die in der Konzipierungsphase gestartete Kommunikation ist weiter fortzusetzen, zu vertiefen und zu verbreitern. Idealerweise wird in der Sprache der Betroffenen auf allen Ebenen erklärt, warum diese Veränderungen notwendig sind und wie sie im Detail aussehen. Führungskräfte haben in der Umsetzungsphase eine besondere Vorbildfunktion, da oft nicht nur Mitarbeiter, sondern auch Stakeholder wie Investoren oder Banken kritisch beobachten, wie ernst es dem Management mit den angekündigten Veränderungen wirklich ist. Vor allem Mitarbeiter erwarten, dass sich die Führungskräfte von den Veränderungen selbst nicht ausnehmen, sondern als gutes Beispiel vorangehen. Reine Lippenbekenntnisse von Führungskräften können schnell zu Demotivation bei den Betroffenen führen und dem Veränderungsprozess den erforderlichen Schwung nehmen.

Um sicherzustellen, dass die anvisierten Ziele unter den gegebenen Rahmenbedingungen erreicht werden, sind die Aktivitäten der Umsetzungsphase anhand geeigneter Kennzahlen zu überwachen. Beim Auftreten von Planabweichungen ist entsprechend gegenzusteuern.

Phase 5: Verstetigen – das Bewegungsmoment erhalten

Auch wenn mit Abschluss der Umsetzungsphase in der Regel das Veränderungsprojekt in der Wahrnehmung der Betroffenen offiziell endet, ist dies nicht das Ende der längerfristigen Unternehmensentwicklung. Vielmehr gilt es, einen kontinuierlichen Organisationsentwicklungs- und Verbesserungsprozess einzuleiten.

Die Herausforderung dieser Phase besteht darin, auch nach Beendigen eines Veränderungsprojektes das Erreichte beizubehalten und einen Rückfall in alte Zustände zu verhindern. Zum anderen gilt es, die mobilisierte Fähigkeit und Bereitschaft zu organisatorischen Veränderungen aufrecht zu erhalten. Dies kann etwa in Form von KVP-Gruppen, durch geeignete Qualifizierungsmaßnahmen für einzelne Personen oder Arbeitsgruppen, erfolgen. Hierfür liegt die Verantwortung jedoch nicht mehr bei der Projektleitung, sondern bei den Linienverantwortlichen.

Sofern dies noch nicht Gegenstand der Umsetzungsphase war, sind gegebenenfalls im Anschluss an organisatorische Veränderungen existierende Anreizsysteme und Elemente der Unternehmenskultur zu ändern, um so das Verhalten von Mitarbeitern und Führungskräften nachhaltig in die gewünschte Richtung zu beeinflussen.

Bei dem dargestellten wie auch bei anderen Phasenmodellen handelt es sich stets um grobe Anhaltspunkte für ein systematisches Vorgehen. Die Übergänge zwischen den Phasen sind in der Praxis oft fließend und einzelne Phasen können sich überlagern. Ferner ist zu beachten, dass abweichend zum Gesamtstand eines Veränderungsvorhabens betroffene Mitarbeiter oder Organisationsbereiche zuweilen unterschiedliche Fortschritte in Bezug auf den Veränderungsprozess machen können. Selbst wenn ein Projekt beispielsweise in der Umsetzungsphase ist, kann es Bereiche oder einzelne Personen geben, die das Veränderungsprojekt bis zu diesem Zeitpunkt noch nicht wahrgenommen oder geplante Veränderungen noch nicht akzeptiert haben.

5.3.2 Zentrale Fragen eines Veränderungskonzepts

Das Resultat einer systematischen Planung von Veränderungen findet seinen Niederschlag in einem Veränderungskonzept. Dieses gibt Antworten auf zentrale Fragestellungen zur konkreten Gestaltung von Veränderungsprozessen. Nachfolgend werden einige ausgewählte Fragestellungen und mögliche Antworten aufgezeigt.

5.3.2.1 Wann mit den Veränderungen beginnen?

Eine zentrale Frage bei organisatorischen Veränderungen ist die nach dem richtigen Zeitpunkt. In diesem Zusammenhang wird häufig die Frage diskutiert, ob Veränderungen eine Krise erforderlich machen oder ob Krisensituationen nicht vielmehr durch rechtzeitig durchgeführte Veränderungen vermeidbar sind. Idealtypisch existieren drei Zeitpunkte zum Beginn von Veränderungsprozessen:

▶ **Kontinuierliche Weiterentwicklung:** Hier erfolgt die Beseitigung von Schwachstellen sowie die Anpassung an veränderte Marktbedingungen permanent in kleinen Schritten. Die Entstehung von Krisensituationen, die harte Einschnitte erforderlich machen, lässt sich so vermeiden. Für diese Vorgehensweise wird gegenwärtig vor allem von Vertretern des Konzepts der Lernenden Organisation (vgl. Kap. 4.1.3) plädiert. Voraussetzung für einen kontinuierlichen Veränderungsprozess ist jedoch die Einsicht in die Notwendigkeit von Veränderungen bei allen Verantwortlichen. Darüber hinaus müssten persönliche oder bereichsspezifische Interessen zugunsten übergeordneter Ziele hinten angestellt werden. Dies ist erfahrungsgemäß in abgegrenzten Organisationseinheiten oder kleineren Unternehmen eher realistisch als in Großunternehmen.

▶ **Veränderung in Krisenzeiten:** Weil die kontinuierliche Weiterentwicklung von Unternehmen, in der Praxis häufig nicht stattfindet, werden Veränderungen erst dann eingeleitet, wenn sie aufgrund der Umstände vom Management als unausweichlich angesehen werden. Für den Beginn eines Veränderungsprozesses in Krisensituationen spricht, dass in diesem Fall meist viele Stakeholder die Notwendigkeit und Dringlichkeit für Veränderungen sehen und demzufolge eine höhere Bereitschaft für Veränderungen mitbringen. Tendenziell gilt: Je größer die Krise, desto größer ist die Bereitschaft zu tief greifenden Änderungen und umso schneller können die für erforderlich erachteten Maßnahmen durchgeführt werden. Allerdings schränken in der Regel Krisensituationen den zur Verfügung stehenden Gestaltungsspielraum ein. Oft kann das Überleben krisengeschüttelter Unternehmen kurzfristig nur noch durch sehr einschneidende Maßnahmen zur Liquiditätssicherung und Kostensenkung, etwa in Form von Personalabbau oder Werksschließungen, sichergestellt werden. Diese wären oftmals vermeidbar oder würden weniger einschneidend ausfallen, wenn die notwendigen Veränderungen rechtzeitig eingeleitet worden wären.

▶ **Proaktive Veränderung in guten Zeiten:** In diesem Fall erkennen die Verantwortlichen die Notwendigkeit für Veränderungen rechtzeitig und leiten die erforderlichen Maßnahmen ein, bevor es zu Krisensituationen kommt. So werden zwar meist stärkere Einschnitte als bei der kontinuierlichen Weiterentwicklung erforderlich, gegenüber einer Krisensituation fallen dagegen die Maßnahmen deutlich weniger radikal aus. Die eigentliche Herausforderung besteht darin, unter den Stakeholdern eine breite Zustimmung für die notwendigen Maßnahmen zur künftigen Sicherung der Wettbewerbsfähigkeit zu mobilisieren. Da aufgrund der positiven Unternehmenssituation der Handlungsdruck für unbequeme Maßnahmen weniger offensichtlich ist, muss mit mehr oder weniger großen Widerständen gerechnet werden. Vor allem dann, wenn bei einer guten Ertragslage zur Sicherung der Wettbewerbsfähigkeit in größerem Umfang Betriebsteile verlagert oder Arbeitsplätze abgebaut werden sollen, sehen sich Unternehmen in der Öffentlichkeit schnell mit dem Vorwurf der sozialen Verantwortungslosigkeit konfrontiert. Dem Heraufbeschwören düsterer Zukunftsszenarien sind vor allem mit Blick auf die Außenwirkung bei Öffentlichkeit, Absatzmarkt und Kapitalgebern in dieser Situation meist enge Grenzen gesetzt. Dieser schwierige Spagat ist in vielen Fällen Grund dafür, dass notwendige Veränderungen zu spät durchgeführt werden.

BEISPIEL: ▶ für proaktive Veränderung in guten Zeiten

Daimler rüstet sich für schlechte Zeiten

Daimler-Chrysler will mit seinem Projekt „Global Excellence" die Effizienz seines Nutzfahrzeuggeschäfts erhöhen. Vorstandsmitglied Andreas Rentschler sagte in Berlin, dass es der Nutzfahrzeugsparte gut gehe, das Geschäft jedoch starken zyklischen Schwankungen unterworfen sei. Deshalb sei es Ziel der Initiative, künftig dauerhafte Profitabilität bei jeder Marklage sicherzustellen. Mit dem Projekt möchte Rentschler das Geschäftsmodell optimieren, Skalen- und Synergieeffekte erzielen, weiteres Wachstum der Sparte sichern sowie Produktinnovationen schaffen. Nach dem Rekordabsatz im vergangenen Jahr ... rechnet Rentschler damit, dass auch 2005 ein erfolgreiches Jahr wird. ... Dabei sei der Absatzmarkt für Nutzfahrzeuge starken Schwankungen unterworfen: Erfahrungen aus der Vergangenheit zeigten, dass die Nachfrage in Europa bis zu 20 Prozent einbrechen könne; in Amerika könne der Wert sogar bei 50 Prozent liegen. Es sei künftig das Ziel, [mit Hilfe des Projekts „Global Excellence", Anm. d.A.] diesen Marktschwankungen zu trotzen ...

Quelle: FAZ, 11.06.2005

5.3.2.2 Wo die konzeptionellen Schwerpunkte setzen?

Komplexität und Aufgaben beim Bewältigen von Veränderungsprozessen sind wesentlich davon abhängig, was bzw. wie tief greifend verändert werden soll. In Literatur und Praxis werden häufig folgende Akzente betrieblicher Wandlungsprozesse – wenn auch teilweise mit unterschiedlichen Begrifflichkeiten – unterschieden (vgl. Krüger 2006, S. 53 ff.; Perich 1993, S. 154 f.; Kimberly/Quinn 1984, S. 5 ff.):

▶ **Restrukturierung:** Ihr Gegenstand sind organisatorische Veränderungen im engeren Sinne, d. h. die Veränderung von Strukturen, Prozessen sowie technischer und räumlicher Infrastrukturen, die die Grundlage der betrieblichen Wertschöpfung bilden. Beispiele für Restrukturierungsmaßnahmen sind etwa der Abbau von Hierarchieebenen, die Rationalisierung von Arbeitsabläufen, die Modernisierung von Produktionsanlagen, die Schließung von Verwaltungs- und Betriebsstätten, das Einrichten neuer Stellen, das Bilden neuer Organisationseinheiten oder auch der Abbau von Arbeitsplätzen.

Vorrangiges Ziel von Restrukturierungsmaßnahmen ist in der Regel die Verbesserung von Schnelligkeit, Flexibilität und Effizienz, indem etwa die Produktivität erhöht, die Qualität verbessert oder die Kosten reduziert werden.

Meist ist organisatorischer Wandel in Form von Restrukturierungen etwa auf Organigrammen für Betroffene wie für Unternehmensexterne sehr gut nachvollziehbar. Im Vergleich zu „tiefer gehenden" Formen des Wandels lassen sich Restrukturierungen relativ schnell durchführen. Häufig ist jedoch die Wirkung von Restrukturierungen abhängig von Veränderungen in tiefer liegenden Schichten der Organisation (vgl. Kap. 1.4, Schichtenmodell der Organisation).

▶ **Reorientierung:** Hierbei handelt es sich um Veränderungen in der strategischen Ausrichtung eines Unternehmens bzw. des Unternehmensportfolios. Reorientierung erfolgt durch den Abbau, Umbau oder Ausbau von Geschäftsfeldern. Beispielsweise werden Geschäftsfelder aufgegeben, die nicht (mehr) zum Kernkompetenzbereich gezählt werden. Oder Geschäftsfelder, die aufgrund ihrer Erfolgspotenziale als Kerngeschäft betrachtet werden, erfahren durch den Zukauf von Unternehmen oder Markennamen eine Stärkung. Denkbar ist aber auch der Einstieg in völlig neue Geschäftsfelder, um zusätzliche Erfolgspotenziale zum angestammten Geschäft zu erschließen.

In der Regel erfolgt eine strategische Neuausrichtung selten losgelöst von Veränderungen vorhandener Strukturen und (Kern-)Kompetenzfeldern. Die Reorientierung ist häufig Auslöser für Restrukturierung und Revitalisierung, die selbst wiederum auf ein verändertes Selbstverständnis (Remodellierung) zurückzuführen ist.

BEISPIEL: ▶ für Reorientierung

Strategische Neuausrichtung von Fujifilm

Nachdem mit dem Aufkommen und raschen Verbreiten der Digitalkamera für Fujifilm absehbar war, dass der Verkauf von Kamerafilmen keine erfolgreiche Zukunft mehr versprach, entschloss sich die Unternehmensleitung zu einer schrittweisen Diversifikation. Neue Geschäftsfelder mit viel versprechenden Wachstumspotenzialen wurden identifiziert und die Schwerpunkte der Forschung neu ausgerichtet. So entstand ein breites Portfolio an Technologien in Digitaltechnik, Optik und Feinchemie mit dem Fujifilm heute verschiedene Branchen wie Medizintechnik, Life Science, Consumer Electronic, Chemie, Grafische Systeme, Fotografie und Bürokommunikation versorgt. Das Unternehmen hat inzwischen beispielsweise führende Marktpositionen in der medizinischen Diagnostik mit digitalen Röntgensystemen, in der Druckindustrie mit Farbstoffen, Pigmenten und UV-Tinten für Inkjet-Drucker oder im Mobile Imaging mit Fotomodulen für Kamera-Handys. Mit dem fotografischen Film, der seit Jahrzehnten eine Konstante bei Fujifilm gewesen war, wurden im Jahr 2008 nur noch drei Prozent des Weltumsatzes erwirtschaftet.

In Folge der strategischen Neuausrichtung wurden auch die Unternehmensorganisation angepasst und neue Organisationseinheiten aufgebaut. Heute gliedert sich Fujifilm in die Bereiche Imaging Solutions (z. B. Kameras, Speicherkarten, Film, Minilabs, Color-Papier), Information Solutions (z. B. Grafische Systeme, Medical Systems, Material für Flachbildschirme) sowie Document Solutions (z. B. digitale Drucksysteme, Laserdrucker, Dokumentenverwaltung). Durch die konsequente und rechtzeitige Reorientierung, mit der Fujifilm bereits Ende der achtziger Jahre begonnen hatte, ist dem Unternehmen die Anpassung an veränderte Märkte und damit der Erhalt der Wettbewerbsfähigkeit gelungen.

▶ **Revitalisierung:** Gegenstand dieser Form des organisatorischen Wandels sind grundlegende Veränderungen in den Einstellungen, Fähigkeiten und Verhaltensweisen von Führungskräften und Mitarbeitern. Vielfach sind neue Einstellungen, Fähigkeiten und Fertigkeiten notwendig, um die erforderliche mentale und kompetenzmäßige Voraussetzung für die erfolgreiche Bewältigung von neuen Herausforderungen des Marktes zu schaffen. Beispielsweise können die Reduzierung von Hierarchieebenen, die Delegation von Ergebnisverantwortung und Entscheidungskompetenzen oder das Erlernen neuer Verhaltensweisen dazu beitragen, Kundenorientierung, Kreativität, Pioniergeist oder unternehmerisches Denken und Handeln zu fördern. Nicht selten sind Veränderungen der individuellen Einstellungen, Verhaltensweisen und des Fachwissens wichtig für eine hohe Anpassungsfähigkeit von Unternehmen an Umweltveränderungen oder für eine tief greifende Regeneration nach einer Krisensituation.

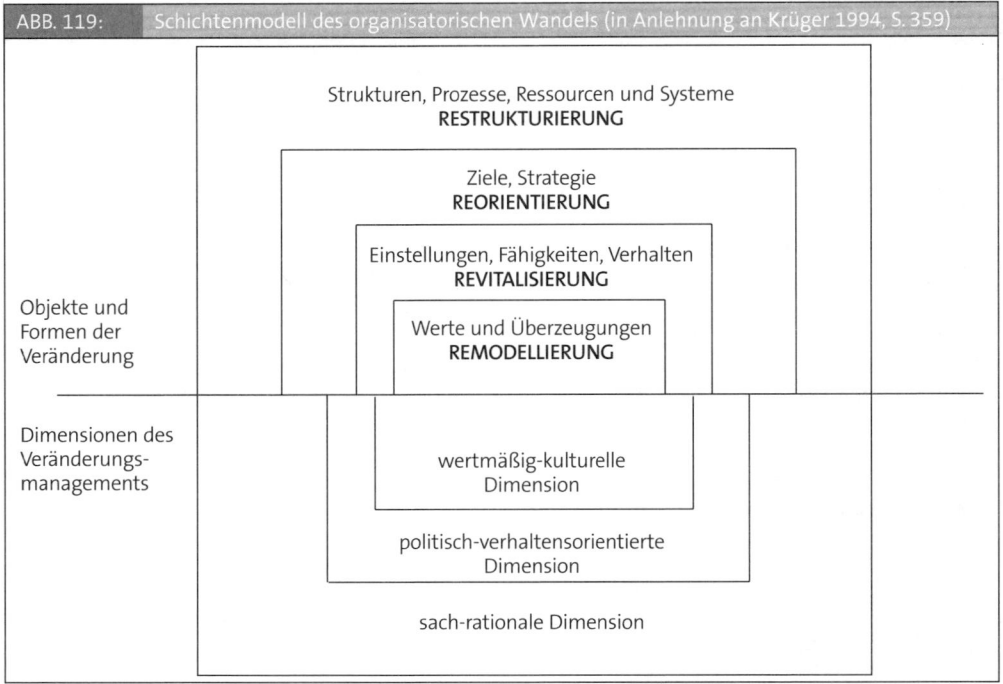

ABB. 119: Schichtenmodell des organisatorischen Wandels (in Anlehnung an Krüger 1994, S. 359)

► **Remodellierung:** Hierunter fallen Veränderungen in den von der Mehrheit der Organisations-mitglieder getragenen Wertvorstellungen, Verhaltensnormen sowie Denk- und Handlungs-weisen. Mit anderen Worten geht es um das Selbstverständnis des Unternehmens (z. B. „Wer sind wir?", „Wo liegen die Wurzeln unseres Erfolgs?", „Auf welchen Kompetenzfeldern sind wir gut?", „In welchen Bereichen wollen wir tätig sein, wo nicht?"). Damit betrifft die Remodellierung den impliziten Teil der Unternehmenskultur. Da die in einem Unternehmen gültigen Werte häufig informell, inoffiziell und meist auch unbewusst an neue Führungs-kräfte und Mitarbeiter weiter gegeben werden, sind auch Änderungen in diesem Bereich nicht unbedingt direkt sichtbar. Veränderungen im Selbstverständnis, die beispielsweise von der Unternehmensleitung in Form schriftlich formulierter Visionen oder Leitbilder bekannt gemacht werden, erfordern daher meist einige Zeit, bis sie von der Mehrheit akzeptiert und im Alltag gelebt werden.

Krüger hat diese vier Formen des organisatorischen Wandels zu einem Schichtenmodell des Wandels angeordnet (vgl. Abb. 119). Die obere Hälfte des Modells spiegelt die verschiedenen Akzente wider. In der unteren Hälfte des Modells werden den Wandlungstypen die jeweiligen Schwerpunkte des Veränderungsmanagements zugeordnet. Auch wenn in der Praxis eine ein-deutige Abgrenzung der einzelnen Formen nicht immer möglich ist, veranschaulicht das Modell die unterschiedlichen Inhalte und Schwerpunkte, die unter dem Begriff „Organisatorischer Wan-del" oder „Change Management" verstanden werden können. Je tief greifender die Veränderun-gen, desto weniger geht es um rein aufbau- und ablauforganisatorische Aspekte.

HINWEIS:

Tiefe von Veränderungen

Zum Abschätzen der notwendigen Tiefe eines Veränderungsprojektes kann es hilfreich sein, sich Klarheit über folgende Punkte zu verschaffen (Doppler/Fröhlich/Gergen 2008, S. 14):

► Welches Verhalten benötigen Menschen, um den definierten Herausforderungen gerecht zu werden?

► Wie wichtig für das Geschäft ist dieses Verhalten, wie konsistent muss es durchgehalten werden, wie groß sind gegebenenfalls die Spielräume, ohne dass das Geschäftsergebnis wirklich negativ beeinträchtigt wird?

► Wie stark entspricht oder widerspricht das gewünschte Verhalten den inneren Einstellungen und der allgemein gültigen Unternehmenskultur?

► Welchen Aufwand würde es benötigen, um das Verhalten durch äußere Faktoren, wie zum Beispiel entsprechende Vorschriften, Geschäftsprozesse, Strukturen und Sanktionen zu steuern im Verhältnis zum Aufwand, die für die Arbeit an der individuellen Einstellung und Entwicklung einer dazu passenden Unternehmenskultur aufgewandt werden müsste?

In der Entwicklungsgeschichte von Unternehmen ist häufig zu beobachten, dass Restrukturierung und Reorientierung am Beginn tief greifender Veränderungen stehen und durch Phasen der Revitalisierung und Remodellierung ergänzt werden. Ein Spezialfall ist die so genannte Turnaround-Situation, bei der die operative Sanierung eines Unternehmens (Restrukturierung) nahtlos übergeht in eine strategische Neuausrichtung (Reorientierung).

5.3.2.3　Wie die gewünschten Veränderungen erreichen?

Eine weitere Kernfrage bei der Konzeption von Veränderungen lautet: Wie bzw. mit welchen Instrumenten sollen die gewünschten Veränderungen erreicht werden?

Die Beantwortung dieser Frage ist von zentraler Bedeutung, da in Anbetracht des Fehlens einer allgemein akzeptierten Definition von Change-Management mit der Wahl der Instrumente das jeweilige Veränderungsverständnis konkretisiert wird (vgl. Capgemini Consulting 2008, S. 26). Veränderungsmanagement ist in der Praxis im Wesentlichen das, was unter diesem Begriff tatsächlich veranstaltet wird. Das reicht von klassischen und sehr generalistischen Instrumenten wie Projektmanagement, Workshops und Trainings bis hin zu sehr spezifischen Instrumenten wie Unternehmenstheater, Storytelling oder Systemische Aufstellung (vgl. Capgemini Consulting 2008, S. 32). Mit anderen Worten gilt: „Sag mir, welche Change-Instrumente du einsetzt und ich sage dir, was du unter Change Management verstehst."

Bei der Wahl der jeweils richtigen Change-Instrumente sind jedoch zwei besondere Herausforderungen zu bewältigen. Zum einen existiert in Fachliteratur und Beratungsunternehmen eine kaum überschaubare Vielzahl so genannter Change-Instrumente, die auf unterschiedlichste Weise systematisiert sind (vgl. etwa Capgemini Consulting 2008, S. 26 ff.; Rohm 2008; Leao/Hofmann 2007; Kraus/Becker-Kolle/Fischer 2004, S. 183-262). Allein die „Toolbox" einzelner, spezialisierter Unternehmensberater kann an die 180 Change-Instrumente umfassen (vgl. Capgemini

Consulting 2008, S. 26). Zum anderen fehlen unabhängige und wissenschaftliche Evaluierungen hinsichtlich des Aufwands, der Wirkungsweise und der Anwendungsvoraussetzungen einzelner Instrumente.

Diese Schwierigkeiten mögen eine Erklärung für die Offenheit vieler Unternehmen sein, sich bei Veränderungsprozessen – insbesondere beim Einsatz innovativer Instrumente – durch externe Spezialisten unterstützen zu lassen.

5.3.2.4   Wie schnell die Veränderungen durchführen?

Bei der Planung von Veränderungsprozessen stellt sich ferner die Frage, wie schnell die für notwendig erachteten Veränderungen realisiert werden sollen und wie viel Veränderungen in welchem Zeitraum ökonomisch wünschenswert und für die Betroffenen zu bewältigen sind.

Veränderungsgeschwindigkeit

Die Beantwortung der Frage nach dem richtigen Veränderungstempo steht in engem Zusammenhang mit dem Zeitpunkt der Veränderung. Werden notwendige Veränderungen erst in Krisensituationen angegangen, bleibt oft wenig Zeit, um den Fortbestand des Unternehmens zu sichern. Aber auch wenn Veränderungsprozesse in Zeiten guter Ertragslage begonnen werden, spielt die Geschwindigkeit eine wichtige Rolle für die erfolgreiche Bewältigung von Veränderungsprozessen.

Tendenziell gilt: Je höher das Tempo der Veränderung, desto schneller können Skeptiker und Gegner des Wandels, aber auch Unentschiedene, mit „schnellen Erfolgen" von der Sinnhaftigkeit der Veränderung überzeugt werden. Zugleich schränkt der knappe Zeitrahmen für sie die Möglichkeiten ein, Koalitionen des Widerstands zu bilden. Eine hohe Veränderungsgeschwindigkeit demonstriert zudem, dass das Management es ernst meint mit der Umsetzung der für notwendig erachteten Veränderungen, gegebenenfalls auch gegen den Widerstand von Betroffenen.

Allerdings besteht bei einem zu hohen Veränderungstempo die Gefahr, dass zu viele Führungskräfte und Mitarbeiter das Tempo nicht mitgehen können oder wollen. Beispielsweise weil ihnen die notwendige Zeit fehlt, ihre Einstellungen und Verhaltensweisen zu ändern oder um sich neue Kenntnisse und Fertigkeiten anzueignen. Oder schlicht, weil sie angesichts der Tatsache, dass viele Veränderungsprozesse zusätzlich zum Tagesgeschäft zu bewältigen sind, an ihre physischen und psychischen Grenzen der Veränderungsfähigkeit gelangen. Viele kleine Änderungen können daher manchmal hilfreicher sein als wenige große Schritte. Um die gewünschten Effekte zu erreichen, bedürfen also Veränderungsprozesse der richtigen Geschwindigkeit: nicht zu schnell und nicht zu langsam. Wie diese im konkreten Fall objektiv bestimmt werden kann, ist bislang von der Theorie allerdings nicht beantwortet worden.

Dauer von Veränderungsprozessen

Die notwendige Dauer von Veränderungsprozessen wird in der Praxis oftmals unterschätzt. Tendenziell lässt sich sagen: Die Dauer von Veränderungsprozessen nimmt zu, je tief greifender der Wandel ist. Meist lassen sich Restrukturierungen innerhalb weniger Monate realisieren, wohingegen für nachhaltige Änderungen in Einstellungen und Verhalten von Menschen (Revitalisierung) sowie in der Unternehmenskultur (Remodellierung) oft mehrere Jahre erforderlich sind.

5.3.2.5 Wie die Betroffenen beteiligen?

In der einschlägigen Fachliteratur zur Gestaltung von Veränderungsprozessen besteht weitgehend Einigkeit darüber, dass das Einbeziehen von Betroffenen einer der wichtigsten Erfolgsfaktoren für Veränderungen ist (vgl. Kieser/Hegele/Klimmer 1998, S. 218). Mit dem Begriff „Einbeziehung" (auch Partizipation) ist die Beteiligung außerhalb der gesetzlich verankerten Mitbestimmung gemeint. Die freiwillige Beteiligung eröffnet die Möglichkeit, das Wissen und die Kreativität der Betroffenen für die Entwicklung praxistauglicher Lösungen zu nutzen. Darüber hinaus bietet sie die Chance, dass sich die Betroffenen als Folge ihrer Mitarbeit mit der geplanten Veränderung identifizieren, so dass eine reibungslosere Umsetzung erfolgen kann. Insgesamt scheint sich heute weniger die Frage zu stellen, ob eine Beteiligung von Betroffenen in Veränderungsprozessen erfolgen soll, sondern wer, wie und in welchem Umfang zu beteiligen ist.

Bezüglich der Frage des zu beteiligenden Personenkreises, liegt aus genannten Gründen die Fokussierung auf die direkt Betroffenen nahe. Damit sind in erster Linie Führungskräfte und Mitarbeiter der von den geplanten Veränderungen unmittelbar betroffenen Organisationseinheiten gemeint. Da eine umfassende Beteiligung aller Betroffenen in der Regel nicht effizient ist, muss entschieden werden, wer die betroffenen Bereiche vertritt. Über die unternehmensintern Betroffenen hinaus kann es auch sinnvoll sein, wichtige Kunden, Kooperationspartner oder Lieferanten, die von den Maßnahmen betroffen sein werden, einzubeziehen. Entsprechend dem Stakeholderansatz sollten nach eingehender Analyse einzelne Personen oder Gruppen eingebunden werden, die indirekt betroffen sind (z. B. Fachabteilungen) oder sich subjektiv betroffen fühlen. Auf diese Weise kann weitere Unterstützung für den geplanten Wandel organisiert oder die Gefahr von Widerstand reduziert werden.

Auch hinsichtlich Art und Umfang kann die Beteiligung der Betroffenen unterschiedlich ausgestaltet werden. Abbildung 120 vermittelt einen Eindruck des vorhandenen Gestaltungsspielraums und zeigt praktische Beispiele der Beteiligung. Bei der Entscheidung bezüglich Art und Umfang der Beteiligung spielen meist Kriterien wie verfügbarer Zeit- und Kostenrahmen, Qualifikation der Betroffenen, zu erwartende Reaktion der Betroffenen oder die Unternehmenskultur eine Rolle. Da der Kreis der Betroffenen und damit die Interessen und Ansprüche sehr unterschiedlich sein können, empfiehlt sich stets eine zielgruppengerechte Form ihrer Einbindung in Veränderungsprozesse.

ABB. 120: Formen der Partizipation in Veränderungsprozessen

Keine Beteiligung	Information	Beratung	Mitwirkung bei Problemstellung	Mitwirkung bei Entscheidung
Betroffene werden ohne vorherige Information am Tag „X" vor vollendete Tatsachen gestellt.	Betroffene werden frühzeitig und umfangreich über geplante Veränderungen informiert.	Betroffene können Meinung zu geplanten Änderungen äußern und Verbesserungsvorschläge machen. Sie haben jedoch nur beratende Funktion.	Betroffene wirken bei Auswahl der zu bearbeitenden Probleme und Definition des Projektauftrags mit.	Betroffene wirken bei Entscheidungen darüber mit, ob Bedarf für Veränderungen besteht und wie diese durchgeführt werden.
z. B. in Form von ► Presseberichten ► Betriebsversammlungen ► Projektpräsentationen	z. B. in Form von ► Betriebsversammlungen ► Intranet ► Mitarbeiterzeitschrift ► Projekt-Newsletter ► Projektpräsentationen ► Roadshows ► Schwarzes Brett ► Round Table-Gespräche	z. B. in Form von ► Großveranstaltungen (open space) ► Beteiligung am erweiterten Projektteam ► Workshops ► Besprechungen ► Round Table-Gespräche	z. B. in Form von ► Beteiligung im Projektkernteam ► Beteiligung am erweiterten Projektteam ► Beteiligung im Lenkungsausschuss	

Grad der Beteiligung

Trotz der zahlreichen Chancen, die eine Beteiligung von Betroffenen für eine schnelle und reibungslose Durchführung von Veränderungsprozessen bietet, darf nicht vergessen werden, dass damit immer ein gewisser Zeit- und Kostenaufwand verbunden ist. Ob die Erfahrung und das Wissen der Betroffenen tatsächlich zu qualitativ besseren Lösungen führt, ist zudem abhängig von der Qualifikation der Mitwirkenden und deren Fähigkeit und Motivation, individuelle Interessen zugunsten übergeordneter Interessen zurückzustellen. Um kontraproduktive Effekte zu vermeiden, sollte jede Form der Beteiligung Betroffener ehrlich sein. Nicht gefragt zu werden kann frustrieren und verärgern. Das Gefühl zu haben, durch eine Pseudo-Beteiligung hinters Licht geführt oder gar manipuliert zu werden, löst dagegen oft Wut und Enttäuschung aus (vgl. Rigall et al. 2005, S. 63).

5.3.2.6 Wie die Veränderung in die Breite tragen?

Eng verbunden mit der zeitlichen Gestaltung des Veränderungsprozesses stellt sich die Frage, wie das Neue am besten in der Breite wirksam werden kann. Dabei stehen folgende Handlungsalternativen (sog. Roll-out-Strategien) zur Wahl:

► **Pilothafte Einführung:** Hier werden zunächst in einem überschaubaren Bereich Erfahrungen über die Realisierbarkeit und Vorteilhaftigkeit eines Lösungsvorschlags gesammelt. Basierend auf den in den Pilot-Bereichen gesammelten Erfahrungen wird dann über das weitere Vorgehen entschieden bzw. die neue organisatorische Lösung in mehreren Wellen in die Fläche getragen. Mit anderen Worten: Lösungen, die sich in ausgewählten Bereichen als effizient erwiesen haben, werden weitgehend standardisiert und in verschiedenen Implementierungswellen auf weitere Organisationseinheiten übertragen. Auf diese Weise können im Vorfeld einer unternehmensweiten Umsetzung die wichtigsten Schwachpunkte beseitigt werden. Allerdings kann sich eine pilothafte Vorgehensweise auch negativ auf das Veränderungstempo auswirken und das Risiko erhöhen, dass innovative Konzepte zerredet werden und „versanden". Zudem können Gegner der Neuerungen ausreichend Möglichkeiten erhalten, ihren Widerstand zu formieren.

▶ **Schrittweise Einführung (Step-by-step):** Bei dieser Vorgehensweise werden die verabschiedeten Änderungen nach und nach – meist nach einem vorab festgelegten Stufenplan – von den betroffenen Organisationseinheiten realisiert. So bleibt der Großteil der Organisationseinheiten trotz der anstehenden Veränderungen stets arbeitsfähig. Ferner lassen sich auf diese Weise Komplexität und Umsetzungsrisiken erheblich reduzieren. Umfang und Geschwindigkeit der Veränderungen lassen sich bei dieser Vorgehensweise sehr gut an vorhandene Personalressourcen anpassen. Bis zur vollständigen Umsetzung der verabschiedeten Veränderungen ist dabei jedoch möglicherweise in Kauf zu nehmen, dass innerhalb eines Unternehmens zumindest zeitweise unterschiedliche organisatorische Lösungen gültig sind. Problematisch könnte sich bei Änderungen der Prozessorganisation erweisen, dass eine isolierte und schrittweise Umsetzung neuer Abläufe in einzelnen Organisationseinheiten aufgrund gegenseitiger Abhängigkeiten und Schnittstellen oft nicht möglich oder sinnvoll ist.

▶ **Schlagartige, unternehmensweite Einführung (Big-bang):** Hier werden die Änderungen ab einem vereinbarten Zeitpunkt gleichzeitig in allen betroffenen Bereichen gleichzeitig umgesetzt. Für diese Vorgehensweise spricht, dass ein Zurückfallen in die bisherigen Strukturen und Verhaltensweisen eher unwahrscheinlich ist und auch eher passive Mitarbeiter bzw. Organisationseinheiten zum Mitmachen gezwungen werden. Diesen Vorteilen steht jedoch das Risiko gegenüber, die mit dieser Vorgehensweise verbundene Komplexität und die nicht vorhergesehenen Schwierigkeiten nicht schnell genug in den Griff zu bekommen. Eine besondere Herausforderung für die Projektverantwortlichen und deren Team ist ferner die zu beherrschende Komplexität des Projektmanagements und die zu bewältigende Arbeitsbelastung.

Die Entscheidung für eine dieser Einführungsstrategien ist stark von der spezifischen Situation (insb. Umfang der Veränderungen, Art der Veränderung, Anzahl betroffener Einheiten, Managementkapazitäten, Risiko, Art und Umfang von Schnittstellen) abhängig.

5.3.3 Wirksame Arbeitsstrukturen durch Projektorganisation

Je tief greifender organisatorische Veränderungen, desto mehr Aufgaben sind unter Einhaltung von Termin- und Budgetrestriktionen zu bewältigen und zu koordinieren. Da erprobte Standardmethoden, wie sie im Projektmanagement bereits vorliegen, auch in Veränderungsvorhaben sehr gut einsetzbar sind, empfiehlt es sich, die Primärorganisation durch eine professionelle Projektorganisation zu ergänzen (vgl. 2.3.4). So kann eine typische Schwachstelle von Veränderungsvorhaben vermieden werden (vgl. 5.3.5).

Unabhängig von der konkreten Ausgestaltung der Projektorganisation sind in Projekten drei Funktionsebenen zu unterscheiden, die sich in aller Regel auch in der Projekthierarchie widerspiegeln (vg. Haberfellner et al. 1997, S. 269):

▶ **Entscheidungsfunktionen:** Sie umfassen alle grundlegenden Entscheidungen bezüglich des Projektes, wie etwa die Festlegung des Projektauftrags, der Projektleitung, der Zusammensetzung des Projektkernteams, der zentralen Projektphasen oder die Änderung von Prioritäten. Diese Funktionen liegen beim **Auftraggeber** des Projektes. Häufig wird für die Wahrnehmung dieser Funktionen ein Gremium eingerichtet – der so genannte **Lenkungsausschuss**. Dieser setzt sich üblicherweise aus Mitgliedern höherer Leitungsebenen zusammen, gegebenenfalls ergänzt durch Mitglieder der Arbeitnehmervertretung oder durch externe Berater. Um arbeitsfähig zu bleiben, ist es selbst bei großen Projekten hilfreich, wenn dieses Steuerungsgremium nicht mehr als etwa fünf bis acht Mitglieder umfasst.

Der Lenkungsausschuss tagt in regelmäßigen Abständen und entscheidet auf Basis von Zwischenergebnissen über den weiteren Projektfortgang, trifft Entscheidungen, die die Kompetenzen der Projektleitung übersteigen und beschließt wichtige Weichenstellungen im Projekt. Da die Mitglieder des Lenkungsausschusses aufgrund ihrer hierarchischen Stellung über die erforderlichen formalen Entscheidungs- und Weisungskompetenzen verfügen, um dem Projektleiter bei Bedarf die erforderliche Rückendeckung bei der Umsetzung von Veränderungen zu geben, übernehmen sie oft die wichtige Rolle der **Machtpromotoren**. In dieser Rolle können sie aufgrund ihrer formalen Macht auftretende Widerstände überwinden helfen.

ABB. 121:	Promotoren als treibende Kräfte von Veränderungen		
In Veränderungsvorhaben sollten möglichst alle drei Rollen abgedeckt sein.			
	Machtpromotor	**Fachpromotor**	**Prozesspromotor**
Grundlage	Hierarchische Macht	Fachliche Fähigkeiten und Kenntnisse	Organisation- und Führungsfähigkeiten
Aufgaben	▶ Erteilt Projektauftrag. ▶ Formuliert Ziele. ▶ Stellt Ressourcen bereit. ▶ Trifft grundlegende Entscheidungen. ▶ Hilft, Widerstand einflussreicher Gegner zu überwinden.	▶ Initiiert und steuert die Suche nach fachlichen Lösungen. ▶ Arbeitet Detaillösungen aus und setzt sie um.	▶ Erkundet und berücksichtigt Interessenlagen und Betroffensein von Stakeholdern. ▶ Untergliedert Projektziele in Teilziele, -aufgaben und -projekte. ▶ Legt Arbeitsfolgen, Termine und Budgets fest und überwacht sie.
Einbindung in die Projektorganisation	Mitglied oder Vorsitzender des Steuerungsgremiums	Mitglied von Projektteams, Mitglied oder Leiter von Teilprojekten, Berater, Mitglied von Unterstützungseinheiten	Programm- oder Gesamtprojektleitung

▶ **Leitungsfunktionen:** Sie umfassen alle Führungsaufgaben, die zum Erreichen der vereinbarten Projektziele erforderlich sind, wie etwa Projektplanung, Projektüberwachung und -steuerung oder Mitarbeiterführung. Diese Funktionen liegen bei der **Projektleitung** oder bei den **Teilprojektverantwortlichen**. Abhängig von der Komplexität der Projektaufgabe können Teilprojekte sowie Arbeitsgruppen gebildet werden. Die Projekt- bzw. Teilprojektverantwortlichen sind die zentralen Ansprechpartner bzw. Koordinatoren für das Projekt und berichten in regelmäßigen Abständen an den Lenkungsausschuss. Die Projektleitung fungiert als Bindeglied zwischen allen Beteiligten des Veränderungsprozesses, sie führt Meinungen zusammen, bearbeitet Konflikte und vermittelt zwischen den einzelnen Akteuren. Vielfach übernimmt die Projektleitung damit die Rolle des **Prozesspromotors**, der zwischen Fach- und Machtpromotoren moderiert und aufgrund seiner unternehmensinternen Kenntnisse organisatorische oder administrative Hürden überwinden hilft.

► **Ausführungsfunktionen:** Sie umfassen die sach- und termingerechte Durchführung der definierten Aufgaben sowie die regelmäßige Teilnahme an Projektbesprechungen. Hiermit ist das **Projektteam** betraut. Das Projektteam kann aus fest zugeordneten und/oder teilweise abgeordneten Mitarbeitern bestehen. Im erstgenannten Fall spricht man auch vom **Projektkernteam**. Das Projektteam setzt sich in der Regel aus Mitgliedern der mittleren und unteren Führungsebene sowie der Ausführungsebene zusammen. Meistens sind die von der organisatorischen Veränderung betroffenen Bereiche im Projektteam vertreten, um so die erforderliche Anbindung des Projektes an die Gesamtorganisation zu gewährleisten.

Für die Projektarbeit ist es wichtig, dass alle Teammitglieder über ausreichend fachliches und projektmethodisches Wissen verfügen, um im Veränderungsprozess gemeinsam mit der Projektleitung die Rolle der **Fachpromotoren** übernehmen zu können. Fachpromotoren sind Personen, die aufgrund ihres Wissensvorsprungs in der Lage sind, das für den Veränderungsprozess erforderliche Fachwissen beizusteuern. Bei Bedarf kann das Projektteam durch externe Berater, Fachabteilungen oder Betroffene unterstützt werden.

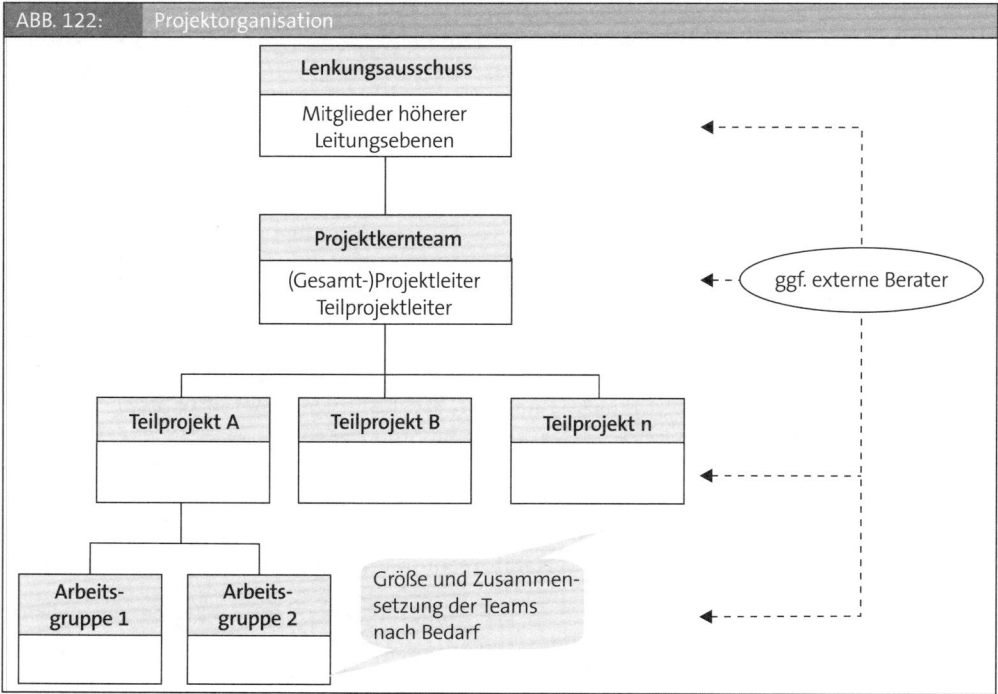

ABB. 122:   Projektorganisation

Die Frage, wie die Projektorganisation in der Grundstruktur eines Unternehmens verankert werden soll, hat entscheidenden Einfluss auf die der Projektleitung übertragenen Kompetenzen und Verantwortlichkeiten (vgl. Kap. 2.3.4). Ihre Beantwortung sollte daher einzelfallbezogen erfolgen.

Unabhängig davon, ob in der Analyse- und Konzeptionsphase die Verantwortung für das Erreichen der Projektergebnisse bei einem internen Projektleiter oder externen Beratern liegt, sollte sie in der Umsetzungsphase in jedem Fall auf die jeweiligen Linienverantwortlichen übergehen (vgl. Rigall et al. 2005, S. 109). Indem betroffene Führungskräfte nicht nur Beteiligte bleiben, sondern zu Umsetzungsverantwortlichen werden, kann eine hohe Identifikation mit den implementierten Maßnahmen erreicht werden.

5.3.4   Rechtliche Aspekte organisatorischer Veränderungen

Mit organisatorischen Entscheidungen werden nicht selten rechtliche Aspekte berührt. Daher sind bei organisatorischen Veränderungen stets auch Arbeitnehmerschutzvorschriften zu berücksichtigen. Dies gilt umso mehr, je umfangreicher die geplanten formalen Änderungen ausfallen. Entsprechende Versäumnisse oder gar Gesetzesverstöße können nicht nur Ärger und Mehraufwand verursachen, sondern auch zur Folge haben, dass Beschlüsse revidiert und Unternehmen oder verantwortliche Entscheider in Regress genommen werden.

Bei der Gestaltung bzw. Änderung organisatorischer Regelungen ist in Deutschland das Betriebsverfassungsgesetz von zentraler Bedeutung. Dort sind die Beteiligungsrechte der Arbeitnehmer bzw. des Betriebsrats geregelt. Diese können grob unterteilt werden in Mitwirkungs- und Mitentscheidungsrechte. Die Mitwirkungsrechte legen fest, an welchen Entscheidungen die Arbeitnehmer bzw. der Betriebsrat zu beteiligen sind. Unabhängig von der Mitwirkung obliegt die Entscheidung selbst jedoch den Arbeitgebern. Im Einzelnen sind folgende **Mitwirkungsrechte** zu nennen:

► **Informationsrecht:** Verpflichtung des Arbeitgebers, Arbeitnehmer und Betriebsrat in bestimmten Fällen rechtzeitig über geplante Aktivitäten zu unterrichten.

► **Anhörungsrecht:** Verpflichtung des Arbeitgebers, Arbeitnehmer und Betriebsrat in bestimmten Fällen die Gelegenheit einzuräumen, zu Entscheidungen der Geschäftsleitung Stellung zu nehmen. Der Arbeitgeber ist jedoch nicht verpflichtet, auf Vorschläge von Arbeitnehmern oder Betriebsrat einzugehen.

► **Beratungsrecht:** Verpflichtung des Arbeitgebers, die Meinung des Betriebsrates einzuholen und gegenseitig Argumente auszutauschen.

Im Prinzip gelten die Mitwirkungsrechte für alle Betriebe. Einige Rechte sind jedoch abhängig von der Unternehmensgröße, wie etwa die Einrichtung eines Wirtschaftsausschuss, die erst bei Unternehmen mit über hundert Arbeitnehmern zwingend vorgesehen ist.

In den **Mitbestimmungsrechten** wird dem Betriebsrat das Recht zur Mitentscheidung eingeräumt. Hierbei sieht das Betriebsverfassungsgesetz folgende Rechte vor:

► **Initiativrecht:** Räumt dem Betriebsrat oder einzelnen Arbeitnehmern das Recht ein, bestimmte Maßnahmen zu verlangen bzw. zu erzwingen.

► **Widerspruchsrecht:** Hierdurch erhält der Betriebsrat das Recht, bestimmte Entscheidungen, die der Arbeitgeber selbstständig durchführen kann, durch seinen Widerspruch zu blockieren.

► **Zustimmungsrecht:** Gewährt dem Betriebsrat das Recht, dass Entscheidungen des Arbeitgebers erst mit seiner Zustimmung gültig werden.

Bei welchen organisationsrelevanten Maßnahmen das Betriebsverfassungsgesetz eine Beteiligung der Arbeitnehmer oder des Betriebsrates vorsieht, zeigt Abbildung 123.

ABB. 123:	Ausgewählte Mitwirkungs- und Mitbestimmungsrechte an organisationsrelevanten Entscheidungen	
Organisationsrelevante Maßnahmen	**BetrVG**	**Art der Beteiligung**
► Planung von technischen Anlagen, von Arbeitsverfahren und Arbeitsabläufen oder Arbeitsplätzen	§ 81, Abs. 4 § 82, Abs. 1	► Information d. Arbeitnehmer ► Information/Beratung d. Arbeitnehmer
► Regelungen von Arbeitszeit und Pausen	§ 87, Abs. 1	► Zustimmung d. Betriebsrats
► Einführung und Anwendung von technischen Einrichtungen, die dazu geeignet sind, das Verhalten oder die Leistung von Arbeitnehmern zu überwachen	§ 87, Abs. 1	► Zustimmung d. Betriebsrats
► Einführung oder Änderung von Entlohnungsmethoden	§ 87, Abs. 1	► Zustimmung d. Betriebsrats
► Grundsätze über die Durchführung von Gruppenarbeit	§ 87, Abs. 1	► Zustimmung d. Betriebsrats
► Neu-, Um- oder Erweiterungsbauten von Fabrikations-, Verwaltungs- und sonstigen betrieblichen Räumen	§ 90	► Information/Beratung d. Betriebsrats
► Planung von Arbeitsverfahren, Arbeitsabläufen oder Arbeitsplätzen	§ 90	► Information/Beratung d. Betriebsrats
► Nachteilsausgleich bei Änderungen der Arbeitsplätze, des Arbeitsablaufs oder der Arbeitsumgebung, die den gesicherten arbeitswissenschaftlichen Erkenntnissen offensichtlich widersprechen	§ 91	► Information/Beratung d. Betriebsrats
► Rationalisierungsmaßnahmen	§ 106, Abs. 3 § 111	► Information d. Wirtschaftsausschusses ► Information/Beratung d. Betriebsrats
► Verlegung von Betrieben und Betriebsteilen	§ 106, Abs. 3 § 111	► Information d. Wirtschaftsausschusses ► Information/Beratung d. Betriebsrats
► Stilllegung oder Zusammenschluss von Betrieben oder Betriebsteilen	§ 106, Abs. 3 § 111	► Information d. Wirtschaftsausschusses ► Information/Beratung d. Betriebsrats
► Grundlegende Änderungen der Organisation	§ 106, Abs. 3 § 111	► Information d. Wirtschaftsausschusses ► Information/Beratung d. Betriebsrats
► Einführung grundlegend neuer Arbeitsmethoden und Fertigungsverfahren	§ 111	► Information/Beratung d. Betriebsrats

Die Übersicht macht deutlich, dass es bei organisatorischen Veränderungen kaum ein Thema gibt, das nicht direkt oder indirekt die Mitwirkungs- und die Mitbestimmungsrechte des Betriebsverfassungsrechts tangiert. Arbeitnehmervertreter zählen deshalb bei vielen Themen direkt zum Kreis der Entscheidungsträger oder zumindest zu den maßgeblichen Meinungsbildnern. Es spricht daher vieles dafür, der Einbindung von Arbeitnehmervertretern in Veränderungsvorhaben mindestens genauso viel Aufmerksamkeit zu widmen wie der von direkt Betroffenen und Führungskräften. Über die gesetzlich vorgeschriebene Interessenvertretung der Arbeitnehmer hinaus kann der Betriebsrat ein wertvoller Know-how-Träger und Multiplikator in Veränderungsvorhaben sein.

5.3.5 Erfolgsfaktoren bei Veränderungsprozessen

Auch wenn organisatorische Veränderungen heutzutage in der Wirtschaft an der Tagesordnung sind, verlaufen längst nicht alle Vorhaben erfolgreich. Im Gegenteil, die Mehrheit der Veränderungsprozesse erfüllt nicht die mit ihm verbundenen Erwartungen. Einschlägigen Studien zufolge liegt der Wert gescheiterter Veränderungsprozesse zwischen 50% und 80% (vgl. Rigall et al. 2005, S. 17; Kraus et al. 2004, S. 138). Darunter fallen Projekte, die die gesteckten Ziele verfehlten oder nur in geringem Umfang erreichen konnten sowie Projekte, die ihre Ziele nur mit deutlich höherem Zeit- und Kostenaufwand realisieren konnten oder abgebrochen wurden. Dies deutet darauf hin, dass die Herausforderung bei der organisatorischen Gestaltung von Unternehmen weniger im analytischen und konzeptionellen Bereich besteht, sondern in der erfolgreichen Bewältigung von Veränderungsprozessen.

ABB. 124:	Typische Fehler in Veränderungsprozessen
Projektmanagement	► zu viele Aktivitäten, die nicht priorisiert sind ► unzureichende Ressourcen ► mangelnde Projektplanung, -überwachung und -steuerung ► fehlende Planung kurzfristiger Erfolge ► Verzicht auf Erfolgskontrolle
Kommunikation	► keine rechtzeitige und ausreichende Information ► unzureichendes Problembewusstsein für Notwendigkeit von Veränderungen ► mangelndes Interesse an Feedback der Betroffenen ► Unklarheit über längerfristige Richtung des Unternehmens
Top Management	► unklare oder unrealistische Zielsetzung ► Management steht nicht ausreichend hinter Veränderungen ► mangelnde Glaubwürdigkeit/Vorbildfunktion ► Fehleinschätzung der Bedeutung von Emotionen und gruppendynamischen Prozessen ► unangemessene Reaktion auf Widerstände
Veränderungsdesign	► für die Betroffenen nicht akzeptable Vorgehensweise ► zu viele Änderungen in zu kurzer Zeit ► fehlende Verankerung struktureller Veränderung in Denk- und Handlungsweisen sowie der Unternehmenskultur
Stakeholder	► Interessen- und Zielkonflikte mit Betroffenen ► unzureichende Berücksichtigung bzw. Einbindung betroffener Stakeholder ► mangelnde Unterstützung durch das mittlere Management

Mit der Frage, welches die wesentlichen Gründe für den Erfolg bzw. Misserfolg organisatorischer Veränderungsprozesse sind, haben sich Wissenschaft und Unternehmensberatungen vielfach befasst. Dabei zeigt sich, dass viele Veränderungsvorhaben aufgrund einer Kombination von Naivität, persönlicher Unsicherheit oder Inkompetenz der Verantwortlichen scheitern. Abb. 124 gibt eine Übersicht typischer Fehler in Veränderungsprozessen.

Diese Fehler zu vermeiden bietet zwar keine Erfolgsgarantie, erhöht aber die Wahrscheinlichkeit für den erfolgreichen Verlauf von Veränderungsprozessen. Es verwundert daher nicht, dass die in der Fachliteratur ausgewiesenen Erfolgsfaktoren quasi spiegelbildliche Formulierungen dieser Misserfolgsfaktoren sind. Diese basieren meist auf umfangreichen empirischen Studien, zum Teil aber auch nur auf persönlichen Hypothesen und Erfahrungen der Autoren. Nachfolgende Übersicht, fasst die häufig als Erfolgsfaktoren bezeichneten Aspekte zusammen (vgl. Capgemini Consulting 2008, S. 39 ff.; Kraus et al. 2004, S. 158 f.; Coverdale 2004, S. 7 ff.; Scheiter et al. 2004, S. 24; Gattermeyer/Al-Ani 2001, S. 24 ff.; Kanter et al. 1992, S. 382 ff.; Beer et al. 1990).

ABB. 125:	Erfolgsfaktoren in Veränderungsprozessen
Projektmanagement	► professionelles Projektmanagement mit klaren Verantwortlichkeiten, strukturierten Abläufen, hinreichender Projektplanung und -steuerung ► Priorisierung und Koordination von Maßnahmen und Teilprojekten ► gezielte Planung und Kommunikation erster sichtbarer Erfolge
Kommunikation	► rechtzeitige und ausreichende Information ► Problembewusstsein für Notwendigkeit von Veränderungen auf allen Hierarchieebenen schaffen ► Zielgruppenorientierte Ausgestaltung von Information und Kommunikation ► Aufzeigen des persönlichen Nutzens der Veränderung
Top Management	► klare Zielsetzung ► Aufzeigen der längerfristig geplanten Unternehmensentwicklung ► sichtbares Commitment und Engagement für geplante Veränderungen ► Glaubwürdigkeit verkündeter Visionen und Veränderungen durch persönliches Vorleben der neuen Werte
Veränderungsdesign	► Akzeptanz der Betroffenen für Vorgehensweise ► angemessene Veränderungsgeschwindigkeit ► nachhaltige Verankerung struktureller Veränderung in Denk- und Handlungsweisen sowie der Unternehmenskultur
Stakeholder	► zielorientierte Einbindung von Stakeholdern (insb. in der Konzeptionsphase) ► Widerstände rechtzeitig erkennen und ernst nehmen

Die Wirksamkeit dieser Faktoren auf den Verlauf und das Ergebnis von Veränderungsprozessen steht meist in engem Zusammenhang. Es ist daher zu erwarten, dass die isolierte Berücksichtigung einzelner Erfolgsfaktoren vor allem bei tief greifenden Veränderungsvorhaben nicht zu den gewünschten Ergebnissen führt.

5.4 Zusammenfassung: Das Wichtigste in Kürze

Veränderungen von und in Unternehmen sind ein wesentliches Element marktwirtschaftlicher Wirtschaftssysteme. Sie gehören damit zu den alltäglichen Herausforderungen des Managements. Auslöser für Veränderungen können sowohl unternehmensinterne als auch unternehmensexterne Gründe sein.

Veränderung ist jedoch nicht gleich Veränderung. Vor allem im Hinblick auf den Umfang und die Akzente der Veränderung existieren verschiedene Arten von Veränderungen. Weit verbreitet ist die Unterscheidung von Wandel erster und zweiter Ordnung. Sie charakterisiert auf der einen Seite kontinuierliche, in kleinen Schritten stattfindende Veränderungen, die lediglich einzelne Organisationseinheiten betreffen als Wandel erster Ordnung. Auf der anderen Seite beschreibt sie tief greifende Veränderungen, die ein gesamtes Unternehmen umfassen, von der strategischen Ausrichtung über die organisatorische Neugestaltung bis zur Änderung der Unternehmenskultur reichen und diskontinuierlich und revolutionär erfolgen, als Wandel zweiter Ordnung.

Für die Erklärung und Bewältigung von Veränderungsprozessen stehen verschiedene theoretische Konzepte zur Verfügung. Zu nennen sind insbesondere die Ansätze der Organisationsgestaltung, der Organisationsentwicklung und Organisationstransformation zu nennen. In jedem dieser konzeptionellen Ansätze spiegelt sich ein bestimmtes Organisationsverständnis und damit einhergehend ein spezifischer Blickwinkel auf Unternehmen wider.

Angesichts der Tatsache, dass in der betrieblichen Praxis organisatorische Veränderungen einerseits zur Tagesordnung gehören, andererseits jedoch bislang sehr viele Veränderungsvorhaben scheitern, liegt es nahe, dem Management von Veränderungsprozessen ausreichend Beachtung zu schenken. Die Gestaltung des zeitlichen Ablaufs des Veränderungsprozesses, eines funktionierenden Veränderungsdesigns sowie wirksamer Arbeitsstrukturen stehen dabei im Mittelpunkt. Neben der Berücksichtigung rechtlicher Aspekte kann das Beachten spezifischer Erfolgsfaktoren zu einer erfolgreichen Bewältigung von Veränderungsvorhaben wesentlich beitragen.

6. Methoden und Techniken der Organisationsarbeit

Die praktische Organisationsarbeit ist oft eine anspruchsvolle Aufgabe. Um sie effizient zu bewältigen, sind Kenntnisse über geeignete Vorgehensweisen und Arbeitstechniken sehr hilfreich. Zusammen bilden die Methoden und Techniken des Organisationsmanagements den „Werkzeugkasten" der professionellen Organisationsarbeit. Er kann eingesetzt werden, um die im Vorangegangenen dargestellte Aufbau- und Prozessorganisation zu gestalten oder Veränderungsprozesse zu bewältigen.

LERNZIELE

Nach der Lektüre dieses Kapitels sollten Sie

► mit der systematischen Herangehensweise an organisatorische Aufgabenstellungen vertraut sein,

► wissen, welchen Beitrag die Methodik des Projektmanagements in der Organisationsarbeit leisten kann,

► ausgewählte Techniken des Organisationsmanagements und ihre Anwendungsmöglichkeiten kennen,

► die Vor- und Nachteile sowie Anwendungsschwerpunkte dieser Techniken für spezifische Aufgabenstellungen kennen.

6.1 Komponenten des Organisationsmanagements

6.1.1 Methode und Techniken des Organisationsmanagements

Das Lösen organisatorischer Aufgaben gestaltet sich in der Praxis aus unterschiedlichsten Gründen nicht immer einfach. Dies kann an der Komplexität der Aufgabenstellung, an der Fülle der zu berücksichtigenden Informationen oder auch am Fehlen objektiver „one-best-Lösungen" liegen. Um solche Aufgaben dennoch mit vertretbarem Aufwand erfolgreich zu bewältigen, können Methoden und Techniken des Organisationsmanagements wertvolle Hilfestellungen leisten.

Unter Methode wird im Folgenden eine planmäßig angewandte, systematische Vorgehensweise verstanden, um ein Ziel effizient zu erreichen. Methoden des Organisationsmanagements finden häufig ihren Niederschlag in Vorgehens- oder Phasenmodellen. Viele davon weisen enge Bezüge zum Vorgehensmodell des Systems Engineering auf (vgl. Kap. 5.2.1). Abbildung 126 zeigt das Beispiel eines solchen Phasenmodells.

ABB. 126:   Methode und Techniken des Organisationsmanagements

Anstoß	Auftrags-klärung	Analyse	Planung	Umsetzung	Ergebnis-kontrolle	Nutzung
▶ Idee ▶ Wunsch ▶ Problem usw.	Gestaltungs- und Vorgehens- ziele vereinbaren Gegenstand, Umfang und Rahmen- bedingungen des Organi- sationsvor- habens klären	Ist-Situation erheben und bewerten Organisations- relevante Anforderungen für Soll-Konzept erheben Organisatorischen Handlungsbedarf identifizieren	Organisatorische Lösungs- alternativen zielorientiert entwickeln Lösungs- alternativen bewerten Bevorzugtes Organisations- konzept ver- abschieden	Umsetzungs- maßnahmen planen verabschiedetes Organisations- konzept plan- gemäß umsetzen Umsetzung überwachen und steuern	Zielerreichung überprüfen und bei Bedarf gegensteuern	Realisiertes Organisations- konzept permanent auf Effizienz prüfen und bei Bedarf weiter- entwickeln

Techniken des Organisationsmanagements

▶ zum Gewinnen von Informationen
▶ zum Beschreiben und Beurteilen der Ist-Situation
▶ zum Entwickeln und Bewerten organisatorischer Lösungen
▶ zum Darstellen organisatorischer Lösungen
▶ zum kontinuierlichen Weiterentwickeln organisatorischer Lösungen

Diese Modelle sind nicht als detaillierte und streng einzuhaltende Ablaufschemata zu interpretieren, sondern als idealtypische Vorgehensweisen, die im Einzelfall anzupassen sind. Abhängig von der jeweiligen Situation sind z. B. nicht zwingend immer alle Phasen zu durchlaufen oder die vorgeschlagene Phasenfolge ist nicht in jedem Fall exakt einzuhalten. So kann etwa das Erheben und Bewerten der Ist-Situation entfallen, wenn die Aufgabenstellung nicht im Beseitigen einer problematischen Situation, sondern im Ausschöpfen der mit einer organisatorischen Änderung verbundenen Chancen liegt. Oder das Entwickeln und Bewerten organisatorischer Lösungen kann entfallen, wenn von Anfang an die Lösung feststeht (z. B. Realisierung eines konzernweiten Standardprozesses, Einführung von Lean Production).

In zahlreichen neueren Phasenmodellen des Transformations- und Change Managements, die primär Hilfestellung für tief greifende Veränderungsvorhaben bieten wollen, wird über die Berücksichtigung der sach-rationalen Dimension hinaus die Notwendigkeit zum Beachten politisch-verhaltensorientierter oder auch wertmäßig-kultureller Dimensionen betont (vgl. Kap. 5.3.1).

Unter **Techniken des Organisationsmanagements** werden spezielle Arbeitstechniken (auch Werkzeuge, Instrumente, Tools) verstanden, die beim Bewältigen organisatorischer Aufgaben, wie etwa der Auftragsklärung, beim Erheben von Informationen, Beschreiben und Bewerten von Ist-Situationen, beim Entwickeln, Darstellen und Bewerten organisatorischer Lösungsalternativen helfen können. Eine Einteilung der Organisationstechniken in Kategorien kann nie ganz trennscharf sein. Für die praktische Arbeit ist jedoch die Zuordnung einer Technik zu einer Kategorie weniger bedeutsam. Entscheidender für eine zielführende und effiziente Anwendung dieser Techniken ist die Kenntnis der Techniken selbst sowie ihrer Möglichkeiten und Grenzen.

Da der Einsatz von Organisationstechniken meist mit bestimmten Arbeitsschritten einhergeht, stehen Methoden und Techniken des Organisationsmanagements in einem engen Wirkungszusammenhang. Beides gehört zum elementaren Handwerkszeug der professionellen Organisationsarbeit.

Die meisten Methoden und Techniken des Organisationsmanagements wurden von der Praxis – vor allem Unternehmensberatern – entwickelt. Sie sind daher in der Regel stark anwendungsorientiert und bieten eine bewährte und pragmatische Hilfestellung. Die theoretischen Bezüge sind dagegen oft weniger ausgeprägt. Je nachdem, aus welcher Perspektive die Methoden und Techniken des Organisationsmanagements betrachtet werden, wird dies eher als Stärke oder als Schwäche betrachtet.

Die in den nachfolgenden Kapiteln getroffene Auswahl an Organisationstechniken konzentriert sich auf diejenigen, die in Bezug auf das Schichtenmodell der Organisation (vgl. Abb. 5), primär zum Gestalten von Strukturen und Prozessen (äußerste Schicht) einsetzbar sind.

6.1.2 Projektmanagement in der Organisationsarbeit

Der Begriff Projektmanagement hat in den letzten zwei Jahrzehnten in sehr vielen Bereichen des Wirtschaftslebens Einzug gehalten. Die Definitionen sind inzwischen so vielfältig wie die Anwendungsbereiche dieser Managementmethode. Je nach Perspektive stehen unterschiedliche Aspekte im Vordergrund, die sich nicht ausschließen, sondern in enger Wechselwirkung zueinander stehen (vgl. Abb. 127).

ABB. 127:	Begriffsauffassungen von Projektmanagement	
Denkhaltung	**Managementmethode**	**Managementtechnik**
Projektmanagement ist eine spezifische Denkhaltung für das Lösen von Projektaufgaben.	Projektmanagement ist eine systematische Vorgehensweise, um definierte Ziele unter Einhaltung spezifischer Restriktionen zu erreichen.	Projektmanagement bedeutet eine Vielzahl spezieller Managementtechniken, die dazu beitragen, Projektaufgaben effizient zu lösen.
z. B.	z. B.	z. B.
► Verstehe das Lösen der Aufgabe als (Projekt-)Auftrag und dich selbst als dienstleistender Auftragnehmer.	► Beginne erst, wenn Ziele und Rahmenbedingungen mit dem Auftraggeber geklärt sind.	Auftragsklärung/Zieldefinition: ► SMART-Regel ► Lasten-/Pflichtenheft ► Projektsteckbrief
► Orientiere dich bei all deinem Tun stets konsequent an den zu erreichenden Zielen bzw. Ergebnissen.	► Erarbeite zunächst grobe Lösungen, hole dir hierzu Rückmeldungen des Auftraggebers ein und detailliere dann dein Konzept.	Projektplanung: ► Strukturplan ► Ablaufplan ► Terminplan
► Bemühe dich, die vereinbarten Ziele unter Einhaltung der jeweiligen Restriktionen (z. B. Personal, Zeit- bzw. Kostenbudget) zu erreichen.	► Unterteile den Projektablauf in Phasen mit eindeutigen Zwischenergebnissen (sog. Meilensteine).	► Kapazitätsplan ► Kostenplan Projektcontrolling: ► Statusberichte
► Gehe möglichst strukturiert und planvoll vor.	► Verbinde die Projektphasen durch definierte Prüf- bzw. Entscheidungssituationen miteinander und führe je nach Ausgang das Projekt fort, verzögere es oder brich es ab.	► Meilensteintrendanalyse ► Besprechungen/Reviews ► Plan-Ist-Vergleiche
► Reagiere schnell auf Störungen bzw. Planabweichungen.		
► Personifiziere die Verantwortung für Aufgaben und Ziele.	► Nehme das Projektgeschehen durch eine systematische Analyse und Planung so gut wie möglich gedanklich voraus.	

Mit anderen Worten: Projektmanagement ist eine allgemeine Methode zum Planen und Durchführen von Problemlösungsprozessen, die bei Bedarf aufgabenspezifisch angepasst werden kann. Sie basiert auf einer spezifischen Denkhaltung und bietet eine Kombination aus strukturierter Vorgehensweise, praktikablen Arbeitstechniken sowie spezifischen Hilfestellungen zu Organisation und Personalführung von projektbezogenen Aufgaben. Das Projektmanagement zielt darauf ab ein definiertes Arbeitsergebnis unter zeitlichen und finanziellen Restriktionen möglichst effizient zu erreichen. Im Einzelnen lassen sich folgende Elemente des Projektmanagements benennen:

► **Strukturierte Vorgehensweise:** Das Erreichen definierter Ergebnisse innerhalb eines vorgegebenen Zeit- und Kostenrahmens soll durch die konsequente Anwendung einer strukturierten Vorgehensweise erreicht werden. Grundlage bildet die Phase der Projektdefinition, in der im Zuge der Auftragsklärung die zu erreichenden Ziele sowie die Rahmenbedingungen festgelegt und eine erste Grobkonzeption vereinbart werden. An die formale Erteilung des Projektauftrags schließt sich die Phase der Projektplanung, in der die Aufgaben, Aufgabenfolgen, Termine, Kapazitäten und Kosten detailliert geplant werden. Mit Hilfe der Planung soll der Projektverlauf möglichst rational gestaltet und die Auswirkungen alternativer Handlungsweisen im Voraus deutlich werden. Während der Durchführungsphase, in der die Projektziele entsprechend den Planungen realisiert werden, kommt der Projektüberwachung und -steuerung eine zentrale Bedeutung zu.

▶ **Arbeitstechniken:** Für die Bewältigung der Aufgaben innerhalb der einzelnen Projektphasen stehen eine Vielzahl von Techniken zur Problemdefinition, Problemanalyse, Projektplanung, -überwachung und -steuerung zur Verfügung.

▶ **Projektorganisation:** Um projektbezogene Aufgaben effizient zu lösen, sind geeignete organisatorische Regelungen hinsichtlich Verantwortung und Kompetenz, Koordination und Kommunikation erforderlich. Hierfür bietet das Projektmanagement praktikable Hilfestellungen (vgl. auch Kap. 2.3.4 und 5.3.3).

▶ **Personalführung:** Die effiziente Bearbeitung von Projektaufgaben bedarf nicht zuletzt einer professionellen Führung der Projektbeteiligten. Hierzu stehen vielfältige Techniken vor allem zur Gesprächs- und Verhandlungsführung, Motivation, Teamentwicklung sowie zur Konfliktlösung bereit.

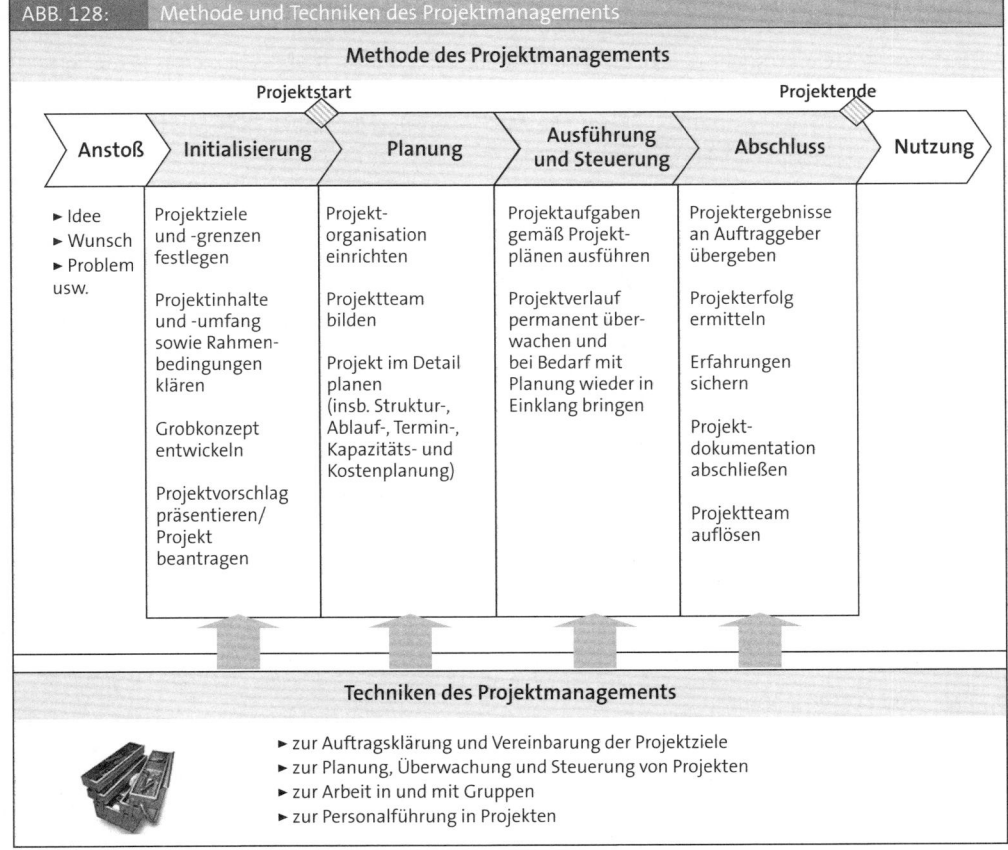

ABB. 128: Methode und Techniken des Projektmanagements

Viele Organisationsvorhaben weisen die Merkmale von Projekten (vgl. Schnelle 1998, S. 27 ff.) auf, d. h.

► sie haben einen definierten Anfangs- und Endzeitpunkt,

► innerhalb zeitlicher, finanzieller und sonstiger Begrenzungen sind definierte Ergebnisse zu erreichen und

► aufgrund der Einmaligkeit oder Neuartigkeit der Aufgabe sowie der Aufgabenkomplexität ist die Beteiligung mehrerer Personen oder Organisationseinheiten erforderlich.

Daher sind Methodik und Techniken des Projektmanagements inzwischen auch feste Bestand-teile der praktischen Organisationsarbeit. Während sich das Projektmanagement als universell einsetzbare Methodik mit spezifischen Techniken zur Projektplanung, -überwachung und -steuerung beschreiben lässt, handelt es sich beim Organisationsmanagement um spezifische Vorgehensweisen und Techniken zur Lösung organisatorischer Aufgaben. Trotz ihrer jeweiligen Spezifika weisen Projekt- und Organisationsmanagement zahlreiche Schnittmengen auf.

Bei umfangreichen Organisationsprojekten (z. B. große Restrukturierungs- oder Effizienzsteige-rungsprojekten) mit vielen voneinander abhängigen Teilprojekten in unterschiedlichsten Unter-nehmensbereichen steht das Projektmanagement vor zwei besonderen Herausforderungen: Zum einen sind auf der strategischen Ebene die „richtigen" Einzelprojekte zu priorisieren, um die Ziele eines größeren Veränderungsprogramms zur erreichen. Zum anderen sind auf der ope-rativen Ebene viele Projekte gleichzeitig zu planen, wirtschaftlich abzuwickeln und zu steuern sowie Ressourcenkonflikte und zeitlich bedingte Engpässe zu lösen. Für solche Aufgaben kann das Organisationsmanagement auf spezielle Methoden und Techniken des **Multiprojektmana-gements** zurückgreifen (vgl. Hirzel et al. 2002).

6.2 Techniken zur Auftragsklärung

6.2.1 Zieldefinition

Häufig ist eine gewisse Unzufriedenheit mit der Ist-Situation Anlass, ein Organisationsprojekt „auf die Schiene zu setzen". Es ist Aufgabe der Projektverantwortlichen, dieses oft eher vage Ge-fühl, dass „etwas nicht stimmt", zu Projektbeginn gemeinsam mit dem Auftraggeber detailliert und verbindlich zu klären. Bei der Auftragsklärung können folgende Aspekte von Bedeutung sein (vgl. Doppler/Lautenburg 2002, S. 309):

► Anlass und Problemstellung

► Projekthistorie

► Ziele, Leistungserwartungen und Erfolgskriterien

► Zeit- und Kostenrahmen

► Abhängigkeiten und Vernetzungen zu anderen Aktivitäten

► Spezifische Restriktionen und Tabus

Die von Seiten des Auftraggebers mit einem Organisationsprojekt verbundenen Zielvorstellun-gen lassen sich in zwei Arten unterscheiden (vgl. Abb. 129):

▶ **Gestaltungsziele** definieren die mit dem Organisationsprojekt zu erreichenden Ergebnisse. Darin spiegeln sich alle Anforderungen wider, die mit der erfolgreichen Implementierung organisatorischer Maßnahmen erfüllt werden sollen. Nicht selten lassen sich diese nicht innerhalb der Projektlaufzeit, sondern erst kurz-, mittel- oder langfristig erreichen.

▶ **Vorgehensziele** definieren die Anforderungen und Rahmenbedingungen, die während der Projektlaufzeit zu berücksichtigen sind.

ABB. 129: Beispiele für Ziele von Organisationsvorhaben

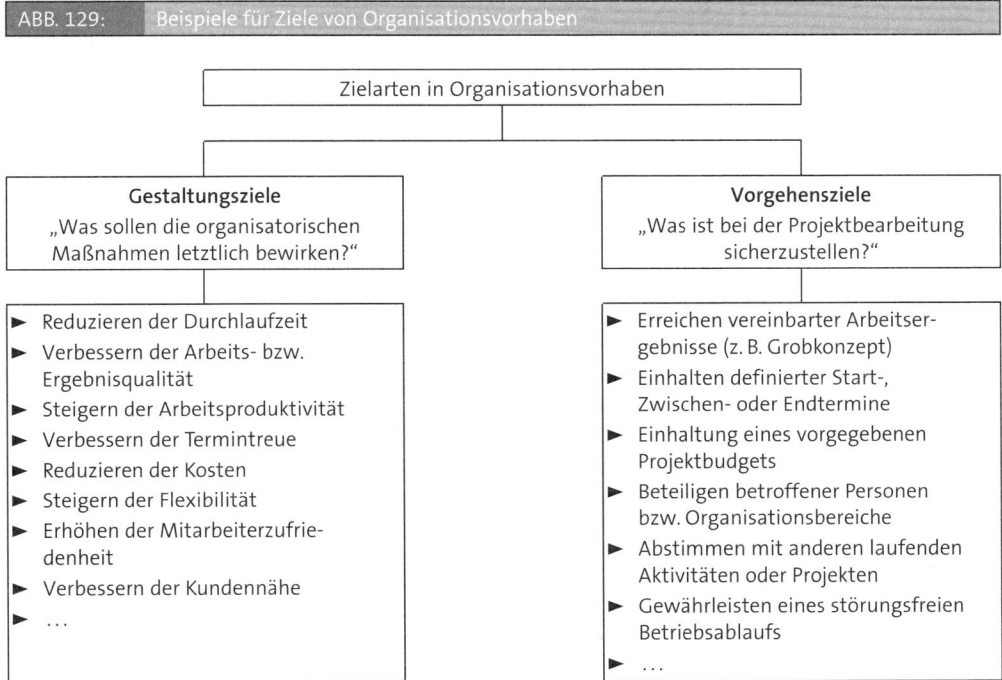

Vor allem beim Vorliegen mehrerer Gestaltungsziele empfiehlt sich in Absprache mit dem Auftraggeber ein Priorisieren der Ziele. Dies kann beispielsweise durch die Unterscheidung von Muss- und Kann-Zielen oder die Gewichtung der Ziele (z. B. mittels Rangreihenbildung oder Vergabe von Punkt- oder Prozentwerten) erfolgen. Eine Priorisierung der Ziele ist insbesondere in Situationen geboten, in denen etwa aus inhaltlichen oder zeitlichen Gründen das Erreichen von Zielen gegenseitig ausschlossen ist (sog. konfliktäre Ziele). Eine Analyse der Zielbeziehungen sollte daher im Rahmen der Auftragsklärung vorgenommen werden. Dabei sind folgende drei Zielbeziehungen zu unterscheiden:

▶ **Komplementäre Ziele** zeichnen sich dadurch aus, dass das Erreichen eines Ziels für das Erreichen mindestens eines anderen Ziel förderlich ist (z. B. Reduzierung der Kosten und Verbesserung der Kapazitätsauslastung).

▶ **Konfliktäre Ziele** zeichnen sich dadurch aus, dass sich das Erreichen von Zielen gegenseitig ausschließt (z. B. Minimierung der Durchlaufzeit und Maximierung der Auslastung).

▶ **Indifferente Ziele** beeinflussen sich gegenseitig nicht (z. B. Verbesserung der Mitarbeiterzufriedenheit und Reduzierung der Ausschussquote).

Da Gestaltungs- und Vorgehensziele die zentrale Arbeitsgrundlage für das Organisationsvorhaben darstellen, sollten sie möglichst klar, messbar und nachvollziehbar formuliert sein. Die SMART-Regel kann hierfür eine praktikable Hilfestellung bieten (vgl. Abb. 130).

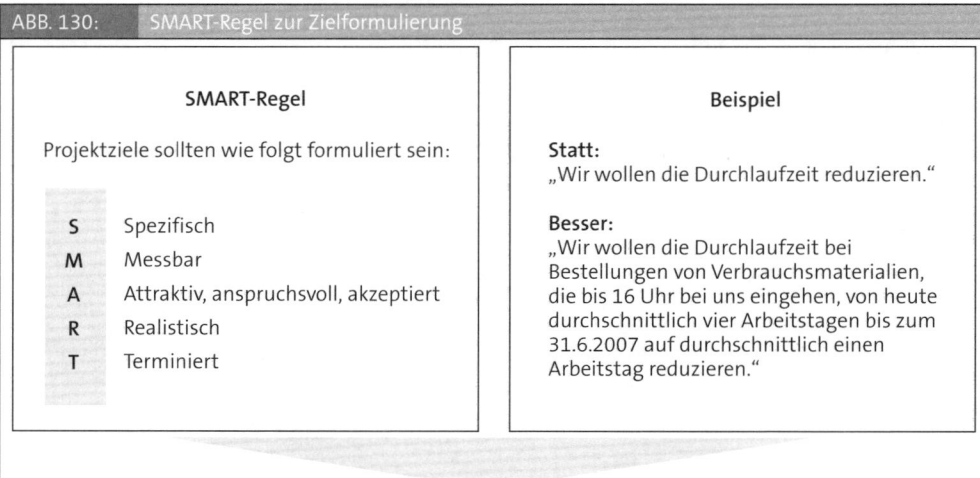

ABB. 130:   SMART-Regel zur Zielformulierung

SMART-Regel	Beispiel
Projektziele sollten wie folgt formuliert sein: **S** Spezifisch **M** Messbar **A** Attraktiv, anspruchsvoll, akzeptiert **R** Realistisch **T** Terminiert	**Statt:** „Wir wollen die Durchlaufzeit reduzieren." **Besser:** „Wir wollen die Durchlaufzeit bei Bestellungen von Verbrauchsmaterialien, die bis 16 Uhr bei uns eingehen, von heute durchschnittlich vier Arbeitstagen bis zum 31.6.2007 auf durchschnittlich einen Arbeitstag reduzieren."

Zielkriterien (S)	Messgrößen (M)	Ziele (AR)	Termin (T)
Durchlaufzeit	Zeitspanne zwischen Auftragseingang und Wareneingang beim Kunden	von Ø 4 AT auf ≥ 1 AT reduzieren	31.06.07

Vorteile der Zieldefinition:

► Bildet eine gute Basis für effektives und effizientes Handeln.

► Schafft eine Grundlage zum späteren Überprüfen der Zielerreichung.

► Erhöht die Wahrscheinlichkeit, die angestrebten Ergebnisse innerhalb des gegebenen Zeit- und Kostenrahmens zu erreichen.

Nachteile der Zieldefinition:

► Erfordert gewissen Zeit- und damit auch Kostenaufwand.

► Trotz Zieldefinition kann nicht ausgeschlossen werden, dass Ziele im Projektverlauf ergänzt, modifiziert oder revidiert werden müssen bzw. werden.

► Bietet keine Garantie dafür, dass auch „die richtigen" Ziele verfolgt werden.

Eine klare Zieldefinition ist die zentrale Grundlage für Effektivität und Effizienz. Sie sollte daher elementarer Bestandteil jedes Organisationsvorhabens sein. Der zur Zieldefinition erforderliche Aufwand sollte dabei immer in vertretbaren Relation zu Umfang, Komplexität und Bedeutung der Aufgabenstellung stehen. Es empfiehlt sich, das Ergebnis der Auftragsklärung zumindest in einer knappen schriftlichen Notiz festzuhalten. Dies mag auf den ersten Blick bürokratisch wirken, kann jedoch die Wahrscheinlichkeit von Missverständnissen und daraus folgenden negativen Folgen für den weiteren Projektverlauf reduzieren. Darüber hinaus hilft die Schriftform, in späteren Projektphasen eventuell auftretende Erinnerungslücken zu vermeiden und trotz möglicher personeller Veränderungen auf einen klaren Projektauftrag zurückzugreifen.

6.2.2 Stakeholderanalyse

Von organisatorischen Maßnahmen können sowohl einzelne Personen als auch ganze Organisationseinheiten oder gar Unternehmen betroffen sein bzw. sich betroffen fühlen. Je nachdem wie und in welchem Umfang sie ihre Interessen berührt sehen, ist mit unterschiedlichen Reaktionen gegenüber den geplanten Veränderungen zu rechnen (vgl. Abb. 112).

Da die als Stakeholder bezeichneten Interessengruppen aufgrund ihrer formalen und informalen Macht den Verlauf und das Ergebnis von Organisationsvorhaben maßgeblich beeinflussen können (vgl. Kap. 5.3.5), liegt es nahe, die jeweils möglichen „Mit- bzw. Gegenspieler" zu identifizieren und bei der Planung und Durchführung organisatorischer Maßnahmen in geeigneter Form zu berücksichtigten.

Die Stakeholderanalyse umfasst folgende Schritte (vgl. Gomez et al. 2002, S. 85):

▶ **Stakeholder identifizieren:** Zunächst sind möglichst frühzeitig alle Personen und Gruppen zu identifizieren, die ein Interesse an einem Organisationsvorhaben haben, von dem Vorhaben direkt oder indirekt betroffen sind oder sich subjektiv betroffen fühlen.

Interne Stakeholder bei Organisationsvorhaben sind typischerweise Auftraggeber, Management, Fachabteilungen, betroffene Personen oder Abteilungen sowie Arbeitnehmervertreter. Externe Stakeholder bei organisatorischen Maßnahmen können Kunden, Lieferanten, Banken, potenzielle Investoren, Gewerkschaften oder auch politische Entscheidungsträger sein.

▶ **Stakeholder zuordnen:** Die identifizierten Stakeholder können auf der Grundlage von mehr oder weniger informellen Gesprächen hinsichtlich ihrer Betroffenheit sowie ihrer Einflussmöglichkeiten klassifiziert werden. Typische Ordnungskriterien hierfür sind etwa:

– Grad ihrer Betroffenheit (z. B. direkt, indirekt)

– Art der Betroffenheit (z. B. positiv, negativ, neutral)

– Ausmaß der Betroffenheit (z. B. gering, mittel, hoch)

– Art des Stakeholder (z. B. Entscheidungsträger, Fachexperten, sonstige Stakeholder)

– Einstellung gegenüber dem Vorhaben (z. B. Befürworter, Gegner und Neutrale)

– Macht zur Beeinflussung des geplanten Organisationsvorhabens (z. B. gering, mittel, hoch)

▶ **Stakeholder beurteilen:** Vor allem diejenigen Personen und Gruppen, die vom Projekt besonders betroffen sind und die aufgrund ihrer formalen oder informalen Macht den Projekterfolg nennenswert beeinflussen können, sollten hinsichtlich ihrer individuellen Projektinteressen, ihrer projektbezogenen Ziele und Erwartungen, ihrer Einschätzungen (z. B. Chancen, Risiken), Einstellungen (z. B. Vorbehalte, Befürchtungen, Ängste) und ihrer voraussichtlichen Reaktion auf geplante Maßnahmen näher analysiert werden. Für die Gewinnung der entsprechenden Informationen bieten sich insbesondere Workshops und persönliche Gespräche an. Das Aufdecken von Interessen- bzw. Zielkonflikten zwischen Projekt und Stakeholdern ist ein wichtiges Ergebnis dieses Arbeitsschrittes.

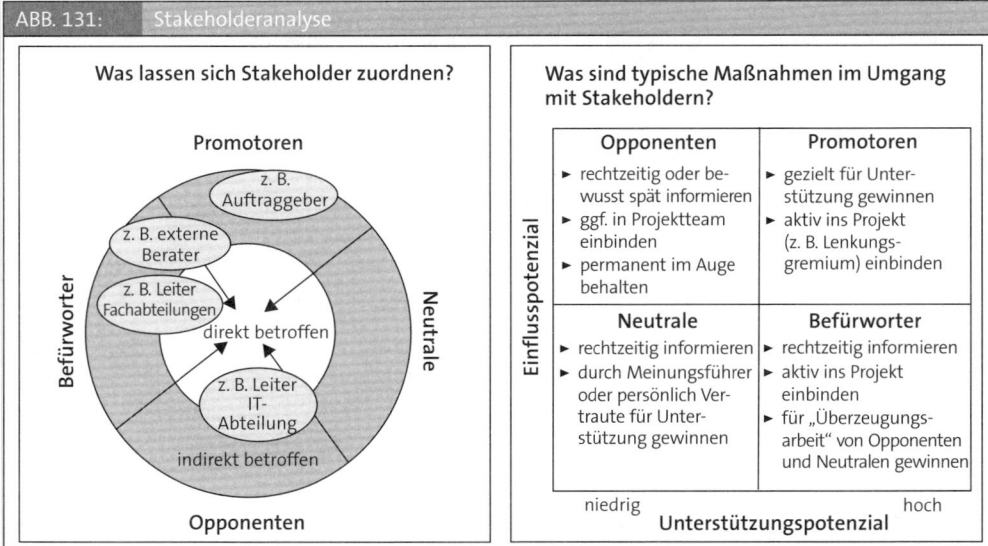

ABB. 131: Stakeholderanalyse

► **Zielgruppenspezifische Maßnahmen ableiten:** Auf der Grundlage der gesammelten Informationen werden für diejenigen Stakeholder, die wegen ihrer Einflussmöglichkeiten für eine erfolgreiche Projektarbeit von besonderer Bedeutung sind, zielgruppenspezifische Maßnahmen geplant und umgesetzt werden. Deren Ziel es ist, Stakeholder – ob Befürworter oder Gegner – im Interesse des geplanten Organisationsvorhabens zu beeinflussen. Beispiele für entsprechende Maßnahmen sind eine frühzeitige und zielgruppengerechte Information über das Projekt, die Beteiligung von Stakeholdern im Projektteam oder Lenkungsausschuss sowie die Berücksichtigung von Ideen, Vorstellungen oder Einwänden.

Eine solche Analyse und Ableitung von Maßnahmen sollte sich nicht auf die Startphase eines Organisationsprojektes beschränken. Da vor allem bei länger laufenden Projekten mit Veränderungen bei der Zusammensetzung der Stakeholder und ihrer Reaktionen zu rechnen ist, sollte die Stakeholderanalyse von Zeit zu Zeit wiederholt werden.

Vorteile der Stakeholderanalyse:

► Sensibilisiert für die Notwendigkeit, neben dem direkten Auftraggeber auch andere Interessen- und Anspruchgruppen zu berücksichtigen.

► Bietet Unterstützung beim Finden und Gewichten von Projektzielen.

► Hilft Widerstände zu vermeiden bzw. die Akzeptanz und damit die Umsetzungsgeschwindigkeit von organisatorischen Veränderungen zu verbessern.

Nachteile der Stakeholderanalyse:

► Erfordert gewissen Zeit- und damit Kostenaufwand.

► Kann bei Stakeholdern Erwartungen wecken, die im Projektverlauf nicht erfüllt werden können bzw. sollen.

Eine Stakeholderanalyse empfiehlt sich vor allem bei umfangreicheren und tiefer greifenden organisatorischen Veränderungen, bei denen mit Widerstand betroffener Stakeholder gerechnet werden muss.

6.3 Techniken zur Informationsgewinnung

Informationen sind das A und O einer professionellen Organisationsarbeit. Ohne sie ist ein systematisches Analysieren, zielorientiertes Gestalten und qualifiziertes Bewerten organisatorischer Sachverhalte nicht möglich. Häufig ist die Lösung organisatorischer Probleme entscheidend von der Qualität und Vollständigkeit der zur Verfügung stehenden Informationen abhängig. Damit hat die Erhebung von Informationen einen hohen Stellenwert in der praktischen Organisationsarbeit und ist fester Bestandteil vieler Organisations- und Managementtechniken.

Auch wenn hier von Erhebungstechniken die Rede ist, bedeutet das Gewinnen von Informationen in der praktischen Organisationsarbeit weit mehr als das lehrbuchhafte Anwenden einzelner Techniken. Der praktische Einsatz von Erhebungstechniken erfordert in hohem Maße soziale Kompetenzen, da Betroffene auf die Erhebung von stellen- oder bereichsbezogenen Informationen nicht selten mit Misstrauen, Informationszurückhaltung, Manipulationsversuchen bis hin zu offenem Widerstand reagieren.

Die Frage, wie geeignet einzelne Erhebungstechniken oder bestimmte Kombinationen von Erhebungstechniken sind, lässt sich nicht pauschal beantworten. Die Antwort ist von zahlreichen Faktoren wie beispielsweise den jeweiligen Anforderungen an die Datenqualität (z. B. Genauigkeit, Vollständigkeit, Aktualität, Detaillierung der gewünschten Informationen), Art und Umfang der zu erhebenden Information, der Wahrscheinlichkeit einer bewussten oder unbewussten Datenmanipulation sowie vom verfügbaren Zeit- und Kostenrahmen abhängig.

Mit Blick auf die Effektivität und Effizienz der Datenerhebung, empfiehlt es sich, vor der Auswahl von Erhebungstechniken Ziele, Inhalte und Rahmenbedingungen der geplanten Untersuchung so klar wie möglich zu formulieren und mit dem jeweiligen Auftraggeber abzustimmen. Erst danach sollte über den Einsatz von Erhebungstechniken sowie das konkrete Untersuchungsdesign (insb. Größe und Zusammensetzung eventuell festzulegender Stichproben) entschieden werden.

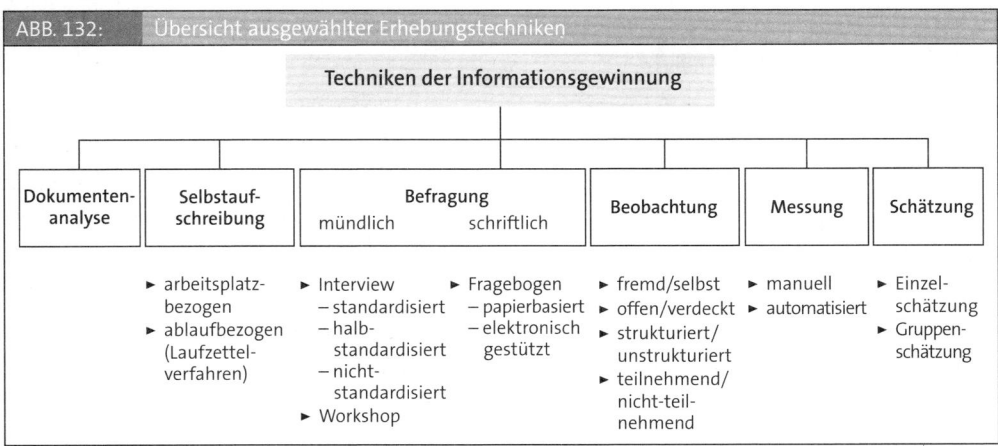

ABB. 132:   Übersicht ausgewählter Erhebungstechniken

6.3.1 Dokumentenanalyse

Bei der Dokumentenanalyse handelt es sich um die Auswertung verfügbarer, mehr oder weniger verdichteter Informationen. Da in diesem Fall keine eigenständigen Daten erhoben, sondern vorhandene Dokumente am Schreibtisch gesichtet und ausgewertet werden, wird diese Erhebungstechnik auch „desk research" genannt.

Die Dokumentenanalyse kann sowohl in der Analyse der Ist-Situation als auch zur Entwicklung organisatorischer Lösungsalternativen eingesetzt werden. Während im Rahmen von Ist-Analysen vor allem Dokumente wie Organigramme, Stellenbeschreibungen, Arbeitsanweisungen, Ablaufdiagramme, Layoutpläne, Besprechungsprotokolle, Formulare, Projektberichte, Lastenhefte oder interne Statistiken von Bedeutung sind, stehen bei der Lösungssuche mehr die Analyse externer Dokumente wie einschlägige Fachpublikationen (z. B. über neue Organisationskonzepte) oder Branchenberichte im Vordergrund.

Die Dokumentenanalyse ist eine wichtige und häufig genutzte Erhebungstechnik in Organisationsprojekten. Da in der Praxis meist auf eine Fülle bereits vorhandener Informationen zurückgegriffen werden kann, dient die Dokumentenanalyse oft dem Einarbeiten in einen Sachverhalt. Bei Bedarf können aufbauend darauf fehlende Informationen gezielt erhoben oder die dokumentierten Soll-Zustände mit den tatsächlichen Ist-Zuständen verglichen werden.

Da bei dieser Erhebungstechnik auf vorliegendes Informationsmaterial zurückgegriffen wird, empfiehlt es sich, die Qualität der verwendeten Informationsquellen sowie die Aktualität und Qualität der Informationen vor der Verwendung kritisch zu prüfen.

Vorteile der Dokumentenanalyse:

► Erlaubt eine relativ schnelle Informationsbeschaffung.

► Ist in der Regel kostengünstiger als eigene Datenerhebung.

► Erfordert keine Unterbrechung des Betriebsablaufs.

► Vermeidet ungewünschte Nebenwirkungen (z. B. Unruhe, Misstrauen in der Belegschaft).

Nachteile der Dokumentenanalyse:

► Informationen können zum Zeitpunkt der Analyse nicht mehr aktuell sein.

► Informationen können für den Untersuchungszweck nicht vollständig oder detailliert genug sein.

► Qualität der so gewonnenen Informationen ist nicht immer abschätzbar.

► Gefahr, dass Aussagen oder Schlussfolgerungen mangels Hintergrundinformationen nicht nachvollziehbar sind und fehlinterpretiert werden.

Die Dokumentenanalyse ist vor allem zur Einarbeitung in eine organisatorische Aufgabenstellung sowie zur Ergänzung und Plausibilitätsprüfung von Informationen sehr gut geeignet.

6.3.2 Selbstaufschreibung

Bei der Selbstaufschreibung werden von den Mitarbeitern bzw. Betroffenen die gewünschten Informationen zur Ist-Situation selbst erhoben und dokumentiert. Dies geschieht mit Hilfe von speziell für diesen Zweck angefertigten Formularen (vgl. Abb. 133), in denen die Betroffenen einmalig oder über einen längeren Zeitraum (meist zwei bis vier Wochen) parallel zu ihrer Arbeit vorab definierte Informationen aufzeichnen. Die so in Form von Tages-, Wochen- oder Monatsberichten erhobenen Daten müssen anschließend verdichtet und beispielsweise mit Hilfe von Analysetechniken (z. B. der ABC-Analyse) ausgewertet werden.

Um die Datenerhebung und -auswertung zu vereinfachen, empfiehlt sich die Vorgabe eines auf den Untersuchungsbereich zugeschnittenen, leicht verständlichen Tätigkeits- bzw. Aufgabenkatalogs. Wichtig ist, dass die Erhebungsformulare von den betroffenen Mitarbeitern nach sorgfältiger Information über Untersuchungszweck und -methode auch ohne spezielle organisatorische Vorkenntnisse ausgefüllt werden können (vgl. Schmidt 2003, S. 201).

ABB. 133:	Beispiel eines Formulars zur Selbstaufschreibung			
Wochenbericht				
Name:	Funktion:	Bereich:	Telefon:	Tag/Datum:
Art der Tätigkeit/Aufgabe		Stunden pro Woche	Anteil Gesamt-stunden (in %)	Erläuterungen, Verbes-serungsvorschläge
Kunden beraten und betreuen				
Anfragen beantworten				
Angebote erstellen				
Reklamationen klären				
Marktinformationen sammeln und auswerten				
Konzeptionelle Arbeiten				
…				
…				
Interne Besprechungen				
Sonstiges				
			100 %	

Vorteile der Selbstaufschreibung:

► Bietet hohe Datenqualität, sofern die Betroffenen auskunftsbereit sind.

► Erfordert keine nennenswerte Störung des Arbeitsablaufs.

► Verursacht relativ geringen Zeit- und Kostenaufwand.

Nachteile der Selbstaufschreibung:

► Der Umfang der gesammelten Informationen ist von der Auskunftsbereitschaft der Betroffenen abhängig.

► Die Qualität der erhobenen Informationen kann infolge bewusster und unbewusster Manipulationen durch die Betroffenen gering ist.

► Zeitliche Be- und Auslastungsschwankungen von Stellen sind durch die Angabe von Durchschnittswerten nicht erkennbar.

Die Selbstaufschreibung bietet sich insbesondere zum Erheben quantitativer Daten (z. B. Häufigkeiten, Zeiten) im Rahmen sowohl **stellen-** als auch **ablaufbezogener Aufgaben-, Auslastungs- oder Effizienzanalysen** an. Sie ist gut kombinierbar mit nicht-standardisierten Interviews, um beispielsweise bei identifizierten Schwachstellen oder Auffälligkeiten an einzelnen Arbeitsplätzen gezielte Ursachenforschung zu betreiben.

Ein Beispiel für die Anwendung der Selbstaufschreibung zur Erhebung arbeitsablaufbezogener Informationen ist das so genannte **Laufzettelverfahren**. Die gewünschten Informationen werden hierbei mit Hilfe eines Laufzettels gewonnen, der an einen Informationsträger (z. B. Antrag, Auftrag, Bestellung) angeheftet wird. Der Laufzettel durchläuft gemeinsam mit dem zu bearbeitenden Objekt alle Bearbeitungsstellen. Jede Stelle vermerkt darauf die jeweiligen Eingangs-, Bearbeitungs- und Ausgangszeiten, die Art der Bearbeitung und den Namen des Bearbeiters (vgl. Abb. 134). Nach dem vollständigen Durchlauf der Bearbeitungsobjekte (z. B. Antrag, Auftrag, Bestellung) durch den definierten Untersuchungsbereich werden alle Laufzettel gesammelt und systematisch ausgewertet.

ABB. 134:	Verkürztes Beispiel eines Laufzettels						
Projekt: Durchlaufzeitermittlung Antragsbearbeitung Antrags-Nr.: 05-3500-123				Erhebungszeitraum: 02.04.-16.04.2007			
Stelle	Art der Bearbeitung	Eingangstag/-zeit	Bearbeitungsbeginn (Tag/Zeit)	Bearbeitungsende (Tag/Zeit)	Bearbeitungsdauer	Ausgangstag/-zeit
Poststelle	5	03.04. 09.20 Uhr	06.04. 15.30 Uhr	07.04. 15.35 Uhr	5 Min.	07.04. 16.00 Uhr
Abtl. LH	2	07.04. 08.00 Uhr	08.04. 10.00 Uhr	08.04. 10.20 Uhr	20 Min.	08.04. 16.00 Uhr
...	...	...				

Mit Hilfe des Laufzettelverfahrens können folgende Informationen erhoben werden (vgl. Schmidt 2003, S. 207):

► Beteiligte Personen/Stellen an einem Arbeitsprozess

► alternative Wege (Verzweigungen) in einem Arbeitsprozess

► Häufigkeiten der alternativen Wege

► Durchlaufzeit, Bearbeitungs-, Transport- und Liegezeiten (differenziert nach Minimum, Maximum, Mittelwert) und

► Störungen und Rücksprünge in einem Arbeitsprozess

Da es sich beim Laufzettelverfahren um eine objektorientierte Selbstaufschreibung handelt, gelten hier die Empfehlungen zur Selbstaufschreibung hinsichtlich Standardisierung von Bearbeitungsarten und Erhebungsdauer analog.

6.3.3 Interview

Bei einem Interview werden Informationen mit Hilfe einer mündlichen Befragung einzelner Personen oder einer Personengruppe (z. B. Mitarbeiter, Führungskräfte, Kunden, Lieferanten, Vertriebspartner) erhoben. Dabei lassen sich im Wesentlichen folgende drei Interviewformen unterscheiden:

Standardisiertes Interview: Hierbei liegt ein Fragebogen vor, in dem alle Fragen in der gewünschten Reihenfolge detailliert vorformuliert sind. Der Interviewer ist angehalten, alle Fragen in der vorgegebenen Formulierung und Reihenfolge zu stellen. Um eine einheitliche Befragung aller Gesprächspartner zu gewährleisten, sind ergänzende Fragen oder zusätzliche Erläuterungen durch den Interviewer nicht zulässig.

Diese Interviewform hat eine große Ähnlichkeit zur schriftlichen Befragung mittels Fragebogen (vgl. Kap. 6.2.4). Der Unterschied besteht darin, dass beim standardisierten Interview der Interviewer die Fragen vorliest und die Antworten festhält.

Durch die hohe Standardisierung werden unbeabsichtigte Manipulationen infolge individueller Wortwahl oder Reihenfolge der Fragen vermieden. Darüber hinaus erleichtert die hohe Standardisierung auch den Einsatz von Interviewern, die mit dem Untersuchungsgegenstand weniger vertraut sind, sowie die computergestützte Auswertungsmöglichkeit. Trotz dieser Vorteile ist bei einem Einsatz dieser Interviewform zu bedenken, dass die Fragen in ihrer Formulierung und Reihenfolge nicht den jeweiligen Gegebenheiten flexibel angepasst werden können und die Gesprächssituation daher auf den Befragten sehr unpersönlich wirken kann. Nicht zuletzt setzt diese Befragungsform ein hohes Maß an Vorkenntnissen über den Befragungsgegenstand voraus.

Der Einsatzschwerpunkt standardisierter Interviews in Organisationsprojekten liegt in der Erhebung quantitativer und objektiver Sachverhalte, wie etwa der Beschreibung von Arbeitsabläufen und deren Dauer (vgl. Vahs 2007, S. 465).

Halbstandardisiertes Interview: Die Datenerhebung basiert hier auf einem flexibel aufgebauten Fragenschema, das der Interviewer sowohl bezüglich Wortwahl, Fragenfolge und Ergänzungsfragen nach eigenem Gutdünken der Interviewsituation anpassen kann. Diese Interviewform stellt zwar höhere Anforderungen bezüglich Vorbereitungsaufwand und Vorkenntnis des Interviewers, vermeidet aber größtenteils die Nachteile des standardisierten Interviews.

ABB. 135:	Mögliche Fragearten in Interviews			
Fragearten	Einsatzschwerpunkt	Beispiel	Vorteile	Nachteile
direkte Fragen	Wenn ohne Umschweife relevante Informationen erfragt werden können.	Wie häufig war der Kontakt Ihres Bereichs mit dem Bereich X bisher?	► Objektivere Interpretation der Antworten	► Gefahr falscher Antworten, bei heiklen Fragen oder solchen, die Prestigegedanken berühren.
indirekte Fragen	Wenn (heikle) Informationen nicht direkt erfragt werden sollen oder können.	Wie stellen Sie sich Ihren beruflichen Werdegang vor? (Mobilität interessiert)	► Ehrlichere Antworten bei heiklen Themen	► Gefahr der Fehlinterpretation. ► Gefahr, dass Befragte Intention durchschauen und ablehnend reagieren.
offene Fragen	Wenn es darum geht, bisher nicht vollständig bekannte Aspekte zu erheben.	Welche Themen sind Ihrer Meinung nach von Bedeutung?	► Fördert Gesprächskontakt und Interesse an Befragung. ► Erkenntniswert tendenziell höher.	► Auswertung, Zusammenfassung und Interpretation ist relativ aufwendig.
geschlossene Fragen	Wenn zumeist bekannte Merkmale zu erheben, zu vergleichen bzw. zu klassifizieren sind und	Wie viel Mitarbeiter hat Ihre Abteilung?	► Einheitlichkeit der Antworten. ► Auswertung, Zusammenfassung und Interpretation relativ einfach und objektiv. ► Geringer Aufwand	► Hoher Kenntnisstand für Fragestellung erforderlich. ► Gefahr, nicht alle relevanten Aspekte zu erfassen (d. h. Fehlen von Antwortmöglichkeiten).

Nicht-standardisiertes Interview: Dieser Form der Befragung liegt lediglich ein grober Gesprächsleitfaden zugrunde. Abgesehen von den vorgegebenen Themenbereichen ist der Interviewer frei, wie er die Befragung durchführt. Die Befragung kann damit flexibel an die Position, Bildung und Auskunftsbereitschaft der Befragten angepasst werden und wirkt dadurch persönlicher als ein weitgehend standardisiertes Interview. Da sich bei dieser Interviewform Art und Umfang der gewonnen Informationen weitgehend aus dem Gesprächsverlauf ergeben, besteht die besondere Chance, dass die Befragten bedeutsame Aspekte thematisieren, die vom Interviewer bislang nicht bedacht wurden. Das nicht-standardisierte Interview bietet sich in der Organisationsarbeit daher vor allem bei geringen Vorkenntnissen des Interviewers sowie bei einer sehr heterogenen Gruppe von Befragten an.

Unabhängig von der Interviewform empfiehlt es sich bei mündlichen Befragungen eine Reihe von Aspekten zu berücksichtigen, um ein positives und offenes Gesprächsklima zu erleichtern. Dieses ist entscheidend für die Auskunftsbereitschaft der Gesprächspartner und damit die Qualität der Datenerhebung (vgl. Abb. 136). Praktische Hinweise zur Durchführung von Interviews bzw. Mitarbeiterbefragungen finden sich in der einschlägigen Fachliteratur (vgl. Bungard 2005, S. 162 f.; Schmidt 2003, S. 168 ff., Borg 2002).

ABB. 136:	Phasen des Interviews	
Eröffnungsphase	**Erhebungsphase**	**Abschlussphase**
Herstellen einer positiven, vertrauensvollen Gesprächs-basis	Erhebung der gewünschten Information entsprechend dem Untersuchungsziel bzw. Leitfaden	Fördern der Kooperations-bereitschaft
Informationen etwa bzgl. ▸ Untersuchungsziel ▸ Stand der Erhebungen ▸ Dauer des Gesprächs ▸ sonstige Interviewpartner ▸ Umgang mit Interview-material (Anonymität)	**Informationen** etwa bzgl. ▸ Zielvorstellungen/Erwartungen ▸ Stärken/Schwächen der Ist-Situation ▸ Ursachen aktueller Schwach-stellen ▸ Verbesserungsvorschläge ▸ Zu erwartende Chancen/Risiken ▸ Zusammenfassung	**Informationen** etwa bzgl. ▸ weiterem Vorgehen ▸ Umgang mit Interview-material (Anonymität) ▸ Handhabung von Rückfragen ▸ Wertschätzung für bereitge-stellte Informationen zum Ausdruck bringen ▸ Für Kooperationsbereitschaft bedanken

Vorteile des Interviews:

▶ Erlaubt das Erheben sowohl quantitativer als auch qualitativer Informationen.

▶ Eröffnet in Abhängigkeit von der Interviewform eine hohe Flexibilität, z. B. für Rückfragen, Zusatzfragen oder situationsgerechte Frageformulierung.

▶ Kann den Befragten eine besondere Wertschätzung vermitteln, zum Kreis der ausgewählten Interviewpartner zu gehören.

▶ Bietet relativ gut kontrollierbare Befragungssituation.

▶ Erlaubt ergänzende Beobachtungen während der Befragung (insb. wenn Interview am Arbeitsplatz erfolgt).

Nachteile des Interviews:

▶ Hoher Zeit- und Kostenaufwand für das Vorbereiten, Durchführen und Dokumentieren der Einzelgespräche.

▶ Schlechte Erreichbarkeit vielbeschäftigter und häufig abwesender Personen (z. B. Führungs-kräfte, Außendienst- oder Kundendienstmitarbeiter).

▶ Gefahr der ungewollten Beeinflussung der Befragten durch Interviewer etwa durch Frageformulierung, Betonungen, Mimik usw.

▶ Erfordert qualifizierte Interviewer.

Interviews sind aufgrund der genannten Vorteile sehr gut zur Erhebung qualitativer Informationen (z. B. Anforderungen, Ziele, informelle Entscheidungsstrukturen, Meinungen, Einschätzungen, Stimmungen, Verbesserungsvorschläge) auf allen Hierarchieebenen geeignet. Darüber hinaus sind Interviews sehr gut zur Ergänzung anderer Erhebungstechniken einsetzbar, wenn es nach der Auswertung von Selbstaufschreibungen oder Fragebögen darum geht, bestimmte Aspekte zu vertiefen, Unklarheiten zu klären oder Plausibilitäten zu prüfen. Um diese Potenziale jedoch ausschöpfen zu können, muss eine hohe Professionalität sowohl der Datenerhebungs- als auch der anschließenden Umsetzungsphase gewährleistet werden. Entscheidend ist, dass nach den Befragungen die Ergebnisse zeitnah an die relevanten Stakeholder kommuniziert und Maßnahmen zügig und konsequent umgesetzt werden. Im anderen Fall ist zu befürchten, dass die Interviewpartner an der Ernsthaftigkeit der gesamten Befragung zweifeln, das Vertrauen in den Willen und die Fähigkeiten der Verantwortlichen zur Veränderung verlieren und sich an künftigen Befragungen nicht mehr beteiligen.

Als eine **gruppenbezogene Form** der mündlichen Befragung können **Workshops** bezeichnet werden. Sie erfreuen sich in der praktischen Organisationsarbeit heute großer Beliebtheit und gehen oft über die Befragung im engeren Sinne hinaus, indem sie eine aktive Gesprächs- und Arbeitsform darstellen, die in nahezu allen Phasen eines Organisationsvorhabens zur Erhebung von Informationen sowie zur Suche, Bewertung und Planung von organisatorischen Lösungen eingesetzt wird. Weit verbreitet in direkten wie indirekten Bereichen sind beispielsweise Kaizen- oder KVP[1]-Workshops, in denen Mitarbeiter bemüht sind, im eigenen Arbeitsbereich systematisch Verbesserungspotenziale zu suchen und auszuschöpfen (vgl. Liker 2007, S. 384ff.).

Workshops zeichnen sich dadurch aus, dass sich mehrere Personen Zeit nehmen, um außerhalb des Arbeitsalltags eine spezielle Aufgabe zu lösen, die den Rahmen einer normalen Besprechung sprengen würde. In aller Regel sind die Workshopteilnehmer Betroffene (z. B. Fachabteilungen) oder Spezialisten (z. B. Organisationsentwicklung, EDV). Die Leitung des Workshops obliegt einem Moderator. Dieser ist idealerweise Experte für Besprechungsmethodik und Gruppendynamik und bezüglich des zu bearbeitenden Themas neutral. Er soll der Gruppe entsprechend dem Workshopziel Impulse geben, sie zielgerichtet steuern, Teilnehmerbeiträge visualisieren und strukturieren helfen sowie bei Missverständnissen und Konflikten innerhalb der Gruppe unterstützend mitwirken. Je nach Workshopinhalt sollte der Moderator auch über ausreichende Fachkenntnisse verfügen, um der Fachdiskussion folgen, Beiträge strukturieren und verdichten und Schlussfolgerungen für die weitere Vorgehensweise ziehen zu können. Praktische Hinweise zur Konzeption, Inszenierung und Moderation von Workshops finden sich in der einschlägigen Fachliteratur (vgl. Bastian 2004, S. 102 ff.; Lipp/Will 2000).

Ergänzend zu den genannten Vor- und Nachteilen von (Einzel-)Interviews bieten Workshops die Möglichkeit zum direkten Austausch unterschiedlicher Wahrnehmungen, Einschätzungen oder Meinungen im Team und damit eine gute Basis zum Entwickeln eines gemeinsamen Verständnisses. Darüber hinaus eröffnen Workshops die Chance auf weitere positive Nebenwirkungen, wie etwa das Entstehen bereichsübergreifender Kontakte, das Fördern von Teamentwicklungsprozessen oder das Entstehen einer allgemeinen Aufbruchstimmung. Allerdings sind Workshops mit einem vergleichsweise hohen Zeit- und Kostenaufwand verbunden und die in solchen Veranstaltungen erzielbaren Arbeitsergebnisse sind stark vom Teilnehmerkreis, dem Engagement der Teilnehmer sowie den Fähigkeiten des Moderators abhängig. Zudem ist bei Themen, die für die Teilnehmer aufgrund persönlicher Betroffenheit heikel sind – etwa das Aufdecken von Schwachstellen oder die Suche nach Rationalisierungspotenzialen in der eigenen Organisationseinheit – kaum mit schonungsloser Offenheit oder mit Vorschlägen zu rechnen, die für die Beteiligten selbst nachteilig wären.

---

1 KAI (Veränderung)/ZEN (Gut oder zum Besseren) beschreibt die japanische Philosophie, ständig nach schrittweiser Verbesserung zu streben. Die Umsetzung des Kaizen-Gedankens wird in Europa auch als kontinuierlicher Verbesserungsprozess (KVP) beschrieben.

6.3.4 Schriftliche Befragung

Bei der schriftlichen Befragung werden die gewünschten Informationen mit Hilfe schriftlich formulierter Fragen bei einem ausgewählten Personenkreis erhoben. Die zu gewinnenden Informationen können quantitativer und qualitativer Art sein. In der praktischen Organisationsarbeit werden Fragebögen hauptsächlich zum strukturierten und differenzierten Erfassen von Ist-Situationen eingesetzt. Zum Teil finden sie auch zur Erhebung von Zielen und Anforderungen Verwendung.

Klassischerweise erfolgt die schriftliche Befragung papiergestützt. In den letzten Jahren ist jedoch ein Trend zur **Online-Befragung** festzustellen (vgl. Liebig/Müller 2005, S. 210). Gegenüber der papierbasierten bietet diese relativ neue Form der schriftlichen Befragung eine Reihe von Vorteilen. Die Informationen können vor allem schneller und kostengünstiger erhoben und ausgewertet werden. Ferner kann sie helfen, Fehleinträge durch die Nutzer sowie Fehler beim Datenerfassen zu reduzieren.

Unabhängig davon, ob die schriftliche Befragung papier- oder internetgestützt durchgeführt wird, hat sie große Ähnlichkeit zum standardisierten Interview. Der Unterschied ist, dass bei der schriftlichen Befragung die Fragebögen von den Befragten selbst ausgefüllt werden. Da der Fragensteller in aller Regel beim Ausfüllen des Fragebogens nicht anwesend ist, sind weder direkte Rückfragen des Befragten noch Erläuterungen oder ergänzende Fragen des Fragenstellers möglich. Dies stellt hohe Anforderungen an die Konzeption des Fragebogens (insb. Gesamtumfang, Erläuterungen, Fragearten, Antwortalternativen) und an die Formulierung der Fragen. Es empfiehlt sich, den Fragebogen vorab bei Personen der Zielgruppe zu testen (Pretest). So lässt sich prüfen, ob Umfang, Formulierung und Reihenfolge der Fragen zum Erreichen der Untersuchungsziele geeignet sind.

Die Befragten sollten in einem Begleitschreiben oder persönlich (z. B. im Rahmen von Routinebesprechungen oder Betriebsversammlungen) über die Untersuchungsziele, die Vorgehensweise, die geplante Bekanntgabe und Verwendung der Ergebnisse, den Rücksendetermin und die Ansprechpersonen für eventuelle Rückfragen unterrichtet werden. Weitere praktische Empfehlungen zur Vorbereitung und Durchführung von Fragebogenaktionen finden sich in der einschlägigen Fachliteratur (vgl. Schmidt 2003, S. 180 ff.).

Vorteile der schriftlichen Befragung:

► Relativ geringer Zeit- und Kostenaufwand (auch beim Befragen vieler Personen).

► Bietet gute Chancen auf ehrliche Antworten, da die Wahrung der Anonymität den Befragten glaubhaft vermittelbar ist.

► Keine Beeinflussung der Befragten durch Interviewer.

► Effiziente Befragung auch räumlich entfernter und schwer erreichbarer Personen (z. B. Mitarbeiter in Niederlassungen, Führungskräfte) möglich.

► Erfordert keine bzw. nur geringe Störung des Betriebsablaufs.

Nachteile der schriftlichen Befragung:

► Gefahr von Missverständnissen aufgrund beschränkter Möglichkeiten zu Rückfragen und Erläuterungen.

► Keine flexible Anpassung der Fragen an Position, Bildung usw. der jeweiligen Befragten möglich.

► Oft geringe Motivation der Befragten zur Teilnahme an unpersönlich wirkender Form der Datenerhebung.

► Fragebogenkonzeption erfordert Vorkenntnisse zum Befragungsgegenstand.

Eine schriftliche Befragung empfiehlt sich vor allem, wenn ausreichende Vorkenntnisse zum Untersuchungsgegenstand gegeben sind. Dies ermöglicht den verstärkten Einsatz geschlossener Fragen und damit eine einfachere Datenauswertung. Diese Erhebungstechnik bietet sich immer auch dann besonders an, wenn Fragen zu sensiblen Inhalten gestellt werden sollen (z. B. Mitarbeiterzufriedenheit) und infolge der Anonymität der schriftlichen Befragung eine quantitativ bzw. qualitativ bessere Datenerhebung zu erwarten ist.

6.3.5 Beobachtung

Die Beobachtung ist eine Erhebungstechnik, mit der optisch wahrnehmbare Sachverhalte erfasst und interpretiert werden können. In Organisationsvorhaben lassen sich damit beispielsweise Informationen erheben über:

► Inhalte, Häufigkeit und zeitliche Dauer von Tätigkeiten

► Gestaltung von Arbeitsplätzen (z. B. ergonomische Aspekte, räumliche Anordnung)

► Auslastung von Arbeitsplätzen (z. B. Warteschlangen, Auftragsbestände)

► Verhalten von Mitarbeitern (z. B. gegenseitige Unterstützung, Kundenkontakte, Freundlichkeit)

Bei der Beobachtung lassen sich verschiedene methodische Varianten unterscheiden, die auch in Kombination anwendbar sind. Die Wahl der Beobachtungsform ist abhängig von Ziel und Gegenstand der jeweiligen Untersuchung.

Die **Fremdbeobachtung** zielt auf die Analyse und Beschreibung von Sachverhalten, die außerhalb des Beobachters selbst liegen. Auf diese Weise können Informationen über Sachverhalte gewonnen werden, wie sie – abgesehen von subjektiven Wahrnehmungseffekten – aus Sicht eines Dritten „tatsächlich" gegeben sind. Einer Fremdbeobachtung nicht zugänglich sind jedoch die einem beobachtbaren Sachverhalt zugrunde liegenden Motive, Meinungen oder Einstellungen der Beobachteten. Daher macht eine Fremdbeobachtung in der Regel den ergänzenden Einsatz von Erhebungstechniken (z. B. Interview, Fragebogen) erforderlich. Ein klassisches Beispiel für Fremdbeobachtungen im Organisationsbereich ist die Multimomentaufnahme (vgl. Schmidt 2003, S. 188 f.).

Die **Selbstbeobachtung** beinhaltet demgegenüber die Analyse und Beschreibung von Sachverhalten, die innerhalb der Person des Beobachters liegen. Die Selbstaufschreibung und das Laufzettelverfahren sind typische Anwendungsbeispiele für die Selbstbeobachtung. Bei Erstgenannter handelt es sich um eine personenbezogene, bei Letztgenannter um eine objektbezogene Selbstbeobachtung.

Bei der **offenen Beobachtung** ist der Beobachter als solcher erkennbar. Die beobachteten Personen kennen zumindest den Zweck der Beobachtung, gegebenenfalls auch weitere Details der Untersuchung. Der Beobachter kann entweder aktiv im beobachteten Bereich mitarbeiten (teilnehmende Beobachtung) oder sich auf die Beobachterrolle beschränken (nicht-teilnehmende

Beobachtung). Bei der verdeckten Beobachtung ist den beobachteten Personen nicht bekannt, dass sie beobachtet werden.

Bei der **strukturierten Beobachtung** basiert die Beobachtung auf vorab festgelegten Kategorien. Dies erleichtert die spätere Auswertung und beim Einsatz mehrerer Beobachter eine einheitliche Erfassung der Daten. Zudem können so Verzerrungen aufgrund subjektiver Wahrnehmung reduziert werden. Eine Sonderform der strukturierten Beobachtung ist die **Multimomentaufnahme**. Hierbei handelt sich um eine Stichprobenerhebung, die aus punktuellen Beobachtungen Aussagen über Zeitanteile zulässt (vgl. Schmidt 2003, S. 188f.). Der **unstrukturierten Beobachtung** liegen dagegen nur grobe Beobachtungskategorien zugrunde, innerhalb derer der einzelne Beobachter über Freiräume für seine Beobachtung verfügt.

FALL:

Management à la Toyota

Das Produktionssystem von Toyota genießt seit vielen Jahren weltweite Aufmerksamkeit und Wertschätzung. Aus gutem Grund, denn Toyota hat in puncto Qualität, Verlässlichkeit, Produktivität, Kosteneffizienz, Umsatzzuwachs, Marktanteilsgewinn und Börsenkapitalisierung mehrfach die Konkurrenz in den Schatten gestellt. Auf der Suche nach den Ursachen dieser Spitzenleistungen wurde bereits Ende der 80er Jahre das Toyota Produktionssystem ausgemacht (vgl. Kap. 4.1.1). Obwohl viele Manager seither die Methoden von Toyota gründlich studiert und sorgfältig kopiert haben, ist es bislang kaum einem Unternehmen gelungen, an die Erfolge von Toyota heranzureichen.

Spear/Bowen (1999) haben hierzu die These aufgestellt, dass der eigentliche Erfolg von Toyota weniger darin besteht, die Methoden selbst erfunden zu haben und anzuwenden. Entscheidend sei vielmehr, dass das Management von Toyota aus dem gesamten Arbeitsprozess permanent miteinander vernetzte Experimente macht. Dies sei möglich, weil Führungskräfte bei Toyota intensiv ausgebildet werden, Menschen und Maschinen zu beobachten, Gegenmaßnahmen als Experimente zu verstehen und zu strukturieren. Die Führungskräfte erhalten so ein tieferes Verständnis des Produkts, der Arbeitsprozesse und der beteiligten Mitarbeiter. Auf diese Weise können sie Probleme bei der Wurzel packen und an der weiteren Verbreitung hindern. In der praktischen Anwendung und ständigen Perfektionierung der Toyota-Prinzipien spielt somit die sorgfältige Beobachtung aller Details einer Situation – was auch als **genchi genbutsu** bezeichnet wird (vgl. Liker 2007, S. 250) – eine zentrale Bedeutung. Folgendes Beispiel aus dem Einarbeitungsprogramm eines Managers bei Toyota veranschaulicht dies (Spear 2004, S. 40-41):

„Dallis und Takahashi verbrachten die sechste Woche damit, den Montageabschnitt der Gruppe zu beobachten und zu prüfen, ob die 74 Veränderungen den gewünschten Erfolg gebracht hatten. Wie sie feststellten, hatte sich sowohl die Produktivität der Arbeiter als auch die Arbeitssicherheit deutlich verbessert. Leider funktionierten jedoch die Maschinen nicht mehr so gut wie vorher ... daher trug Takahashi ihm auf, sich um die Maschinenleistung zu kümmern. Diese Aufgabe dauerte noch einmal sechs Wochen. ... Takahashi ließ Dallis, der zwei Ingenieurdiplome besaß, die einzelnen Maschinen so lange beobachten, bis eine Störung auftrat, damit er deren Ursache direkt ergründen konnte – eine ziemlich zeitintensive Beschäftigung. ... Während Dallis jedoch die Maschinen und die Menschen beobachtete, die mit diesen arbeiteten, erkannte er: Viele Störungen lagen in der Art und Weise begründet, wie das Personal mit den Maschinen umging. ... Indem er gezielt beobachtete, Fehlerquellen analysierte und Dinge auf Grund der erkannten Ursachen anders strukturierte, steigerte er die Zeit, in der die Maschinen reibungslos funktionierten, auf 90 Prozent. Allerdings lag er damit immer noch unter den 95 Prozent, die Takahashi Dallis als Ziel vorgegeben hatte ...“

Vorteile der Beobachtung:

▶ Ermöglicht Informationen über „tatsächliche" Gegebenheiten, unabhängig von der subjektiven Wahrnehmung und Auskunftsbereitschaft der Betroffenen.

▶ Erlaubt das Erfassen von Sachverhalten, ohne dass diese den Beobachteten selbst bewusst sein müssen (z. B. soziale Prozesse, Verhaltensweisen).

▶ Ermöglicht das Gewinnen von persönlichen Eindrücken zu Sachverhalten, zusätzlich zu in Worten oder Zahlen darstellbaren Informationen.

▶ Erfordert keine bzw. nur geringe Störung des Betriebsablaufs.

Nachteile der Beobachtung:

▶ Erhebung und Auswertung der Informationen erfordert relativ hohen Zeit- und Kostenaufwand.

▶ Nicht alle Sachverhalte sind beobachtbar, wie z. B. Einstellungen, Motive oder Präferenzen.

▶ Erlaubt keine Erhebung vergangener und nicht wiederholbarer Ereignisse.

▶ Erfordert oft längere Beobachtungszeiträume, um bestimmte Sachverhalte beobachten zu können.

▶ Gefahr von Fehlinterpretationen durch Wahrnehmungsverzerrungen beim Beobachter.

▶ Beeinflussung des Verhaltens der Beobachteten durch Anwesenheit des Beobachters.

Die Erhebung von Informationen mittels Beobachtung empfiehlt sich insbesondere, wenn die zu erhebende Sachverhalte zum einen beobachtbar sind und zum anderen relativ regelmäßig auftreten. Die Beobachtung ist gut als Ergänzung zu Interview, Fragebogen oder Selbstaufschreibung einsetzbar – entweder zur Überprüfung, Vervollständigung oder zur Gewinnung eines persönlichen Eindrucks.

6.3.6 Messung

Die Messung ist primär eine Technik zum Erheben quantitativer Informationen. In der Regel werden diese mit Hilfe von Messgeräten simultan zu manuellen oder maschinellen Arbeitsvorgängen erfasst.

In der praktischen Organisationsarbeit spielt die Erhebung zeitbezogener Informationen, etwa in Form von Zeitaufnahmen bzw. -studien, eine herausragende Rolle. Traditionell werden Zeitaufnahmen im Fertigungsbereich im Zuge der Akkordlohngestaltung zur Ermittlung von Normalarbeitszeiten eingesetzt. Darüber hinaus dienen Zeitdaten vielfach auch zur Kostenkalkulation sowie zur Planung und Steuerung von Arbeitsprozessen. Für organisatorische Zwecke wird die Zeiterfassung hauptsächlich zur Planung, Überwachung und Steuerung von Durchlaufzeiten und deren Komponenten (vgl. Kap. 3 und 6.4.3) eingesetzt.

Zum Erfassen zeitbezogener Informationen können unterschiedlichste Techniken zum Einsatz kommen. Das Spektrum reicht von der einfachen Stoppuhr über computergestützte bis hin zu funkbasierten (Betriebs-)Datenerfassungssystemen.

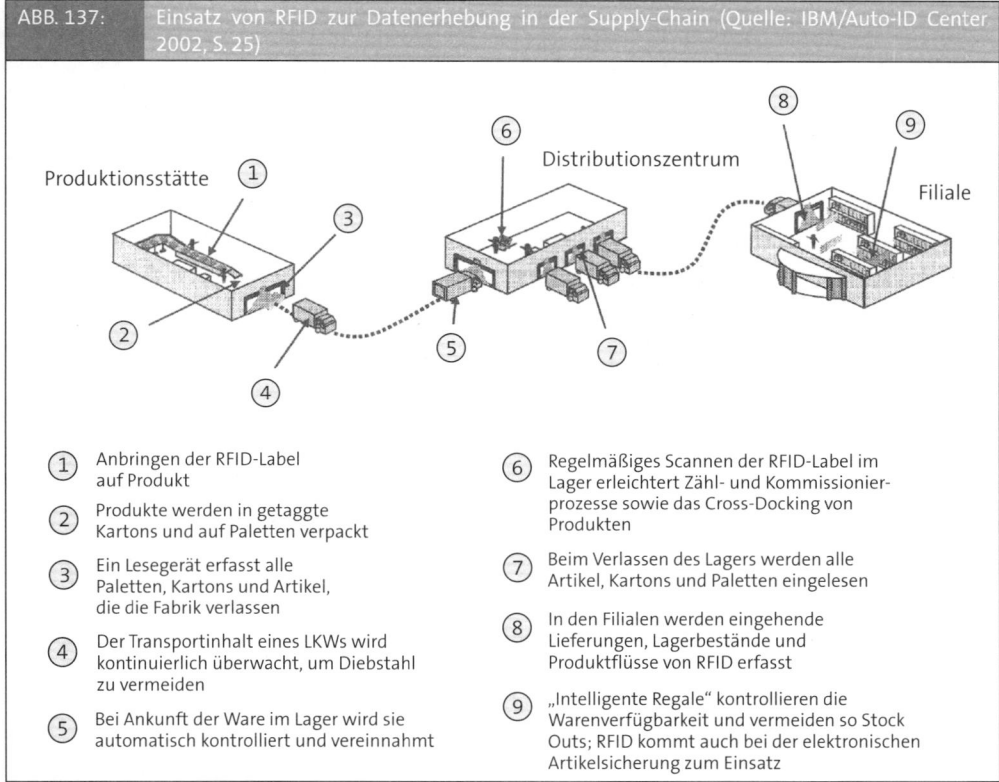

ABB. 137: Einsatz von RFID zur Datenerhebung in der Supply-Chain (Quelle: IBM/Auto-ID Center 2002, S. 25)

① Anbringen der RFID-Label auf Produkt

② Produkte werden in getaggte Kartons und auf Paletten verpackt

③ Ein Lesegerät erfasst alle Paletten, Kartons und Artikel, die die Fabrik verlassen

④ Der Transportinhalt eines LKWs wird kontinuierlich überwacht, um Diebstahl zu vermeiden

⑤ Bei Ankunft der Ware im Lager wird sie automatisch kontrolliert und vereinnahmt

⑥ Regelmäßiges Scannen der RFID-Label im Lager erleichtert Zähl- und Kommissionierprozesse sowie das Cross-Docking von Produkten

⑦ Beim Verlassen des Lagers werden alle Artikel, Kartons und Paletten eingelesen

⑧ In den Filialen werden eingehende Lieferungen, Lagerbestände und Produktflüsse von RFID erfasst

⑨ „Intelligente Regale" kontrollieren die Warenverfügbarkeit und vermeiden so Stock Outs; RFID kommt auch bei der elektronischen Artikelsicherung zum Einsatz

Mit der zunehmenden Anwendung von Informations- und Kommunikationstechnologien wird heute an zahlreichen Stellen in Unternehmen eine Vielzahl zeitbezogener Informationen routinemäßig und oft auch weitgehend automatisiert erfasst, die auch für organisatorische Aufgabenstellungen verwendbar sind. Ein prominentes Beispiel hierfür ist die RFID-Technik (Radio Frequency Identification), die durch die Nutzung von Radiowellen eine kontaktlose Datenübertragung zwischen einem elektronischen Datenspeicher (z. B. Transponder) und einem Lese- und/oder Schreibgerät ermöglicht. Werden die Datenspeicher als Etikett an Objekten (z. B. einzelne Artikel oder Transportgebinde, Behälter, Paletten oder Akten) angebracht, lassen sich mit Hilfe von Lesegeräten nahezu beliebige Informationen (z. B. Zugangs-, Abgangs- und Bestandsmengen, Lagerorte, Ein- und Ausgangszeiten) vollautomatisch in Echtzeit erheben. Die Anwendungsmöglichkeiten dieser Technologie sind sehr vielfältig und eröffnen neue Möglichkeiten zur relativ einfachen Erfassung und Dokumentation zeit- und mengenbezogener Daten und damit zur Überwachung und Steuerung von Arbeitsprozessen und Materialflüssen (vgl. Gillert/Hansen 2007, Kern 2006, S. 95 ff.; Centrale für Coorganisation 2003).

BEISPIEL: ▶ Laufzeitmessung von Briefen mit RFID

Seit 2002 setzt die Deutsche Post aktive RFID-Transponder ein, um die Laufzeiten zwischen den Sortier-zentren zu erfassen. Von insgesamt 780.000 Testbriefen, die pro Jahr zur Messung der Brieflaufzeiten auf die Reise gehen, sind rund 93.000 mit RFID-Transpondern bestückt. In jedem der bundesweit 82 Sor-tierzentren gibt es so genannte Antennentore – RFID-Leseeinheiten, welche die aktiven Transponder in den Umschlägen der Testbriefe registrieren. Sobald ein markierter Brief die Leseeinheit passiert, werden Datum und Zeit auf den RFID-Chips gespeichert – jeweils bei Ankunft und Verlassen des Briefzentrums. Mit Hilfe der Daten auf den Chips lässt sich im Falle von Verzögerungen genau feststellen, wo diese ver-ursacht wurden.

Ferner werden auch die Brieflaufzeiten der so genannten „ersten und letzten Meile", dem Weg vom Briefkasten zum Sortierzentrum bzw. vom Sortierzentrum zum Empfänger, RFID-gestützt exakt erfasst. An der Messung dieser Strecken wirken repräsentativ rund 2.300 ausgewählte Testkunden mit, die Test-briefe versenden bzw. empfangen.

Quelle: Quotas 2006

Vorteile der Messung:

▶ Relativ genaue und objektive Informationen, da Daten mittels Messsystemen erhoben wer-den.

Nachteile der Messung:

▶ In Abhängigkeit von der Form der Messung hoher Zeit- bzw. Kostenaufwand.

▶ Geistige Tätigkeiten sind durch Dritte nicht erkennbar bzw. durch Messsysteme nicht erfass-bar.

▶ Sofern die Daten manuell durch Menschen (z. B. mittels Stoppuhr) erfasst werden, können sich die gleichen Nachteile ergeben wie bei der Beobachtung.

Die Messung bietet sich hauptsächlich zur Erhebung quantitativer Informationen an, wenn Be-ginn und Ende der zu untersuchenden Aktivitäten eindeutig identifizierbar sind.

6.3.7   Schätzung

Die Schätzung ist eine Technik, mit deren Hilfe Informationen über quantitative Daten auf Basis von Erfahrungs- bzw. Vergleichswerten interner oder externer Experten gewonnen werden. Je nach Aufgabenstellung können hierbei auch Mitarbeiter betroffener Organisationseinheiten als Experten fungieren. Der Einsatz dieser Erhebungstechnik bietet sich im Rahmen von Interviews, Workshops oder schriftlichen Befragungen an.

In der Organisationsarbeit werden mittels Schätzungen vor allem Informationen über Zeiten (z. B. Bearbeitungs-, Transport-, Liegezeiten), Mengen (z. B. Fallzahlen, Häufigkeit von Prozess-varianten, Fehler) und Kosten (z. B. für die Realisierung von Soll-Konzepten) erhoben. Diese kön-nen sich auf die Vergangenheit, Gegenwart oder Zukunft beziehen. Typische Fragestellungen sind etwa:

▶ Wie lange dauert heute die Bearbeitung einer durchschnittlichen Katalogbestellung?

▶ Bei wie viel Prozent aller bearbeiteten Kundenanträge sind wegen fehlender Angaben Rück-fragen bei unseren Handelsvertretern erforderlich?

► Welche Einsparungen könnten durch die Zentralisierung der Einkaufsfunktion in den nächsten drei Jahren in etwa realisiert werden?

► Welcher Zeit- und Kostenaufwand ist mit der Umstellung von der funktionalen zur divisionalen Organisation verbunden?

Für das Erzielen brauchbarer Schätzergebnisse hat sich die Technik des „Eingabelns" als vorteilhaft erwiesen (vgl. Schmidt 2003, S. 208). Hierzu wird zunächst nach den Extremwerten (Maximal-, Minimalwerte) und dann nach den Normal- bzw. Durchschnittswerten gefragt.

Werden Schätzungen für in der Zukunft liegende Kenngrößen vorgenommen, sollten die zugrunde gelegten Annahmen und Bedingungen transparent gemacht werden. So kann bei Änderungen von Annahmen oder Randbedingungen auch eine entsprechende Anpassung der Schätzwerte erfolgen. Darüber hinaus lässt sich so im Rahmen von Szenarien einfacher analysieren, welche Auswirkungen aufgrund einer positiven (best case) oder negativen (worst case) Entwicklung der Annahmen auf die Schätzwerte zu erwarten sind.

Schätzfehler lassen sich reduzieren, indem mehrere interne bzw. externe Experten um eine Einschätzung zu einem bestimmten Sachverhalt gebeten werden. Liegen verschiedene Schätzwerte vor, lässt sich daraus der erwartete Wert ermitteln. Hierzu wird die Summe der Schätzwerte durch die Anzahl der vorliegenden Schätzungen dividiert. Da in der Praxis als Ergebnis des „Eingabelns" oft drei Werte (Maximal-, Minimal- und Normalwert) betrachtet werden, wird die Ermittlung des erwarteten Wertes auch als Drei-Punkt-Schätzmethode bezeichnet.

Vorteile der Schätzung:

► Die Datengewinnung ist mit vergleichsweise geringem Zeit- und Kostenaufwand verbunden.

► Erlaubt relativ hohe Datenqualität bei erfahrenen Schätzern bzw. Experten.

Nachteile der Schätzung:

► Die Datenqualität ist abhängig von der Aufgabenstellung und Erfahrung des Schätzers.

► Das Risiko einer bewussten Datenmanipulation und damit geringen Qualität der erhobenen Informationen kann nicht ausgeschlossen werden.

Schätzungen können eigenständig oder ergänzend zu anderen Erhebungstechniken eingesetzt werden. Sie sind jedoch immer eine Annäherung an die realen Gegebenheiten. Ihre Qualität hängt in erster Linie vom Fachwissen und der Erfahrung der Schätzer ab. Diese Erhebungstechnik bietet sich in Situationen an, in denen (noch) keine empirischen Daten vorliegen, beispielsweise wenn Nutzen- oder Einsparpotenziale organisatorischer Maßnahmen im Voraus zu quantifizieren sind. Schätzungen sind auch dann eine geeignete Erhebungstechnik, wenn der Aufwand exakterer Erhebungstechniken wirtschaftlich nicht vertretbar ist oder grobe Zeit-, Mengen- und Kostenwerte zum Erreichen der Untersuchungsziele genügen.

6.4 Techniken zur Beschreibung der Ist-Situation

Unabhängig von der Frage, mit Hilfe welcher Techniken die notwendigen Informationen am sinnvollsten beschafft werden können, stellt sich die nach den zu beschaffenden Informationen selbst. Die nachfolgenden Analysetechniken zeigen auf, welche Informationen mit Hilfe von Erhebungstechniken zur strukturierten Beschreibung der Ist-Situation gewonnen werden können (vgl. Abb. 138).

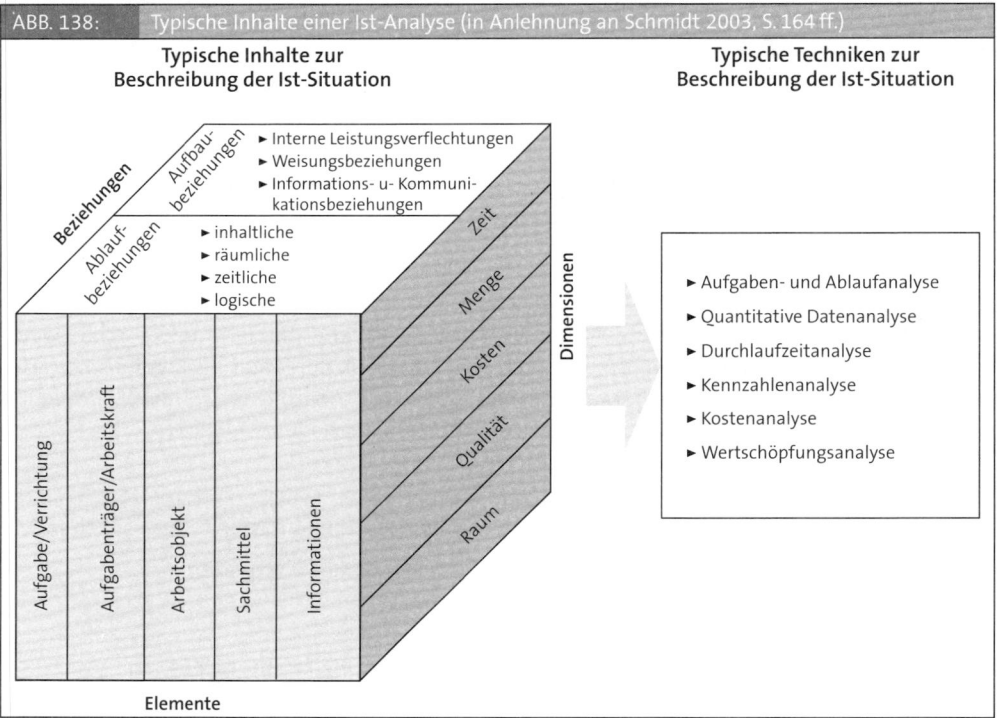

ABB. 138:   Typische Inhalte einer Ist-Analyse (in Anlehnung an Schmidt 2003, S. 164 ff.)

Die Beschreibung der Ist-Situation kann sich auf einzelne Aspekte konzentrieren – zum Beispiel diejenigen, die in einem konkreten Fall als besonders problematisch wahrgenommen werden – oder möglichst viele Aspekte berücksichtigen und so ein sehr umfassendes Bild einer Ausgangssituation erstellen.

Die Beschreibungstechniken sind Ausdruck für die unterschiedlichen Blickwinkel, unter denen Informationen über die Ausgangssituation erhoben und betrachtet werden können. Der Übergang zwischen dem Erheben, Beschreiben und Beurteilen von Informationen über die Ist-Situation ist teilweise fließend. Nachfolgend werden einige in der Praxis häufig verwendete Techniken zur Analyse der Ist-Situation aufgezeigt. Diese Techniken sind einzeln oder in Kombination einsetzbar.

6.4.1 Aufgaben- und Ablaufanalyse

Eine wichtige Voraussetzung für jede organisatorische Maßnahme sind detaillierte Kenntnisse über die zu organisierenden Aufgaben und ihre Zusammenhänge. Mit anderen Worten: Einzelne Tätigkeiten und Arbeitsfolgen, die zum Erbringen einer bestimmten Leistung erforderlich sind, müssen bekannt sein, bevor sie effizient organisiert werden können.

Die **Aufgabenanalyse** (auch **Arbeits- bzw. Tätigkeitsanalyse**) ist eine Technik, um Aufgaben systematisch zu gliedern und übersichtlich darzustellen. In der deutschsprachigen Organisationslehre war das Zerlegen der unternehmerischen Gesamtaufgabe in Teilaufgaben die zentrale Grundlage des Organisierens (vgl. Kosiol 1962, S. 41). Neben der betriebswirtschaftlichen Organisationslehre befasst sich traditionell die Arbeits- und Organisationspsychologie mit der Arbeitsanalyse und hat hierzu eine Vielzahl standardisierter Techniken hervorgebracht, wie etwa den Position Analysis Questionnaire (PAQ), den Fragebogen zur Arbeitsanalyse (FAA) oder das Tätigkeitsanalyseinventar (TAI) (vgl. Weinert 2004, S. 691 ff., Rosenstiel, 2003, S. 67 ff.). Im Unterschied zu betriebswirtschaftlich orientierten Aufgabenanalysen stehen bei den psychologisch orientierten Ansätzen arbeitsplatzbezogene Verrichtungen oder Arbeitsinhalte im Mittelpunkt des Interesses.

Die **Ablauf- oder Prozessanalyse** ist eine Ergänzung der Aufgabenanalyse, indem sie die räumlichen, zeitlichen und personellen Abhängigkeiten der identifizierten Einzelaufgaben analysiert und dokumentiert. Beide Analysen zielen darauf ab, einen strukturierten Überblick über die zu organisierenden Aufgaben bzw. Prozesse zu gewinnen. Folgende Aspekte können Gegenstand von Aufgaben- bzw. Prozessanalysen sein:

- ► **Aufgabenträger** (z. B. Wer macht was? Wie viel Mitarbeiter werden an welcher Stelle benötigt?)
- ► **Verrichtungen** (z. B. Was ist zu tun? Wie ist es zu tun? In welcher Reihenfolge erfolgen die Arbeiten? Existieren Verzweigungen und wovon sind sie abhängig?)
- ► **Objekte** (z. B. Woran ist etwas zu tun? Existieren unterschiedliche Objektarten, wenn ja, welche besonderen Anforderungen stellen sie?)
- ► **Sachmittel** (z. B. Welche Sachmittel (Maschinen, Anlagen) werden für die einzelnen Verrichtungen benötigt? Welche Leistungsmerkmale müssen die Sachmittel aufweisen?)
- ► **Information** (z. B. Welche Informationen werden für die einzelnen Arbeitsschritte in welcher Form und Qualität benötigt? Woher kommen die Informationen?)
- ► **Ort** (z. B. Wo erfolgen die einzelnen Bearbeitungsschritte? Woher kommen, wohin gehen die Bearbeitungsobjekte?)
- ► **Kompetenzen** (z. B. Wer ist für was zuständig? Wer ist wem unter-/übergeordnet? Wer trägt die Gesamtverantwortung?)
- ► **Zeiten** (z. B. Wann fallen die Aufgaben an? Wie lange dauern sie?)
- ► **Mengen** (z. B. Wie oft fallen die Aufgaben je Zeiteinheit an? Wie gestalten sich Input- und Outputmengen? Welche Prozessvarianten treten mit welcher Wahrscheinlichkeit auf?)
- ► **Leistungsparameter** (z. B. Wie ist der Ablauf hinsichtlich der anfallenden Zeiten und Kosten sowie der Ergebnisqualität zu beurteilen?)
- ► **Qualifikation** (z. B. Welche Kenntnisse, Fertigkeiten und Erfahrungen sind zur erfolgreichen Bewältigung der einzelnen Aufgaben erforderlich?)

Über die Gliederungskriterien, die Schwerpunkte sowie den Detaillierungsgrad von Aufgaben- und Prozessanalyse ist im konkreten Fall zu entscheiden. Tendenziell bietet sich bei Tätigkeiten, die in gleicher Form sehr häufig anfallen (sog. Routineprozesse, Standardmengengeschäfte) sowie bei Tätigkeiten, die informationstechnisch abgebildet werden sollen, eine detailliertere Analyse an als bei gar nicht oder nur selten wiederkehrenden Tätigkeiten.

Vorteile der Aufgaben- und Prozessanalyse:

► Bietet gute praktische Hilfestellung beim systematischen Erfassen, Darstellen und Analysieren von Aufgaben und Prozessen.

► Erlaubt einen strukturierten Überblick des/der zu organisierende(n) Bereich(e).

► Ermöglicht das Identifizieren organisatorischer Schwachstellen.

► Guter Rückgriff auf standardisierte Erhebungsinstrumente (insb. Fragebögen) in der Fachliteratur möglich.

Nachteile der Aufgaben- und Prozessanalyse:

► Je nach Detaillierungsgrad ist die Analyse mit hohe Zeit- und Kostenaufwand verbunden.

► Es besteht die Gefahr, dass mit zunehmendem Detaillierungsgrad der Analyse der Blick für das Wesentliche verloren geht.

► Es existiert keine Theorie zum Zerlegen von Aufgaben in Teilaufgaben.

► Das Zerlegen von Aufgaben bzw. Prozessen ist meist nicht unabhängig von bereits getroffenen organisatorischen Entscheidungen (z. B. existierenden Abteilungen).

Die Aufgaben- und Prozessanalyse bietet sich als Einstieg zur Lösung aufbau- und ablauforganisatorischer Aufgabenstellungen generell an.

6.4.2 Quantitative Datenanalyse

In der Erhebungsphase fallen je nach Zielsetzung, Erhebungstechnik und Erhebungszeitraum größere Datenmengen an. Um daraus eine fundierte und brauchbare Entscheidungsgrundlage zu gewinnen, bedarf es geeigneter statistischer Auswertungstechniken. Je nach Anzahl der gleichzeitig betrachteten Variablen werden drei Verfahren der Datenanalyse unterschieden (vgl. Kobelt/Steinhausen 2006).

► Wird bei der Datenauswertung gleichzeitig lediglich eine Variable betrachtet, spricht man von **univariaten Verfahren**. Typische Auswertungen dieser Art sind Häufigkeitsverteilungen (absolute, relative), Lageparameter (z. B. Mittelwert, Median) und Streuungsparameter (z. B. Standardabweichung).

Beispielhafte Fragestellungen von univariaten Auswertungen sind: Wie viel Aufträge werden pro Monat bearbeitet? Wie viele Reklamationen fallen pro Jahr an? Wie hoch ist die durchschnittliche Termintreue?

► Werden bei der Datenauswertung die Zusammenhänge von zwei Variablen untersucht und die Ergebnisse in Form zweidimensionaler Häufigkeitsverteilungen (z. B. Kreuztabellen) dargestellt, handelt es sich um **bivariate Verfahren** der Datenanalyse. Da es sich bei den uni- und bivariaten Verfahren um die Untersuchungen von Häufigkeitsverteilungen handelt, werden diese in der Organisationsliteratur auch als Mengenanalyse bezeichnet (vgl. Schmidt 2003, S. 252; Schulte-Zurhausen 2002, S. 352).

Beispielhafte Fragestellungen von bivariaten Auswertungen sind: Wie verteilen sich die Aufträge auf bestimmte Auftragsarten? Wie verteilt sich die Summe der Maschinenstillstände auf einzelne Ursachen? Wie verteilen sich die jährlichen Fehlerkosten auf die einzelnen Abteilungen?

► Werden bei einer Auswertung die Zusammenhänge von drei und mehr Variablen untersucht, spricht man von **multivariaten Analyseverfahren**. Beispiele hierfür sind die Cluster-, Faktoren- und die Conjoint Analyse.

Beispielhafte Fragestellungen von multivariaten Auswertungen sind: Wie hängen die Dauer der Auftragsbearbeitung, die Auftragsart und das Datum des Auftragseingangs zusammen? Wie ist der Zusammenhang von Fehlerkosten, Artikelgruppe und Fertigungsstandort?

Bei bi- und multivariaten Verfahren kann neben dem Zusammenhang von zwei und mehr Variablen immer auch die jeweilige Stärke und Form des Zusammenhangs etwa mittels Korrelations-, Regressions- oder Varianzanalysen untersucht werden.

HINWEIS:

ABC-Analyse

Eine sehr bekannte Häufigkeitsanalyse ist die ABC-Analyse. Sie basiert auf der Erfahrung, dass 80 Prozent der Ergebnisse von nur 20 Prozent der Anstrengungen resultieren, während die verbleibenden 20 Prozent nur mit durch 80 Prozent Anstrengung erreicht werden können. Mit anderen Worten: 20 Prozent der Gründe verursachen 80 Prozent aller Probleme (sog. Pareto-Prinzip, 80/20-Prinzip). Dies lässt sich auf vielen Gebieten beobachten (vgl. Koch 2004). Zum Beispiel werden oft 80% des Umsatzes eines Unternehmens mit nur 20% der angebotenen Produkte erzielt oder 80% der Produktionsmängel lassen sich auf 20% aller möglichen Fehlerursachen zurückzuführen.

Die ABC-Analyse möchte diese Erkenntnis nutzen und die wenigen, aber entscheidenden Einflussgrößen einer Situation (z. B. Ist-Bearbeitungszeit, Ist-Fehleranzahl) identifizieren. Hierzu wird zunächst für eine Variable (z. B. Unternehmensprozesse, Tätigkeiten, Fehler) die relative Häufigkeitsverteilung bezüglich der einzelnen Merkmalsausprägungen (z. B. Teiltätigkeiten, Fehlerarten) ermittelt. Anschließend werden die einzelnen Merkmale entsprechend ihrer relativen Häufigkeit absteigend geordnet und drei Kategorien (A, B, C) zugeteilt. Die Festlegung der Prozentwerte für diese drei Kategorien ist Ermessenssache. Weit verbreitet ist folgende Einteilung:

► Kategorie A: wichtig, kumulierter Anteil von 65 - 80 %

► Kategorie B: weniger wichtig, kumulierter Anteil von 15 - 20 %

► Kategorie C: relativ unwichtig, da kumulierter Anteil von 5 - 15 %

Die relative kumulierte Häufigkeit dient als Grundlage für die Beurteilung der Wichtigkeit einzelner Merkmale und erleichtert damit das Festlegen von Prioritäten für den Einsatz knapper Ressourcen wie Zeit, Geld oder Arbeitskräfte. Bei organisatorischen Aufgabenstellungen kann die ABC-Analyse beispielsweise bei Aufgaben-, Kosten-, Fehler- oder Beschwerdeanalysen erkennen helfen, auf welche Tätigkeiten oder Unternehmensprozesse es sich bei Analyse und Neugestaltung zu konzentrieren lohnt. Im Beispiel von Abb. 139 beanspruchen die Aufgaben mit der lf. Nr. 2, 5 und 1 rund 70 % der gesamten Arbeitszeit des untersuchten Arbeitsplatzes. Auf die restlichen sechs Aufgaben entfällt dagegen insgesamt nur ein Anteil von 30 %. Wollte man beispielsweise die Durchlaufzeit an diesem Arbeitsplatz reduzieren, wäre es effizient, sich zunächst auf die A-Aufgaben zu konzentrieren. Damit unterstützt die ABC-Analyse die Realisierung des Wirtschaftlichkeitsprinzips, indem sie hilft, sich mit den richtigen Dingen zu befassen und diese richtig zu tun (d. h. Effektivität vor Effizienz).

ABB. 139:   Verkürztes Beispiel einer ABC-Analyse

		Vorbereiten				Ordnen			
lf. Nr.	Aufgaben	Anzahl/ Jahr	Zeitaufwand/ Vorgang	Zeitaufwand/ Jahr	Anteil in %	lf. Nr.	Anteil in %	Add. Proz.	
1	Anfragen entgegennehmen	3.000	5 min.	15.000 min.	12,58	2	37,74	37,74	A-Aufgaben
2	Über Angebotsabgabe gem. Checkliste entscheiden	3.000	15 min.	45.000 min.	37,74	5	18,87	56,61	A-Aufgaben
3	Listenpreis für Angebot ermitteln	1.800	5 min.	9.000 min.	7,55	1	12,58	69,19	A-Aufgaben
4	Einzelkalkulation erstellen	450	30 min.	13.500 min.	11,32	4	11,32	80,51	B-Aufgaben
5	Angebotstext verfassen	2.250	10 min.	22.500 min.	18,87	3	7,55	88,06	B-Aufgaben
6	Angebot prüfen und unterzeichnen	750	4 min.	3.000 min.	2,52	9	5,66	93,72	B-Aufgaben
7	Angebotsoriginal versenden	2.250	1 min.	2.250 min.	1,89	6	2,52	96,24	C-Aufgaben
8	Zweitschrift ablegen	2.250	1 min.	2.250 min.	1,89	7	1,89	98,13	C-Aufgaben
9	Angebot in Excel-Liste eingeben	2.250	1 min.	4.500 min.	5,66	8	1,89	100,00	C-Aufgaben
	SUMMEN			119.250 min.	100,0				

Vorteile der quantitativen Datenanalyse:

► Alle Verfahren liefern exakt quantifizierbare Ergebnisse.

► Erleichtert bzw. ermöglicht bei einer großen Menge von quantitativen Daten das Erkennen der Bedeutung einzelner Variablen sowie die Zusammenhänge zwischen mehreren Variablen.

► Erlaubt das Ableiten von Prioritäten für organisatorische Analyse- oder Gestaltungstätigkeiten und kann damit zu einer hohen Arbeitseffizienz von Organisationsvorhaben beitragen.

Nachteile der quantitativen Datenanalyse:

► Statische Verfahren der Datenanalyse können zwar Zusammenhänge aufzeigen, deren Ursachen bzw. Kausalitäten jedoch letztendlich nicht erklären, sondern höchstens auf der Basis zuvor gemachter Kausalitätshypothesen bestätigen.

► Auswahl und Durchführung der Verfahren sowie Interpretation der Analyseergebnisse erfordern mehr oder weniger umfangreiche Statistikkenntnisse.

► Das Nichtbeachten rein quantitativ wenig bedeutender Aspekte kann zu qualitativ unbefriedigenden Ergebnissen führen.

Eine quantitative Datenanalyse empfiehlt sich insbesondere, wenn große Mengen an Zahlen, Daten oder Fakten (z. B. Kosten, Zeiten, Anzahl Fehler, Anzahl Reklamationen) hinsichtlich ihrer Bedeutung und Zusammenhänge zu analysieren sind und angesichts der Fülle der Informationen und Komplexität der Zusammenhänge eine rein qualitative Analyse nur schwer oder nicht möglich ist.

6.4.3 Durchlaufzeitanalyse

Der Faktor Zeit spielt aufgrund seines direkten Einflusses auf Flexibilität, Kundenzufriedenheit und Kosten heute in nahezu allen Bereichen der Wirtschaft eine herausragende Rolle. Die Kenntnis ausgewählter Zeitgrößen ist eine wesentliche Voraussetzung, um die Effizienz von Arbeitsprozessen zu beurteilen, Schwachstellen zu identifizieren und zu beseitigen.

Im Mittelpunkt von Zeitanalysen steht meist die differenzierte Betrachtung von Durchlaufzeiten. Hierbei wird die Zeitdauer zwischen Anstoß zur Leistungserstellung (Eingangsschnittstelle) und Bereitstellung des jeweiligen Leistungsergebnisses (Ausgangsschnittstelle) untersucht. In der Regel werden dabei folgende Zeiten unterschieden (vgl. auch Kapitel 3.1.5):

▶ **Bearbeitungs-/Durchführungszeiten:** Hierunter fallen alle Zeiten, die unmittelbar mit der Erstellung des Prozessergebnisses – der Umwandlung von Input zu Output – zu tun haben. Neben der reinen Ausführungszeit zählen hierzu auch eventuell anfallende Rüstzeiten.

▶ **Transfer-/Transportzeiten:** Unter diese Kategorie fallen alle Zeiten, die für die Weitergabe von Zwischen- oder Endergebnissen bzw. Informationen an interne oder externe Prozesskunden benötigt werden.

▶ **Liegezeiten:** Darunter werden alle Zeiten verstanden, bei denen die Bearbeitung und der Transfer ruht, weil Inputs oder Ressourcen für die Bearbeitung oder den Transfer nicht zur Verfügung stehen.

Die Darstellung der Analyseergebnisse kann in tabellarischer oder in grafischer Form erfolgen (vgl. Abb. 140). Wichtig ist, dass die verschiedenen Zeitanteile auf einen Blick sichtbar werden und Effizienzkennzahlen (insb. Verhältnis von Bearbeitungszeit zu den übrigen Zeiten) einfach abgeleitet werden können.

ABB. 140:	Verkürztes Beispiel einer Durchlaufzeitanalyse			
Stellen	Bearbeitungszeit (durchschnittlich in Min.)	Transferzeit (durchschnittlich in Min.)	Liegezeit (durchschnittlich in Min.)	Durchlaufzeit (durchschnittlich in Min.)
A	7	5	38	50
B	15	8	90	113
C	23	67	95	185
D	4	28	137	169
Summe	49	108	360	517
Anteile (in %)	9,4	20,8	69,6	100

Vorteile von Zeitanalysen:

► Sie ermöglichen die Transparenz bezüglich Zeiteffizienz von Prozessen.

Nachteile von Zeitanalysen:

► Je nach eingesetzter Erhebungstechnik entsteht ein hoher Zeit- und Kostenaufwand für die Datenerhebung und -auswertung.

► Die Datenqualität ist stark abhängig von der eingesetzten Erhebungstechnik.

Die Durchführung von Zeitanalysen empfiehlt sich vor allem, wenn die aktuellen Durchlauf- bzw. Lieferzeiten oder die aktuelle Termintreue als unbefriedigend empfunden werden. Eine eingehende Durchlaufzeitanalyse liegt auch nahe, wenn Schnelligkeit und Termintreue bedeutende Kundenanforderungen sind.

6.4.4 Kennzahlenanalyse

Kennzahlen stellen quantitativ ausgedrückte Informationen dar, die dazu dienen, komplexe Sachverhalte in Unternehmen bewusst zu verdichten, um sie schnell erfassen und beurteilen zu können. Daher bietet sich eine Kennzahlenanalyse für eine strukturierte Beschreibung und Bewertung der Ist-Situation sehr gut an. Die Kennzahlen können sich auf gesamte Unternehmen sowie alle Arten von Aktivitäten und Unternehmensbereiche beziehen. Drei Arten von Kennzahlen können unterschieden werden (vgl. Preißner 2001, S. 176):

► **Absolute Zahlen:** Dies ist die einfachste Form der Kennzahl, bei der ausgewählte Zahlen wie Fehlerkosten, Bearbeitungszeiten, Anzahl Reklamationen oder Ausbringungsmengen betrachtet werden. Entsprechende Werte lassen sich zwar einfach und nahezu unbegrenzt ermitteln, allerdings ist ihre Aussagekraft oft vergleichsweise gering. Der Grund liegt darin, dass viele absolute Werte (z. B. Ausbringungsmenge) oft erst dann sinnvoll interpretiert werden können, wenn sie in Beziehung zu anderen Werten gesetzt werden (z. B. zu anderen Unternehmensbereichen, zur Vorperiode oder im Verhältnis zur Anzahl der Mitarbeiter).

► **Verhältniszahlen:** Die Kennzahl wird dabei auf eine Vergleichszahl bezogen und ist auch alleine aussagefähig. Entweder wird eine Teilgröße in Beziehung zu einer Gesamtgröße gesetzt (z. B. eigener Umsatz/Gesamtumsatz der Branche) oder es werden Zahlen unterschiedlicher Dimensionen aufeinander bezogen (z. B. produzierte Menge/Zahl der Mitarbeiter).

ABB. 141:	Beispiele für Verhältniszahlen	
Kennzahl	**Definition**	**Erläuterung**
Auslastungsgrad	$\dfrac{\text{Produktionsmenge bzw. -stunden}}{\text{Kapazität in Stück bzw. Stunden}}$	Maß für Effizienz der Produktion. Geringe Auslastung führt zu hohen Stückkosten
Arbeitsproduktivität	$\dfrac{\text{Ausbringungsmenge}}{\text{Geleistete Arbeitsstunden}}$	Maß der Effizienz des Arbeitskräfteeinsatzes
Ausschussquote	$\dfrac{\text{Fehlerhafte Teile}}{\text{Gesamtproduktionsmenge}}$	Maß für Produktqualität
Lieferzuverlässigkeit	$\dfrac{\text{Anzahl termingerechter Lieferungen}}{\text{Gesamtzahl Lieferungen}}$	Maßgröße zur Abschätzung der Kundenzufriedenheit

► **Indexzahlen:** Diese Kennzahlen geben die relativen Veränderungen ausgewählter Werte (z. B. Preisveränderungen, Änderung der Kundenzufriedenheit) bezogen auf einen Basiswert wieder. Ausgehend von diesem Basiswert, der mit dem Indexwert 100 gekennzeichnet wird, lassen sich die relativen Veränderungen im Zeitverlauf deutlich machen. Die Wahl des Bezugsjahres erfolgt individuell.

Alle drei Arten von Kennzahlen erhalten ihre Bedeutung aus Vergleichen. Wichtig sind vor allem Zeitvergleiche mit vorangegangenen Perioden, Leistungsvergleiche mit anderen Personen, Abteilungen, Unternehmen oder Branchen (vgl. Benchmarking) und Soll-Ist-Vergleiche.

Die in eine Kennzahlenanalyse einzubeziehenden Werte sind abhängig vom jeweils zu untersuchenden Gegenstandsbereich im Einzelfall zu bestimmen. Wichtig ist bei der Verwendung von Verhältniszahlen, dass die richtigen Variablen zueinander in Beziehung gesetzt werden. So wird etwa häufig die Mitarbeiterproduktivität berechnet, indem der Umsatz auf die Mitarbeiterzahl oder Stundenzahl bezogen wird (vgl. Preißner 2001, S. 178). Da die Mitarbeiter jedoch in der Regel keinen Einfluss auf Preise oder Preisänderungen der Produkte und damit den Umsatz haben, ist die Aussagekraft dieser Produktivitätskennzahl zumindest für organisatorische Zwecke sehr begrenzt. Es empfiehlt sich, bei der Bestimmung von Kennzahlen folgende Prinzipien zu berücksichtigen:

► Die Kennzahl muss wichtig sein, indem sie in Bezug zu den Unternehmenszielen bzw. den relevanten Erfolgsfaktoren steht.

► Die Kennzahl muss das messen, was sie vorgibt zu messen, indem die richtigen Variablen zueinander in Beziehung gesetzt werden.

► Die für die Kennzahl benötigen Daten müssen mit vertretbarem Aufwand ermittelt werden können.

Wichtige Voraussetzung für den effizienten Einsatz der Kennzahlenanalyse in Organisationsvorhaben ist das Vorhandensein ausreichender und zuverlässiger Grunddaten, auf die zurückgegriffen werden kann.

Vorteile der Kennzahlenanalyse:

► Sie bieten entscheidungsorientierte Informationen in stark verdichteter Form.

► Sie sind flexibel für alle Arten von Aktivitäten und Funktionsbereiche einsetzbar.

► Es existiert ein großes Angebot funktionsbezogener Kennzahlen in der Literatur.

Nachteile der Kennzahlenanalyse:

► Es ist aufwändig, aussagekräftige Kennzahlen im jeweils notwendigen Detaillierungsgrad zu entwickeln.

► Kennzahlenwerte sind für sich allein genommen meist wenig aussagekräftig und daher stets interpretationsbedürftig.

► Die Aussagefähigkeit von Kennzahlen ist abhängig von den Variablen, die zueinander in Beziehung gesetzt werden.

► Der parallele Einsatz verschiedener Kennzahlen ist nicht immer möglich, da Widersprüchlichkeiten bei der Optimierung von Kennzahlen auftreten können.

► Nur für quantifizierbare Wirkungen organisatorischer Maßnahmen einsetzbar.

Die Kennzahlenanalyse ist sowohl im Zuge von Ist-Analysen als auch für Soll-Ist-Vergleiche im Nachgang zu organisatorischen Veränderungen gut einsetzbar.

6.4.5 Kostenanalyse

Da sich organisatorische Entscheidungen auch auf die Höhe und Zusammensetzung der Kosten niederschlagen und die Reduzierung des Kostenniveaus vielfach das Ziel von Organisationsvorhaben ist, gehört die Kostenanalyse heute auch für Organisatoren zum Standardinstrument. Diese Art der Analyse dient dazu, die Kostensituation transparent zu machen und existierende Schwachstellen in der Leistungserstellung bzw. Potenziale zur Kostensenkung zu identifizieren. Die Analyse kann dabei nach unterschiedlichen Aspekten und Prioritäten erfolgen. Folgende Leitfragen stehen klassischerweise im Mittelpunkt von Kostenanalysen:

▶ Aus welchen Kostenarten setzen sich die aktuellen Herstell-, Selbst- oder Gesamtkosten zusammen? In welcher Höhe fallen sie im Betrachtungszeitraum jeweils an?

▶ In welcher Relation stehen die verschiedenen Kostenarten zueinander? Welche Kosten haben den größten Einfluss auf die derzeitigen Herstell-, Selbst- oder Gesamtkosten?

▶ Wofür fallen die Kosten an (z. B. Produkte, Kunden, Projekte, Geschäftsprozesse)?

▶ Wo und in welchem Umfang existieren Potenziale zur Kostensenkung?

Je nach Untersuchungszweck können sich also unterschiedliche Inhalte für die Kostenanalyse ergeben. Es ist notwendig, sich im Einzelfall mit dem jeweiligen Auftraggeber auf ein gemeinsames Begriffsverständnis zu verständigen. Aufgrund ihrer Bedeutung in Organisationsprojekten sei nachfolgend auf zwei Kostenanalysen kurz näher eingegangen.

Kostenstrukturanalysen zielen darauf ab, diejenigen Kostenkomponenten zu identifizieren, die aufgrund ihres Anteils an den Gesamtkosten oder aus anderen Gründen – etwa weil sich in ihnen die Auswirkungen von Ineffizienz, übertriebener Bürokratie oder Komplexität besonders widerspiegeln – als besonders kritisch angesehen werden. Dies ist eine wichtige Voraussetzung, um eine hohe Effektivität bei der Planung und Umsetzung geeigneter Maßnahmen zur Änderung der Kostenstruktur sicherzustellen.

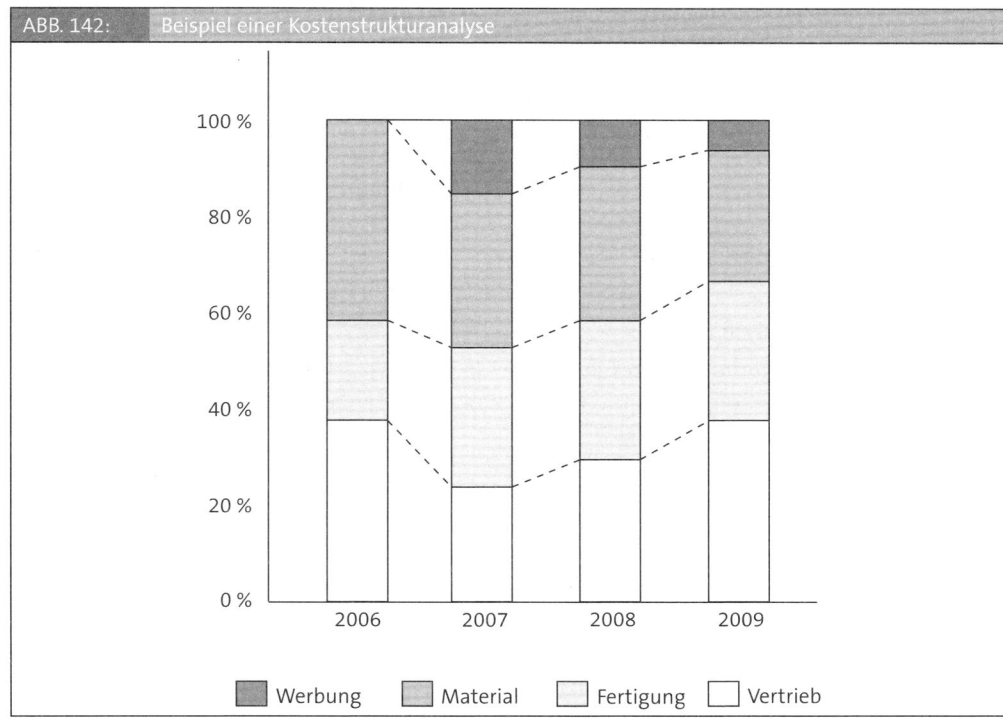

ABB. 142:   Beispiel einer Kostenstrukturanalyse

Bei Kostenstrukturanalysen sind die relevanten Kosten zu ermitteln, deren Relation und Veränderung im Zeitverlauf zu beurteilen. Die Aussagekraft von Kennzahlen zur Kostenstruktur ist dabei wesentlich abhängig von der Kenntnis entsprechender Vergleichswerte aus zurückliegenden Zeiträumen, anderen Unternehmensbereichen oder anderen Unternehmen der Branche (vgl. Kap. 6.4.4). Relevante Kostenstrukturen sind beispielsweise:

ABB. 143:   Ansatzpunkte für Kostenstrukturanalysen (in Anlehnung an Preißner 2001, S. 233)

Kostenstruktur	Begründung
fixe Kosten – variable Kosten	Fixe Kosten sind kurzfristig nicht abbaubar und schränken daher Entscheidungsfreiheit und Flexibilität ein.
Einzelkosten – Gemeinkosten	Gemeinkosten sind einzelnen Kostenträgern nicht direkt zurechenbar. Hohe Gemeinkostenanteile reduzieren die Möglichkeit zur Kostenkontrolle.
Personalkosten – restliche Kosten	Das Verhältnis von Personalkosten zu Gesamtkosten oder anderen Kostengrößen gilt als Produktivitätsmaßstab. Oft wird die Mitarbeiterzahl anhand des Personalkostenanteils angepasst.
Direkte Löhne – Gemeinkostenlöhne	Spiegelt das wertmäßige Verhältnis von direkt und indirekt tätigen Arbeitskräften wider.

Die Aussagekraft von Kostenanalysen hängt wesentlich davon ab, wie verursachungsgerecht die anfallenden Gemeinkosten im vorliegenden Kostenrechnungssystem den jeweiligen betrieblichen Leistungen zugerechnet werden. Traditionell werden die Gemeinkosten auf Basis der Einzelkosten (z. B. Fertigungslohnkosten) mit Hilfe von Zuschlagssätzen pauschal verteilt. Da die

Proportionalität zwischen Einzel- und Gemeinkosten häufig nicht gegeben ist, entsprechen die so gewonnenen Zuschlagssätze nicht immer der tatsächlichen Kostenverursachung.

Prozesskostenanalysen versuchen, diese Schwäche traditioneller Kostenrechnungssysteme zu vermeiden, indem sie die Gemeinkosten nicht über pauschale Zuschläge, sondern in Abhängigkeit der tatsächlichen Inanspruchnahme interner Ressourcen verrechnen (vgl. Kap. 3.1.5). Da auf diese Weise eine bessere Transparenz des Ressourcenverbrauchs und damit der tatsächlichen Kosten von Geschäftsprozessen, Teilprozessen oder Prozessschritten sowie der Kapazitätsauslastung von Gemeinkostenbereichen erreicht werden kann, finden Prozesskostenanalysen zunehmend auch für organisatorische Aufgabenstellungen Anwendung (vgl. Stoi 1999, S. 54 ff.).

Vorteile von Kostenanalysen:

► Sie ermöglichen ein differenziertes Bild hinsichtlich der aktuellen Kostensituation und schaffen damit die Voraussetzung zum Erkennen und Beseitigen unwirtschaftlicher organisatorischer Strukturen und Prozesse.

Nachteile von Kostenanalysen:

► Kostendaten stehen häufig erst mit zeitlicher Verzögerung zum Entstehungszeitpunkt zur Verfügung.

► Je nach Kostenrechnungssystem und Datenbasis können hohe Aufwände für die Datenerhebung und -auswertung anfallen.

► Die Aussagekraft von Kosten ist aufgrund von Zuordnungsproblemen (z. B. von Gemeinkosten zu Leistungen oder von Kostenstellen zu Prozessen) oft eingeschränkt.

Die Durchführung von Kostenanalysen liegt nahe, wenn die Reduzierung von Kosten im Projektauftrag eines Organisationsvorhabens enthalten ist oder wenn zur Begründung organisatorischer Veränderungen Kostenargumente vorgebracht werden sollen.

6.4.6 Schnittstellenanalyse

Unternehmen unterhalten zahlreiche Arbeits- bzw. Leistungsbeziehungen sowohl innerhalb als auch zwischen Organisationseinheiten sowie zu externen Partnern (z. B. Kunden, Lieferanten). Die Qualität der Zusammenarbeit zwischen den Beteiligten ist in hohem Maße von der Ausgestaltung der Schnittstellen abhängig.

Im Zentrum der Schnittstellenanalyse steht die Frage nach der Notwendigkeit und der Qualität einzelner Schnittstellen. Hierbei können Antworten auf folgende Fragen gesucht werden:

► Zwischen welchen Stellen bzw. Prozessen existieren Schnittstellen?

► Was wird an den einzelnen Schnittstellen übergeben?

► In welcher Form findet die Übergabe statt? (z. B. mündlich, schriftlich, elektronisch)

► Welche technischen Übertragungsformate und Softwaresysteme kommen zum Einsatz?

► Wie hoch ist das bearbeitete Volumen an den einzelnen Schnittstellen?

► Inwieweit werden die zentralen Anforderungen des jeweiligen Leistungsempfängers (Organisationseinheit bzw. Prozess) erfüllt?

► An welchen Schnittstellen treten welche Probleme auf?

► Auf welche Ursachen sind die Schnittstellenprobleme zurückzuführen?

► Sind die existierenden Schnittstellen tatsächlich (noch) erforderlich?

► An welchen unverzichtbaren Schnittstellen existieren in welchem Umfang aktuell Optimierungspotenziale?

Eine grobe Übersicht existierender Schnittstellen zwischen Organisationseinheiten bzw. Prozessen lässt sich mit Hilfe einer Schnittstellenmatrix gewinnen (vgl. Abb. 144).

ABB. 144:	Verkürztes Beispiel einer Schnittstellenmatrix			
	an ↑ von ⟶	Stelle oder Prozess A	Stelle oder Prozess B	...
	Stelle oder Prozess A		Bestellungen mit Formular XZ	
	Stelle oder Prozess B	Terminbestätigung per E-Mail		Auskunft über Lieferfähigkeit, per Telefon
	Stelle oder Prozess C	Rückfragen über Konditionen		
	...			

Darüber hinaus können die Leistungsempfänger nach der Bedeutung der von ihnen von einer anderen Stelle bezogenen Leistungen sowie nach deren Zufriedenheit mit den jeweiligen Leistungen befragt werden. Eine Verdichtung der Ergebnisse in Form eines Schnittstellen-Portfolios kann helfen, die kritischsten Schnittstellen schnell zu erkennen.

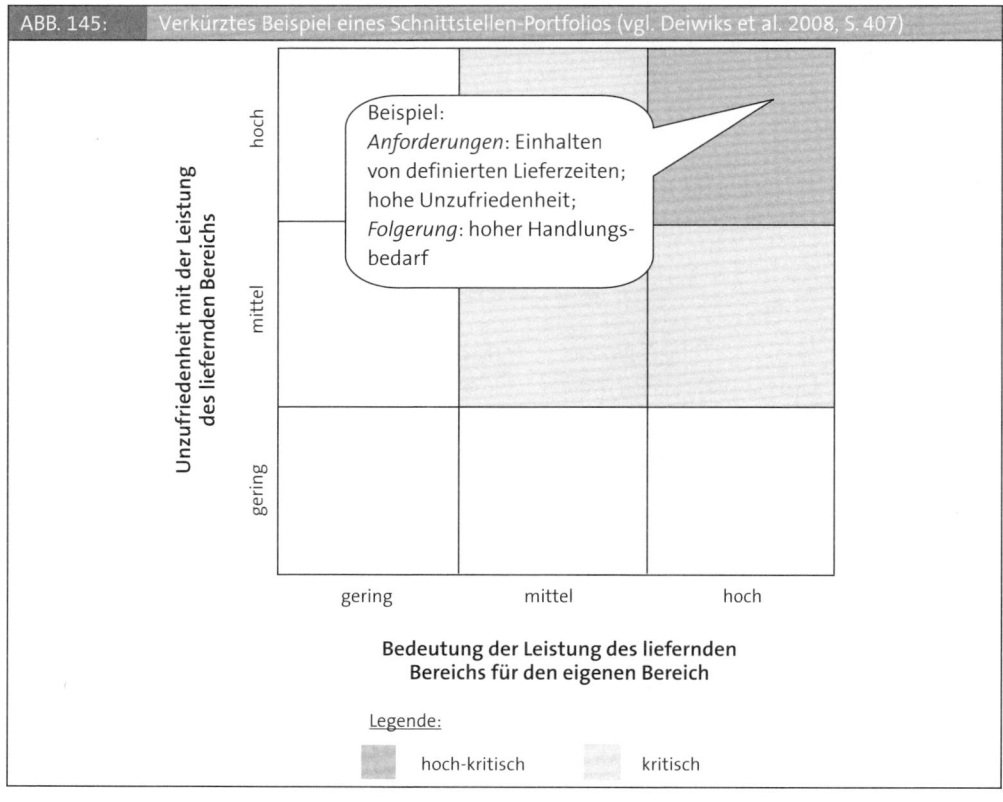

ABB. 145:   Verkürztes Beispiel eines Schnittstellen-Portfolios (vgl. Deiwiks et al. 2008, S. 407)

Vorteile der Schnittstellenanalyse:

► Verschafft Transparenz bzgl. existierender Schnittstellen und deren Bedeutung.

► Ermöglicht gezielte Optimierung erfolgskritischer Schnittstellen mit hohem Verbesserungspotenzial.

Nachteile der Schnittstellenanalyse:

► Je nach Anzahl von Schnittstellen entsteht ein hoher Zeit- und Kostenaufwand.

► Gefahr angesichts einer Vielzahl von Schnittstellen und einer Fülle detaillierter Informationen den Überblick zu verlieren.

Die Schnittstellenanalyse bietet sich vor allem an, wenn intensive Leistungsbeziehungen und Abhängigkeiten zwischen Organisationseinheiten vorliegen oder Symptome auf Schnittstellenprobleme hindeuten (z. B. viele Rückfragen, lange Warte- und Liegezeiten).

6.4.7 Wertschöpfungsanalyse

Die Wertschöpfungsanalyse (auch Wertschöpfungs-Assessment), dient dazu, den Beitrag von Prozessen (z. B. Geschäftsprozesse, Teilprozesse oder einzelne Arbeitsschritte) zur Wertschöpfung eines Unternehmens zu beschreiben und bewerten (vgl. auch Kap. 3.1.2). Ziel ist es, die Aktivitäten zu identifizieren, die zwar Zeit- und Kostenaufwand erzeugen, aber nicht oder nur in geringem Umfang zur Wertschöpfung beitragen. Ferner sollen diejenigen wertschöpfenden Aktivitäten bestimmt werden, aus denen soviel kundenbezogene Wertschöpfung wie möglich erzeugt werden kann.

Hierzu werden auf der Basis detaillierter Prozessbeschreibungen oder Tätigkeitsprofile sämtliche Aktivitäten auf ihren Wertschöpfungsbeitrag geprüft und in so genannte Leistungskategorien eingeteilt (vgl. Jung 2002, S. 109 ff.; Schmelzer/Sesselmann 2008, S. 134 ff.):

ABB. 146:	Leistungskategorien der Wertschöpfungsanalyse		
Wertschöpfende Aktivitäten		**Nicht-wertschöpfende Aktivitäten**	
Nutzleistung	**Stützleistung**	**Blindleistung**	**Fehlleistung**
Trägt direkt zur Wertsteigerung bei bzw. erzeugt einen direkten Kundennutzen	Trägt indirekt ur Wertsteigerung bei, da sie zur Erbringung von Nutzleistungen erforderlich ist. Wird vom Kunden nicht wahrgenommen, verursacht aber Aufwand.	Trägt weder direkt noch indirekt zur Wertschöpfung bei. Wird vom Kunden nicht wahrgenommen, erzeugt aber Aufwand.	Trägt zur Wertminderung bei, indem fehlerhaft erbrachte Nutz- oder Stützleistungen aufgrund ihrer Kosten mehr Wert vernichten als generieren.
Beispiele: Produktentwicklung, Montage, Kundendienst	Beispiele: Rüsten und Instandhalten von Maschinen, Erstellen von Berichten und Statistiken	Beispiele: Arbeitsunterbrechung wegen fehlendem Material, Zwischenlagerung von Produkten	Beispiele: Fehlerhafte Produkte, Nachbearbeitung, Rückruf

Die Ergebnisse der Analyse lassen sich in einer Wertschöpfungsanalyse-Matrix anschaulich darstellen (vgl. Abb. 147). Hierzu werden in einer Matrix die einzelnen Teilprozesse bzw. Prozessschritte mit ihren jeweiligen Zeitaufwänden erfasst.

ABB. 147:	Grundschema einer Wertschöpfungsanalyse-Matrix				
Tätigkeiten	**Zeitaufwand (Std./Monat)**	**Leistungskategorien**			
		Nutzleistung	**Stützleistung**	**Blindleistung**	**Fehlleistung**
Summe					

Entsprechend der oben genannten Klassifizierung werden den vier Leistungskategorien die einzelnen Zeitanteile zugeordnet. Aufbauend auf den Analyseergebnissen können Nutzleistungen optimiert und ausgebaut, Stützleistungen auf ein geringstmögliches Maß reduziert und möglichst wirtschaftlich erbracht sowie Blind- und Fehlleistungen eliminiert werden.

Vorteile der Wertschöpfungsanalyse:

► Ermöglicht gezielte Optimierung der Wertschöpfung bzw. Konzentration auf wertsteigernde Aktivitäten.

Nachteile der Wertschöpfungsanalyse:

► Suggeriert Objektivität und Genauigkeit, die vor allem bei Verwendung des nutzenorientierten Wertschöpfungsbegriffs nicht gegeben ist.

► Je nach Detaillierungsgrad der Analyse hoher Zeit- und Kostenaufwand erforderlich.

Die Wertschöpfungsanalyse bietet sich bei Vorhaben zur Prozessanalyse und -optimierung sehr gut als Analyse- und Darstellungstechnik an.

6.5   Techniken zur Beurteilung der Ist-Situation

Ist die Ausgangssituation ausreichend differenziert beschrieben, folgt der nächste Schritt: Das Beurteilen der Ist-Situation. Hierzu sind aus den vorliegenden Informationen die zentralen Stärken und Schwächen herauszuarbeiten. Erkannte Schwachstellen sind hinsichtlich ihrer zentralen Ursachen zu untersuchen und bezüglich ihrer aktuellen und künftigen Auswirkungen auf den Unternehmenserfolg zu beurteilen. Für diese Phase eines Organisationsvorhabens können folgende Techniken eingesetzt werden.

6.5.1   Benchmarking

Beim Beurteilen der Ist-Situation spielt die Gegenüberstellung von Ist- und Referenzwerten eine wichtige Rolle. Erfolgt der Vergleich systematisch und stammen die Referenzwerte von Partnern, die anhand ausgewählter Kriterien (Benchmarks) als besser identifiziert wurden, spricht man von Benchmarking.

In der Literatur existiert keine eindeutige Festlegung von Benchmarking-Arten. Meist werden Objekte und Vergleichspartner unterschieden (vgl. Abb. 148). Als Objekte können Produkte, Prozesse, Leistungen oder Erfolgsfaktoren in Betracht kommen. Bei organisatorischen Aufgabenstellungen dienen als Objekte vor allem Strukturen, Prozesse und Veränderungsprozesse. Während das Struktur-Benchmarking auf den Vergleich struktureller Merkmale wie zum Beispiel Organisationsform, Anzahl Hierarchieebenen oder eingesetzte Koordinationsmechanismen und seine Erklärung zielt, geht es beim Prozess-Benchmarking um den Vergleich ausgewählter Prozessabläufe sowie relevanter Kennzahlen zur Prozessleistung (insb. Qualität, Zeit, Kosten). Beim Benchmarking von Veränderungsprozessen konzentriert sich das Interesse meist auf Vorgehensweisen und Erfahrungen bei der praktischen Umsetzung organisatorischer Strukturen und Prozesse.

Die Vergleichspartner können sowohl aus dem eigenen Unternehmen oder von extern kommen. Beim internen Benchmarking (Best of Company) dienen andere Organisationseinheiten (z. B. Abteilungen, Werke) innerhalb eines Unternehmens bzw. einer Unternehmensgruppe als Vergleichspartner. Beim externen Benchmarking ist zu unterscheiden, ob als Vergleichspartner ein direkter Wettbewerber, der zu den besten der Branche zählt (Best of Industry), andere Anbieter einer Branche oder Unternehmen außerhalb der Branche fungieren, die bezüglich des gewählten Benchmark-Objekts eine hohe Professionalität aufweisen (Best of World).

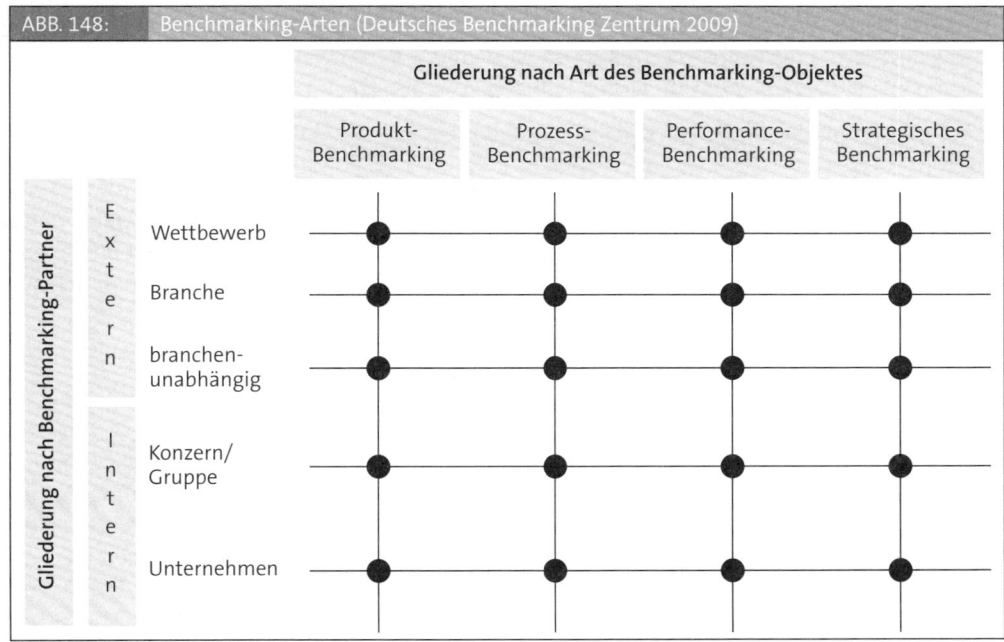

ABB. 148:   Benchmarking-Arten (Deutsches Benchmarking Zentrum 2009)

Als Zielkriterien können beim Benchmarking eine Vielzahl von Kennzahlen ermittelt und auf ihre Ursachen hin analysiert werden. Typische Kennzahlen beim Prozess-Benchmarking sind etwa:

► Zeiten (z. B. Durchlaufzeit, Liefer-/Reaktionszeiten, Termintreue)

► Qualität (z. B. Anzahl Reklamationen, Kundenzufriedenheitsindex)

► Kosten (Prozesskosten, Fehlerkosten, Verhältnis Einzel-/Gemeinkosten)

► Effizienz (z. B. Outputmenge, Arbeitsproduktivität)

Die Leistungsunterschiede werden mittels Fragekatalogen, Kennzahlen oder Bewertungsskalen ermittelt und auf mögliche Ursachen hin untersucht. Benchmarking zielt darauf ab, Verbesserungspotenziale zu identifizieren und von den besten Vergleichspartnern zu lernen. Als Informationsquellen dienen abhängig vom Benchmarking-Objekt unternehmensinterne Quellen (z. B. Betriebsstatistiken, Daten aus Buchhaltung und Kostenrechnung), öffentlich zugängliche Quellen (z. B. Internet, Statistiken von Kammern und Verbänden, Fachpublikationen) oder Gespräche mit ausgewählten Benchmarking-Partnern.

Vorteile des Benchmarking:

► Unterstützt die konsequente Ausrichtung der eigenen Unternehmensorganisation an Bestleistungen anderer („Best Practice").

► Bietet breites Anwendungsspektrum, da zur Analyse, Lösungssuche und Alternativenbewertung einsetzbar.

Nachteile des Benchmarking:

▶ Das Beschaffen relevanter Informationen ist häufig sehr aufwändig und vor allem beim externen Benchmarking mit zahlreichen Problemen verbunden.

▶ Erhöht die Gefahr die Besten lediglich zu imitieren statt sie durch innovative Lösungen zu übertreffen.

Benchmarking empfiehlt sich als Technik zur Würdigung der Ist-Situation, wenn signifikante Leistungsunterschiede zwischen ähnlichen Organisationseinheiten oder Unternehmen zu vermuten sind. Angesichts des mit der Datenerhebung verbundenen Aufwands sollte man sich auf einige wenige aussagekräftige Kennzahlen konzentrieren.

6.5.2 Checklisten

Eine Checkliste zur Beurteilung der Ist-Situation besteht aus einer Auswahl von Prüffragen. Ihre Beantwortung soll helfen, eine Ausgangssituation in Bezug auf mögliche Problemfelder systematisch zu beurteilen. Checklisten stellen damit eine Möglichkeit dar, die Erfahrungen aus vergleichbaren Situationen in komprimierter und praktikabler Weise zu nutzen.

Wenngleich mit dem Einsatz von Checklisten ein Rückgriff auf umfangreiches Erfahrungswissen von Experten möglich ist, können sie organisatorischen Sachverstand nicht völlig ersetzen. Ihr effizienter Einsatz setzt vielmehr die Kenntnis problem- und branchenspezifischer Sachverhalte und Zusammenhänge voraus (vgl. Schulte-Zurhausen 2002, S. 511).

ABB. 149:	Beispiel einer Checkliste (Quelle: Imai 1993, S. 279 ff.)		
A.	**Mensch**	**B.**	**Maschine**
1.	Befolgt er Arbeitsrichtlinien?	1.	Erfüllt sie die Anforderungen der Produktion?
2.	Arbeitet er effizient?	2.	Erfüllt sie die Anforderungen des Prozesses?
3.	Denkt er problembewusst?	3.	Ist sie richtig geölt und geschmiert?
4.	Ist er zuverlässig und gewissenhaft?	4.	Wann war die letzte Inspektion?
5.	Ist er beruflich ausreichend qualifiziert?	5.	Sind die Inspektionstermine ausreichend?
6.	Hat er genügend Erfahrung?	6.	Führen mechanische Probleme häufig zum Maschinenstillstand?
7.	Ist der Arbeitsplatz für ihn geeignet?	7.	Arbeitet die Maschine ausreichend genug?
8.	Bemüht er sich um Verbesserungen?	8.	Verursacht sie ungewöhnliche Geräusche?
9.	Bemüht er sich um gute Beziehungen zu Kollegen und Vorgesetzten?	9.	Reicht die Anzahl der Maschinen aus?
10.	Ist er gesund?	10.	Sind die Maschinen zweckmäßig aufgestellt?
C.	**Material**	**D.**	**Methode**
1.	Stimmt die Materialmenge?	1.	Gibt es geeignete Arbeitsrichtlinien?
2.	Ist das Material von der richtigen Sorte?	2.	Wurden die Richtlinien kürzlich geändert?
3.	Ist der Lieferant qualitätsfähig?	3.	Ist die Methode effizient und kostengünstig?
4.	Ist das Material frei von irgendwelchen Verunreinigungen?	4.	Gewährleistet sie ein hohes Qualitätsniveau?
5.	Ist das Material noch nicht überaltert?	5.	Sind die Resultate eindeutig reproduzierbar?
6.	Wird Material nicht in irgendwelcher Form verschwendet?	6.	Ist die Abfolge der Arbeitsschritte sinnvoll?
7.	Wird das Material schnell genug transportiert?	7.	Entspricht das Maschinenlayout der Abfolge der Arbeitsschritte?
8.	Wird es schnell genug verarbeitet?	8.	Sind Temperatur und Feuchtigkeit in Ordnung?
9.	Ist das Materiallager geeignet?	9.	Sind Beleuchtung und Lüftung ausreichend?
10.	Ist das Materiallager sauber?	10.	Gibt es genügend Kontakte zu den vor- und nachgelagerten Arbeitsstufen/Prozessen?

In der Regel sind die in Fachliteratur oder Internet verfügbaren Checklisten mehr oder weniger umfangreich auf die jeweilige Fragestellung anzupassen (vgl. etwa Reinmuth/Voß 2008).

Vorteile von Checklisten:

► Sie fokussieren die Beurteilung der Ist-Situation auf das Vorhandensein typischer Schwachstellen und erhöhen so die Effizienz in der Analysephase.

► Sie können bei Beurteilung der Ist-Situation Denkprozesse anstoßen und die Wahrscheinlichkeit reduzieren, dass wichtige Aspekte unbeachtet bleiben.

► Es kann auf ein großes Angebot an Checklisten in der Literatur zurückgegriffen werden.

Nachteile von Checklisten:

► Komplexe Ursache-Wirkungszusammenhänge sind in Fragenkatalogen meist nur schwer darstellbar.

► Für das Erstellen oder Anpassen situativ geeigneter Checklisten sind fundierte Vorkenntnisse erforderlich.

► Sie bieten nur die Möglichkeit, bereits bekannte Schwachstellen oder Problemursachen zu identifizieren.

Checklisten eignen sich bei der Beurteilung der Ist-Situation insbesondere zur Auseinandersetzung mit organisatorischen Routineproblemen.

6.5.3 Problemanalyse

Besteht der Anlass eines Organisationsvorhaben in einer von Seiten des Auftraggebers als problematisch empfundenen Situation, kann eine systematische Problemanalyse erforderlich sein. Dies ist vor allem dann der Fall, wenn sich die als problematisch wahrgenommenen Aspekte bei näherer Betrachtung als Symptom tiefer liegender Probleme herausstellen (vgl. Abb. 74; vgl. Schmidt 2003, S. 272). Um die Suche nach geeigneten Lösungen voll auf die vorhandenen Kernprobleme konzentrieren zu können, ist oftmals eine detaillierte Problemanalyse erforderlich. Sie umfasst drei Schritte: Das Erkennen von Problemen, das Beurteilen ihrer Relevanz und das Identifizieren der jeweils zugrunde liegenden Ursachen.

ABB. 150:	Systematische Problemanalyse
Schritte	Leitfaden
Problem-beschreibung ↓	► Wie zeigt sich das Problem? ► In Form welcher Symptome äußert sich das Problem? ► Was genau ist das (Kern-)Problem, das zu lösen ist? ► Wann, wo und in welchem Ausmaß tritt das Problem auf?
Problem-beurteilung ↓	► Welche Auswirkungen sind als Folge des Problems bezüglich der Unternehmensziele bereits zu erkennen? ► Ist mit einer Verschärfung des Problems zu rechnen, wenn kurzfristig keine Maßnahmen ergriffen werden? ► Welche Auswirkungen sind als Folge des Problems bezüglich der Unternehmensziele kurz-, mittel- oder langfristig zu erwarten? ► Ist die Lösung des Problems Voraussetzung für die Lösung anderer Probleme?
Problem-diagnose	► Welche Problemursachen kommen grundsätzlich in Frage? ► Wie wahrscheinlich sind die einzelnen Ursachen? ► In welcher Beziehung stehen die einzelnen Symptome und Ursachen zueinander?

In einfacheren Problemsituationen bietet sich zur Problemdiagnose beispielsweise die 5W-Technik an, bei der durch mehrmalige, aufeinander folgende „Warum"-Fragen tiefer liegende Ursachen eines Problems aus den offensichtlichen Problemsymptomen herausgearbeitet werden können.

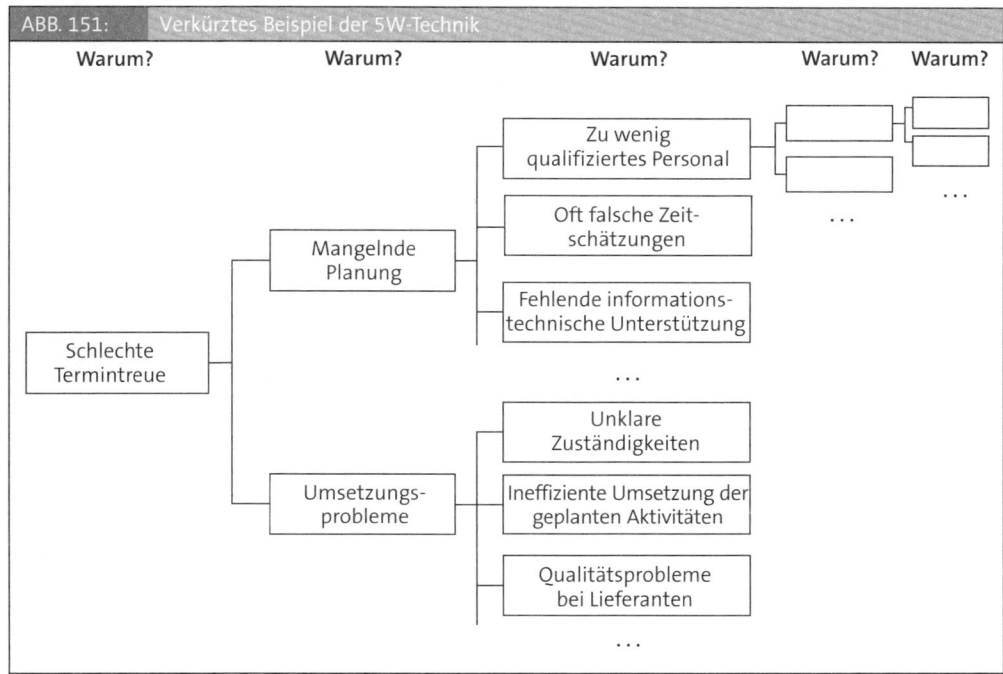

ABB. 151:   Verkürztes Beispiel der 5W-Technik

Eine weitere, weit verbreitete und allgemein anwendbare Technik zur systematischen Ermittlung von Problemen und deren Ursachen ist das **Ursache-Wirkungs-Diagramm** (auch Ishikawa- oder Fischgräten-Diagramm). Hierbei werden zu einem Problem (Wirkung) alle möglichen Einflussgrößen (Ursachen) gesammelt, in Haupt- und Nebenursachen unterschieden und in einem Diagramm, das an Fischgräten erinnert, grafisch dargestellt (vgl. Abb. 152). Durch eine anschließende Bewertung der Ursachen können Schwerpunkte für weitere Analysen identifiziert werden.

Voraussetzung für das Erstellen eines Ursache-Wirkungs-Diagramms ist eine klare Definition des zu bearbeitenden Problems. Diese wird auf dem Diagramm prägnant formuliert. Im nächsten Schritt werden mittels Kreativitätstechniken (vgl. Kap. 6.6) alle möglichen Haupteinflussgrößen, die das vorliegende Problem verursachen könnten, ermittelt. Diese Haupteinflussgrößen werden über den Pfeilen (sog. Fischgräten) vermerkt. Art und Anzahl der Ursachenkategorien müssen sich jedoch nicht auf diese Beispiele beschränken, sondern können individuell festgelegt werden. Sind die Haupteinflussgrößen identifiziert, werden mit Hilfe moderierter Gruppendiskussionen mögliche Ursachen identifiziert, die sich auf die Haupteinflussgrößen auswirken, gesammelt und den einzelnen „Gräten" zugeordnet. Abschließend werden die identifizierten Problemursachen beispielsweise mittels intuitiver Bewertungstechniken (vgl. Kap. 6.7) entsprechend ihrer Bedeutung beurteilt.

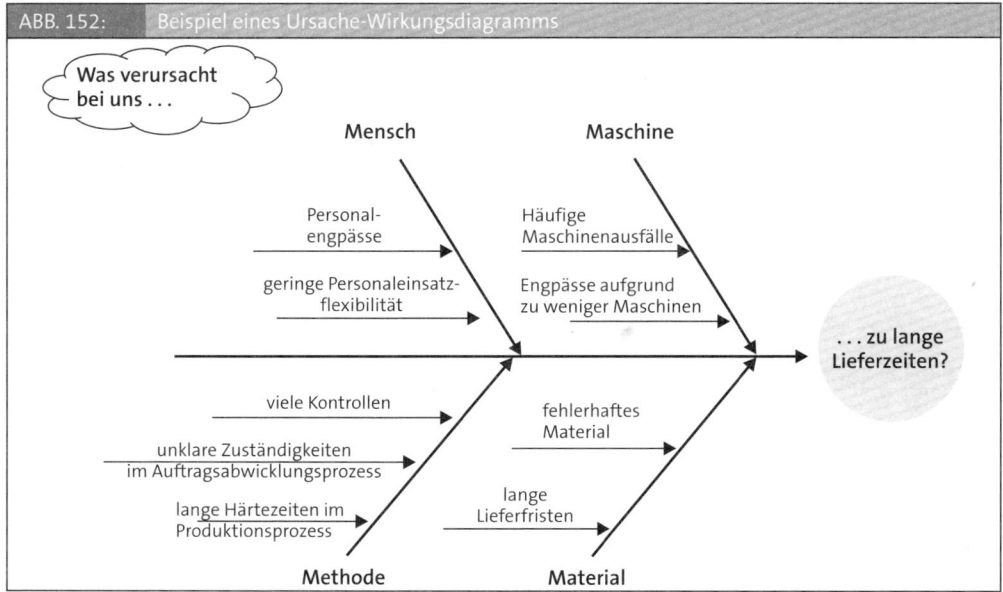

ABB. 152:   Beispiel eines Ursache-Wirkungsdiagramms

Das Ursache-Wirkungs-Diagramm bietet eine anschauliche und einfach handhabbare Visualisierung und Strukturierung möglicher Problemursachen. Wird das Diagramm in Teamarbeit erstellt, erlaubt es eine effiziente Beteiligung mehrerer Personen an der Problemanalyse.

Für die Darstellung komplexerer Ursache-Wirkungszusammenhänge, bietet sich das **Ursache-Wirkungs-Netzwerk** an. Mit dieser Technik können einzelne Problemelemente und ihre Wirkungsbeziehungen grafisch dargestellt werden. Die Wirkungsrichtung wird durch Pluszeichen für Wirkungen sich verstärkender Art und durch Minuszeichen für entgegengesetzte Wirkungen symbolisiert. Bei Bedarf kann zusätzlich die Wirkungsintensität beurteilt werden. Hierfür bietet sich etwa eine intuitive Einschätzung in die Intensitätskategorien (z. B. geringer, mittlerer und starker Wirkungszusammenhang) an. Auf diese Weise lassen sich auch schwierigere Ursache-Wirkungszusammenhänge sehr anschaulich darstellen und nachvollziehen.

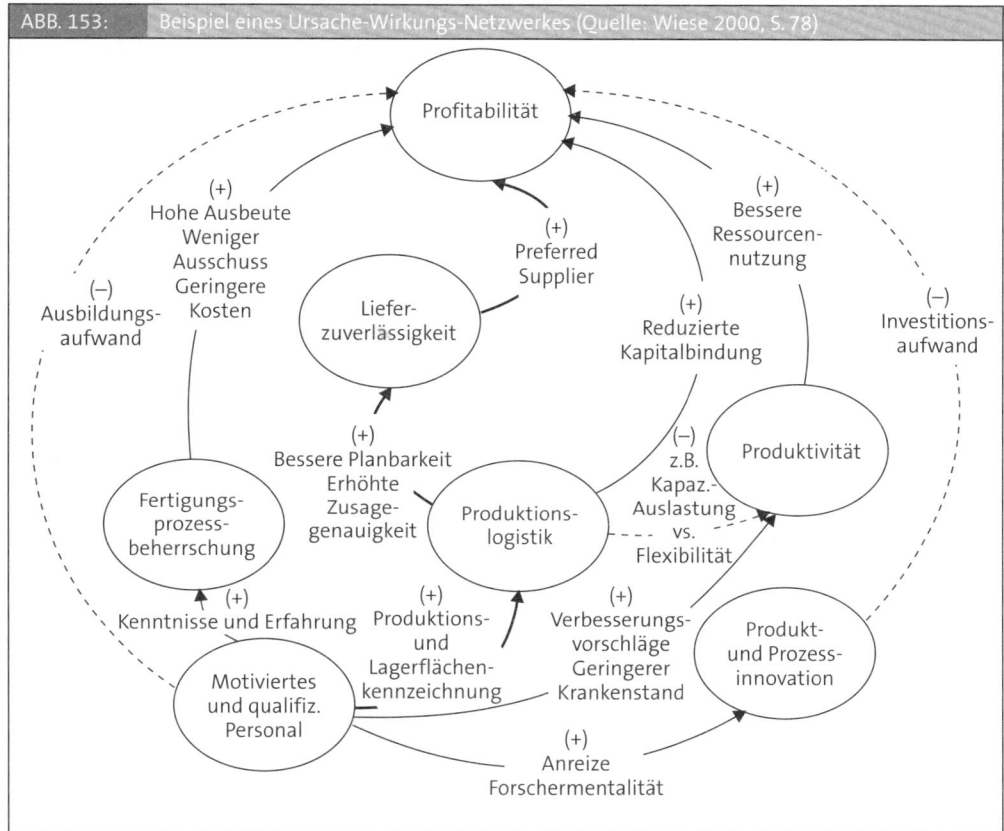

ABB. 153:   Beispiel eines Ursache-Wirkungs-Netzwerkes (Quelle: Wiese 2000, S. 78)

Vorteile der Problemanalyse:

► Sie verbessert die Chance, mit den zu entwickelnden Lösungen die zentralen Problemursachen und nicht nur deren Symptome zu beseitigen.

► Sie fördert das Entwickeln eines gemeinsamen Problemverständnisses in Teams.

► Die Kenntnis von Problemen und deren Ursachen kann die Bereitschaft von Auftraggebern und Betroffenen für organisatorische Veränderungen fördern.

Nachteile der Problemanalyse:

► Sie ist je nach eingesetzter Technik mit hohem Zeitaufwand verbunden.

► Mit zunehmender Detaillierung der Analyse wächst die Gefahr der Unübersichtlichkeit.

► Das starke Fokussieren auf Probleme und deren Ursachen kann zu Lasten einer pragmatischen Lösungsorientierung gehen.

Sofern die Probleme und ihre Ursachen nicht offensichtlich sind, empfiehlt sich eine differenzierte Problemanalyse. Auf diese Weise können Effektivität und Effizienz organisatorischer Maßnahmen erhöht werden. Umfang und Detaillierungsgrad der Problemanalyse sind in Abhängigkeit vom Untersuchungsziel im Einzelfall zu entscheiden. Entscheidend ist, dass die Problemanalyse in einem angemessenen Verhältnis zur Lösungssuche steht. Oft ist eine gut strukturierte Übersicht der identifizierten Probleme und ihrer Ursachen für die Mobilisierung von Stakeholdern entscheidender als eine durch umfangreiche Auswertungen gewonnene Datengenauigkeit.

6.6 Techniken zur Entwicklung von Lösungsalternativen

Sind alle Informationen erhoben, die zur Darstellung der Ist-Situation erforderlich sind und wurden die organisatorischen Schwachstellen prägnant herausgearbeitet, müssen geeignete Lösungsvorschläge entwickelt werden. Die Erhebung und Auswertung von Informationen waren notwendige und wichtige Arbeiten. Das Organisieren im engeren Sinne – das kreative Entwickeln neuer organisatorischer Lösungen – beginnt jedoch erst hier. Gesucht sind Lösungen, die die identifizierten Probleme und Schwachstellen beheben, den sich abzeichnenden Risiken entgegenwirken und die vorhandene Stärken und erkennbare Chancen nutzen.

Bei der Suche nach geeigneten organisatorischen Lösungen können Kreativitätstechniken wertvolle Hilfe leisten. Aus der Vielzahl existierender Kreativitätstechniken werden nachfolgend diejenigen vorgestellt, die bei der Entwicklung organisatorischer Lösungen von besonderer praktischer Bedeutung sind.

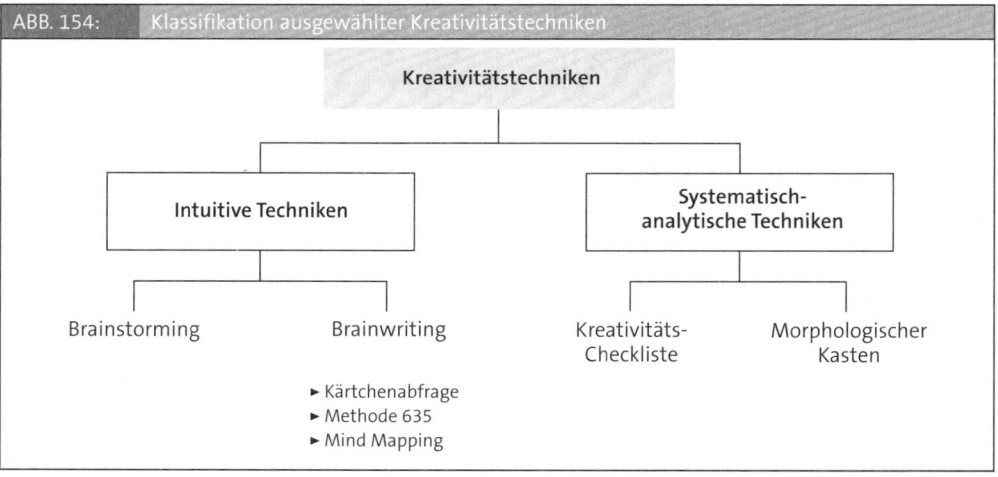

ABB. 154:   Klassifikation ausgewählter Kreativitätstechniken

Die intuitiven Kreativitätstechniken zielen darauf ab, die Intuition zu verstärken und die Ideen anderer aufzugreifen und assoziativ weiter zu entwickeln. Die systematisch-analytischen Techniken zielen dagegen zunächst auf eine systematische Erfassung und Strukturierung des zu lösenden Problems ab und versuchen dann, Einzellösungen durch die Kombination oder Variation einzelner Elemente des Problemkomplexes zu erzeugen.

6.6.1 Brainstorming

Das Brainstorming ist die bekannteste und am häufigsten eingesetzte Technik zur Ideenfindung. Mit Hilfe dieser Technik können unter der Leitung eines Moderators neue Lösungsvorschläge zu einem vorgegebenen Problem meist in Form einer Gruppensitzung gefunden werden. Kreative Ideen sollen dadurch entstehen, dass alle Gruppenmitglieder aufgefordert sind, ihre Gedanken ungebremst zu entwickeln und auszusprechen, gemäß dem Motto „using the brain to storm a problem". Die so geäußerten Ideen sollen wiederum andere Teilnehmer anregen, Vorschläge aufzugreifen, zu modifizieren und weiterzuentwickeln.

Das Brainstorming zielt darauf ab, zunächst möglichst viele Lösungsvorschläge zu sammeln, ohne diese gleich näher zu analysieren oder zu bewerten. So sollen Ideenfluss und freie Assoziationen gefördert und eventuell vorhandene Denkblockaden und Hemmschwellen bei den Teilnehmern abgebaut werden. Die Auswertung der Vorschläge erfolgt erst nach Abschluss der Ideensuche. Dann werden die gesammelten Vorschläge durch die Teilnehmer gruppiert (z. B. sehr sinnvoll, sinnvoll, unbrauchbar) und die weitere Vorgehensweise vereinbart.

Der Teilnehmerkreis sollte auf der einen Seite so groß sein, dass ein ausreichendes Kreativitätspotenzial für viele neue Ideen vorhanden ist, auf der anderen Seite klein genug, um eine direkte und effiziente Kommunikation zu erlauben. Im Idealfall besteht die Gruppe aus fünf bis sieben, maximal aus zwölf Personen (vgl. Schulte-Zurhausen 2002, S. 528).

Die Teilnehmer sollten möglichst über einen unterschiedlichen Erfahrungshintergrund verfügen. Für einen weitgehend ungebremsten Ideenfluss kann es je nachdem auch sinnvoll sein, dass die hierarchischen Unterschiede zwischen den Teilnehmern nicht allzu groß sind. Hilfreich ist ferner die Vereinbarung einiger einfacher Regeln, wie z. B.:

► Freies und ungestörtes Aussprechen von Ideen; auch scheinbar sinnlose und phantastische Ideen sind erwünscht.

► Vorgebrachte Ideen sollen aufgegriffen, miteinander kombiniert und weiterentwickelt werden.

► Quantität geht vor Qualität. Je mehr Ideen geäußert werden, desto höher ist die Wahrscheinlichkeit, dass gute Ideen dabei sind.

► Keine unmittelbare Kritik oder Bewertung der Umsetzbarkeit von Ideen während der Ideenfindungsphase.

Für die Durchführung der Brainstorming-Sitzung empfiehlt sich die Einbeziehung eines Moderators. Zu seinen wichtigsten Aufgaben gehört es, die Sitzung zu leiten, die Regeln bekannt zu machen und auf deren Einhaltung zu achten, die Teilnehmer bei Bedarf zu aktivieren und die Visualisierung der vorgebrachten Vorschläge etwa mit Hilfe eines Flipcharts oder einer Pinnwand sicherzustellen.

Vorteile des Brainstormings:

► Einfach zu handhaben.

► Vergleichsweise geringer Zeitaufwand.

► Erleichtert das Finden vieler Ideen in kurzer Zeit.

► Vielfältig einsetzbar, etwa auch zur Problemanalyse oder Alternativenbewertung.

Nachteile des Brainstormings:

► Keine Garantie, dass die Teilnehmer traditionelle Denkschemata verlassen.

► Die Teilnehmer können sich ungewollt gegenseitig beeinflussen.

► Bei fehlender oder unsachgemäßer Moderation besteht die Gefahr des Abschweifens, eines schlechten Ideenflusses oder destruktiver gruppendynamischer Effekte.

Diese Kreativitätstechnik eignet sich zur Bearbeitung relativ einfacher Fragestellungen, die wenig intensives Nachdenken erfordern. Die Technik ist gut in Kombination mit anderen Organisations- und Managementtechniken einsetzbar und daher sehr weit verbreitet.

6.6.2 Brainwriting

Das Brainwriting hat eine sehr große Ähnlichkeit zum Brainstorming. Der entscheidende Unterschied besteht darin, dass beim Brainwriting jeder Teilnehmer in Ruhe seine Ideen sammeln und schriftlich festhalten kann. Diese Kreativitätstechnik findet sich in verschiedenen Erscheinungsformen wieder:

Bei der **Kärtchenabfrage**, in Deutschland manchmal auch Metaplan-Technik genannt, werden Teilnehmer einer Gruppe aufgefordert, bezüglich des behandelten Themas ihre Ideen auf Pappkarten zu schreiben. Die Karten werden anschließend eingesammelt und auf eine Pinnwand geheftet. Anschließend erfolgt eine Be- und Auswertung der anonym ausgefüllten Karten zusammen mit der Gruppe, wobei ähnliche Beiträge zusammengefasst, unsinnige Karten verworfen und unterschiedliche Ideen kategorisiert werden.

Bei der **Methode 635** werden zwar auch Ideen schriftlich festgehalten und weitergereicht, jedoch unter Zuhilfenahme mehr formalisierter Regeln. Diese Kreativitätstechnik zielt darauf ab, dass die Teilnehmer einer Arbeitsgruppe in hohem Maße gegenseitig Ideen aufgreifen und weiterentwickeln. Diese Kreativitätstechnik geht von sechs Teilnehmern aus. Jeder schreibt zu einem definierten Problem jeweils drei Ideen auf ein vorbereitetes Blatt Papier und gibt dies jeweils nach fünf Minuten im Uhrzeigersinn an die anderen Gruppenmitglieder weiter. Die Empfänger erarbeiten wiederum drei Lösungsvorschläge, die entweder auf den Ideen des Vorgängers beruhen oder davon unabhängig sind (vgl. Abb. 155). Der Austausch der Blätter erfolgt fünf Mal, bis auf jedem Blatt insgesamt achtzehn Ideen niedergeschrieben sind. Innerhalb relativ kurzer Zeit kommen so auf sechs Formblättern insgesamt 108 Lösungsvorschläge zusammen.

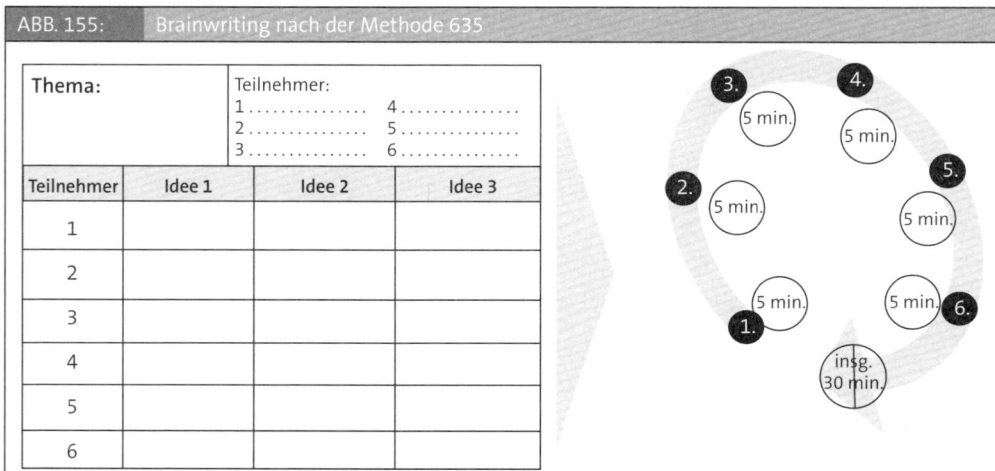

ABB. 155:   Brainwriting nach der Methode 635

Das **Mind Mapping** ist eine Technik zur Visualisierung diverser Themenstellungen (vgl. Buzan/Buzan 1998). Im Unterschied zum Brainstorming werden die Ideen jedoch von Anfang an gegliedert und grafisch dargestellt. Das zu bearbeitende Thema wird zunächst in der Mitte der Vorlage (z. B. Pinnwand, Papierbogen) platziert, anschließend werden Ideen gesammelt. Jede Hauptidee wird in Form eines prägnanten Stichwortes als Hauptast der Themenstellung hinzugefügt. Weitere Ideen, die den einzelnen Hauptästen zuordenbar sind, werden als Verzweigungen dargestellt (vgl. Abb. 156). Komplexe Zusammenhänge werden auf diese Weise deutlich und die vielfältigen Aspekte einer Idee können klar herausgearbeitet werden. Die Verwendung von Farben oder die Nummerierung von Stichwörtern kann dazu beitragen, das Mind Map schneller lesen und überblicken zu können.

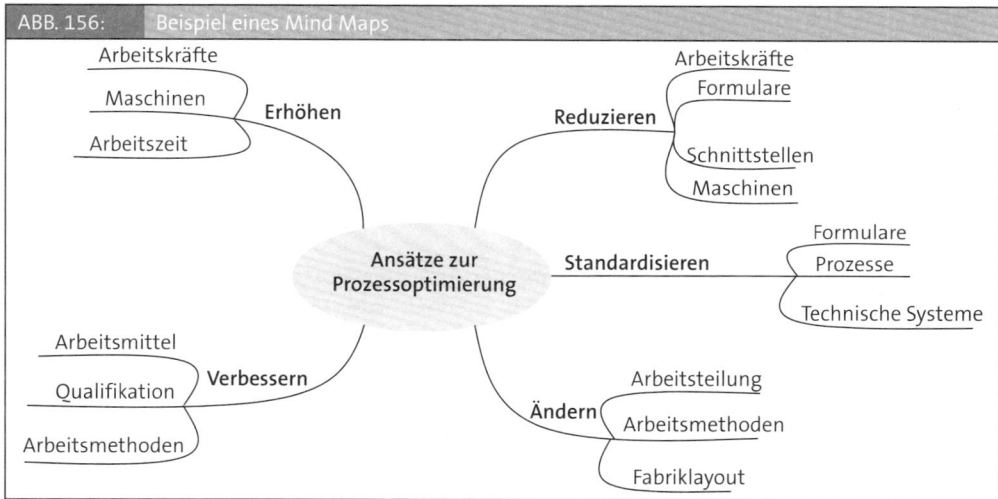

ABB. 156:   Beispiel eines Mind Maps

Mind Maps, die Ergebnisse des Mind Mapping, können z. B. zur einfachen Ideensammlung sowie zur Erfassung und Strukturierung komplexer Sachverhalte eingesetzt werden. Durch die Kombination von sprachlichem und bildhaftem Denken wird die Vorstellungskraft gefördert. Bei Bedarf können Mind Maps auch mit entsprechender Softwareunterstützung erstellt werden.

Vorteile des Brainwritings:

► Es können viele Ideen in relativ kurzer Zeit gesammelt werden.

► Das gleichzeitige Sammeln und Dokumentieren von Ideen spart Zeit und verhindert, dass Ideen verloren gehen.

► Ein räumliches Zusammenkommen der Teilnehmer ist nicht zwingend erforderlich.

► Ist nicht mit ungewollten gruppendynamischen Effekten verbunden.

► Bietet vor allem introvertierteren Teilnehmern, die sich verbal nicht so gut durchsetzen können oder wollen, gute Chancen, ihre Ideen vorzubringen.

Nachteile des Brainwritings:

► Bietet Ideengebern kein direktes Feedback.

► Die Kreativität des Einzelnen wird durch andere Teilnehmer kaum angeregt.

► Gefahr zahlreicher Doppelnennungen und mangelnder Übersichtlichkeit.

Brainwriting ist grundsätzlich überall dort einsetzbar, wo es um Ideenentwicklung in Gruppen geht. Die Technik bietet sich gut im Anschluss an Brainstorming-Sitzungen zur systematischen Vertiefung von Ideen an.

6.6.3   Kreativitäts-Checkliste

Checklisten können nicht nur zum Identifizieren organisatorischer Probleme, sondern auch zum Auffinden entsprechender Lösungen dienen. Durch gezielte Fragen können sie Denkprozesse anstoßen und somit die Kreativität fördern.

Kreativ-Checklisten sprechen Aspekte an, die für die Lösung eines bestimmten organisatorischen Problems grundsätzlich von Bedeutung sein können. Durch die Beantwortung von Prüffragen sollen mögliche Lösungsansätze gefunden werden. Checklisten können in der Regel organisationsrelevantes Expertenwissen nicht ersetzen. Im Gegenteil, ihre Anwendung setzt entsprechendes Wissen voraus.

Checklisten können die Lösung organisatorischer Probleme nur dann wirklich unterstützen, wenn die jeweiligen Prüffragen auf ausreichenden Kenntnissen des betreffenden Gestaltungsbereichs (z. B. Prozessorganisation, Aufbauorganisation) und in der Regel auch der jeweiligen Wirtschaftsbranche basieren. Es macht beispielsweise einen Unterschied, ob der Fertigungsprozess eines Halbleiterherstellers, die Koordination länderübergreifender Produktentwicklungsprojekte oder die Abläufe im OP-Bereich eines Klinikums zu optimieren sind. Checklisten müssen daher problembezogen erstellt oder zumindest auf die unternehmensspezifische Problemstellung angepasst werden.

ABB. 157:	Beispiel einer Kreativ-Checkliste zur Prozessoptimierung		
Können die wichtigsten Problemursachen beseitigt werden durch ...?			
		Ja	Nein
... Weglassen/ Vereinfachen	► Ist es möglich, Arbeitsschritte/Transportvorgänge/Prüfungen/ Formulare usw. wegzulassen, zu vereinfachen oder zu reduzieren?	☐	☐
... Parallelisieren	► Ist es möglich, Prozesse oder Prozessschritte zeitgleich zu anderen zu bearbeiten?	☐	☐
... Ändern	► Können Bearbeitungsfolgen oder das Layout so geändert werden, dass die Durchlaufzeit oder sie Anzahl der Mitarbeiter reduziert werden können?	☐	☐
	► Kann durch die Änderung von Stellenbeschreibungen oder Formularen der Ablauf beschleunigt werden?	☐	☐
	► Können Arbeitsmethoden und -techniken geändert/verbessert werden?	☐	☐
... Automatisieren	► Können Bearbeitungszeiten weiter durch Automatisierung verkürzt werden?	☐	☐
	► Ist es möglich, die Effizienz der Betriebsmittel noch weiter zu steigern?	☐	☐
... Integration	► Ist es möglich, mehrere Arbeitsschritte an einem Arbeitsplatz zusammenzulegen und so Durchlaufzeiten und Koordinations- aufwand zu reduzieren?	☐	☐

Vorteile von Kreativ-Checklisten:

► Sie geben Impulse für kreative Denkprozesse und innovative Problemlösungen.

► Sie erlauben die Nutzung vorhandenen Wissens zur Lösung vergleichbarer organisatorischer Probleme.

► Sie erhöhen die Wahrscheinlichkeit, typische Lösungsansätze beim Vorliegen bestimmter Probleme zu berücksichtigen.

Nachteile von Kreativ-Checklisten:

► Je nach Aufgabenstellung sind problemspezifische Prüffragen erforderlich.

► In der Regel sind fundierte Kenntnisse für das Erstellen und Anwenden einschlägiger Check-listen notwendig.

Kreativ-Checklisten sind beim Lösen organisatorischer Aufgabenstellungen nahezu universell einsetzbar.

6.6.4 Morphologischer Kasten

Bei der Morphologischen Analyse basiert die Ideenfindung nicht auf Intuition, sondern auf ratio-nalem und analytischem Denken. Hierzu wird ein Problem in Teilprobleme, Teilfunktionen oder Parameter zerlegt. Für die einzelnen Parameter werden jeweils Teillösungen gesucht und in ei-nem so genannten morphologischen Kasten zusammengestellt. Für die Zerlegung des Problems bzw. Lösungsparameter und die Suche einzelner Ausprägungen können intuitive Kreativitätstechniken, wie etwa Brainstorming, eingesetzt werden.

Die eigentlichen Problemlösungen sollen schließlich durch systematisches Kombinieren aller denkbaren Merkmalsausprägungen entwickelt werden. Realistische Merkmalskombinationen werden durch Linien miteinander verbunden.

ABB. 158:	Vereinfachtes Beispiel eines Morphologischen Kastens			
LÖSUNGSPARAMETER = technisch-organisatorische Gestaltungsparameter der CAD/NC-Prozesskette	**AUSPRÄGUNGEN** = mögliche organisatorische Lösungsalternativen			
	A	B	C	D
Wer separiert NC-relevante Werkstückgeometrie?	Konstrukteur	NC-Programmierer	Maschinenführer	
Wer erzeugt/ergänzt NC-relevante Geometriedaten?	Konstrukteur	NC-Programmierer	Maschinenführer	
Wer erzeugt/ergänzt NC-relevante Technologiedaten?	Konstrukteur	NC-Programmierer	Maschinenführer	
Wo wird programmiert?	Konstruktion	Arbeitsvorbereitung	Maschinennah	an der Maschine
Mit welchen Hilfsmitteln wird programmiert?	CAD-System mit integr. NC-Modul	NC-System	Maschinensteuerung	
Wer entscheidet über die Dokumentation der optimierten NC-Programme?	Arbeitsvorbereiter	Maschinenführer		

Legende: ———— Organisationskonzept 1
- - - - - - - Organisationskonzept 2

Vorteile des Morphologischen Kastens:

► Sie stellen den gesamten Lösungsraum systematisch und übersichtlich dar.

► Durch das systematische Kombinieren organisatorischer Gestaltungsparameter und deren Ausprägungen können innovative Gesamtlösungen gefunden werden.

Nachteile des Morphologischen Kastens:

► Hoher Zeitaufwand für vollständige Analyse des Lösungs- bzw. Gestaltungsparameter und deren jeweiligen Ausprägungen.

► Durch das Kombinieren von Einzellösungen entsteht nicht zwangsläufig eine praktikable Gesamtlösung.

Der Morphologische Kasten ist geeignet, wenn eine organisatorische Aufgabenstellung bzw. deren Lösung in Komponenten zerlegbar ist und wenn ausreichende Kenntnisse über das Problem und die jeweiligen Lösungsparameter vorhanden sind.

6.7 Techniken zur Bewertung von Lösungsansätzen

In Organisationsvorhaben treten in aller Regel zwei Typen von Entscheidungssituationen auf, in denen Bewertungstechniken zur Anwendung kommen (vgl. Schulte-Zurhausen 2002, S. 374): Zum einen, wenn aus einer Reihe sich gegenseitig ausschließender Lösungsalternativen die vermeintlich beste Lösung auszuwählen ist. Zum anderen, wenn aus einer Vielzahl einander ergänzender Lösungsideen aufgrund begrenzter Ressourcen eine Maßnahmenpriorisierung erforderlich ist. In beiden Fällen sind die zu erwartenden Aufwendungen und Nutzen zu ermitteln und auf der Basis der jeweiligen Ziele zu bewerten. Am Ende eines rationalen Bewertungsprozesses sollte dann der Lösungsvorschlag bzw. das Konzept gewählt werden, das die jeweiligen Ziele am besten zu erreichen verspricht. So wird die Effektivität organisatorischer Maßnahmen gewährleistet (vgl. Kap. 1).

Zur Bewertung von Alternativen können eine Reihe von Techniken verwendet werden. Abbildung 159 gibt einen Überblick über die gängigsten Ansätze.

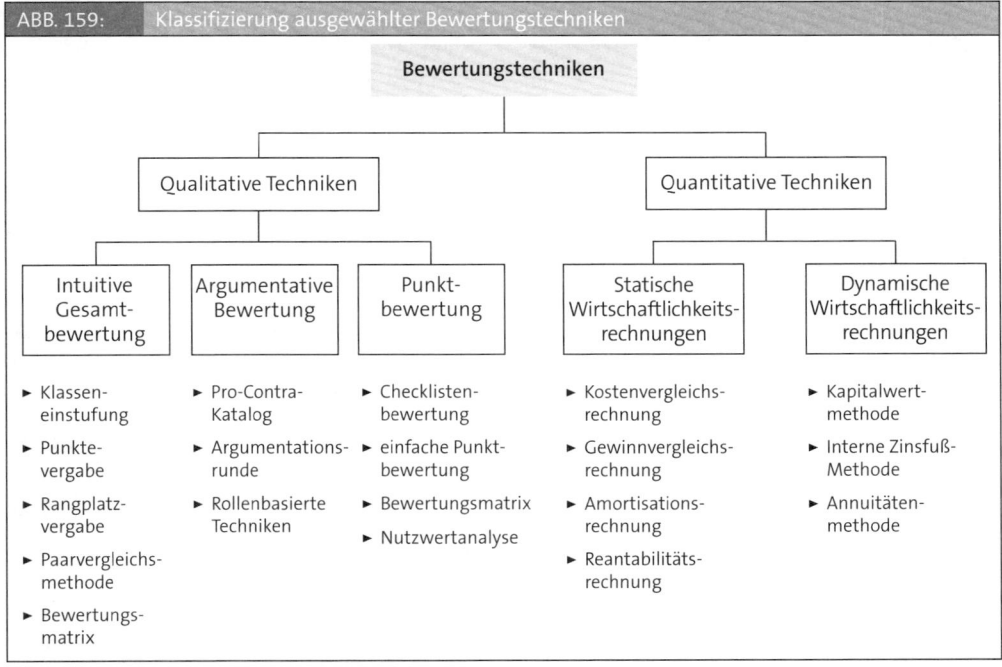

ABB. 159:   Klassifizierung ausgewählter Bewertungstechniken

6.7.1 Intuitive Gesamtbewertung

Die Techniken der intuitiven Gesamtbewertung zeichnen sich dadurch aus, dass ein organisatorischer Lösungsvorschlag aufgrund des Gesamteindrucks bewertet wird, den man von ihm im Vergleich zu anderen in Frage kommenden Vorschlägen gewonnen hat. Die Vorschläge werden pauschal aufgrund der Erfahrung der Bewerter beurteilt, ohne dass eine genauere Analyse erfolgt. Die wichtigsten dieser Techniken sind die Klasseneinstufung, die Punktevergabe, die Rangreihenbildung und die Paarvergleichsmethode (vgl. Seibert 1998, S. 64):

► **Klasseneinstufung:** Hierbei werden verschiedene Klassen gebildet (z. B. sehr interessant, interessant, kommt nicht in Frage), denen die Lösungsideen intuitiv zugeordnet werden. Je nachdem, welches Procedere vereinbart wurde, werden die Vorschläge bestimmter Klassen (z. B. nur die sehr interessanten Vorschläge) weiter verfolgt bzw. von der weiteren Betrachtung ausgeschlossen.

► **Punktevergabe:** Hier erhält jeder Bewerter ein definiertes Punktebudget, das er unter Beachtung vorher vereinbarter Regeln auf die verschiedenen Lösungsvorschläge verteilt.

► **Rangplatzvergabe:** Die Bewertung erfolgt hier, indem die zur Wahl stehenden Lösungsvorschläge in eine intuitive Rangordnung gebracht werden (bester Vorschlag, zweitbester Vorschlag usw.).

► **Paarvergleichsmethode:** Bei dieser Technik werden die Lösungsideen jeweils paarweise verglichen. Dabei wird intuitiv bestimmt, welche der Alternativen jeweils im direkten Vergleich für das Unternehmen geeigneter ist. Am Ende erhält diejenige Alternative, die am häufigsten im direkten Vergleich anderen Vorschlägen vorgezogen wurde, den höchsten Rang, die zweithäufigste den zweiten Rang usw.

► **Bewertungsmatrix:** Diese Technik basiert auf der Bewertung von Lösungsvorschlägen anhand von zwei zentralen Kriterien. In der Praxis werden häufig Kriterien wie „Umsetzungsaufwand" und „(Kunden-)Nutzen" oder „Schwierigkeit der Durchführung" und „Einfluss auf den Unternehmenserfolg" gegenüber gestellt. Die Bewertung der Lösungsvorschläge kann bei dieser Technik entweder intuitiv oder systematisch mit Hilfe eines Punkteschemata erfolgen. Daher lässt sich die Bewertungsmatrix sowohl den intuitiven als auch den Punktbewertungsverfahren zuordnen. Unabhängig davon, ob die Bewertung intuitiv oder mittels Punktbewertung erfolgt, ermöglicht die Bewertungsmatrix das Ableiten von Maßnahmenprioritäten (vgl. Abb. 160).

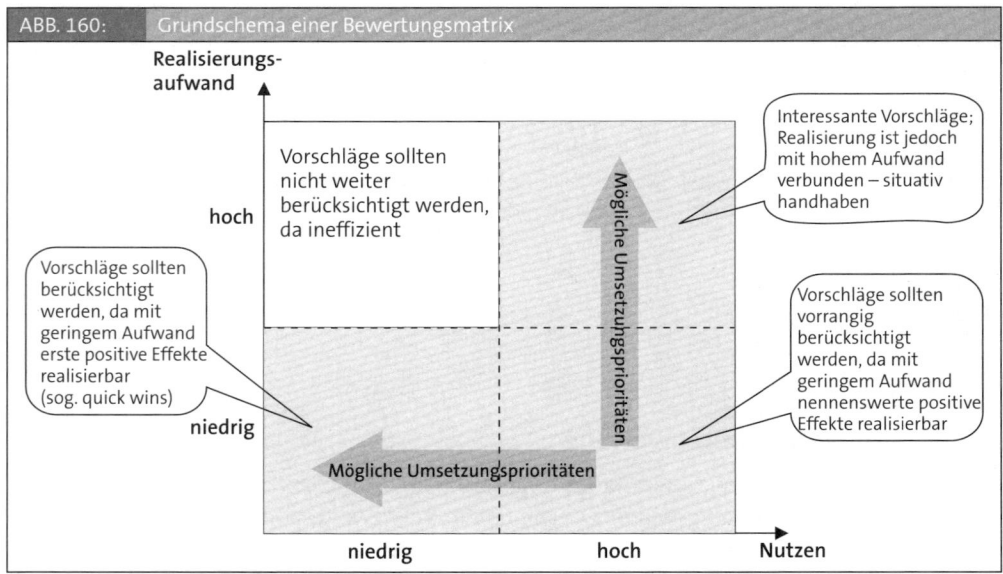

ABB. 160:   Grundschema einer Bewertungsmatrix

Vorteile der intuitiven Gesamtbewertung:

▶ Einfach und ohne nennenswerten Aufwand anwendbar.

▶ Ist universell in unterschiedlichen Situationen einsetzbar.

▶ Die Bewertungs- und Entscheidungsregeln sind situativ anpassbar.

▶ Bei entsprechender Erfahrung sind auch mit Intuition gute Bewertungen bzw. Entscheidungen möglich.

Nachteile der intuitiven Gesamtbewertung:

▶ Hohes Fehlerrisiko bei fehlender oder geringer Erfahrung.

▶ Gefahr, dass die Entscheidungsalternativen nicht einheitlich nach denselben Kriterien bewertet werden.

▶ Das Zustandekommen intuitiver Bewertungen ist für Dritte nicht nachvollziehbar.

▶ Sie erfüllt in der Regel nicht die formalen Anforderungen, die an rationale und transparente Entscheidungen in Unternehmen gestellt werden.

Die Techniken der intuitiven Gesamtbewertung bieten sich an, wenn aus einer Fülle von Vorschlägen mit möglichst geringem Aufwand eine überschaubare Zahl in die engere Wahl kommender Alternativen auszuwählen ist.

6.7.2 Argumentative Bewertung

Die Grundidee argumentativer Bewertungstechniken besteht darin, Vor- und Nachteile der zur Wahl stehenden Alternativen in verbaler oder schriftlicher Form systematisch gegenüberzustellen und so zu einem differenzierten Meinungsbild zu kommen. Je nach Überzeugungskraft der vorgebrachten Argumente werden Lösungsvorschläge von den jeweiligen Entscheidern angenommen oder abgelehnt. Die wichtigste dieser Techniken ist der Pro-Contra-Katalog (auch verbale Bewertung genannt).

▶ **Pro-Contra-Katalog:** Hier werden die Argumente, die für und gegen bestimmte Lösungsalternativen sprechen, systematisch gegenübergestellt. Die Argumente können im Rahmen von Einzelarbeit oder von Gruppensitzungen (etwa in Kombination mit Brainstorming oder Brainwriting) gesammelt, visualisiert bzw. schriftlich festgehalten und anschließend nach ihrem Gewicht geordnet werden. Als Ergebnis erhält man eine mehr oder weniger umfangreiche Argumentenbilanz für die einzelnen Lösungsvorschläge.

▶ **Argumentationsrunde:** Im Rahmen einer Gruppensitzung werden hier die wichtigsten Argumente für oder gegen die zur Wahl stehenden Lösungsalternativen mündlich vorgetragen. Eine professionelle Gesprächsmoderation kann hierbei einen wichtigen Beitrag zu einer hohen Sitzungseffizienz leisten. Der Vor- und zugleich Nachteil der mündlichen Form liegt in der geringeren Verbindlichkeit der Aussagen.

▶ **Rollenbasierte Techniken:** Diese Art von Techniken stellt eine spielerische Variante der Argumentationsrunde dar. Die Teilnehmer einer Bewertungsrunde erhalten hierbei verschiedene Rollen. Jeder Rolle ist eine bestimmte Sichtweise zugewiesen (z. B. sachliche Betrachtung, emotionale Betrachtung, Bedenken, Chancen). Diese Rollen werden zum Beispiel in Form verschiedenfarbiger Hüte, unterschiedlicher Stühle, Raumecken oder Armbinden symbolisiert. Ein Rollenwechsel ist zeitlich bzw. themenbezogen vorab festgelegt. Im Unterschied zur reinen Pro-Contra-Diskussion erleichtert die Trennung der einzelnen Rollen eine systematische und konsequente Bewertung aus verschiedenen Blickwinkeln und reduziert die Gefahr von Einseitigkeit und blinden Flecken. Bekannte Beispiele für rollenbasierte Techniken sind die 6-Hüte-Methode von De Bono (1990) oder die 3-Stühle-Methode von Walt Disney (Dilts et al. 2000). Die rollenbasierten Techniken können nicht nur zum Bewerten, sondern auch zum Suchen von Lösungsalternativen eingesetzt werden.

Vorteile der argumentativen Bewertung:

► Keine nennenswerten methodischen Vorkenntnisse erforderlich.

► Vergleichsweise geringer Zeitaufwand.

► Bietet für Dritte eine höhere Transparenz als bei rein intuitivem Vorgehen.

Nachteile der argumentativen Bewertung:

► Gefahr, dass keine systematische Bewertung aller Alternativen anhand derselben Kriterien erfolgt.

► Aus der reinen Anzahl von Pro- oder Contra-Argumenten können ohne weitere inhaltliche Prüfung vorschnell Schlussfolgerungen abgeleitet werden.

► Keine transparente Gewichtung der Argumente nach ihrer Bedeutung möglich.

► Die reine Gegenüberstellung von Argumenten erlaubt per se kein direktes Ableiten von Entscheidungen. Dadurch ist auch für Dritte das Nachvollziehen von Entscheidungen nur beschränkt möglich.

Die Techniken der argumentativen Bewertung sind gut in Kombination mit anderen Bewertungsmethoden einsetzbar. Ihr Einsatz empfiehlt sich vor allem, wenn die vorliegenden Informationen zur Anwendung exakterer Bewertungstechniken nicht ausreichen oder deren Beschaffung zu aufwändig wäre.

6.7.3 Punktbewertung

Die Bewertung von Lösungsalternativen kann auch durch die Vergabe von Punktwerten erfolgen. Eine einfache Variante hierbei ist die **Checklistenbewertung**. Ihr liegen spezifische Prüffragen zugrunde anhand deren die Entscheidungsalternativen einer systematischen Prüfung unterzogen werden. Die Prüffragen sind lediglich mit ja (1 Punkt) oder nein (0 Punkte) zu beantworten. Die Wahl einer Entscheidungsalternative ergibt sich aus der höchsten Summe an Punktwerten. Bei Bedarf kann bei den Prüffragen zwischen Muss- und Kann-Kriterien unterschieden werden.

Bei den **Punktbewertungsverfahren** (sog. Scoring) erfolgt die Bewertung von Lösungsideen auf der Basis mehr oder weniger umfangreicher Einzelkriterien. Je nachdem, wie gut die jeweiligen Ideen die Entscheidungskriterien erfüllen, erhalten sie vorab festgelegte Punktwerte. Gewählt wird am Ende der Lösungsvorschlag, der in der Summe den höchsten Punktwert erreicht. Grob lassen sich einfache und aufwändigere Punktbewertungen unterscheiden. Bei beiden Verfahrensgruppen können Objektivität und Qualität der Bewertung durch die Einbeziehung mehrerer Bewerter gesteigert werden.

Bei **einfachen Punktbewertungen** wird der Erfüllungsgrad der verschiedenen Entscheidungskriterien durch die Vergabe von Punkten beurteilt. Dabei werden meist nur wenige gleichgewichtige Bewertungskriterien berücksichtigt. Der Bewertungsschlüssel ist nur grob spezifiziert (z. B. 10 Punkte = Anforderungen voll erfüllt, 5 Punkte = Anforderungen teilweise erfüllt, 0 Punkte = Anforderungen nicht/kaum erfüllt). Die Wahl fällt dann auf die Entscheidungsalternative mit der höchsten Gesamtpunktzahl.

Die Auswahl von Entscheidungsalternativen mittels **Bewertungsmatrix** kann auch auf der Basis einer Punktbewertung erfolgen. In diesem Fall werden die beiden übergeordneten Entscheidungskriterien (z. B. Kosten, Nutzen) mittels weiterer Kriterien (z. B. Kosten: Anschaffungskosten, Umstellungsaufwand, laufende Kosten) konkretisiert. Für jedes dieser Detailkriterien werden analog der Nutzwertanalyse eine Gewichtung sowie Transformationsregeln (z. B. 10 Punkte für Kosten ≤ 10 Mio. €, 9 Punkte für Kosten 10-12 Mio. € usw.) vereinbart. Durch die Punktbewertung kann die Subjektivität zwar nicht vermieden, die Bewertungen aber insgesamt transparenter werden.

Bei der **Nutzwertanalyse** handelt es sich um ein aufwändigeres und formalisierteres Punktbewertungsverfahren. Der Hauptunterschied gegenüber einfacheren Verfahren besteht darin, dass die Bewertungskriterien entsprechend ihrem Nutzenbeitrag gewichtet werden. Darüber hinaus werden in der Regel auch mehr Bewertungskriterien berücksichtigt und genauere Vorgaben für die Punktevergabe definiert. Zur Ermittlung der Nutzwerte sind folgende sechs Schritte vorgesehen:

► **Festlegung der Entscheidungskriterien:** Zunächst ist zwischen Muss- und Kann-Kriterien zu unterscheiden. Muss-Kriterien sind Restriktionen, Mindestanforderungen oder Nebenbedingungen, die unbedingt erfüllt werden müssen. Erfüllt eine Lösungsvariante nicht alle Muss-Kriterien, scheidet sie für die weitere Betrachtung aus. Für jede Lösungsalternative wird festgehalten, ob sie die jeweiligen Muss-Kriterien erfüllt. Kann-Kriterien sind dagegen Anforderungen, die von den Lösungsvorschlägen möglichst gut erfüllt werden sollen.

► **Gewichtung der Entscheidungskriterien:** Nicht alle Kann-Kriterien haben die gleiche Bedeutung. Ihre unterschiedliche Bedeutung spiegelt sich in der Gewichtung der Kriterien wider. Am einfachsten wird hierzu ein definiertes Punktebudget (meist 10 oder 100 Punkte) entsprechend den Prioritäten auf die Kriterien verteilt.

► **Bewertung der Lösungsalternativen (Zielerfüllungsgrad):** Jede Lösungsalternative wird danach bewertet, in welchem Umfang sie die jeweiligen Kann-Kriterien erfüllt. Hierfür bietet sich eine Skala von 0-10 Punkten an, wobei das untere Skalenende für einen geringen und das obere Skalenende für einen hohen Erfüllungsgrad steht. Die Subjektivität der Einschätzungen kann an dieser Stelle zwar nicht völlig vermieden, jedoch bei Bedarf durch vorab definierte Transformationsregeln eingeschränkt werden (z. B. 10 Punkte für Kosten ≤ 10 Mio. €, 9 Punkte für Kosten 10-12 Mio. € usw.).

► **Multiplikation der Gewichtungen mit den Zielerfüllungsgraden:** Durch die Multiplikation von Gewichtungsfaktoren und Zielerfüllungsgraden werden die Teilnutzenwerte ermittelt.

► **Ermittlung der Nutzwerte für jede Lösungsalternative:** Durch die spaltenweise Addition der Teilnutzenwerte wird für jede Lösungsalternative der Gesamtnutzenwert errechnet. Am vorteilhaftesten ist die Alternative, die den höchsten Nutzwert erzielt.

► **Überprüfung der Ergebnisstabilität (Sensitivitätsanalyse):** Bei Bedarf, etwa wenn die Nutzwerte zweier Lösungsalternativen nahe beieinander liegen, kann schließlich noch überprüft werden, wie stabil die erzielten Ergebnisse sind. Hierzu werden die Ziele, deren Gewichtungen und/oder die Zielerfüllungsgrade der Lösungsalternativen variieren. Dies kann sinnvoll sein, da sowohl bei der Festlegung der Ziele, der Gewichtungen sowie der Erfüllungsgrade subjektive Einflüsse nicht völlig ausgeschlossen werden können. Mit Hilfe einer Sensitivitäts-analyse kann geprüft werden, inwieweit eine favorisierte Lösungsalternative auch veränder-ten Annahmen standhält.

ABB. 161: Beispiel einer Nutzwertanalyse						
Ziele / **Lösungsvarianten**		I Optimierung funktionale Struktur		II Einführung divisionale Struktur		III Einführung Matrixstruktur
MUSS-Ziele ► kein zusätzliches Personal ► Beibehaltung aller Standorte		erfüllt erfüllt		erfüllt erfüllt		nicht erfüllt erfüllt
KANN-Ziele	Gewicht (G)	ZEG (0–10)	TNW (G x ZEG)	ZEG (0–10)	TNW (G x ZEG)	ZEG (0–10) / TNW (G x ZEG)
► Umstellungsaufwand	20	7	140	2	40	
► laufende Kosten	35	5	175	7	245	
► Nutzung von Synergien	20	5	100	3	60	
► Kundennähe	15	5	75	9	135	
► Mitarbeiterzufriedenheit	10	7	70	4	40	
Summe	100		560		520	
Zielerreichungsgrad			56 %		52 %	

Legende: ZEG = Zielführungsgrad (0 Pkt. = sehr gering; 10 Pkt. = sehr hoch)
TNW = Teilnutzwert

Wird die Nutzwertanalyse mit einer Kostenanalyse bzw. Kostenvergleichsrechnung kombiniert, spricht man von einer Kosten-Wirksamkeits- oder Kosten-Nutzen-Analyse (vgl. Schmidt 2003, S. 331 f.).

Vorteile der Punktbewertung:

► Erlaubt analytisches und zugleich einfaches Vorgehen.

► Ermöglicht die Berücksichtigung quantitativer und qualitativer Kriterien.

► Bietet eine systematische Bewertung aller Alternativen anhand identischer und identisch ge-wichteter Kriterien.

► Das Zustandekommen der Bewertungsergebnisse ist gut dokumentierbar und für Dritte gut nachvollziehbar.

► Die Stabilität der Ergebnisse ist durch Sensitivitätsanalysen gut zu überprüfen.

Nachteile der Punktbewertung:

▶ Subjektive Einflüsse bei Auswahl und Gewichtung der Zielkriterien sowie Bewertung der Zielerfüllungsgrade können nicht ausgeschlossen werden.

▶ Punkt- bzw. Nutzwerte können als mathematisch exakte Werte fehlinterpretiert werden.

▶ Punkt- und Nutzwerte sind das Ergebnis subjektiver Einschätzungen und damit auch abhängig vom Kreis der Bewerter.

Die Anwendung von Punktbewertungsverfahren empfiehlt sich, wenn nicht-monetäre Entscheidungskriterien zu berücksichtigen sind und wenn die zu erarbeitenden Bewertungsergebnisse für Dritte (z. B. Entscheider im Management) transparent sein sollen.

6.7.4 Wirtschaftliche Bewertung

Im Unterschied zu den bislang dargestellten Bewertungstechniken berücksichtigen wirtschaftliche Bewertungstechniken ausschließlich monetär quantifizierbare Größen wie etwa Investitionen, Kosten, Erträge, Zahlungsströme oder Rentabilitäten. Als Bewertungstechniken stehen hier die klassischen Verfahren der Investitionsrechnung zur Verfügung (vgl. Däumler/Grabe 2007). Diese lassen sich in statische und dynamische Verfahren unterscheiden.

Statische Verfahren gehen vereinfacht davon aus, dass während der Nutzungsdauer einer Investition Einnahmen und Ausgaben in jeder Periode jeweils in gleicher Höhe anfallen. Die Verfahren arbeiten daher mit repräsentativen Durchschnittswerten. Zu den statischen Verfahren der Wirtschaftlichkeitsrechnung zählen:

▶ Kostenvergleichsrechnung,

▶ Gewinnvergleichsrechnung,

▶ Rentabilitätsrechnung,

▶ Amortisationsrechnung.

Bei **Kostenvergleichsrechnungen** werden für jede in Betracht kommende Lösungsalternative die zurechenbaren Kosten ermittelt und gegenübergestellt. Je nach Bedarf können einmalige und/oder laufende Kosten Gegenstand der Betrachtung sein. Unabhängig von den betrachteten Kostengrößen gilt als Entscheidungsregel, dass die (z. B. organisatorische) Alternative zu wählen ist, die die geringsten durchschnittlichen Kosten (z. B. Stück-, Prozess- oder Gesamtkosten) aufweist.

Durch die Einbeziehung von Ertragskomponenten kann die Kostenvergleichsrechnung zu einer **Gewinnvergleichsrechnung** erweitert werden. Als Entscheidungsregel gilt dann, dass diejenige Investitionsalternative zu wählen ist, deren Gewinn (d. h. Differenz aus Kosten und Erlösen) größer Null ist oder die im Vergleich den höchsten Gewinn erwarten lässt. In organisatorischen Kontexten erfolgt meist keine Gewinnvergleichsrechnung im klassischen Sinne, da (Umsatz-)Erlöse einer organisatorischen Maßnahme oft nicht ursächlich zurechenbar sind. Daher werden in der betrieblichen Praxis häufig die voraussichtlichen Kosten für ein Organisationsvorhaben ermittelt und den **zu erwartenden Kosteneinsparungen** (= monetär quantifizierbarer Nutzen) gegenübergestellt. Die Berechnung der laufenden Kosten und Nutzen basiert dabei auf voraussichtlichen jährlichen Durchschnittswerten. Als Bezugsbasis zur Abschätzung laufender Effekte dienen in der Regel Werte der Ist-Situation. Die Wirtschaftlichkeit organisatorischer Maßnahmen ist gegeben, sofern die Summe des monetär quantifizierbaren Nutzens größer ist als die Summe der monetär quantifizierbaren Kosten.

ABB. 162: Gegenüberstellung monetär quantifizierbarer Effekte	
Kosten	**Nutzen**
Einmalige Effekte	Einmalige Effekte
z. B. Kosten für Projektdurchführung, Struktur- und Prozessänderungen; für Schulungsmaßnahmen, für externe Beratung, für Investitionen in Hard- und Software oder für die Realisierung eines Sozialplans (z. B. Abfindungen, Vorruhestands- und Altersteilzeitvereinbarungen)	z. B. Erlöse aus dem Verkauf von Maschinen, Gebäuden oder Grundstücken, die infolge organisatorischer Maßnahmen nicht mehr benötigt werden
Laufende Effekte	Laufende Effekte
z. B. (Mehr-)Kosten für zusätzliches und/oder höher qualifiziertes Personal oder für zusätzlich eingerichtete Leitungsstellen	z. B. Einsparungen von Personal- und Sachkosten durch Personalabbau oder Reduzierung von Hierarchieebenen, Erhöhung des Stückgewinns infolge von Produktivitätsverbesserungen, Erlössteigerungen infolge verbesserter Termintreue
$\sum$ Kosten	$\sum$ Nutzen

Rentabilitätsrechnungen bauen auf der Kosten- bzw. Gewinnvergleichsrechnung auf und zeigen die durchschnittliche jährliche Verzinsung des eingesetzten Kapitals. Hierzu werden die einer Investition zurechenbaren finanziellen Aufwendungen und Nutzen ins Verhältnis zueinander gesetzt. Die Vorteilhaftigkeit einer Maßnahme ist gegeben, wenn die geforderte Mindestrentabilität erreicht wird. Stehen mehrere Alternativen zur Wahl, ist diejenige mit der höchsten Rentabilität am vorteilhaftesten.

Bei **Amortisationsrechnungen** wird die Vorteilhaftigkeit einer Investition an der Zeitdauer gemessen, innerhalb derer der Kapitaleinsatz für eine Investition über die daraus resultierenden Erlöse vollständig wiedergewonnen wird. Stehen mehrere Alternativen zur Wahl, gilt diejenige mit der kürzesten Amortisationsdauer als die vorteilhafteste – vorausgesetzt sie überschreitet die vom Investor maximal zulässige Amortisationsdauer nicht. In der Organisationsarbeit können Amortisationsrechnungen insbesondere bei Rationalisierungsprojekten eingesetzt werden, sofern sich Kosten und Nutzen im Sinne von Aus- und Einzahlungsströmen monetär quantifizieren lassen (vgl. Abb. 163). Auch bei einer pragmatischen Handhabung von Wirtschaftlichkeitsrechnungen sollte bei ihrer Anwendung darauf geachtet werden, dass die jeweils geforderten Rechengrößen (z. B. Ein- und Auszahlungen, Aufwendungen und Erträge, Kosten und Nutzen) ausreichend exakt vorab geschätzt werden können.

BEISPIEL:

Die Leitung eines Geschäftsbereichs plant die Reorganisation einiger Abteilungen. Die Kosten für externe Unterstützung durch eine Unternehmensberatung belaufen sich einmalig auf rund 35.000 €. Infolge der Prozessoptimierung in der Fertigung kann die Maschinenauslastung verbessert und eine dadurch nicht mehr benötigte Anlage veräußert werden. Durch den Verkauf dieser Anlage ist mit einem Einmalerlös in Höhe von 15.000 € zu rechnen. Qualifizierungsmaßnahmen, die aufgrund der vorgesehenen Änderungen des Aufgabenzuschnitts erforderlich sind, werden im zweiten Jahr mit 5.000 € veranschlagt. Den durch die Restrukturierung zu erwartenden jährlichen zusätzlichen Lohnzahlungen für zwei neue Mitarbeiter von 8.000 € stehen erwartete Einzahlungen von etwa 18.000 € gegenüber. Diese ergeben sich aus einer geringerer Zinszahlungen infolge drastisch reduzierter Lagerbestände sowie den durch die geplante Halbierung der Lieferzeiten zu erwartende Mehrumsatz. Insgesamt ist damit zu rechnen, dass sich die Investitionen nach knapp dreieinhalb Jahren amortisieren.

ABB. 163:	Beispiel einer Amortisationsrechnung (Werte in €)				
Jahr	1	2	3	4	5
Einmalige Auszahlungen	-35.000	-5.000	0	0	0
Laufende zusätzliche Auszahlungen	0	-8.000	-8.000	-8.000	-8.000
Einmalige Einzahlungen	15.000	0	0	0	0
Laufende Einzahlungen	0	18.000	18.000	18.000	18.000
Kumulierte Differenz	-20.000	-15.000	-5.000	5.000	5.000

↑
Amortisations-
zeitpunkt

Tendenziell ist die Anwendung von Gewinn-, Rentabilitäts- und Amortisationsrechnungen in der praktischen Organisationsarbeit dadurch erschwert, dass organisatorischen Lösungen quantifizierbare Nutzengrößen oft nicht direkt zurechenbar sind oder nur grob geschätzt werden können.

Dynamische Verfahren berücksichtigen dagegen den Faktor Zeit, indem sie in der Zukunft liegende Einzahlungen und Auszahlungen auf den Investitionszeitpunkt abzinsen und so einen Vergleich der Gegenwartswerte vornehmen können. Zu den dynamischen Verfahren der Wirtschaftlichkeitsrechnung zählen:

► Kapitalwertmethode,

► Interne Zinsfuss-Methode,

► Annuitätenmethode.

Zur detaillierten Bewertung der einzelnen Investitionsrechenverfahren sei auf die einschlägige Fachliteratur verwiesen (vgl. Däumler/Grabe 2007).

Vorteile von wirtschaftlichen Bewertungstechniken:

► Sie erlauben die Berücksichtigung quantifizierbarer bzw. monetärer Kriterien.

► Unter Anwendung der jeweiligen Entscheidungsregel ermöglichen sie eine klare Priorisierung von Lösungsalternativen.

► Bewertungsprocedere und -kriterien entsprechen den Anforderungen, die in der betrieblichen Praxis in der Regel an rationale Managemententscheidungen gestellt sind.

Nachteile von wirtschaftlichen Bewertungstechniken:

► Erforderliche Eingangsgrößen sind organisatorischen Lösungen nicht immer direkt zurechenbar und/oder nicht mit ausreichender Qualität prognostizierbar.

► Diese Techniken suggerieren Objektivität und Genauigkeit, die aufgrund der Einflüsse der Verfahrenswahl, der Auswahl von Kosten- und Nutzengrößen und der zu Grunde liegenden Annahmen (z. B. Soll-Amortisationszeit, Mindestrendite) oft nicht gegeben sind.

Wirtschaftliche Bewertungstechniken sollten dann eingesetzt werden, wenn die Auswirkungen organisatorischer Lösungen quantifizierbar und die Kosten und/oder Erlöse den entsprechenden Maßnahmen direkt zurechenbar sind. Ihr Einsatz ist auch in Fällen möglich, in denen monetäre Größen mit hinreichender Genauigkeit geschätzt werden können (vgl. Kapitel 6.3.7).

6.8 Zusammenfassung: Das Wichtigste in Kürze

Für die praktische Organisationsarbeit ist neben Kenntnissen zentraler Gestaltungsparameter und Formen der Aufbau- und Prozessorganisation wichtig zu wissen, wie und mit welchen Instrumenten man an organisatorische Aufgaben herangehen kann. Entsprechende Kenntnisse und Fertigkeiten helfen, vorhandenes Wissen zur Unternehmensorganisation so einzusetzen, dass geeignete Strukturen und Prozesse in effizienter Weise geplant und umgesetzt werden können.

Da sich viele Organisationsvorhaben als projektbezogene Aufgaben charakterisieren und lösen lassen, finden sich heute zahlreiche Elemente des Projektmanagements auch in Vorgehensmodellen des Organisationsmanagements.

Die systematische Organisationsarbeit mit Vorgehensmodellen wird unterstützt durch geeignete Arbeitstechniken, die in den einzelnen Phasen einsetzbar sind. Das Spektrum reicht von Techniken zur Auftragsklärung, zur Gewinnung von Informationen, zur Beschreibung und Beurteilung der Ist-Situation bis hin zur Entwicklung, Bewertung und Dokumentation organisatorischer Lösungen.

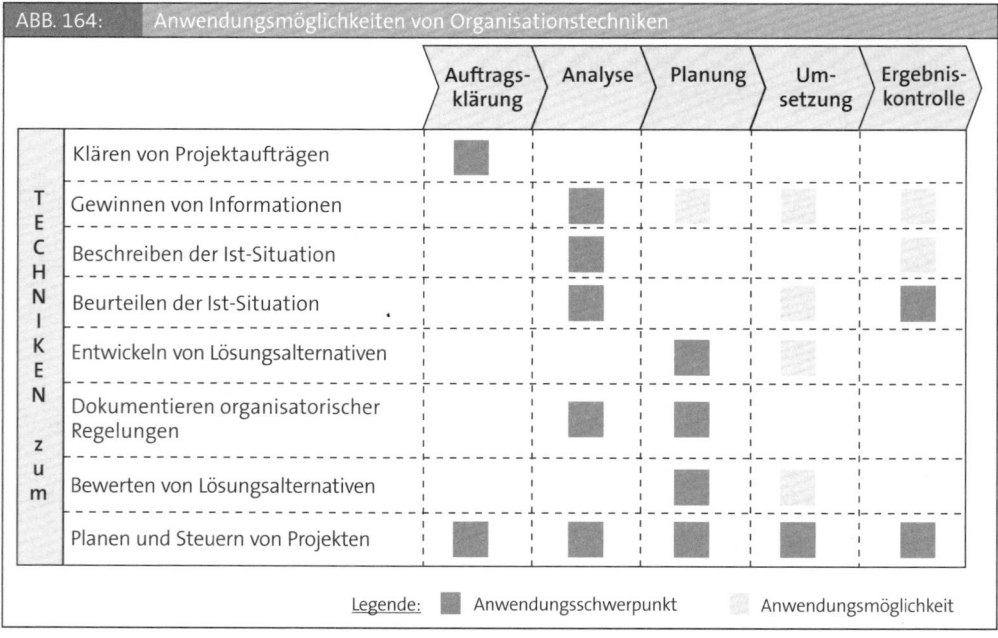

ABB. 164:   Anwendungsmöglichkeiten von Organisationstechniken

Diese Techniken sind jeweils mit spezifischen Vor- und Nachteilen sowie Anwendungsschwerpunkten verbunden. Wer ihre Potenziale für die Organisationsarbeit nutzen will, muss sie im Detail kennen und praktisch anwenden können. Hierzu finden sich in diesem Kapitel entsprechende Ausführungen und Praxishinweise.

LITERATURVERZEICHNIS

A

Ahlrichs, F./Knuppertz, T.: Controlling von Geschäftsprozessen: prozessorientierte Unternehmenssteuerung umsetzen, Stuttgart 2006.

Antoni, C.: Gruppen- und Teamarbeit, in: Bullinger, H.J./Warnecke, H.J./Westkämper, E. (Hrsg.) Neue Organisationsformen im Unternehmen, 2. Aufl. Berlin 2003, S. 410-420.

Argyris, C./Schön, D.A.: Organizational Learning II: Theory, Method and Practice. Reading, MA 1996.

B

Bastian, H.: Grundlagen der Workshopgestaltung, in: Kaune, A. (Hrsg.) Change Management mit Organisationsentwicklung, Berlin 2004, S. 102-127.

Bayer AG (Hrsg.): Geschäftsbericht 2007, Leverkusen 2008

Becker, H./Langosch, I.: Produktivität und Menschlichkeit. Organisationsentwicklung und ihre Anwendung in der Praxis, 5. Aufl. Stuttgart 2002.

Becker, L.: Management des Unternehmenswandels am Beispiel der Bayer AG – von der Stammhaus- zur Holdingstruktur, Unterlagen zum Vortrag am 18. 5. 2006 an der Justus-Liebig-Universität Gießen

Becker, T.: Prozesse in Produktion und Supply Chain optimieren, 2. Aufl., Berlin/Heidelberg 2008

Beer, M./Eisenstat, R.A./Spector, B.: Why Change Programs Don't Produce Change, in: Havard Business Review, Nov. 1990, S. 158-166.

Best, E./Weth, M.: Geschäftsprozesse optimieren: Der Praxisleitfaden für erfolgreiche Reorganisation, Wiesbaden 2003.

Binner, H., F.: Prozessorientierte Arbeitsvorbereitung, 2. Aufl., München/Wien 2003.

BIT (Bundesstelle für Informationstechnik): Softwareprodukte zur Geschäftsprozessanalyse und -optimierung: Bedeutung ihres Einsatzes und eine Übersicht zu ausgewählten Produkten, aktualisierte Version 4.0, Berlin 2008 (http://www.bit.bund.de/cln_108/nn_373632/BIT/DE/Shared/Publikationen/VBPO/Arbeitshilfen_Softwareprodukte,templateId=raw,property=publicationFile.pdf/Arbeitshilfen_Softwareprodukte.pdf)

Bleicher, K.: Organisation. Strategien – Strukturen – Kulturen, 2. Aufl., Wiesbaden 1991.

Bliesel, H.: Key Account Management erfolgreich planen und umsetzen, Wiesbaden 2002.

Bokranz, R.: Personalbedarfsplanung, in: Gaugler, E. et al. (Hrsg.): Handwörterbuch des Personalwesens, Stuttgart 2004, Sp. 1380-1394

Borg, I.: Mitarbeiterbefragungen – kompakt, Göttingen 2002.

Bungard, W.: Mitarbeiterbefragungen, in: Jöns, I,/Bungard, W. (Hrsg.): Feedbackinstrumente im Unternehmen: Grundlagen, Gestaltungshinweise, Erfahrungsberichte, Wiesbaden 2005, S. 162-175.

Büchi, R./Chrobok, R.: Organisations- und Planungstechniken im Unternehmen, 2. Aufl., Stuttgart 1997.

Bühner, R.: Betriebswirtschaftliche Organisationslehre, 9. Aufl, München/Wien 1999.

Buzan, T./Buzan, B.: Das Mind-Map-Buch: Die beste Methode zur Steigerung ihres geistigen Potentials, 3. Aufl., Landsberg am Lech 1998.

Byrne, J.A./Brandt, R./Port, O.: The virtual corporation. In: International Business Week (February 8) 1993, S. 36-40.

C

Capgemini Consulting (Hrsg.): Change Management – Studie 2008: Business Transformation – Veränderungen erfolgreich gestalten. http://www.de.capgemini.com/servlet/PB/show/1264270/Change-Management.pdf (15. 06. 2008).

Centrale für Coorganisation (Hrsg.): RFID – Optimierung der Value Chain: Einsatzbereiche, Nutzenpotenziale und Herausforderungen, Köln 2003.

Coverdale Team Management Deutschland GmbH (Hrsg.): Coverdale-Studie zur Veränderungsdynamik in Unternehmen, München 2004.

Cummings, T.G./Huse, E.F.: Organization development and change, 4. ed., St. Paul 1998.

D

Davenport, T.: Process Innovation – Reengineering Work through Information Technology, Boston 1993.

Däumler, K.-D./Grabe, J.: Grundlagen der Investitions- und Wirtschaftlichkeitsrechnung, 12. völlig überarb. Aufl., Berlin 2007.

De Bono, E.: Six Thinking Hats, London 1990.

Deiwiks, J./Faust, P./Becker, H.-P./Niemand, S.: Lean im indirekten Bereich, in: Zeitschrift Führung + Organisation, 6/2008, S. 402-411.

Dilts, R.B./Epstein, T./Dilts, R.W./Kierdorf, T.: Know-how für Träumer, 2. Aufl., Paderborn 2000.

Doppler, K./Lauterburg, Ch.: Change Management: den Unternehmenswandel gestalten, 10. Aufl., Frankfurt/New York 2002.

Doppler, K./Fröhlich, S./Gergen, K.J.: Tiefe nach Augenmaß: Drei Autoren, fünf Fragen, in Organisationsentwicklung 27. Jg. (2008), Nr. 2, S. 12-19

Dreher, C./Fleig, J./Harnischfeger, M./Klimmer, M.: Neue Produktionskonzepte in der deutschen Industrie – Bestandsaufnahme, Analyse und wirtschaftspolitische Implikation, Heidelberg 1995.

Dreesmann, H./Kraemer-Fieger, S.: Moving: neue Managementkonzepte zur Organisation des Wandels, Frankfurt 1994.

Deutsches Benchmarking Zentrum: http://www.benchmarkingforum.de/benchmarking_arten.htm (25. 1. 2009)

Drew, J./McCallum, B./Roggendorfer, S.: Unternehmen Lean, New York 2005.

E

Erlach, K.: Wertstromdesign: Der Weg zur schlanken Fabrik, Berlin/Heidelberg/New York 2007.

F

Feldbrügge, R./Brecht, Hadraschek, B.: Prozessmanagement leicht gemacht: Geschäftsprozesse analysieren und gestalten, 2. Aufl., München 2008.

Fischermanns, G./Liebelt, W.: Grundlagen der Prozessorganisation, 5. Aufl., Gießen 2000.

Frese, E.: Interne Märkte, in: Schreyögg, G./Werder, A. (Hrsg.): Handwörterbuch der Unternehmensführung und Organisation; 4. Aufl., Stuttgart 2004, Sp. 552-560.

G

Gabrielle, G.: Key Account Management in der Industrie am Beispiel der ABB, in: Zupancic, D./Bussmann, W./Belz, Ch.: Best Practice in Key Account Management, Frankfurt 2005, S. 259-264.

Gadatsch, A.: Grundkurs Geschäftsprozess-Management, 4. Aufl. Wiesbaden 2005.

Gaitanides, M.: Prozessorganisation, München 1983.

Gaitanides, M.: Ablauforganisation, in: Frese, E. (Hrsg.) Handwörterbuch der Organisation, 3., völlig neu gestaltete Aufl., Stuttgart 1992, S. 1-18.

Gaitanides, M./Scholz, R./Vrohlings, A./Raster, M.: Prozessmanagement: Konzepte, Umsetzungen und Erfahrungen des Reengineering, München 1994.

Gaitanides, M.: Prozessorganisation: Entwicklung, Ansätze und Programme des Managements von Geschäftsprozessen, 2., völlig überarb. Aufl., München 2007.

Gattermeyer, W./Al-Ani, A.: Entwicklung und Umsetzung von Change Management-Programmen, in: Gattermeyer, W./Al-Ani, A. (Hrsg.): Change Management und Unternehmenserfolg: Grundlagen – Methoden – Praxisbeispiele, 2., aktualisierte und erweiterte Aufl., Wiesbaden 2001, S. 13-43.

Genger, J.: Die Lufthansa organisiert ihre Passagiersparte neu, http://www.stern.de/wirtschaft/unternehmen/unternehmen/:Lufthansa-Passagiersparte/574480.html (20.10.2006)

Gillert, F./Hansen, W.-R.: RFID für die Optimierung von Geschäftsprozessen, München 2007

Gladen, W.: Performance Measurement, Wiesbaden 2005

Gomez, P./Fasnacht, D./Wasserer, C./Waldispühl, R.: Komplexe IT-Projekte ganzheitlich führen. Ein praxiserprobtes Vorgehen, Bern u.a. 2002.

Greiner, L.E.: Evolution and revolution as organizations grow, in: Harvard Business Review 4/1972, S. 37-46

H

Haberfellner, R./Nagel, P./Becker, M./Büchel, A./v. Massow, H.: Systems Engineering, Methodik und Praxis, 9. Aufl., Zürich 1997.

Hall, E.A./Rosenthal, J./Wade, J.: Reengineering: Es braucht kein Flop zu werden, in: Havard Business Review, 1/1994, S. 163-184.

Hammer, M./Champy, J.: Business Reengineering. Die Radikalkur für das Unternehmen, Frankfurt 1994.

Heidelberger Druckmaschinen AG: unveröffentlichte interne Präsentationsunterlagen, Heidelberg 2008

Hellriegel, D./Slocum, J.W./Woodman, R.W.: Organizational behavior, 4. Aufl., St. Paul u.a. 1986.

Hirzel, M./Kühn, F./Wollmann, P.: Multiprojektmanagement, Frankfurt am Main 2002.

Horváth, P.: Controlling, 10. Aufl., München 2006.

I

IBM/Auto-ID Center: Focus on Retail: Applying Auto-ID to Improve Product Availability at the Retail Shelf, Cambridge, MA 2002.

Imai, M.: Kaizen – der Schlüssel zum Erfolg der Japaner im Wettbewerb, München 1993.

Imai, M.: Gemba Kaizen: Permanente Qualitätsverbesserung, Zeitersparnis und Kostensenkung am Arbeitsplatz, München 1997.

J

Jung, B.: Prozessmanagement in der Praxis: Vorgehensweisen, Methoden, Erfahrungen. Köln 2002.

K

Kanter, R.M./Stein, B.A./Jick, T.D.: The Challenge of Organizational Change: How Companies Experience it and Leaders Guide it. New York 1992.

Kaplan, R.S./Norton, D.P.: Die strategiefokussierte Organisation: Führen mit der Balanced Scorecard, Stuttgart 2001

Keller, T.: Unternehmensführung mit Holdingkonzepten, 2. Aufl., Köln 1993.

Keller, T.: Die Führung einer Holding, in: Lutter, M. et al. (Hrsg.): Holding-Handbuch, 3. Aufl., Köln 1998, S. 101-113.

Kern, C.: Anwendung von RFID-Systemen, Berlin u. a. 2006.

Kiener, S./Maier-Scheubeck, N./Obermaier, R./Weiß, M.: Produktionsmanagement – Grundlagen der Produktionsplanung und -steuerung, München/Wien 2006.

Kieser, A.: Human Relations-Bewegung und Organisationspyschologie. In: Kieser, A. (Hrsg.): Organisationstheorien, Stuttgart 1993, S. 95-126.

Kieser, A./Hegele, C./Klimmer, M.: Kommunikation im organisatorischen Wandel, Stuttgart 1998.

Kieser, A./Walgenbach, P.: Organisation, 5. Aufl. Stuttgart 2007.

Kieser, A.: Mit dem Trend oder gegen ihn? In: Harvard Business manager, 11/2004, S. 188-190.

Kilman, R.H./Covin, T.J.: Corporate transformation, revitalization organizations for a competitive world, San Francisco/London 1988.

Kimberly, J.R./Quinn, R.E. (Hrsg.): New futures: the challange of managing corporate transitions, Homewood 1984.

Kirby, J.: Auf der Suche nach der Weltformel, in: Harvard Business manager, 11/2005, S. 92-103.

Kirsch, W./Esser, W.M./Gabele, E.: Das Management des geplanten Wandels von Organisationen. Stuttgart 1979.

Klimmer, M.: Divisionale Organisation, in: Pepels, W. (Hrsg.): Organisationsgestaltung in marktorientierten Unternehmen, S. 61-82, Heidelberg 2001.

Kobelt, H./Steinhausen, D.: Wirtschaftsstatistik für Studium und Praxis, 7. Aufl. Stuttgart 2006.

Koch, D./Hess, T.: Business Process Redesign als nachhaltiger Trend? Eine empirische Studie zu Aktualität, Inhalten und Gestaltung in deutschen Großunternehmen, Arbeitsbericht Nr. 6, Institut für Wirtschaftsinformatik und neue Medien der Ludwigs-Maximilans-Universität München, München 2003.

Koch, R.: Das 80/20-Prinzip: Mehr Erfolg mit weniger Aufwand, 2. Aufl., Frankfurt/New York 2004.

Kofman, F./Senge, P.M.: Communities of Commitment: The Heart of Learning Organizations, in: Organizational Dynamics, Herbst 1993, S. 5-23.

Kosiol, E.: Organisation der Unternehmung, Wiesbaden 1962.

Kotler, P./Keller, K.L./Bliemel, F.: Marketing-Management: Strategien für wertschaffendes Handeln, München 2007

Kotter, J.P.: Leading Change: Why Transformation Efforts Fail, in: Harvard Business Review, No. 2, 1995, S. 59-67

Küpper, H.-U.: Planung, in: Schreyögg, G./Werder, A. (Hrsg.): Handwörterbuch der Unternehmensführung und Organisation; 4. Aufl., Stuttgart 2004, Sp. 1149-1164.

Küpper, W.: Mikropolitik, in: Schreyögg, G./Werder, A.v. (Hrsg.): Handwörterbuch Unternehmensführung und Organisation, Stuttgart 2004, Sp. 861-870.

Kummer, S. (Hrsg.)/ Grün, O./Jammrnegg, W.: Grundzüge der Beschaffung, Produktion und Logistik, München 2006.

Kraus, G./Becker-Kolle, Ch./Fischer, T.: Handbuch Change Management, Berlin 2004.

Krebsbach-Gnath, C.: Wandel und Widerstand, in: Den Wandel in Unternehmen steuern: Faktoren für ein erfolgreiches Change-Management, Frankfurt/M. 1992, S. 37-55

Krüger, W.: Organisation der Unternehmung, 3. Aufl., Stuttgart/Berlin/Köln 1994.

Krüger, W.: Excellence in Change – Wege zur strategischen Erneuerung, 3. Aufl., Wiesbaden 2006.

Kulmer, U./Trebesch, K.: Der kleine Unterschied und die großen Folgen: Von der Organisationsentwicklung zum Change Management, in: Zeitschrift für Organisations- und Unternehmensentwicklung, Heft 4/2004, S. S. 80-86.

L

Lasshoff, B.: Produktivität von Dienstleistungen: Mitwirkung und Einfluss des Kunden, Wiesbaden 2006

Leao, A./Hofmann, M. (Hrsg.): Fit for Change: 44 praxisbewährte Tools und Methoden im Change für Trainer, Moderatoren, Coaches und Change-Manager, Bonn 2007

Levy, A./Merry, U.: Organizational Transformation. Approaches, Strategies, Theories, New York 1986.

Lewin, K.: Feldtheorie in den Sozialwissenschaften, Bern/Stuttgart 1963.

Liebelt, W.: Methoden und Techniken der Ablauforganisation, in: Frese, E. (Hrsg.): Handwörterbuch der Organisation, 3. Aufl., Stuttgart 1992, Sp.19-34.

Liebig, C./Müller, K.: Mitarbeiterbefragung online oder offline? Chancen und Risiken von papierbasierten versus internetgestützten Befragungen, in: Jöns, I,/Bungard, W. (Hrsg.): Feedbackinstrumente im Unternehmen: Grundlagen, Gestaltungshinweise, Erfahrungsberichte, Wiesbaden 2005, S. 210-219.

Liker, J.: Der Toyota-Weg: 14 Managementprinzipien des weltweit erfolgreichsten Automobilkonzerns, 3. Aufl., München 2007.

Liker, J./Meier, D.: The Toyota Way Fieldbook, New York 2005.

Lipp,. U./ Will, H.: Das große Workshopbuch: Konzeption, Inszenierung und Moderation von Klausuren, Besprechungen und Seminaren, 4. Aufl., Weinheim/Basel 2000.

Lunau, S. (Hrsg.): Design for Six Sigma[+Lean] Toolset, Berlin / Heidelberg 2007

M

Macharzina, K.: Unternehmensführung – das internationale Managementwissen, 4. Aufl. Wiesbaden 2003.

Malone, T./Laubacher, R.: Vernetzt, klein und flexible – die Firma des 21. Jahrhunderts, in: Harvard Business manager 2/1999, S. 28-36.

March, J.G./Simon, H.A.: Organizations, New York 1958.

Matusche-Beckmann, A.: Organisationsverschulden, Köln 2001

Mertens, P./Faisst, W.: Virtuelle Unternehmen – eine Organisationsstruktur für die Zukunft? In: technologie & management 44 (1995), S. 61-68.

Mercedes-Benz AG: Maybach – Die deutsche Highend-Luxusmarke, in: http://presse.mercedes-benz.at/de/pressezentrum/maybach/news (28. 02. 2002)

Müller-Stewens, G./Lechner, G.: Strategisches Management. Wie strategische Initiativen zum Wandel führen, 3. Aufl., Stuttgart 2005.

N

Neuberger, O.: Mikropolitik: Der alltägliche Aufbau und Einsatz von Macht in Organisationen, Stuttgart 1995.

Niess, P./Spandau, A.: Industrielle Organisation.- vom tayloristischen zum virtuellen Unternehmen, München 2005.

Nordsieck, F.: Grundlagen der Organisationslehre, Stuttgart 1934.

O

Otto, A.: Management und Controlling von Supply Chains, Wiesbaden 2002.

P

Perich, R.: Unternehmensdynamik: Zur Entwicklungsfähigkeit von Organisationen aus zeitlich-dynamischer Sicht, 2., erw. Aufl. Bern/Stuttgart/Wien 1993.

Peters, T./Waterman, R.: In Search of Excellence – Lessons from America's Best-Run Companies. New York 1982.

Peters, T./Waterman, R.: Auf der Suche nach Spitzenleistungen: Was man von den bestgeführten US-Unternehmen lernen kann, Landsberg/Lech 1984.

Picot, A./Reichwald, R./Wigand, R.: Die grenzenlose Unternehmung, 4., überarbeitete und erweiterte Aufl., Wiesbaden 2001.

Picot, A./Dietl, H./Franck, E.: Organisation: Eine ökonomische Perspektive, 5. aktualisierte und überarb. Aufl., Stuttgart 2008

Porter, M.: Wettbewerbsvorteile: Spitzenleistungen erreichen und behaupten, 6. Aufl., Frankfurt 2000.

Preißner, A.: Praxiswissen Controlling: Grundlagen, Werkzeuge, Anwendungen. 2., erweiterte Aufl., München/Wien 2001.

Q

Quotas GmbH: Pressemitteilung der Quotas GmbH vom 19. 7. 2006

R

Rehbehn, R./Yurdakul, Z.B.: Mit Six Sigma zu Business Excellence: Strategien, Methoden, Praxisbeispiele, 2. Aufl., Erlangen 2005.

Reinmuth, S./Voß, S.: Die 120 besten Checklisten zum Prozessmanagement, München 2008

Rigall, J./Wolters, G./Goertz, H./Schulte, K./Tarlatt, A.: Change Management für Konzerne: Komplexe Unternehmensstrukturen erfolgreich verändern, Frankfurt/New York 2005.

Rohm, A. (Hrsg.): Change-Tools: erfahrene Prozessberater präsentieren wirksame Workshop-Interventionen, 3. Aufl., Bonn 2008

Roland Berger: URL: http://www.rolandberger.at/images/ambient/competence_d.gif (letzter Abruf 10. 1. 2007).

Rosenstiel, L.v.: Grundlagen der Organisationspsychologie, 5. Aufl. Stuttgart 2003.

Rother, M; Shook, J.: Sehen lernen. Mit Wertstromdesign die Wertschöpfung erhöhen und Verschwendung beseitigen. Aachen 2004.

S

Sackmann, S.: Unternehmenskultur: Analysieren – Entwickeln – Verändern. Neuwied 2002.

SAP AG: URL: http://www.sap.com/solutions/businessmaps/solutionmaps/index.epx (letzter Abruf: 11. 01. 2007).

Schmelzer, H.J./Sesselmann, W.: Geschäftsprozessmanagement in der Praxis: Kunden zufriedenstellen – Produktivität steigern – Wert erhöhen, 4., erweiterte Aufl., München/Wien 2004.

Schmidt, G.: Methode und Techniken der Organisation, 13. Aufl., Gießen 2003.

Schnelle, H.: Projekte und Projektmanagement, in: Rationalisierungs-Kuratorium der deutschen Wirtschaft (Hrsg.): Projektmanagement Fachmann, 4., völlig überarbeitete Aufl., Eschborn 1998, S. 25-58.

Scheiter, S./Malkwitz, A./Feldmann, S.: Renovieren statt reparieren, in: HBM 04/2004, S. 22-25.

Scholz, C.: Organisatorische Effektivität und Effizienz, in: Frese, E. (Hrsg.): Handwörterbuch der Organisation, 3. Aufl., Stuttgart 1992, Sp. 533-552.

Schreyögg, G.: Organisation: Grundlagen der modernen Organisationsgestaltung. Wiesbaden 2008

Schulte-Zurhausen, M.: Organisation, 3. Aufl., München 2002.

Seibert, S.: Technisches Management: Innovationsmanagement, Projektmanagement, Qualitätsmanagement, Stuttgart/Leipzig 1998.

Seidlmeier, H.: Prozessmodellierung mit ARIS: Eine beispielorientierte Einführung in Studium und Praxis, Wiesbaden 2002.

Senge, P.: The Fifth Discipline. The Art and Practice of The Learning Organization, New York 1990.

Senn, C.: Key Account Management für Investitionsgüter: ein Leitfaden für den erfolgreichen Umgang mit Schlüsselkunden, Wien 1997.

Sommer, C.: Manager en vogue, in: Brand eins, 4. Jg., Heft 8, 2002, S. 82-88.

Spear, S.: Management à la Toyota, in: Harvard Business Manager, August 2004, S. 36-47

Spear, S/Bowen, H.W.: Decoding the DNA of the Toyota Production System, in: Harvard Business Review, 5/1999, S. 96-106

Staehle, W.: Management, 6. Aufl. 1991.

Stoi, R.: Prozessmanagement in Deutschland. Ergebnisse einer empirischen Untersuchung, in: Controlling, 11 (1999) 2, S. 53-59.

Streich, R.K.: Veränderungsmanagement, in: Reiß, M./Rosenstiel, L.v./Lanz, A. (Hrsg.): Change-Management: Programme, Projekte und Prozesse, Stuttgart 1997, S. 237-254.

Syska, A.: Produktionsmanagement: Das A-Z wichtiger Methoden und Konzepte für die Produktion von heute, Wiesbaden 2006.

T

Theling, T./Loos, P.: Determinanten und Formen von Unternehmenskooperationen. Lehrstuhl für Wirtschaftsinformatik und BWL der Universität Mainz, Arbeitspapier Nr. 18, Mainz 2004.

Thom, N.: Organisationsentwicklung. In: Frese, E. (Hrsg.) Handwörterbuch der Organisation. 3. Aufl. Stuttgart 1992, Sp. 1477-1491.

Thommen, J.P./Richter, A.: Matrix-Organisation, in: Schreyögg, G./Werder, A. (Hrsg.): Handwörterbuch der Unternehmensführung und Organisation; 4. Aufl., Stuttgart 2004, Sp. 828-836.

Trebesch, K.: Das Wurzelholz und neue Triebe: Ursprünge, Zielsetzungen und Methoden der Organisationsentwicklung und kritische Analyse, in: Organisationsentwicklung 4 (2004), S. 72-79.

U

Ulich, E.: Arbeitsgestaltung, in: Schuler, H./Sonntag, K.H. (Hrsg.): Handbuch der Arbeits- und Organisationspsychologie, Göttingen 2007, S. 165-174

V

Vahs, D.: Organisation: Einführung in die Organisationstheorie und -praxis, 6., überarbeitete Aufl., Stuttgart 2007.

van Geldern, M.: Basis-Know-how Organisation. Was Sie für die Praxis wissen müssen, Frankfurt/New York 2000.

Verband der Automobilindustrie (VDA): Qualitätsmanagement in der Automobilindustrie, Band 6, Teil 7, Prozessaudit, Oberursel, 2005.

Vetter, Th./Petry, T.: Structure follows strategy bei SAP: Wandel am Beispiel des Centers „BSG Financial & Public Services", in: Werder, A.v./Stöber, H. (Hrsg.): Center-Organisation, Stuttgart 2004, S. 281-294

W

Wagner, K.W. (Hrsg.): PQM – Prozessorientiertes Qualitätsmanagement: Leitfaden zur Umsetzung der ISO 9001:2000, 2., vollständig überarbeitete Aufl., München/Wien 2003.

Wagner, K.W./Patzak, G.: Performance Excellence: Der Praxisleitfaden zum effektiven Prozessmanagement, München 2007.

Watson, G.: Widerstand gegen Veränderungen, in: Bennis, W.G./Benne, K.D./Chin, R. (Hrsg.): Änderung des Sozialverhaltens, Stuttgart 1975, S. 415-429.

Weik, E./Lang, R.: Moderne Organisationstheorien 2: Strukturorientierte Ansätze, Wiesbaden 2003.

Weinert, A.: Organisations- und Personalpsychologie, 5. Aufl., Weinheim 2004.

Weinert, P.: Organisation: Organisationsgestaltung, Organisationsmethodik, Fallstudienklausuren, München 2002.

Wiendahl, H.-P.: Betriebsorganisation für Ingenieure, 5. Aufl., München/Wien 2005

Wiese, J.: Implementierung der Balanced Scorecard. Grundlagen und IT-Fachkonzept, Wiesbaden 2000

Wittmann, R.G./Leimbeck, A./Tomp, E.: Innovationen erfolgreich steuern, Heidelberg 2006.

Wilhelm, R.: Prozessorganisation, 2. überarb. und ergänzte Aufl., München 2007

Wöhe, G./Döring, U.: Einführung in die Betriebswirtschaftslehre, 23. Aufl., München 2008

Womack, J.P./Jones, D.T./Roos, D.: Die zweite Revolution in der Automobilindustrie. Konsequenzen aus der weltweiten Studie des Massachusetts Institute of Technology, 7. Aufl., Frankfurt 1992.

Z

Zdrowomoyslaw, N./Kasch, R.: Betriebsvergleiche und Benchmarking für die Managementpraxis, München 2002.

Zupancic, D./Belz, Ch.: Internationales Key Account Management, in: Backhaus, K./Voeth, M. (Hrsg.): Handbuch Industriegütermarketing, Wiesbaden 2004, S. 577-593.

STICHWORTVERZEICHNIS